普通高校本科计算机专业特色教材·计算机基础

计算机科学与计算思维导论学习辅导

李云峰　李婷　丁红梅　编著

清华大学出版社
北京

内容简介

本书是《计算机科学与计算思维导论》的配套辅导书，分为理论辅导和实验辅导两部分，具体内容包括关联知识、习题解析、知识背景和基础实验，以此强化学生探究能力、判断能力、实践能力和综合应用能力的培养。其中，实验辅导包括构建微机系统、文字录入方法、Windows 7 的基本应用、Word 2010 的基本应用、Excel 2010 的基本应用、PowerPoint 2010 的基本应用、Internet 的基本应用和信息安全工具软件 8 个实验单元，并采取基于任务驱动的教学模式，以启迪学生分析问题和解决问题的方法。

本书的特点是取材新颖、内容丰富、重点突出、适用性强，注重引导计算思维和自我提升。同时，注意与后续课程的分工与衔接，为后续课程的学习奠定基础。

本书可作为高等院校计算机类、电子信息类和电气信息类“计算机（科学）导论”课程辅助教材，也可作为相关专业教师和从事计算机科学与技术工作的工程技术人员的参考书。

图书在版编目（CIP）数据

计算机科学与计算思维导论学习辅导 / 李云峰，李婷，丁红梅编著. —北京：清华大学出版社，2023.3
普通高校本科计算机专业特色教材 · 计算机基础
ISBN 978-7-302-62655-8

Ⅰ. ①计… Ⅱ. ①李… ②李… ③丁… Ⅲ. ①计算机科学－高等学校－教学参考资料 Ⅳ. ①TP3

中国国家版本馆 CIP 数据核字（2023）第 023702 号

责任编辑：袁勤勇 杨 枫
封面设计：傅瑞学
责任校对：申晓焕
责任印制：朱雨萌

出版发行：清华大学出版社
网 址：http://www.tup.com.cn，http://www.wqbook.com
地 址：北京清华大学学研大厦 A 座 邮 编：100084
社 总 机：010-83470000 邮 购：010-62786544
投稿与读者服务：010-62776969，c-service@tup.tsinghua.edu.cn
质量反馈：010-62772015，zhiliang@tup.tsinghua.edu.cn
课件下载：http://www.tup.com.cn，010-83470236
印 装 者：三河市君旺印务有限公司
经 销：全国新华书店
开 本：185mm×260mm 印 张：18.5 字 数：450 千字
版 次：2023 年 5 月第 1 版 印 次：2023 年 5 月第 1 次印刷
定 价：58.00 元

产品编号：098933-01

前　言

计算机学科的最大特点是知识面宽、实践性强、软硬件技术更新换代快，所以既要重视理论学习能力的培养，也要重视实践能力的培养，更要重视自我提高能力的培养。为此，编写了与《计算机科学与计算思维导论》配套的本书，并在探索中形成了构建本书的指导思想："准确定位、主辅结合、注重理论、兼顾实践"。

（1）准确定位，明确教学目标。作为计算机学科综述性引导课程，担负着介绍计算机科学技术基础知识，培养学生运用计算机学科方法和计算思维分析问题、探究问题和解决问题的能力，提高学生综合素质与创新精神的重任。这就要求在知识传授的过程中，注重学科知识的科学性、系统性、完整性、动态性和有效性，为后续课程学习打下良好基础。

（2）主辅结合，透视学科体系。由于主教材篇幅的原因，因而将没有被列入主教材的核心课程在辅助教材中进行简要介绍，如社会与职业问题、计算机图形学、可视化计算、人机交互、有限元计算、离散结构等。这些内容的引入，对全面了解计算机学科课程体系是非常必要的。

（3）注重理论，引导研究探索。为了便于纵深学习，拓展了主教材所涉及的相关理论知识。例如，对计算机的数据表示，涉及数据处理的溢出与判断、浮点数的规范化与截断误差、数据的压缩与编码等；对数值计算，涉及计算误差分析和稳定性问题等；对网络信息传输，涉及奇偶校验码和差错纠正码等；对人工智能技术，涉及人工神经网络、神经网络专家系统、智能机器人等。这些内容的引入，能为学生日后在专业领域中的研究、探索、发现、创新奠定基础。

（4）兼顾实践，强化能力培养。在注重拓展理论知识以及知识的系统性和完整性的同时，兼顾动手能力培养。为此，设计了体现计算机学科知识体系基本操作技术的 8 个实验单元。

为了实现上述教学目标，我们精心设计课程辅导内容，并分为理论辅导和实验辅导两大部分。

第一部分理论辅导　教学目标是巩固和拓展主教材的知识内容，并实现自主学习和提高。理论辅导与主教材各章内容一一对应，并且包括如下 3 方面。

（1）关联知识。关联知识是与主教材密切相关的知识点，是课堂理论教学的补充，为学生课后复习、自主学习、总结提高提供支持，更为学生日后研究探索指明方向。关联知识是对主教材教学内容的引申和拓展。例如，仅就对问题求解算法而言，在第 7 章基础上做了如下拓展。

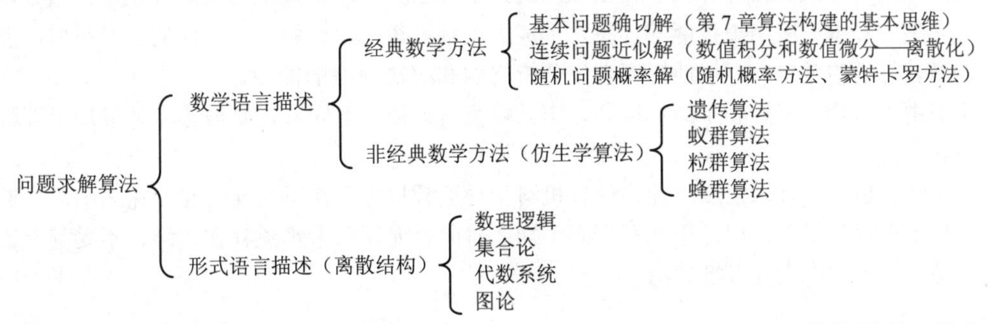

作为计算机学科的学生，了解这些知识对理解"计算机学科是一门计算的学科"是非常重要的。

（2）习题解析。各章习题概括了该章的基本概念，通过选择题和问答题解析，加深对基本概念的理解，自我检查学习效果，达到巩固和提高的教学目的。

（3）知识背景。主要介绍与计算机科学技术有关的著名科学家的生平事迹，以此拓展计算机科学技术领域的视野，达到三个教学目标：一是了解该章知识领域的形成与发展历程，增强进行科学探索的信心；二是通过科学家们的生平事迹，将人文知识和人文精神有机地结合，激发学生坚韧不拔、锲而不舍、顽强拼搏的钻研精神；三是提高人文素质、传承计算文化、弘扬科学精神。

第二部分实验辅导　在探索理论教学改革的同时，也一直在对实践教学进行研究探索。通过实验教学，加深对理论知识的理解和提高实际应用能力，是理工类教学过程中极为重要的一个教学环节，更是计算机类专业教学的典型特征之一。因此，我们要不断更新实验教学理念，不断调整实验教学内容。实验教学的指导思想是引导科学思维、培养创新意识、激发学习兴趣、强化能力培养。实验教学的设计思想是突出实验内容的启发性、趣味性、实用性、综合性。

现在，高等学校的计算机基础教育已不再是“零起点”，因而应注重培养学生分析问题和解决问题的能力。考虑到实验设施的可行性并兼顾新生计算机基础参差不齐等因素，本书设计了8个实验单元：构建微机系统、文字录入方法、Windows 7的基本应用、Word 2010的基本应用、Excel 2010 的基本应用、PowerPoint 2010 的基本应用、Internet 的基本应用和信息安全工具软件，每个单元包含多个实验项目。通过实验教学，既能为日后工作奠定基础，更能为毕业求职奠定基础。

本书打破了以计算机基本操作步骤来训练基本操作方法的传统实验模式，采用了基于任务驱动的案例教学模式，即将实验内容以任务（案例）的形式给出，通过实验描述（提出问题）、实验分析（分析问题）、实验实施（解决问题），让学生带着对案例的浓厚兴趣，在实验过程中熟悉基本操作方法、掌握基本操作技能、提高综合应用能力。例如，Office 方面的实验，完成一个实验项目，就是完成一项基本创作；完成一个实验单元，就能提交一份优秀的作品（如毕业论文、求职材料、网上应聘等）。实践表明，采用这种教学模式，能激发同学们的学习兴趣和创作热情，从而克服了为熟悉基本操作而实验的枯燥性，体现了案例教学的趣味性，提高了实验教学的有效性，使学生能以一种愉悦的心境学习和提高计算机的应用能力，并在无形中抹平入校时参差不齐的差异。

本书是作者多年来对“计算机科学导论”课程教学方法研究和课程教学改革探索的结晶。教学辅导的设计思想是合理规划辅导内容，精心设计实验单元，构建体现学科基础特性、突出计算思维方法、形成涵盖计算机学科主领域的知识体系。将理论知识与实际应用紧密结合，构成一个完整的**知识＋应用＋技能**的体系，形成一个融“教、学、做”为一体的学习环境，能极大地提高教与学的效果，有效地提高学生分析问题和解决问题的能力。

本书由李云峰、李婷和丁红梅编著，李云峰负责统稿，曹守富、姚波等老师参加了课程资源建设。

由于计算机科学技术发展迅速，计算机科学导论教材也处在不断探索和变化之中，虽然我们力求使本书尽善尽美，但由于水平有限，加之时间仓促，书中难免存在疏漏、不妥甚至错误之处，敬请专家和广大读者批评指正。

作　者

2023年3月

目录

第一部分 理论辅导

第二部分 实 验 辅 导

第一部分

理 论 辅 导

第 1 章　计算机科学概述

【问题描述】 当今社会是一个信息社会，其主要特征是计算机的应用已成为人们工作、学习、生活必备的工具。计算机当初是作为一种计算工具而问世的，经过短短几十年的发展，不断渗透到其他学科领域，计算机技术应用无处不在。人们把掌握和运用计算机技术的能力作为信息社会必备的一种素养，并成为评价人才综合素质的一项重要指标。

【知识重点】 主要介绍计算机科学技术与人才培养密切相关的重要概念：信息社会、信息素养、计算机应用的拓展，这对全面了解信息社会人才培养中对信息素养的要求是极为重要的。

【教学要求】 通过关联知识，了解信息社会化与信息素养的相关概念以及计算机在其他相关领域中的作用；通过习题解析，加深理解计算机的形成与发展以及计算机与信息化的相关概念；通过知识背景，了解计算机科学的发展历程以及对计算机的形成与发展作出了杰出贡献的科学家，希望能由此揭开计算机形成的神秘面纱，并激发学生的探索精神和创新意识。

1.1　关 联 知 识

计算机是 20 世纪人类最重要的发明之一，也是当今信息化技术的核心。今天的电子计算机不仅是一种现代化的计算工具，而且在当代信息社会中肩负和发挥着极为重要的作用，包括计算机在科学计算中的作用以及在信息化建设中的作用。为了便于后续各章的学习，本节简要介绍信息社会、信息素养，以及计算机技术在其他相关领域中的重要应用。

1.1.1　信息社会

计算机及其网络通信技术的飞速发展，将人类从工业社会带入了信息化社会(简称为信息社会)。信息社会是脱离工业化社会以后，信息将起主要作用的社会。信息社会是以电子信息技术为基础，以信息资源为基本的发展资源，以信息服务性产业为基本的社会产业，以数字化和网络化为基本的社会交往方式的新型社会。信息社会的特征是信息化（informatization）、全球化（globalization）、网络化（networking）、虚拟化（virtualization）。

1．信息化

信息化是以现代电子信息技术为前提，从以传统工农业为主的社会向以信息产业为主的社会发展的过程。信息化包括信息资源（information resources）、信息网络（information network）、信息技术（information technology）、信息产业（information industry）、信息化人才（informatization talent）和信息化环境（information environment）六大要素。因此，信息社会是信息化的必然结果。

（1）信息资源是国民经济和社会发展的战略资源，它的开发和利用是信息化体系的核心内容，是信息化建设取得实效的关键。

（2）信息网络是信息资源开发利用和信息技术应用的基础，是信息传输、交换和资源共享的必要手段。

（3）信息技术是在计算机、通信、微电子技术基础上发展起来的现代高新技术，是研究开发信息的获取、传输、存储、处理和应用的工程技术。信息技术是信息化的技术支柱，是信息化的驱动力。

（4）信息产业是指信息设备制造业和信息服务业，信息设备制造业包括计算机系统、通信设备、集成电路等。信息服务业是指从事信息资源开发和利用的行业。

（5）信息化人才是指建立一支结构合理、高素质的研究、开发、生产、应用队伍，以适应信息化建设的需要。

（6）信息化环境是指建立一个促进信息化建设的政策、法规和标准体系，规范和协调各要素之间的关系，以保证信息化的快速、有序、健康的发展。

2. 全球化

信息技术正在取消时间和距离的概念，信息技术的发展大大加速了全球化的进程。随着互联网的发展和全球通信卫星网的建立，国家概念将受到冲击，各网络之间可以不考虑地理上的联系而重新组合在一起。

3. 网络化

由于互联网的普及和“信息高速公路”的建设，网络信息服务得到了飞速发展，网络化必将改变人类的工作和生活方式，推动整个社会的进步。

4. 虚拟化

随着世界的信息化、全球化和网络化，使得人与人之间的交流很大一部分借助于计算机网络来完成，因此出现了一个由互联网构成的虚拟现实的信息交互平台。

1.1.2 信息素养

体现信息社会文化的是信息素养（information literacy）。计算机的广泛应用，加速了社会信息化的进程。在当今信息时代，人们不仅要了解信息化的内涵，而且要不断提高信息素养，以适应社会发展的需要。

1. 信息素养概念

信息素养最早是由美国信息产业协会主席保罗·泽考斯基（Paul Zurkow Ski）于 1974 年提出来的。由于计算机技术、网络技术的普及，其影响超过了历史上任何一种技术，而且已成为当今信息社会中必须具备的一种素养，这种素养不仅是技术的，还有道德的和文化的。信息素养包含 3 个层面的含义。

（1）知识素养（文化层面）是指传统文化素养的延续和拓展，使受教育者达到独立自主学习及终身学习的水平。

（2）信息意识（意识层面）是指对各种类型的信息源及丰富的信息工具的全面了解和运用。

（3）信息技能（技术层面）是指必须拥有各种信息技能，例如，对需求的了解及确认，对所需文献或信息的确定、检索，对检索到的信息进行评估、组织及处理并作出决策等。

2. 信息素养具备的能力

20 世纪 80 年代，人们开始进一步探讨信息素养的内涵，信息素养的概念逐渐被广泛认可，并且作为一种非常重要的能力被提到了人才培养目标上来，信息素养包括以下 8 方面的能力。

（1）运用信息工具的能力。能熟练使用各种信息工具，如计算机、传真机等，特别是计算机网络传播工具。

（2）获取信息的能力。能有效地收集各种信息资料，能熟练地运用阅读、访问、讨论、实验、检索等获取信息的各种方法。

（3）处理信息的能力。能对收集的信息进行归纳、分类、存储、鉴别、选择、分析、综合、抽象、概括、表达等。

（4）生成信息的能力。能准确地概述、综合、改造和表达所需的信息，使之简单明了、通顺流畅，富有特色。

（5）创造信息的能力。能从多角度、多方位，全面地收集信息，并观察、研究各种信息之间的交互作用；利用信息做出新预测、新设想，产生新信息的生长点，创造出新的信息。

（6）发挥信息效益的能力。能正确评价信息，掌握各种信息的各自特点、运用场合以及局限性；善于运用接收的信息解决问题，让信息发挥最大效益。

（7）信息写作的能力。在跨越时空的交往和合作中，通过信息和信息工具同外界建立多边的和谐关系。

（8）信息免疫的能力。能自觉地抵制垃圾信息、有害信息的干扰和侵蚀；能从信息中看出事物的发展趋势、变化模式，进而制定相应的对策。

信息素养是当今信息社会人才培养模式中出现的一个新概念，已引起了世界各国越来越广泛的重视。现在，信息素养已成为评价人才综合素质的一项重要指标。

1.1.3　计算机应用的拓展

随着计算机软硬件的快速发展，计算机的应用从科学计算拓展到社会的各个领域，并且不断形成计算机与其他各学科的交叉学科，利用计算机快速、高效地处理其他各学科中出现的问题。目前，研究较多、应用较广的交叉学科主要有电子信息工程（Electronic Information Engineering，EIE）、生物医学工程（Bio-Medical Engineering，BME）、电子商务（E-Commerce）等。

1. 电子信息工程

电子信息工程是一门应用计算机及其网络技术进行信息控制和信息处理的学科。它集现代电子技术、信息技术、计算机通信技术于一体，主要研究信息的获取与处理，电子设备与信息系统的设计、开发、应用和集成等。该学科涉及电子科学与技术、信息与通信工程、自动化控制科学与技术等。电了信息工程涵盖社会的诸多方面，例如，电话交换机的信号处理、手机声音乃至图像的传递，计算机网络数据传递，政府或军用信息传递的保密等。

2. 生物医学工程

生物医学工程是一门由理、工、医相结合的新兴边缘学科。它运用现代自然科学和工程技术的原理和方法，从工程学的角度，在多层次上研究生物体和人体的结构、功能及其相互关系，揭示生命现象，解决生物学和医学中的有关问题。在该学科研究中，都与计算机科学技术紧密相关。

（1）生物力学（biomechanics）是应用力学原理和方法对生物体中的力学问题进行定量研究的生物物理学分支，其研究范围从生物整体到系统、器官（包括血液、体液、脏器、骨骼等），从鸟飞、鱼游、鞭毛和纤毛运动到植物体液的输运等。生物力学研究的重点是与生理学、医学有关的力学问题。根据研究对象的不同，可分为生物流体力学、生物固体力学和运动生物力学等。而在生物力学研究中，需要借助于计算机的模拟仿真技术和数字仿真技术等。

（2）生物传感（biosensors）是一门由生物、化学、物理、医学、电子技术等多种学科互相渗透成长起来的高新技术，是现代科技的前沿技术之一。生物传感与检测技术是将生物体系中的有关信息转变成可以进行测量和分析的光、电信号的器件。随着科学技术的不断发展，生物传感技术正随之不断地加以改善，发明了各种用于医学检测的生物医学传感器。生物医学传感器是将生物芯片与传感技术结合在一起的产物，新材料和新技术的出现对传感器的发展起了重要促进作用，使得生物传感器向便携化、智能化发展。目前常见的生物医学传感芯片有压电生物传感器、利用纳米材料与纳米技术的生物纳米传感器、物理传感器、化学传感器、微生物传感器等。生物传感器的速度、规模和种类的研究已成为现代生物医学技术的重要领域之一。

（3）生物材料学（biomaterials）是生命科学与材料科学交叉的边缘学科。该学科是一门应用生物学和工程学的原理，对生物材料、生物所特有的功能，定向地组建成具有特定性状的生物新品种的综合性技术。其主要目的为在分析天然生物材料微组装、生物功能及形成机理的基础上，发展仿生学高性能工程材料及用于人体组织器官修复与替代的新型医用材料。

（4）生物信息学（bioinformatics）是生物学与计算机科学以及应用数学等学科相互交叉而形成的一门新兴、前沿交叉学科。它借助于计算机技术和数学与统计方法，对海量的生物学实验数据进行获取、加工、存储、管理、检索与分析，揭示数据所蕴含的生物学意义，解决重要的生物学问题，阐明新的生物学规律，获得传统生物学手段无法获得的创新发现。由于当前生物信息学发展的主要推动力来自分子生物学，目前生物信息学的研究主要集中于核苷酸和氨基酸序列的存储、分类、检索和分析等方面。

（5）生物特征识别（biometric identification）是指通过计算机与光学、声学、生物传感器和生物统计学原理等高科技手段密切结合，利用每个人固有的、可以采样和测量的生理特性及行为特征来进行个人身份识别与鉴定的一门新兴技术。在目前的研究与应用领域中，生物特征识别主要关系到计算机视觉、图像处理与模式识别、计算机听觉、语音处理、多传感器技术、虚拟现实、计算机图形学、可视化技术、计算机辅助设计、智能机器人感知系统等其他相关的研究。已被用于生物识别的生物特征有手形、指纹、脸形、虹膜、视网膜、脉搏、耳郭、体味、基因(DNA)等，行为特征有签字、语音、步态等。基于这些特征，生物特征识别技术目前已取得了长足的进展。

（6）医学影像学（medical imaging）也称为医学成像技术，是指通过 X 线成像（X-ray）、计算机断层扫描（CT）、核磁共振成像（MRI）、超声成像（ultrasound）、正子扫描（PET）、脑电图（EEG）、脑磁图（MEG）等现代成像技术检查人体无法用非手术手段检查的部位的过程。

由于各类医学图像不仅使医生可以观察到体内脏器在形态学上的变化，而且有可能对体内脏器的功能改变作出判断，因此医学成像技术已经成为临床医学不可缺少的工具，也是生物医学工程学的重要研究内容之一。随着计算机技术、模式识别技术、数据统计分析理论、物理学、数学等学科的飞速发展，现代医学成像技术也在不断地发展、完善，越来越准确地为人类健康服务。

（7）医学影像归档和通信系统（Picture Archiving and Communication System, PACS）是利用数据库技术实现无胶片化管理，是一门结合放射学、影像医学、数字图像技术、计算机通信技术的学科。该系统将各类医学图像资料转换为数字形式，通过计算设备及通信网络，实现图像的采集、存储、管理、处理及传输等，避免照片的丢失与错放，并减少保存图像的成本。此外，还可在网络上快速调阅图像，在不同地方同时看到不同时期和不同成像手段的多个图像，便于进行比较影像学的研究，提高诊断正确率，并能实现远程影像学咨询等。

3. 电子商务

电子商务是综合利用计算机和计算机网络进行商品与服务交易、金融汇兑、网络广告或提供娱乐节目等商业活动。具体地说，是将信息技术与商务规则有机结合，利用网络和各种电子工具，高效率、低成本从事各种商贸活动和行政作业，使商品生产、流通、交换、服务各环节实现电子化、信息化、网络化。今天，在开放的互联网络环境下，基于浏览器 / 服务器应用方式，买卖双方不谋面地进行各种商贸活动，实现消费者的网上购物、商户之间的网上交易和在线电子支付以及各种商务活动、交易活动、金融活动以及相关的综合服务活动。

作为一门计算机技术与金融贸易的交叉学科，电子商务方向既涉及计算机技术的相关知识，如计算机网络、计算机安全、面向对象的程序设计、数据库技术、网页设计、网站设计及维护等，也涉及金融类，如市场营销学、国际贸易学、物流管理学等知识。

1.2 习题解析

本章习题主要考查学生对计算机的形成、计算机的基本组成、计算机的发展趋势等概念的掌握程度。通过习题解析，进一步加深对计算机的形成与发展的了解。

1.2.1 选择题

1. 世界上第一台电子数字计算机诞生于（　　）年。

A. 1945　　B. 1956　　C. 1935　　D. 1946

【解析】第一台电子数字计算机名叫 ENIAC，于 1946 年在美国宾夕法尼亚大学研制成功。[参考答案] D

2. 冯 • 诺依曼对计算机的主要贡献是（　　）。

A. 发明了计算机　　B. 提出了存储程序概念

C. 设计了第一台计算机　　D. 提出了程序设计概念

【解析】 冯 • 诺依曼对计算机的主要贡献是提出了存储程序概念，计算机的体系结构是以运算器为核心，并采用二进制。[参考答案] B

3. 冯 • 诺依曼结构计算机中采用的数制是（　　）。

A. 十进制　　B. 八进制　　C. 十六进制　　D. 二进制

【解析】 冯 • 诺依曼结构计算机中采用二进制数。但是，在计算机中采用二进制数并不是由冯 • 诺依曼首先提出来的。[参考答案] D

4. 计算机硬件由 5 个基本部分组成，下面（　　）不属于其中。

A. 运算器和控制器　　B. 存储器　　C. 系统总线　　D. 输入输出设备

【解析】 冯 • 诺依曼等人提出计算机硬件由运算器、控制器、存储器、输入设备、输出设备这 5 个部件所组成。系统总线是各部件之间信息传输的通路。[参考答案] C

5. 冯 • 诺依曼结构计算机要求程序必须存储在（　　）中。

A. 运算器　　B. 控制器　　C. 存储器　　D. 光盘

【解析】 冯 • 诺依曼提出，要使计算机能高速运行，必须把指挥、控制和计算的过程，编

写成程序，并存储在存储器中，让计算机按照程序（指令）自动执行。[参考答案] C

6．微型计算机中的关键部件是（　　）。

A. 操作系统　　B. 系统软件　　C. 微处理器　　D. 液晶显示器

【解析】 微型计算机中的关键部件是微处理器，即中央控制单元，它是计算机中的核心部件。微处理器由运算器和控制器组成。[参考答案] C

7．一台完整的计算机系统包括（　　）。

A. 输入输出系统　　B. 硬件/软件系统　　C. 键盘和打印机　　D. 主机和外部设备

【解析】 一台完整的计算机系统包括硬件系统和软件系统，两者相互依赖，缺一不可。[参考答案] B

8．冯·诺依曼结构计算机是以（　　）为中心。

A. 运算器　　B. 存储器　　C. 控制器　　D. 计算机网络

【解析】 冯·诺依曼结构计算机以运算器为中心。随着对计算机研究的深入，现代计算机的体系结构是以存储器为中心。[参考答案] A

9．个人计算机通常是指（　　）。

A. 数字计算机　　B. 模拟计算机　　C. 微型计算机　　D. 电子计算机

【解析】 现代计算机都是电子数字计算机。所谓个人计算机，是指计算机的大小类型。因此，个人计算机属于微型计算机。[参考答案] C

10. 当今社会是一个信息社会，信息社会的主要标志是（　　）的广泛应用。

A. 信息化技术　　B. 计算机技术　　C. 网络技术　　D. 信息产业

【解析】 信息社会的主要标志是计算机技术的广泛应用。[参考答案] B

1.2.2　问答题

1．分析机的重要贡献是什么?

【解析】 分析机的重要贡献是它包括了现代电子计算机所具有的 5 个基本组成部分（输入、存储、运算、控制、输出），这些概念和设计思想，为现代电子计算机的形成奠定了基础。

2．冯·诺依曼对计算机的贡献主要体现在哪些方面?

【解析】 冯·诺依曼对计算机的贡献主要体现在一是提出并采用“二进制”；二是提出并采用“程序控制”。

3．冯·诺依曼结构计算机的基本思想是什么?

【解析】 冯·诺依曼结构计算机的基本思想是以冯·诺依曼提出的“存储程序”和“程序控制”为基础的设计思想，即使用计算机前，把要处理的信息（数据）和处理的步骤（程序）事先编排好，并以二进制的形式输入计算机内存储器中，然后由计算机控制器严格地按照程序逻辑顺序逐个执行，完成对信息的加工处理。

4．计算机采用二进制有何优点?

【解析】 现代电子计算机均采用二进制，采用二进制具有 3 方面的优点：一是电路简单，与十进制数相比。二进制数在电子元件中容易实现，因为制造仅有两种不同稳定状态的电子元件要比制造具有十种不同稳定状态的电子元件容易得多，例如开关的接通与断开、晶体管的导通与截止都恰好表示 1 和 0 两种状态；二是工作可靠，用两种状态表示两个代码，数字传输和处理不易出错；三是运算简单，二进制只有 4 种求和与求积运算规则；四是逻辑性强，计算机的工作原理是建立在逻辑运算基础上的。

5. 目前，计算机主要应用在哪些领域？

【解析】 计算机的应用领域有科学计算、信息管理、实时控制、系统仿真、计算机辅助设计、多媒体应用、网络通信、人工智能等。

6. 现代计算机科学体系的形成与哪些基础理论有关？

【解析】 现代计算机科学体系形成的理论基础主要有 5 方面：一是布尔代数；二是香农把布尔代数理论引入电子线路（逻辑电路）；三是维纳提出的计算机设计原则；四是图灵提出的图灵机及图灵测试；五是冯·诺依曼提出的 EDVAC 结构。

7. 决定计算机性能的因素有哪些？

【解析】 决定计算机性能的因素有机器字长、内存容量、存取周期、主频、运算速度、数据输入输出速率、兼容性、RASIS 特性等。

8. 当前，计算机的发展趋势主要体现在哪些方面？

【解析】 当前计算机的发展趋势主要体现在两方面：一方面是研究超越冯·诺依曼结构的计算机；二是研究非冯·诺依曼结构的计算机。

9. 计算机体系结构的演变包括哪些方面？

【解析】 计算机体系结构的演变可概括为 4 方面：一是采用流水线处理器系统；二是采用并行处理器系统；三是采用多处理器系统；四是采用精简指令系统。

10. 非冯·诺依曼结构计算机的研究主要有哪些方面？

【解析】 目前，非冯·诺依曼结构计算机的研究主要有超导计算机、光子计算机、量子计算机、生物计算机、智能计算机等。

1.3 知识背景

为了全面了解计算机的发展史，本节介绍对计算机的形成和发展作出了杰出贡献的 7 位科学家的生平事迹，使学习者从中受到某些启迪。

1.3.1 数学家——帕斯卡

布莱斯·帕斯卡（Blaise Pascal，1623—1662，见图 1-1），著名的法国数学家、物理学家、哲学家、散文学家。

布莱斯·帕斯卡 1623 年 6 月 19 日出生于法国奥弗涅的克莱蒙费朗市（Clermaont Ferrand）。自幼聪颖，从小喜欢数学。在擅长数学的父亲教育下，12 岁开始学习几何，通读欧几里得（Euclid）的《几何原本》（*Elements*）并掌握了它。他独自发现了欧几里得的前 32 条定理，而且顺序也完全正确。与此同时，发现了“三角形的内角和等于 180º”。1639 年，他发表了著名的帕斯卡六边形定理：内接于一个二次曲线的六边形的三双对边的交点共线，因此 16 岁就成为巴黎数学家和物理学家小组（法国科学院的前身）成员。1640 年，17 岁的帕斯卡在他的一篇数学论文《论圆锥截线》中提出了一条定理，后人把它叫作帕斯卡定理。他还提出了著名的帕斯卡三角形，阐明了代数中二项式展开的系数规律，这些工

图 1-1　布莱斯·帕斯卡

作是自希腊数学家阿波罗尼奥斯（Apollonius of Perga）提出圆锥曲线论以来的最大进步。

1642 年，他设计制作了一台能自动进位的加减法计算装置，被称为世界上第一台机械式计算装置——使用齿轮进行加减运算的计算机，成为后来计算机的雏形。在加法机研制成功之后，帕斯卡认为，人的某些思维过程与机械过程没有差别，因此可以设想用机械模拟人的思维活动。

1646 年，帕斯卡为了检验意大利物理学家伽利略和托里拆利的理论，制作了水银气压计，为流体动力学和流体静力学的研究铺平了道路。实验中他为了改进托里拆利的气压计，在帕斯卡定律的基础上发明了注射器，并创造了水压机，他撰写了液体平衡、空气的重量和密度等方向的论文（1651—1654）。1654 年，他开始研究几个方面的数学问题，在无穷小分析上深入探讨了不可分原理，得出求不同曲线所围面积和重心的一般方法，并以积分学的原理解决了摆线问题，于 1658 年完成《论摆线》。他的论文手稿对莱布尼茨（Gottfried Leibniz）建立微积分学有很大启发。在研究二项式系数性质时，写成《算术三角形》向巴黎科学院提交，后收入他的全集，并于 1665 年发表。其中给出的二项式系数展开被后人称为"帕斯卡三角形"，实际上这已在约 1100 年由中国的贾宪所发现。

帕斯卡 1655 年隐居修道院，写下了《思想录》等经典著作。在他撰写的哲学名著《思想录》里，留给世人一句名言"人只不过是一根芦苇，是自然界最脆弱的东西，但他是一根有思想的芦苇"。在帕斯卡短暂的一生中作出了许多贡献，科学界为了铭记帕斯卡的功绩，国际单位制规定压强单位为帕斯卡。1971 年面世的程序设计语言 Pascal，就是为了纪念这位科学先驱而命名的。

1.3.2　分析机的创造者——巴贝奇

查尔斯•巴贝奇（Charles Babbage，1791—1871，见图 1-2），是英国维多利亚时代最杰出的人物之一，是一位数学天才，以计算机的发明闻名于世。

巴贝奇 1791 年 12 月 27 日出生于英国西南部德文郡（Devon Shire）一个富有的家庭，父亲是一位出色的银行家。幼年的巴贝奇体弱多病，没有接受学校的正规教育，而是由家庭教师对他进行辅导，直到 14 岁才进入中学学习。少年时期的巴贝奇表现出强烈的好奇心和求知欲，特别是在数学上显示出超凡的智慧。1810 年，19 岁的巴贝奇考取了著名的剑桥大学，攻读数学和化学两个专业。入学不久，巴贝奇就感到数学课内容陈旧、狭隘，不能满足自己强烈的求知欲。在这里，巴贝奇显示出了过人的数学天赋。

图 1-2　查尔斯 • 巴贝奇

那时的剑桥大学，以数学教学为中心，推崇牛顿的科学理论，而排斥其他新的学术思想，学校为此专门设立了数学竞赛荣誉学位奖。巴贝奇没有循规蹈矩地去追逐这一官方荣誉，而是参与创建了致力于数学研究和科学普及的"分析学会"，把欧洲大陆的数学成就介绍给英国的数学界，对推动 19 世纪英国数学的发展与复兴作出了贡献。与此同时，巴贝奇的学术地位和名望与日俱增。1814 年和 1817 年，巴贝奇先后取得了学士和硕士学位。大学毕业后，巴贝奇留校工作。

1816 年，25 岁的巴贝奇当选为英国皇家学会会员，他参与了英国天文学会和统计学会的创建，是天文学会金质奖章获得者，同时还是巴黎伦理科学院、爱尔兰皇家学会和美国科学院的成员。

1828—1839年，巴贝奇在剑桥大学担任“卢卡斯讲座”的数学教授，这一职位只有具有极为高深学术造诣的学者才能担任，此前这项殊荣仅仅有两个人获得过——牛顿的老师巴罗和牛顿本人。

巴贝奇很早就热衷于计算机的设计和制造。在大学期间，巴贝奇发现当时流行的各类数学用表和航海表错误百出。这些由机械运算产生的数表位数少，精确度低，而且使用起来极为不便，甚至造成巨大的经济损失，因而激起了巴贝奇要重新计算数表的愿望。他设想研制一种能运算和编制出可靠数据表的机器，既能把人从烦琐的计算中解脱出来，还能尽量减少错误，提高精度。

1821年，巴贝奇得到银行家父亲的支持，开始研制计算机。他提出了几乎是完整的程序自动控制的设计方案，并于1822年利用多项式数值表的数值差分规律，设计出一台计算机模型——“差分机1号”（Difference Engine No.1）。由于当时工业制造水平较低，第一台差分机从设计绘图到机械零件加工，都由巴贝奇亲自动手完成。它不仅能每次完成一个算术运算，而且还能按预先安排自动完成一系列算术运算。“差分机1号”包含了程序设计的萌芽，并采用齿轮结构和十进制系统，每一组数字都刻在对应的齿轮上，每项计算数值由互相啮合的一组数字齿轮的旋转方位显示。

“差分机1号”的制造，花费了家中大笔财产，巴贝奇向英国政府提交申请，寻求政府的财政资助，以帮助他建造第二台运算精度更高的差分机。通过与英国皇家学会的协作，这项计划受到政府的高度重视和资助。在制造期间，为了提高运算速度，加大精确度，巴贝奇不断地修改设计和更换机器的部件。由于因计划修改或精度要求提高而造成时间与资金的浪费，导致了合作者、制造者的不满，常常发生争执，因此影响了研制进程。十年间，他花费了政府的17000英镑和自己的13000英镑，造价之高在当时是罕见的。最后，由于缺乏资金和缺少熟练的工人，再加上不断更改设计，致使第二台差分机制造计划于十年后被迫中断。1843年，没有完成的差分机连同设计图纸全部移送伦敦的皇家学院博物馆保存。

在制造差分机期间，巴贝奇就在勾画设计一种能进行任何程序运算的计算机。受雅克特自动提花织布机的启发，巴贝奇提出了把程序编制在穿孔卡片上用以控制计算机工作的设想。为此，他于1834年完成了新的设计，称为“解析机”或“分析机”（analytical engine）。

在分析机的设计中，巴贝奇第一次将计算机分为输入器、输出器、存储器、运算器、控制器5部分。从这一点上，可以说巴贝奇的分析机是现代计算机结构模式的最早构思形式。

为了研制分析机，巴贝奇多方筹措资金，先是寻求政府资助未果，后来耗尽了从父亲那里继承来的大部分财产。但还是由于当时资金和制造技术条件的限制，他的分析机未能做成。

在巴贝奇研制分析机的艰苦岁月里，英国著名诗人拜伦的女儿阿达给予了极大帮助。阿达是世界计算机先驱中的第一位女性，她不顾自己已是三个孩子的母亲，坚定地投身到巴贝奇分析机的研制中去，成为巴贝奇坚定的支持者和合作伙伴。

晚年的巴贝奇因喉疾不能说话，一些介绍分析机的文字材料主要由阿达完成，可惜的是阿达英年早逝。阿达去世后，巴贝奇又默默地独自坚持了20年。晚年的他已经不能准确地发音，甚至不能有条理地表达自己的意思，但他仍然百折不挠地坚持工作。1871年，为计算机事业奉献毕生精力的巴贝奇怀着对分析机无言的悲怅，给人们留下一堆复杂的设计图纸，孤独地离开了人世。由于巴贝奇的设想太超前，人们根本无法理解其价值，他一度遭人嘲笑，被讥讽为“幻想家”“疯子”。但就在这样一种环境下，巴贝奇以顽强的毅力与天才般的智慧设计出一系列完整的图纸。由于当时技术条件的限制，更主要的是那个时代对这一类机器还没有需求，巴贝奇的设想未能实现。

〖提示〗120 年后，澳大利亚科学家根据巴贝奇留下的图纸和仿照那个时代机器原材料，经过 6 年的努力，终于在 1991 年 5 月仿制出了一台巴贝奇分析机，于同年 11 月 29 日运算成功。在高达 7 次方的多项式运算中，它给出了前 100 位有效输出数据而未出错。巴贝奇未完成的事业，在沉睡 120 年后终于由后来者完成了。如果上天有灵，巴贝奇和阿达会在另一个世界为之欢呼！

1.3.3　程序员的鼻祖——阿达

阿达·奥古斯塔·拜伦（Ada Augusta Byron，1815—1852，见图 1-3），是著名英国诗人乔治·拜伦（George Gordon Noel Byron，1788－1824）之女。在巴贝奇研制计算机的过程中，阿达为此作出了不可磨灭的贡献，她为翻译巴贝奇早期的程序设计书《分析机概论》（*Analytical engine*）所留下的笔记，对现代计算机与软件工程产生了重大影响。

图 1-3　阿达·奥古斯塔·拜伦

阿达 1815 年 12 月 10 日出生于英国伦敦，阿达没有继承父亲拜伦的浪漫，而是继承了母亲在数学方面天赋极高的数学才华。阿达的母亲是位数学爱好者，她把希望寄托在女儿身上，渴望并鼓励她发展理性的修养，而抵制父亲浪漫主义色彩的影响。于是，阿达从小接受母亲严谨的教育。

1833 年 6 月 5 日，在一次偶然的聚会上阿达认识了巴贝奇。从 1836 年 1 月 18 日开始，阿达给巴贝奇写信探讨分析机的各种问题。后来，她在巴贝奇位于伦敦的工作室看到差分机的演示时，立刻迷上了这项当时被认为是“怪诞”的研究。她对分析机的浓厚兴趣和卓越见解对巴贝奇是个极大的鼓舞，共同的事业追求，使阿达与巴贝奇成了忘年交，阿达成为巴贝奇科学研究上的合作伙伴。

1842 年 10 月，法国工程师梅纳布雷（Luigi Federico Menabrea，1809—1896）发表了一篇关于巴贝奇分析机理论和性能的文章，阿达把它由法文译成英文，并在其中加入了她的许多注释。

1843 年，阿达帮助巴贝奇处理论文的译稿时，加入了许多独特的见解，深得巴贝奇的赞许。阿达负责为巴贝奇设想中的通用计算机编写软件，并建议用二进制存储取代原设计的十进制存储。她指出分析机可以像提花编织机一样进行编程，不仅发现了程序设计（program design）和编程（programming）的基本要素，还为某些计算开发了一些指令。例如，可以重复使用某些穿孔卡片，按现代的术语来说这就是“循环程序”和“子程序”。她开天辟地第一次为分析机编写了计算程序，其中包括三角函数计算程序、级数相乘程序、伯努利数计算程序等。她对分析机的潜在能力进行了最早的研究，并预言“这台机器必将成为具有无穷潜力的机器大脑”“总有一天会演奏音乐”。

阿达为了使分析机的图样变成现实付出了毕生精力。由于得不到任何资助，耗尽了自己的全部财产，以致一贫如洗。阿达两次忍痛把丈夫家中祖传的珍宝和自己的珠宝首饰送进当铺，以帮助巴贝奇渡过经济难关，使巴贝奇心存感激和备受鼓舞。由于贫困交加及极度的脑力劳动导致她疾病缠身，1852 年 11 月 27 日年仅 36 岁的软件才女阿达，怀着期盼分析机早日实现的愿望，眷恋而悲怅地离开了这个世界。由于阿达在程序设计上的开创性工作，被誉为程序员的鼻祖、世界上的第一位软件工程师。1979 年，美国国防部（Department of Defense）研制的通用高级语言就是以阿达命名的，被称为 Ada 语言，以寄托人们对她的纪念和钦佩。

〖提示〗今天，我们在享用计算机带来的丰硕成果时，不应忘却巴贝奇、阿达为此而进行的艰苦探索。虽然当时分析机没能制造成功，但两位计算机先驱为计算机的探索作出了不可磨灭的贡献。他们那种自强不息、永不放弃的精神将永远激励后人为计算机科学的发展勇往直前。

1.3.4　逻辑代数的创始人——乔治·布尔

乔治·布尔（George Boole，1815—1864，见图 1-4），英国著名数学家、逻辑学家，也是 19 世纪最重要的数学家、哲学家。

图 1-4　乔治·布尔

乔治·布尔 1815 年 11 月 2 日出生于英格兰的林肯郡。布尔的父亲是一位鞋匠，由于家境贫寒，无力供他读书，他只得靠自学来获取知识。年仅 12 岁的布尔就掌握了拉丁文和希腊语，后来又自学了意大利语和法语。16 岁布尔成为一名中学教师，以任教维持生活。20 岁时，布尔对数学产生了浓厚兴趣，并广泛涉猎了著名数学家牛顿（I. Newton，1643—1727）、拉普拉斯（P. S. Laplace，1744—1827）、拉格朗日(L. L. Lagrange，1736—1813)、高斯（C. F. Gauss，1777—1855）等人的数学名著，并写下了大量笔记。其中，布尔最感兴趣的是逻辑。1847 年，他发表著作 *The mathematical analysis of logic*，在该书中阐述了逻辑学公理。

1839 年，24 岁的布尔决心尝试接受正规教育，并申请进入剑桥大学学习。当时《剑桥大学期刊》（*Cambridge mathematical journal*，布尔曾投稿的杂志）的主编格雷戈里（D.F.Gregory）表示反对他去上大学，他说："如果你为了一个学位而决定上大学学习，那么你就必须准备忍受大量不适合于习惯独立思考的人的思想戒律。这里，一个高级的学位要求在指定的课程上花费的辛勤劳动与才能训练方面花费的劳动同样多。如果一个人不能把自己的全部精力集中于学位考试的训练，那么在学业结束时，他很可能发现自己被淘汰了。"于是，布尔放弃了接受高等教育的念头，而潜心致力于他自己的数学研究。1854 年，布尔发表了一部重要的著作——《思维规律研究》。在这部著作里，布尔将形式逻辑归结为代数演算，即《逻辑代数》，人们也常将其称为《布尔代数》。

逻辑是一门探索、阐述和确立有效推理原则的学科。它利用计算的方法来代替人们思维中的逻辑推理过程，最早是由古希腊学者亚里士多德（Arlstotle，公元前 384 年—前 322 年）创立的。17 世纪，德国数学家莱布尼茨就曾经设想创造一种通用的科学语言，能将推理过程像数学一样利用公式进行计算，从而得出正确的结论。由于当时社会条件的限制，他的想法并没有实现。但其思想却是现代数理逻辑部分内容的萌芽。从这个意义上讲，莱布尼茨的思想可以说是布尔代数的先驱。

布尔一生发表了 50 多篇科学论文、两部教科书和两卷数学逻辑著作。为了表彰他的卓越贡献，都柏林大学和牛津大学先后授予这位自学成才的数学家荣誉学位。布尔还被推选为英国皇家学会会员。1864 年 12 月 8 日，布尔因患肺炎，不幸于爱尔兰的科克去世，终年 59 岁。

1.3.5　信息论的创始人——香农

克劳德·艾尔伍德·香农（Claude Elwood Shannon，1916—2001，见图 1-5），美国数学家、信息论的创始人，是世界著名发明家爱迪生的远房亲戚。

图 1-5　香农

香农 1916 年 4 月 30 日出生于美国密歇根州，从小热爱机械和电器，表现出很强的动手能力。1936 年毕业于密歇根大学（University of Michigan）工程与数学系，工程与数学是他一生的兴趣所在。在麻省理工学院攻读硕士期间，他选修了布尔代数，并且幸运地得到微分分析仪研制者布什博士的亲自指导，布什曾对他预言说，微分分析仪的模拟电路必定可以用符号逻辑替代。从布尔的理论和实践中，香农逐渐悟出了一个道理——前者正是后者最有效的数学工具。

1938 年，年仅 22 岁的香农在硕士论文的基础上发表了一篇著名的论文 *A symbolic analysis of relay and switching circuits*（继电器开关电路的分析）。当时他已发现电话交换电路与布尔代数之间的类似性，把布尔代数的“真”与“假”和电路系统的“开”与“关”对应起来，用 1 和 0 表示，并证明布尔代数的逻辑运算可以通过继电器电路来实现，明确地给出了实现加、减、乘、除等运算的电子电路设计方法，从而奠定了数字电路的理论基础。哈佛大学的 Howard Gardner 教授评价说，“这可能是本世纪最重要、最著名的一篇硕士论文。”

1940 年，香农在麻省理工学院获得数学博士学位，1941 年进入贝尔实验室工作，在 AT&T 贝尔实验室里度过了硕果累累的 15 年。他用实验证实了完全可以用继电器元件制造出能够实现布尔代数运算功能的计算机。1948 年，香农发表了至今还在闪烁光芒的论文 *Mathematical theory of communication*（通信的数学原理），1949 年发表了 *Communication theory of secrecy systems*（保密系统的通信理论）。他用统计的方法建立了通信系统中信源信息的度量、信息到容量的度量以及保障通信系统信息传输有效性和可靠性的“香农定理”，这是一项划时代的伟大贡献，为自己赢来了“信息论之父”的桂冠。1956 年，他参与发起了达特茅斯学院（Dartmouth College）人工智能会议，成为这一新学科的开山鼻祖之一。他不仅率先把人工智能运用于计算机下棋方面，而且发明了一个能自动穿越迷宫的电子老鼠，以此证明人工智能的可行性。

2001 年 2 月 26 日，这位信息论的创始人与世长辞，享年 85 岁。香农一生中获得过许多的荣誉和奖励：他是美国国家科学院院士、美国国家工程院院士、英国皇家学会会员、美国哲学学会会员，并获得 1949 年 Morris 奖、1955 年 Ballantine 奖、1962 年 Kelly 奖、1966 年的国家科学奖章、IEEE 的荣誉奖章、1978 年 Jaquard 奖、1983 年 Fritz 奖、1985 年基础科学京都奖等，不胜枚举。

1.3.6　计算机科学之父——图灵

阿兰·麦席森·图灵（Alan Mathison Turing，1912—1954，见图 1-6），著名数学家、逻辑学家、计算机科学家——现代计算机思想创始人，被誉为“计算机科学之父”和“人工智能之父”。

图 1-6　图灵

图灵 1912 年 6 月 23 日出生于伦敦郊区的帕丁顿（Paddington），从小就表现出很强的数学演算能力。1931 年中学毕业后，进入剑桥大学国王学院（King's College）学习数学，4 年的大学学习给他打下了坚实的数学基础。1935 年，图灵开始对数理逻辑（mathematical logic）发生兴趣。数理逻辑又称为形式逻辑（formal logic）或符号逻辑（symbo1ic logic），是逻辑学的一个重要分支。数理逻辑用数学方法，也就是用符号和公式、公理的方法去研究人的思维过程、思维规律，其目的是建立一种精确的、普遍的符号语言，并寻求一种推理演算，以便用演算去解决人如何推理的问题。自 17 世纪以来，许多数学家和逻辑学家进行了大量的研究，使数理逻辑逐步完善和发展起来，许多概念开始明朗起来。但是，“计算机”到底是怎样的一种机器，应该由哪些部分组成，如何进行计算和工作，在图灵之前没有人阐述过。

1936 年，图灵发表了著名的论文《论可计算数及其在判定问题中的应用》（*On computable numbers with an application to the encryption problem*）。在这篇论文中，他第一次回答这些问题。图灵提出的计算抽象模型被后人称为“图灵机”（Turing Machine）。图灵的论文发表后，立刻引起计算机科学界的重视。美国普林斯顿大学立即向图灵发出邀请，图灵首次远涉重洋，来到美国与丘奇合作，并于 1938 年在普林斯顿大学取得博士学位。他博士论文课题是《基于序数的逻辑系统》（*Systems of logic based on ordinals*）。在此期间，图灵还研究了布尔逻辑代数，自己动手用继电器搭建逻辑门电路组成了乘法器。在美国期间，图灵还与计算机科学家冯·诺依曼相识。1938 年，图灵回到剑桥大学。

第二次世界大战爆发后，图灵正值服兵役年龄而参军，在英国外交部通信处从事破译德军密码的工作。他用继电器研制的译码机(后来改用电子管，命名为 Colossus)破译了德军不少 Enigma 密报，为盟军夺取最后的胜利作出了贡献，图灵也因此而授勋。战后，图灵来到了英国国家物理实验室（National Physical Laboratory，NPL）新建立的数学部（Mathematics Division）工作，开始了设计与制造电子计算机的宏大工程。他根据自己在计算模型方面的理论研究成果，提出了一个计算机设计方案——ACE（Automatic Computing Engine）；经过英国皇家学会的专家评审，通过了这一设计方案。ACE 是一台串行定点计算机，字长 32b，主频 1MHz，采用水银延迟线作存储器，是一种存储程序式计算机。图灵在设计 ACE 时的存储程序思想并非受冯·诺依曼论文的影响，而是他自己的构思。

1948 年，图灵离开了 NPL，去了曼彻斯特大学皇家学会计算实验室（Royal Society Computing Laboratory）工作。图灵离开 NPL 以后，由詹姆斯·威尔金森（James H.Wilkinson，1919—1986）负责 ACE 项目，ACE 样机（Pilot ACE）于 1950 年 5 月完成。在此期间，图灵参与了 Mark-Ⅰ计算机的研制，与他人合作设计了纸带输入输出系统，还编写了程序设计手册。

1950 年 10 月图灵发表了《计算机与智能》（*Computing machinery and intelligence*）的论文。在这篇经典论文中，图灵进一步阐明了计算机可以具有智能思想，并提出了一个测试机器是否有智能的方法，即“图灵测试”。由于图灵取得的一系列杰出成就，1951 年图灵被选为英国皇家科学院院士。

然而，就在图灵事业步入辉煌之际，灾难降临了。1952 年，图灵离开了当时属于高度保密的英国国家物理实验室。1954 年 6 月 8 日，这天早晨，女管家走进他的卧室，发现台灯还亮着，床头上有个苹果，只咬了一小半，图灵沉睡在床上，一切都和往常一样。年仅 42 岁的图灵，永远地睡着了，不会再醒来！

经过解剖，法医断定是剧毒氰化物致死，那个苹果是在氰化物溶液中浸泡过的。图灵的母亲则说剧毒是他在做化学实验时，不小心沾上的，她的“艾伦”从小就有咬指甲的习惯。但外界的说法是服毒自杀。一个划时代的科学奇才就这样在他年富力强时无声无息地离开了这个世界，走完了他的人生。

在图灵去世后 12 年，为了鼓励那些在计算机科学研究中作出创造性贡献、推动计算机科学技术发展的杰出科学家，美国计算机学会（Association for Computer Machinery，ACM）设立了以图灵名字命名的计算机科学界的第一个奖项——图灵奖。在设立初期，奖金仅为 2 万美元，从 1989 年起增至 2.5 万美元。2015 年起，图灵奖由英特尔公司和 Google 公司赞助，奖金为 100 万美元。图灵奖对获奖条件要求极高，评奖程序又很严格，一般每年只奖励一名计算机科学家，只有极少数年度有两名合作者或在同一方面作出贡献的科学家共享此奖。因此，它是计算机界最负盛名、最崇高的一个奖项，人们把它称为计算机科学界的诺贝尔奖。虽然没有明确规定，但从实际执行过程来看，图灵奖偏重在计算机科学理论和软件方面作出贡献的科学家。

2001 年 6 月，人们为了纪念图灵，在曼彻斯特的 Sackville 公园为他建造了一尊真人大小的青铜坐像。手拿一个苹果的图灵安详地坐在一条长靠背椅上，似乎在沉思着什么。苹果（Apple）公司以咬了一口的苹果作为其商标图案（见图 1-7）就是为了纪念这位伟大的人工智能领域的先驱者——图灵。图灵被尊称为“人工智能之父”。

图 1-7　商标图案

1993 年 11 月 8 日，美国波士顿计算机博物馆举行了一次引起各界关注的“图灵测试”。1997 年 5 月，IBM 公司研制的计算机“深蓝”与国际象棋冠军卡斯帕罗夫进行了举世瞩目的国际象棋大赛，可谓“世纪之战”。而最终“深蓝”以两胜一负三平战胜了卡斯帕罗夫。这一结果让世界为之惊叹！再一次掀起了对图灵这一伟大预言的热烈讨论。今天，图灵测试已被公认为是“证明机器具有智能的最佳方法”。

事实上，图灵对计算机科学的贡献远不仅是图灵机和图灵测试。他在专用密码破译、计算机设计、计算机程序理论、神经网络和人工智能等领域进行了开拓性的研究；在量子力学、概率论、逻辑学、生物学等诸多领域都有突出贡献。正如被尊为计算机之父的冯•诺依曼一再强调的：如果不考虑巴贝奇等人的工作和他们早先提出的有关计算机和程序设计的一些概念，计算机的基本思想来源于图灵。

1.3.7　计算机之父——冯•诺依曼

约翰•冯•诺依曼（John von Nouma，1903—1957，见图 1-8），美籍匈牙利著名数学家，鉴于冯•诺依曼在发明电子计算机中所起到的关键性作用，被西方人誉为“计算机之父”。

图 1-8　冯•诺依曼

冯•诺依曼 1903 年 12 月 28 日出生于匈牙利的布达佩斯，父亲是一个银行家，家境富裕，十分注重对孩子的教育。冯•诺依曼从小聪颖过人，兴趣广泛，读书过目不忘。6 岁时就能用古希腊语同父亲闲谈，一生掌握了 7 种语言，最擅长德语，在他用德语思考种种设想时，又能以阅读的速度译成英语。他对读过的书籍和论文，若干年之后仍能将内容复述出来。

1921 年，冯•诺依曼在中学期间就崭露头角而深受老师的器重。在费克特老师的指导下合作发表了第一篇数学论文，此时冯•诺依曼还不到 18 岁。

1921—1923 年，冯•诺依曼在苏黎世大学学习，很快又在 1926 年以优异的成绩获得了布达佩斯大学数学博士学位，此时冯•诺依曼年仅 23 岁。1927—1929 年，他相继在柏林大学和汉堡大学担任数学讲师。1930 年西渡美国，接受了普林斯顿大学客座教授的职位，1931 年成为该校终身教授，1933 年转到该校的高级研究所，并在那里工作了一生。

冯·诺依曼在数学领域进行了开创性工作，并作出了重大贡献。在第二次世界大战前，他主要从事算子理论、量子理论、集合论等方面的研究。1923 年关于集合论中超限序数的论文，显示了冯·诺依曼处理集合论问题所特有的方式和风格。他把集合论加以公理化，他的公理化体系奠定了公理集合论的基础。他从公理出发，用代数方法导出了集合论中许多重要概念、基本运算、重要定理等。特别是在 1925 年的一篇论文中，冯·诺依曼指出了任何一种公理化系统中都存在着无法判定的命题。

1933 年，冯·诺依曼证明了局部欧几里得的紧群理论。后来，他又对算子代数进行了开创性工作，并奠定了坚实的理论基础，从而建立了算子代数这门新的数学分支，这个分支在当代的有关数学文献中均被称为冯·诺依曼代数，这是有限维空间中矩阵代数的自然推广。

1944 年，冯·诺依曼发表了奠基性的重要论文《博弈论与经济行为》，论文中包含博弈论的纯粹数学形式的阐述以及对于实际博弈应用的详细说明，如统计理论等数学思想。冯·诺依曼在格论、连续几何、理论物理、动力学、连续介质力学、气象计算、原子能和经济学等领域都做过重要的工作。

世界上的第一台电子计算机 ENIAC 是由美国科学家莫克利和埃克特等人研制的。冯·诺依曼曾是 ENIAC 的顾问，他在研究 ENIAC 计算机的基础上，针对 ENIAC 的不足之处，并根据图灵提出的存储程序式计算机的思想，于 1945 年 3 月提出了“存储程序控制”思想，1945 年 6 月，一个全新的存储程序式、被认为是现代计算机原理模型的通用计算机——电子离散变量自动计算机(Electronic Discrete Variable Automatic Computer，EDVAC)方案诞生了，而此时 ENIAC 还尚未完成。1946 年 6 月，冯·诺依曼发表了更为完善的设计报告《电子计算机装置逻辑结构初探》。在该报告中，他提出了以二进制和存储程序控制为核心的通用电子数字计算机体系结构，EDVAC 方案明确奠定了新机器由 5 部分组成，包括运算器、逻辑控制装置、存储器、输入和输出设备，并描述了这 5 部分的职能和相互关系。随后，对 EDVAC 进行了两个非常重大的改进：①采用了二进制（不但数据采用二进制，指令也采用二进制）；②建立了存储程序，指令和数据便可一起放在存储器里，并做同样处理，简化了计算机的结构，大大提高了计算机的速度。

1951 年，EDVAC 宣告完成，1952 年进行最后试验，并在美军阿伯丁弹道实验室开始正常运转。EDVAC 方案的提出和研制成功，标志着现代计算机体系的形成。冯·诺依曼对人类的最大贡献是对计算机科学、计算机技术和数值分析的开拓性工作，因此而获得很多荣誉。

1937 年，冯·诺依曼获美国数学会的波策奖；1947 年获美国总统的功勋奖章、美国海军优秀公民服务奖；1956 年，获美国总统的自由奖章和爱因斯坦纪念奖以及费米奖，被尊称为“计算机之父”。

冯·诺依曼是普林斯顿大学、宾夕法尼亚大学、哈佛大学、伊斯坦布尔大学、马里兰大学、哥伦比亚大学和慕尼黑高等技术学院等院校的荣誉博士，是美国国家科学院院士、秘鲁国立自然科学院院士。1951—1953 年，他任美国数学会主席，1954 年任美国原子能委员会委员。

1954 年夏，冯·诺依曼被发现患有癌症，1957 年 2 月 8 日在华盛顿与世长辞，终年 54 岁。冯·诺依曼逝世后，未完成的手稿于 1958 年以《计算机与人脑》为名出版。他的主要著作收集在六卷《冯·诺依曼全集》中，于 1961 年出版。

第 2 章　计算机学科体系

【问题描述】 随着计算机科学技术的高速发展和广泛应用，现已成为一门新兴的综合性学科。该学科具有自身的特点、研究范畴和人才培养要求等。了解计算机学科的基本概况，对学好该课程和后续课程具有重要的指导作用。

【知识重点】 主要介绍科学、技术与工程的基本概念、计算机学科的主要特点、计算机学科的研究范畴、计算机学科的人才培养等。了解这些内容，可以全面提高对计算机学科的认识。

【教学要求】 通过关联知识，全面了解计算机学科所涉及的相关概念、基本方法、研究范畴；通过习题解析，加深理解计算机学科的相关概念；通过知识背景，了解世界最负盛名的两位伟大科学家——牛顿和莱布尼茨的生平事迹及其在数学、物理学等领域作出的巨大贡献。

2.1　关 联 知 识

计算机学科是一门综合性很强的新兴学科，具有许多其他学科所不具备的特性，并且与其他学科的发展有着密切关系。为此，本节介绍科学、技术与工程的概念、计算机学科的主要特点、计算机学科的研究范畴、计算机学科的人才培养，这些内容是计算机学科学生必须了解和掌握的。

2.1.1　科学、技术与工程

科学（science）、技术（technology）、工程（engineering），虽然是当今时代最为常用的词汇，但在很多情况下似是而非。为此，有必要给出他们各自的定义以及彼此间的关系。

1．科学

从词源上说，“科学”一词的英文 science 源于拉丁文 scientia，意为知识和学问。在 17 世纪中叶，西方文化传入中国，science 被译为“格致”，是格物致知的简称，意为研究事物而获取知识。1893 年，康有为用“科学”替代“格致”，从此 science 被译为“科学”，且一直沿用至今。

科学有多种定义，概括地说，科学是关于自然、社会和思维的发展与变化规律的知识体系，是由人类在生产活动和社会活动中产生和发展的，是人类实践经验的结晶。同时，科学又是人类智慧的结晶，是关于自然、社会和思维发展规律的知识体系；其内容为理论化、系统化的自然知识、社会知识和思维知识的总和；其目的在于认识自然的、社会的及思维的规律；其任务是探求客观真理作为人类改造世界的指南。人类在改造自然、改造社会以及科学实验等实践活动基础上，用抽象的概念和逻辑的形式，反映自然、社会和思维中所发生的各种现象和过程，不断揭示其中的本质和规律，形成了各门科学。

科学是一种非常复杂的社会现象，需要从多方面来考察它。首先，科学是逐步发展起来的。在人类历史上，人们经过不断探索，发展成有关自然、物质、生物、心理和社会的相互关联并构成一定的体系，同时又被不断验证的思想，这样的思想称为科学思想。

以发现为核心的人类活动称为科学活动，科学活动的核心是发现新的自然现象和自然规律，提出新的理论来说明这些现象和规律，并用实验来验证其真理性。所以，对科学家而言，科学发现、追求真理与理论创新几乎是同义词，都是科学研究的范畴。

2．技术

技术是指根据生产实践经验和科学原理而发展形成的各种工艺操作方法和技能，是一种特殊的知识体系。广义地说，除操作方法与技能外，技术还包括相应的生产工具和其他物资设备，以及生产的工艺过程或作业程序、方法。技术的目的是设计和制造用于生产、运输和通信、战争、科学研究、教育、管理、医学、文化和生活等方面的工具和手段。技术的职能是运用科学原理在实践中改造世界。现代技术运用科学的原理和方法结合某些巧妙的构思和经验，开发出来的工艺方法、生产装备、仪器仪表、自动控制系统以及新产品等，是一类经过“开发”“加工”的知识、方法与技能体系。

技术活动是以发明为核心的人类活动，其特点在于突出发明与创新。技术在很大程度上有其经济属性和产业特征，是需要经过更多的资金开发出来的有经济目的或社会目的的知识系统，技术开发和创新主要是为了占领市场和追求利润，因而这也是技术活动的目的。

3．工程

工程是指将科学原理应用到生产实践中而形成的各门学科的总称，是以一种或几种核心专业知识加上相关配套的专业技术所构成的集成性知识体系。工程学的目的是在保证产品质量的前提下改进生产方式，提高劳动生产率，降低成本。工程产品不要求绝对完善，只要求在给定时间、经费和当前技术条件下，生产符合规范要求的最佳产品。工程具有很强的集成知识属性，同时具有更强的产业经济属性。工程的开发或建设，往往要比技术开发投入更多的资金，有明确的特定经济目标或特定的社会服务目标。

工程活动是以建造为核心的人类活动，但建造并不是本质目的，而是为了实现某种预定的经济目标或社会目标、满足人类物质文化需求的活动，其目的是在工程活动本身之外。

4．科学、技术与工程的关系

科学、技术与工程三者之间，既有区别，又有关联，它们之间具有如下区别和关联关系。

（1）科学与技术的关系。科学与技术相辅相成，相互作用。科学侧重于研究现象，揭示规律，技术侧重于研制应用和方法；科学是技术的依据，技术的发展需要科学理论来武装，尖端技术的突破取决于科学理论的突破，一般技术的重大改进也需要科学理论来指明方向；技术是科学的体现，它得益于科学，又向科学提出新的课题，技术是进行生产的手段，也是科学探索的手段。

（2）科学与工程的关系。工程往往是将知识集成地转换为现实生产力的关键环节，绝大多数科技成果通过各种各样的工程获得应用、集成乃至再开发，使科学技术由潜在生产力转变成现实生产力，强有力地推动着社会各行各业的发展进步。工程作为科学技术极大发展的主要载体和实际体现，正不断改变人类的生产和生活方式，不断推进社会形态与结构的演进。工程是某种形式的科学应用，例如对基础科学或技术科学的应用。由于工程是特定形式的技术集成过程和技术集成体，在这种集成的过程中，本身也蕴涵着科学问题——工程科学。科学家和工程师是截然不同的两类角色，科学家面向学术世界，工程师面向商业世界；科学家发现已有的世界，工程师创造未来的世界；科学家的成果主要表现为科学论文，工程师的成果主要表现为客户满意的产品。在计算机学科中，计算机科学侧重理论和抽象形态，计算机工程侧重工程和抽象形态，但是它们都在促进计算理论研究的深入和计算技术的发展。

（3）工程与技术的关系。工程是改造客观世界的实践活动，技术则是手段，两者的区别如下。

① 工程是各类技术的集成，没有技术就没有工程。

② 工程负载着明确的目的，蕴涵着规划和谋划，是手段和目的的综合体，而技术等价于手段。

③ 工程的本源是技巧、谋略和行动，而技术的本源是技能和知识。

④ 工程可以是静态的、物质化的存在，而技术则只能是体现在人体、书本和物质现实中的非物质化的知识和技艺。

综上所述，科学是关于自然、社会和思维的发展与变化规律的知识体系，其核心是发现；技术是指根据生产实践经验和科学原理而发展形成的各种工艺操作方法、技能和技巧，其核心是发明；工程是将科学原理应用到生产实践中去，是某种形式的科学应用，其核心是建造。

2.1.2 计算机学科的主要特点

任何学科都有自身的特点，只有充分了解各学科的特点，并针对该学科特点组织各教学环节的教学活动，才能收到良好的教学效果。计算机学科的主要特点可归纳为以下 5 个方面。

1. 学科知识体系庞大

源于对算法理论、计算模型、自动机研究的计算机科学，现已发展成“计算机学科”。该学科从算法与可计算性研究到计算机硬件与软件的研究，其知识体系庞大。从计算理论、算法基础到机器人开发、计算机视觉、智能系统以及生物信息学等，所涉及的研究内容包括寻找求解问题的有效方法、构建应用计算机的新方法以及计算机系统的设计与实现。计算机学科是各计算分支学科的基础，计算机学科学生更关注计算理论和算法基础，并能从事软件开发及其相关理论研究。

2. 抽象

抽象是指在思维中对同类事物去除其现象、次要的方面，抽取其共同、主要的方面，从而做到从个别中把握一般，从现象中把握本质的认知过程和思维方法。从计算机学科理论的发展、软/硬件模型的提出到程序设计，都需要很强的抽象能力。抽象贯穿在整个学科之中，在计算机学科课程体系的所有知识领域中都能找到抽象的示例。例如，通过对程序执行的抽象，实现进程管理；通过对内存和外存的抽象，实现虚拟存储；通过对设备的抽象，实现 I/O 控制与管理；通过对磁盘存储的抽象，实现对文件的管理；通过对用户使用计算机的抽象，实现接口管理等。

3. 严谨

在计算机学科中，严谨的逻辑思维对软/硬件开发都是相当重要的，尤其是软件开发。由于软件测试并不能保证软件正确无误，调试阶段能正常运行的软件有可能存在致命的错误并可能导致灾难性的后果。严谨的逻辑思维，会使所研制的软件体系结构清晰，调试工作量少，软件系统存在潜在错误的可能性小，因而软件系统的可靠性高。否则，即使有多年的编程实践，也很难开发出可靠的高质量软件。

4. 实践性强

计算机学科是在数学和电子学的基础上发展起来的一门新兴学科，数学的思维方法和形式化的推理是计算机学科最基本的研究方法，而电子学理论和技术构成了计算机硬件的基础。因此，计算机学科既是一门理论性很强的学科，又是一门实践性很强的学科。该学科在实践中不断提出问题、解决问题的过程，促进了理论的发展和技术的完善。与此同时，计算机学科理论通过实践活动，产生了巨大的社会效益和经济效益，影响和改变了人们生活的方方面面。

5. 与其他学科关联紧密

由于计算机学科知识体系庞大，因而该学科的发展与其他学科的发展密切相关。在计算机的发展史上，计算机硬件的发展与电子技术的发展紧密相关，每当电子技术取得突破性的进展，就会导致计算机的一次重大变革。随着科学技术的飞速发展和计算科学研究的深入，计算机学科的发展则更加依赖于其他学科的发展。例如，在新一代计算机系统的研制中，人们正在探索使用超导、光子、量子、生物等来替代目前计算机中的电子器件；为了实现人工智能，计算机采用医学中的脑细胞结构、脑神经机制。目前，与计算机学科关联最紧密的学科是哲学中的逻辑学、数学中的构造性数学、电子学中的微电子学等。在研究新一代计算机时，已涉及光电子科学、生物科学中的遗传学和神经生理学、物理和化学科学中的精细材料科学，其影响的切入点主要集中在信息存储、信息传递、认知过程、大规模信息传输的介质和机理等方面。

2.1.3　计算机学科的研究范畴

计算机学科是一门发展迅速、研究广泛的新兴学科。计算机学科研究范畴包括计算机理论、计算机硬件、计算机软件、计算机网络、计算机应用 5 个方面，是学科方法论的具体体现。

1. 计算机理论研究

计算机理论研究的内容主要包括离散数学、算法分析理论、形式语言与自动机理论、程序设计语言理论和程序设计方法学等。

（1）离散数学主要研究数理逻辑、集合论、近世代数和图论等。由于计算机所处理的对象是离散型的，所以它是计算机学科的理论基础。

（2）算法分析理论主要研究算法设计和分析中的数学方法与理论，如组合数学、概率论、数理统计等，这些理论主要运用于分析算法的时间复杂度和空间复杂度。

（3）形式语言与自动机理论研究程序设计语言以及自然语言的形式化定义、分类、结构等，研究识别各类语言的自动机模型及其相互关系。

（4）程序设计语言理论运用数学和计算机科学理论研究程序设计语言的基本规律，包括程序设计模式、虚拟机、类型系统、控制模型、形式语言文法理论、形式语义学、计算机语言学。

（5）程序设计方法学研究编制高质量程序的各种程序设计规范化方法、程序正确性证明理论等。

2. 计算机硬件研究

计算机硬件研究的内容主要包括元器件与存储介质、微电子技术、计算机组成原理、计算机体系结构和微型计算机技术等。

（1）元器件与存储介质研究构成计算机硬件的各类电子的、磁性的、机械的、超导的元器件和存储介质。

（2）微电子技术研究构成计算机硬件的各类集成电路、大规模集成电路、超大规模集成电路芯片的结构和制造技术等。

（3）计算机组成原理研究通用计算机的硬件组成结构以及运算器、控制器、存储器、输入输出设备等各部件的构成和工作原理。

（4）计算机体系结构研究计算机软硬件的总体结构、计算机的各种新型体系结构（如精简指令系统计算机、并行处理计算机系统、共享存储结构计算机、集群计算机、网络计算机等）以及进一步提高计算机性能的各种新技术。

（5）微型计算机技术研究使用最广泛的微型计算机的组成原理、结构、芯片、接口电路及其应用技术。

3. 计算机软件研究

计算机软件是相对于计算机硬件而言的，计算机软件研究的内容主要包括程序设计语言、算法设计、数据结构、编译原理、操作系统、数据库管理系统、软件工程学、可视化技术等。

（1）程序设计语言研究数据类型、操作、控制结构、引进新类型和操作机制。根据实际需求选择合适、新颖的程序设计语言，以完成程序设计任务。

（2）算法设计研究计算机领域及其他相关领域中的常用算法的设计方法并分析其时间复杂度和空间复杂度，以评价算法的优劣。

（3）数据结构研究数据在计算机中的表示和存储方法、抽象的逻辑结构及其定义的各种基本操作。数据的逻辑结构常常采用数学描述的抽象符号和有关的理论。

（4）编译原理研究程序设计语言中的词法分析、语法分析、中间代码优化、目标代码生成和编译程序开发。编译程序是一个相当复杂的系统程序，计算机科学家为了实现编译程序的自动生成，做了大量工作。随着编译技术的发展，编译程序的生成周期在逐渐缩短，但其工作量仍然很大，而且工作艰巨。人们的愿望是尽可能多地把编译程序的生成工作交给计算机去完成，让编译程序自动控制或自动生成编译程序。

（5）操作系统研究操作系统的逻辑结构、并发处理、资源分配与调度、存储管理、设备管理、文件系统等。

（6）数据库管理系统研究数据库基础理论、数据库安全保护、数据库模型、数据设计与应用和数据库标准语言等。

（7）软件工程学研究软件过程、软件需求与规格说明、软件设计、软件验证、软件演化、软件项目管理、软件开发工具与环境、形式化方法、软件可靠性、专用系统开发。

（8）可视化技术研究如何用图形和图像来直观地表征数据，不仅要求计算结果的可视化，而且要求计算过程的可视化。

4. 计算机网络研究

计算机网络技术与数据库技术是计算机的典型应用技术，计算机网络技术研究的内容主要包括网络组成、数据通信、体系结构、网络服务和网络安全等。

（1）网络组成研究局域网、广域网、Internet、Intranet 等各种类型网络的拓扑结构、构成方法和接入方式。

（2）数据通信研究实现连接在网络上的计算机之间进行数据通信的介质、传输原理、调制与编码技术、数据交换技术和差错控制技术等。

（3）体系结构研究网络通信双方必须共同遵守的协议和网络系统中各层的功能、结构、技术和方法等。

（4）网络服务研究如何为计算机网络的用户提供方便的远程登录、文件传输、电子邮件、信息浏览等服务。

（5）网络安全研究计算机网络的设备安全、软件安全、信息安全以及病毒防治等技术，以提高计算机网络的可靠性和安全性。

5. 计算机应用研究

计算机应用研究的内容主要包括软件开发工具、完善现有的应用系统、开拓新的应用领域、人-机交互等。

（1）软件开发工具研究软件开发工具的有关技术，如程序调试技术、代码优化技术、代码重用技术等。

（2）完善现有的应用系统研究根据新的技术平台和实际情况对已有的应用系统进行升级、改造，使其功能更强大，更加便于使用。

（3）开拓新的应用领域研究如何打破计算机传统的应用领域，扩大计算机在国民经济以及社会生活中的应用范畴。

（4）人-机交互研究人与计算机的交互和协同技术，如图形用户接口设计、多媒体系统的人机接口等。为用户使用计算机提供一个更加友好的环境和界面，使人与计算机能更好地共同完成预定的任务。

2.1.4　计算机学科的人才培养

计算机科学技术的高速发展及其对社会各领域的广泛渗透，给计算机学科专业人才带来了极大的发展机遇，同时也使计算机学科专业人才面临着新的挑战。社会越发展，对人才的要求越高，包括基本素质要求、业务能力要求、事业责任要求、法律法规要求等。因此，*Computer Science Curricula 2013*（CS2013）和中国计算机科学与技术学科教程（CCC2002）不仅提出了学科课程体系规范，还要求学生了解社会需求、职业规范和相关法律法规，即“社会与职业问题”。本节从计算机学科人才培养出发，结合我国相关法律法规，进行全面描述。

1. 基本素质要求

为了适应社会发展和国家发展的战略目标，人才培养要面向现代化、面向世界、面向未来，而置于首位的是素质要求。对于计算机学科专业人才的培养，应具有以下 7 个方面的素质要求。

（1）品德素质（moral quality）。品德素质是指建立正确的人生观、世界观和道德观，有强烈的国家民族认同感和使命感，强烈的事业心和责任感，较强的组织纪律性，高尚的道德品质，良好的哲学修养，自觉遵守职业道德和行为规范。作为一个专业技术工作者，应有严谨求实的科学态度、一丝不苟的工作作风、勇于探索的进取精神，这些是计算机学科专业人才所必须具备的素质要求。

（2）心理素质（psychological quality）。心理素质指有较强的自信心、坚韧不拔与持之以恒的毅力和意志力、较强的自我控制能力与承受挫折的能力、正常的人际关系；习惯于接受挑战、乐于接受新鲜事物、适应环境的变化、由依赖性转为独立性、由从众转为具有个性和独立性、由他律转为自律等。良好的心理素质是从事和开展各项工作的基础。

（3）业务素质（professional quality）。业务素质是指计算机从业者的能力素质，这种能力包括基础知识、运用工具或技术的能力。其中，基础知识是指计算机学科专业知识，如算法基础、离散结构、计算机原理、数据库原理等；运用工具或技术的能力是指基础知识的应用，如熟练掌握计算机语言、操作系统、工具软件等。也有人将这种业务素质归属于信息文化、信息素养或信息素质（information literacy）的范畴。

信息素质概念最早是由美国信息产业协会主席保罗·泽考斯基 1974 年提出来的。它是指在各种信息交叉渗透、技术高度发展的社会中，人们所具备的信息处理实际技能和对信息进行筛选、鉴别和使用的能力，包括信息的敏锐意识（对信息内容、性质的分辨和对信息的选择达到高度自觉的程度），信息能力（获取、传递、处理和应用信息的能力），崇高的信息道德等。

（4）人文素质（humanistic quality）。人文素质在计算机学科专业人才培养中具有非常重要的作用，计算机学科学生必须了解相关领域科学家对本学科和人类科学技术的发明、创造和贡献，这样才能开阔专业视野。人文是一种文化，具有动态特性。例如，今天的计算机不再仅为一种计算工具，而是成为一种计算文化，计算机课程的“教”与“学”不应简单地归结为工具性和应用性，而应将它放在广阔的社会文化背景中加以研究，深刻认识计算机文化教育在人才培养中的重要作用，特别是在培养思维能力方面的作用。

（5）智能素质（intelligent quality）。智能素质是指合理的知识结构与储备，自学能力，创造能力，对外界事物变化和机遇的快速反应能力，组织管理能力，获取、传递、处理信息能力，社交和与人合作的能力等。所有这些，可以通过计算思维能力的培养和提高来达到，计算思维能力培养的核心是问题求解能力的培养，而问题求解能力实际上就是分析问题和解决问题的能力，它是智能素质的具体体现。

（6）身体素质（physical quality）。身体素质是指健康的体魄、全面发展的体能，增强身体的灵活性、毅力、耐力、适应力，以及良好的生活习惯和生活规律。无论哪一类学生，都应有良好的身体素质，这是一切事业的前提。

（7）职业道德素质（professional moral quality）。道德是社会意识形态长期进化而形成的一种制约，是一定社会关系下调整人与人之间、人与社会之间行为规范的总和。职业道德是指与人们的职业活动紧密联系的符合职业特点所要求的道德准则、道德情操与道德品质的总和。计算机学科的特殊性为其道德赋予了很多独特的内涵，也给每个计算机学科从业者的行为规范划定了范围。计算机学科职业道德素质是指在计算机科学技术行业及其应用领域所形成的社会意识形态和伦理关系中存在的人与人之间、人与知识产权之间、人与计算机之间、人与社会之间行为规范的总和。

ACM 和 IEEE-CS 颁布的 *Computing Curricula 2001* 要求计算机学科的学生在了解专业的同时，也应了解社会，强调应当使学生在与计算机领域相关的社会和道德方面受到锻炼；强调应该用足够的时间来研究社会与专业关系方面的问题；强调计算机学科的学生应了解计算机学科所固有的文化、社会和道德方面的基本问题；强调计算机学科对其他学科和国民经济的作用；强调学生自身在计算机学科中的作用，认识到哲学研究、技术问题和美学价值对本学科的重要作用等。世界知名的计算机道德规范组织（IEEE-CS/ACM）软件工程师道德规范和职业实践联合工作组（Software Engineering Code of Ethics and Professional Practice，SEEPP）曾就此专门制定了职业道德规范。

2．业务能力要求

当今信息社会，信息技术发展日新月异，IT 产业成为国民经济中变化最快的产业。因此，要求计算机学科专业人才具有较高的综合素质和创新能力，并对于新技术的发展具有良好的适应性。计算机学科专业人才的业务能力（知识与素质）要求主要包括以下 4 方面。

（1）知识结构要求。随着 IT 产业的飞速发展，计算机学科的专业人才必须具有与 IT 产业相适应的知识结构。

① 人文社会科学知识：既包括政治理论知识、军事理论知识、法学知识、伦理道德知识，还应包括文化艺术、历史知识等。

② 数学物理知识：既是学好专业知识和相关专业知识的前提，也是进一步提升的基础。

③ 专业知识：包括专业基础知识、专业理论知识和专业技术知识。

④ 外语知识：良好的外语知识为翻阅资料、技术交流和出国考察等奠定良好的基础。

⑤ 相关专业知识：IT 产业涉及的技术面很宽，相关专业知识面越宽，则适应性越强。

（2）实践能力要求。通过对各类计算机应用的职业岗位所必备的基础知识和通用技能、专业特殊技能、职业道德规范进行分析，可以抽象出计算机学科专业学生必须具备以下 5 种基本实践能力。

① 基本动手能力：具有安装硬件和软件系统、系统设置和解决常见故障的能力。

② 文字处理能力：具有快速录入文字、编辑文稿、打印常见格式文本的能力。

③ 数据处理能力：具有正确使用计算机保存数据的能力及使用计算机管理数据的能力。

④ 程序设计能力：具有正确的程序设计思想方法和编写简单实用程序的能力。

⑤ 信息处理能力：具有使用现代信息工具搜集、整理、保存有用信息的能力，并具有使用现代信息工具自学新知识、新技能的能力。

（3）程序设计能力要求。计算机学科所有专业，都应具备程序设计和软件开发能力，即不论是作为高级程序员、系统分析员，还是软件项目设计者，都应具备以下能力。

① 需求分析能力。对于程序员而言，理解需求就可以编写合格的代码，但是对于研发项目的组织和管理者，他们不但要理解客户需求，还要自行制定一些需求。

② 项目设计方法和流程处理能力。程序设计者必须能够掌握两至三种项目设计方法，例如，面对过程方法、面向对象方法、可视化方法等，并且能够根据项目需求和资源搭配，选择合适的设计方法进行项目的整体设计。

③ 复用设计和模块化分解能力。对于从事模块任务的程序员，需要对所面对的特定功能模块的复用性进行考虑；对于系统分析人员，需要对整体系统按照模块化分解为多个可复用的功能模块和函数，并对不同的模块给出设计需求。

（4）自我完善能力要求。作为计算机科学技术从业人员，不仅要有坚实的专业基础知识，还应具有良好的自我完善提高的要求，这样才能满足实际工作的需要。具体说，应该具备以下 6 个方面的能力。

① 自学能力。一个人的知识宽度和深度固然重要，而获取知识的愿望与能力更重要。在 IT 领域，往往一种新技术可能仅仅在两三年内具有领先性，而在五六年后可能已过时、落后。因此，必须不断学习新技术，掌握新技能。要树立“终身学习”的概念，要紧跟新技术，看清技术的发展方向，时刻准备着面对业界瞬息万变的变化。同时，信息的筛选能力也显得格外重要。

② 表达能力。任何工作都离不开对其内容的描述和表达，包括文字表达和语言表达。对于计算机学科专业人员，还应具备英语的听、说、写、译的能力。表达能力是信息交互的基础。

③ 交际能力。任何一个科学技术人员，都不可避免要进行社会交际、技术交流、技术合作、业务洽谈。事实上，善于人际交流的人，还能获得大量有用信息、开阔眼界、激发创作灵感等。

④ 协作能力。现在的应用系统规模越来越大，大系统的开发往往由若干个人共同完成，即既有分工，又有合作。愉快的合作与交流，营造轻松的工作氛围和团队精神，对开发项目的顺利完成至关重要。善于与他人技术协作，被视为当代科学技术人员的重要素质之一。

⑤ 组织能力。作为一个专业人员，不仅要具备良好的专业素质，还应具备开展学术研究、学术交流、技术开发、技术鉴定等的组织能力，这也是专业技术人员必备的素质要求。在完成一个工程项目时，项目设计者或研发负责人必须认真组织和管理，最大化地发挥团队的整体力量。

⑥ 创新能力。计算机科学技术发展极为迅速，并且不断渗透到各个学科领域中。作为计算机学科专业从业者，要具有开拓创新意识和能力，将计算机科学中的前沿技术引入相关学科领域中，利用计算机科学技术知识解决相关领域中的问题和实行技术创新。

3. 事业责任要求

由于计算机科学技术的特殊性，除了具备良好的基本素质、职业习惯、业务能力之外，还必须具备良好的事业责任心。事业责任心主要包括以下两个方面。

（1）强烈的社会责任感。计算机学科的培养方向是以计算机专业为职业的专业人才，他们不能仅将职业视为一种谋生手段，更要承担一份社会责任和担当，充分认识到计算机学科教育在社会发展和社会伦理方面的责任性。首先，充分认识发展计算机科学技术对推动国家现代化建设大业的重大意义，充分认识自己肩负的任务的艰巨性，以高度的热情和献身精神为计算机事业的发展多做贡献；与此同时，要充分认识信息的安全性和保密性、信息对社会的冲击、专业组织的作用及社会责任、个人的局限性、专业发展的连续性、专业在教育方面的作用等，牢固树立以社会发展为己任的责任担当。

（2）良好的技术安全意识。在使用计算机的过程中可能面临风险，包括硬件故障和软件错误、计算机病毒、不同使用者无法预见的相互影响、安全风险、侵犯隐私权和违背伦理的用法、使用错误、系统错误等。

虽然通过计算机安全模块所构筑的信息安全屏障逐渐增多，但计算机犯罪却仍然十分猖獗，犯罪使用的技术手段越来越高明和巧妙。以非法入侵网络系统（黑客）、计算机欺诈、计算机破坏、计算机间谍、计算机病毒、信用卡犯罪为代表的计算机犯罪对社会造成了巨大的损失。近年来，白领犯罪事件频发，例如，通过计算机网络入侵盗窃工商业机密、信用卡伪造与犯罪、修改系统关键数据、植入计算机病毒、独占系统资源与服务等，每年给全球造成的损失达 150 亿美元之巨。

伴随着 Internet 网络发展所带来的计算机资源共享的巨大利益，信息安全成为日益受到社会和公众关注的重要问题。作为计算机学科专业的学生，应该了解信息的重要性，不断提高信息安全防范意识，在金色、黑色和黄色的信息洪流面前，提高警惕，保持自律。

4. 法律法规要求

随着信息产业时代的到来，整个世界都在发生着深刻而迅速的变化。特别是由互联网、物联网、云计算、大数据所带来的社会变革，以超乎想象的威力和速度冲击着社会的各个层面。同时，也因此而产生了许多现实世界中不曾预料的矛盾与纠纷，如知识产权、软件著作权、软件盗版、网络隐私、计算机犯罪、计算机安全等，都向司法工作提出了不曾有的新挑战，亟待法律进一步去规范和解释。网络社会需要进一步的法律规范，要求人们了解与此相关的法律知识，遵守相关的法律法规。在计算机科学技术领域所涉及的法律法规主要有以下 6 个方面。

（1）知识产权（intellectual property rights）。知识产权是指人类通过创造性的智力劳动而获得的一项智力性财产权，是一种典型的由人的创造性劳动“知识产品”。因此，知识产权也称为“智力成果权”“智慧财产权”，它是人类通过创造性的智力劳动而获得的一项权利。随着科技产业的兴起，知识经济已成为推动经济发展的主导力量，知识产权也得到了人们更多的关注，越来越多的国家将知识产权保护提升为国家发展战略，并对知识产权进行了立法——知识产权法。

知识产权法（intellectual property law）是指因调整知识产权的归属、行驶、管理、保护等活动中产生的社会法律规范的总称。我国已加入世界知识产权组织，先后颁布、施行了《中华人民共和国商标法》《中华人民共和国专利法》《中华人民共和国民法通则》《中华人民共和国著作权法》《中华人民共和国反不正当竞争法》等，中国知识产权保护法律体系正在逐步建立。

（2）软件著作权（software copyrights）。著作权是指作品作者根据国家著作权对自己创作的作品依法享有专利权利，它是公民、法人或非法人单位按照法律对自己文学、艺术、自然科学、工程技术等作品所享有的人身权利和财产权利的总称。因此，计算机软件以及发布在计算机网络上的各类文化、艺术作品都在知识产权的保护范围内。我国在 1990 年 9 月颁布了《中华人民共和国著作权法》，把计算机软件列为享有著作权保护的作品；1991 年 6 月国家颁布了《计算机软件保护条例》，规定计算机软件是个人或团体的智力产品，同专利和著作一样受到法律的保护，任何未经授权的使用和复制都是非法的，按规定要受到法律的制裁。

软件著作权是指软件权利人最主要的权利，2002 年 1 月 1 日施行了新的《计算机软件保护条例》，进一步规范了软件著作权，对软件著作权的限制更加合理，明确规定了侵犯软件著作权的法律责任。目前最主要的侵权表现为擅自复制程序代码和擅自销售程序代码的复制品。相关法律法规的具体内容可以浏览中国网：http:/www.china.org.cn/chinese/index.htm。

（3）软件盗版（software piracy）。盗版是指在未经版权所有人同意或授权的情况下，对其拥有著作权的作品、出版物等进行复制、再分发的行为。软件盗版是指非法复制受版权保护的软件程序，假冒并发行软件产品的行为。软件盗版是一个全球性的问题，目前，我国政府和企业至今仍没有很好的解决方法，但绝不是说可以容忍盗版。我国政府也意识到盗版问题的严重性，在加强对盗版打击力度的同时，更加强调使用正版的重要性。为了促进正版软件市场的发展，打击盗版软件，整顿和规范软件市场秩序，近年来，中国政府不断出台了一系列政策措施。

（4）网络隐私（network privacy）。隐私是指不愿向他人公开或让他人知悉的有关个人生活中的一切秘密，如年龄、通信地址、个人财产等信息。网络隐私是指个人数据，私人信息，个人领域（如姓名、身份、肖像、声音、通信地址、通信内容、个人行为、他人资料等）。网络上的网民信息受到法律保护，严禁被他人非法侵犯、知悉、收集、复制或公开等。

（5）计算机犯罪（computer crime）。计算机犯罪是指因计算机技术和知识起基本作用而产生的非法行为，或是在数据处理过程中，任何非法的、违反职业道德的、未经允许的行为都视为计算机犯罪。由于计算机网络的广泛应用，使得计算机网络犯罪已成为社会的一大公害，需要严厉打击。2000 年 11 月 1 日颁布了《中文域名注册管理办法（试行）》，保证和促进了中文域名的健康发展，规范了中文域名的注册和管理。

（6）计算机安全（computer safety）。国际标准化委员会对计算机安全的定义是“为数据处理系统建立和采取的技术和管理的安全防护，保护计算机硬件、软件和数据不因偶然的或恶意的原因而遭到破坏、更改或显露”。保护方式可分为信息安全技术和计算机网络安全技术：信息安全技术包括操作系统的安全防护、数据库的维护、访问控制和密码技术等；计算机网络安全技术包括防止网络资源的非法泄露、修改和遭受破坏，常用的技术措施有防火墙、数据加密、数字签名、数字水印和身份认证等。

2.2 习题解析

本章习题主要考查学生对计算机学科相关概念的理解程度。通过习题解析，进一步加深对计算机学科基本概念及其学科形态的了解。

2.2.1 选择题

1. 广义科学是所有科学的总称，可概括为3类：自然科学、人文科学和（　　）。

A. 社会科学　　B. 信息科学　　C. 理论科学　　D. 计算科学

【解析】 如果按照人类认知的广度和目标不同，可分为狭义科学和广义科学。其中：狭义科学专指自然科学，有时甚至直指基础理论科学；广义科学是所有科学的总称，可概括为自然科学、人文科学和社会科学。[参考答案] A

2. 在科学研究过程中采取各种手段和途径，这些方法并归为理论科学、实验科学和（　　）。

A. 物理科学　　B. 计算科学　　C. 仿真科学　　D. 生物科学

【解析】 科学研究是科学认识的一种活动，是人类对自然界现象的认知由浅入深、逐步深化、不断发现事物本质规律的认识过程。人们把科学研究归为理论科学、实验科学和计算科学。[参考答案] B

3. 计算机学科的根本问题是问题的可计算性、计算过程的（　　）和计算结果的正确性。

A. 能行性　　B. 有效性　　C. 准确性　　D. 快速性

【解析】 “能行性”决定了计算机本身的结构和它处理对象的离散特性，决定了以离散数学为代表的应用数学是描述计算机学科的理论、方法和技术的主要工具。[参考答案] A

4. 计算的本质是（　　）。

A. 什么是可计算的　　B. 模型是离散的　　C. 模型是数值的　　D. 问题是可编程的

【解析】 计算的本质是“什么是可计算的”？丘奇-图灵论点回答了这个问题，即图灵机能计算的问题就是可计算的。可计算问题的计算代价是计算复杂性研究的内容。今天，尽管计算机学科已成为一个极为宽广的学科，但其根本问题仍然是什么能被有效地自动计算。[参考答案] A

5. CC2005在CC2004定义了4个学科分支领域的基础上，增加了一个（　　）分支领域。

A. 离散系统　　B. 信息系统　　C. 管理系统　　D. 智能系统

【解析】 在CC2004定义了4个学科分支领域：计算机科学、计算机工程、软件工程、信息技术的基础上，CC2005增加了一个信息系统分支领域。[参考答案] B

6. 数学是研究现实世界的空间形式和数量关系的一门科学，它有3个基本特征：一是高度的抽象性；二是严密的逻辑性；三是（　　）。

A. 科学性　　B. 系统性　　C. 完整性　　D. 普遍的适用性

【解析】 一是高度的抽象性；二是严密的逻辑性；三是普遍的适用性。**[参考答案]** D

7．计算机学科是在数学和（　　）的基础上发展起来的。

A. 电子学　　B. 电工学　　C. 物理学　　D. 电路理论

【解析】 数学的思维方法和形式化的推理是计算机学科最根本的研究方法，而电子学理论和技术构成了计算机硬件的基础。**[参考答案]** A

8．从学科体系的角度，可将计算机学科的内容划分为 3 个层面：应用层、专业基础层和（　　）。

A. 专业层　　B. 技术层　　C. 理论层　　D. 专业理论基础层

【解析】 从学科体系的角度，可将计算机学科的内容划分为 3 个层面：应用层、专业基础层和专业理论基础层。专业理论基础层是指计算机科学最核心和最基础的理论，它为计算机专业基础提供理论指导或依据，主要包括计算理论和高等逻辑等内容。**[参考答案]** D

9．计算机学科的 3 个形态特征是指抽象、理论和（　　）。

A. 方法　　B. 工程　　C. 基础　　D. 设计

【解析】 计算机学科的 3 个形态特征是指抽象、理论和设计。**[参考答案]** D

10．“计算复杂性”包括时间复杂度和（　　）。

A. 算法复杂度　　B. 问题复杂度　　C. 存储复杂度　　D. 空间复杂度

【解析】 所谓“计算复杂性”，通俗地说，就是利用计算机求解问题的难易程度。它包括两个方面：一是计算所需的步数或指令条数，称为时间复杂度；二是计算所需的存储单元数量，称为空间复杂度。**[参考答案]** D

2.2.2　问答题

1. 什么是学科？

【解析】 关于学科，涉及两个重要问题，即分类与科目。① 学术的分类，指一定科学领域或一门科学的分支；② 教学的科目，指学校教学内容的基本单位。

2. 什么是计算机学科？

【解析】 计算机学科是对信息描述和变换的算法过程（包括对其理论分析、设计、效率分析、实现和应用等）进行的系统研究。

3. 计算机学科的研究主要包括哪些内容？

【解析】 计算机学科的研究，包括了从算法与可计算性的研究以及可计算硬件和软件的实际实现问题的研究。

4. 什么是学科形态？计算机学科形态包括哪些内容？

【解析】 所谓学科形态，是指从事该领域工作的文化方式。计算机学科的基本学科形态是抽象、理论和设计，它概括了计算机学科中的基本内容，是计算机学科认知领域中最基本的概念。

5. 我国的计算机科学技术学科定义了哪几个分支学科？

【解析】 我国的计算机科学技术学科定义了 4 个分支学科：计算机科学、计算机工程、软件工程、信息技术。

6. 与计算机科学技术学科应用关系最紧密的交叉学科主要有哪些学科？

【解析】 目前，与计算机科学技术学科应用关系最紧密的交叉学科主要有电子信息工程、生物医学工程、电子商务、计算机图形学等。

7．计算机科学与技术学科的研究范畴包括哪些内容？

【解析】 计算机理论研究、硬件研究、软件研究、网络研究、应用研究。

8．在计算机科学学科的知识体系中，被认为是最重要的课程的有哪些？

【解析】 是离散结构，它为计算机学科各分支领域解决基本问题提供了强有力的数学支撑。

9．数学方法在科学技术方法论中有哪些作用体现？

【解析】 数学方法在科学技术方法论中的作用主要体现在 3 个方面：一是为科学技术研究提供简洁的形式化语言；二是为科学技术研究提供定量分析和计算方法；三是为科学技术研究提供严密的逻辑推理工具。

10．计算机学科的典型问题主要有哪几类？

【解析】 计算机学科中的典型问题归为：理论意义上的不可计算问题——图论问题，现实意义上的不可计算问题——计算的复杂性，理论意义上的可计算问题——计算机智能问题，现实意义上的可计算问题——并发控制问题。

2.3 知识背景

计算机学科是一门计算的学科，计算机学科方法论中的重要方法是数学方法。在数学方法中最为重要的计算莫过于微积分计算，本节介绍微积分的创始人——牛顿和莱布尼茨。牛顿和莱布尼茨是世界范围内诸多科学家中最负盛名的伟大科学家，自然科学中的许多定理、定律都是建立在牛顿和莱布尼茨创建的相关理论基础之上的，而微积分是这些相关理论的基石。

2.3.1 近代物理学之父——牛顿

艾萨克·牛顿（Isaac Newton，1643—1727，见图 2-1），英国著名的物理学家、数学家、天文学家、自然哲学家，被誉为“近代物理学之父”。

图 2-1　艾萨克·牛顿

1643 年 1 月 4 日，艾萨克·牛顿出生于英格兰林肯郡一个小村落的伍尔索普（Woolsthorpe）庄园。在牛顿出生之时，英格兰并没有采用教皇的最新历法，因此他的生日被记载为 1642 年的圣诞节。

牛顿 5 岁（1648 年）开始上学，喜欢看一些介绍各种简单机械模型制作方法的读物，并从中受到启发，自己动手制作一些奇怪的模型，如风车、木钟、折叠式提灯等。他将老鼠绑在一架有轮子的踏车上，然后在轮子的前面放上一粒玉米，刚好那地方是老鼠可望而不可即的位置。老鼠想吃玉米，就不断地跑动，于是轮子不停地转动。又一次他放风筝时，在绳子上悬挂着小灯，夜间村人看去惊疑是彗星出现。他还制造了一个小水钟，每天早晨，小水钟会自动滴水到他的脸上，催他起床。

1661 年 6 月 3 日，牛顿进入了剑桥大学的三一学院。该学院的教学基于亚里士多德的学说，但牛顿更喜欢阅读一些笛卡儿等现代哲学家以及伽利略、哥白尼和开普勒等天文学家有关的书刊。1665 年，他发现了广义二项式定理，并开始发展一套新的数学理论，也就是后来为世人所熟知的微积分学。在 1665 年，牛顿获得了学士学位，而当时的大学为了预防伦敦大瘟疫而关闭了。在此后两年里，牛顿在家中继续研究微积分学、光学和万有引力定律。

1. 力学成就

1679 年，牛顿着重于力学研究，1684 年他将自己的成果归结在《物体在轨道中之运动》一书中。1687 年 7 月 5 日出版了《自然哲学的数学原理》，该书中牛顿阐述了其后两百年间都被视作真理的三大运动定律。牛顿使用拉丁单词 gravitas（沉重）来为现今的引力（gravity）命名，并定义了万有引力定律（Law of Universal Gravitation），把地球上物体的力学和天体力学统一到一个基本的力学体系中，创立了经典力学理论体系，正确反映了宏观物体低速运动的宏观运动规律，实现了自然科学的第一次大统一，这是人类对自然界认识的一次飞跃。由此，奠定了此后 3 个世纪里力学、天文学和现代工程学的基础。他通过论证开普勒行星运动定律与他的引力理论间的一致性，展示了地面物体与天体的运动都遵循着相同的自然定律；为太阳中心学说提供了强而有力的理论支持，并推动了科学革命。在该书中，还对基于波尔定律提出了分析测定空气中声速的方法。

2. 数学成就

牛顿对数学的巨大贡献主要体现在两个方面，一是发现了二项式定理；二是创立了微积分。1665 年，年仅 22 岁的牛顿发现了二项式定理，1676 年首次公布了二项式展开定理，这对于微积分的发展是必不可少的一步。二项式定理在组合理论、开高次方、高阶等差数列求和、差分法中有着广泛的应用。基于二项式定理的二项式级数展开式是研究级数论、函数论、数学分析、方程理论的有力工具。

微积分的创立是牛顿最卓越的数学成就。牛顿为解决运动问题，创立和物理概念直接联系的数学理论，牛顿称为“流数术”。它所处理的一些具体问题，如切线问题、求积问题、瞬时速度问题以及函数的极大和极小值问题等，在牛顿前已经得到了研究。但牛顿超越了前人，他站在更高的高度对以往分散的结论加以综合，将自古希腊以来求解无限小问题的各种技巧统一为两类普通的算法——微分和积分，并确立了这两类运算的互逆关系，从而完成了微积分发明中最关键的一步，为近代科学发展提供了最有效的工具，开辟了数学上的一个新纪元。

1704 年，牛顿发表了由许多研究成果总结成的专著《三次曲线枚举》。1707 年出版的《普遍算术》是牛顿代数讲义稿，他用大量实例说明了如何将各类问题化为代数方程，同时对方程的根及其性质进行了深入探讨，得出了方程的根与其判别式之间的关系，指出可以利用方程系数确定方程根之幂的和数，即“牛顿幂和公式”。1736 年，牛顿出版的《解析几何》中引入了曲率中心，给出了密切线圆（或称曲线圆）概念，提出曲率公式及计算曲线的曲率方法。事实上，牛顿的数学研究还涉及数值分析、概率论和初等数论等众多领域。

3. 光学成就

牛顿曾致力于颜色的现象和光的本性研究。1666 年，他用三棱镜研究日光，得出结论：白光是由不同颜色（即不同波长）的光混合而成的，不同波长的光有不同的折射率。1671 年，他在英国皇家学会上展示了自己的反射式望远镜。在皇家学会的鼓励下，牛顿发表了关于色彩的笔记，后来形成《光学》(*Opticks*)一书。在 1675 年的著作《解释光属性的解说》（*Hypothesis explaining the properties of light*）中，牛顿假定了以太的存在，认为粒子间力的传递是透过以太进行的。

1704 年，牛顿著成《光学》，系统阐述他在光学方面的研究成果，其中他详述了光的粒子理论。他认为光是由非常微小的微粒组成的，而普通物质是由较粗的微粒组成，并推测如果通过某种炼金术的转化“难道物质和光不能互相转变吗？物质不可能由进入其结构中的光粒子得到主要的动力（activity）吗?”牛顿还使用玻璃球制造了原始形式的摩擦静电发电机。

4．其他成就

1687 年，牛顿出版了其最重要著作《自然哲学的数学原理》，该书总结了他一生中许多重要发现和研究成果，其中包括上述关于物体运动的定律。牛顿的万有引力传入中国后，不只是影响了学术界，唤醒了人们对于科学真理的认识。更重要的是，也为中国资产阶级改革派发起的戊戌变法（1898 年）提供了舆论准备。康有为、梁启超和谭嗣同等人，无一例外地从牛顿学说中寻找维新变法的根据，尤其是牛顿在科学上革故图新的精神鼓舞了清朝那些希望变革社会的有志之士。

牛顿在热学方面也取得了辉煌成就，确定了冷却定律，即当物体表面与周围有温差时，单位时间内从单位面积上散失的热量与这一温差成正比。由于牛顿一生在众多领域做出了巨大贡献，因而也获得了许多荣誉。1727 年 3 月 20 日牛顿在巴黎病逝，享年 85 岁。

2.3.2　微积分学创始人——莱布尼茨

戈特弗里德·威廉·莱布尼茨（Gottfriend Wilhelm Leibniz，1646—1716，见图 2-2）是 17、18 世纪之交德国最重要的数学家、物理学家和哲学家，一个举世罕见的科学天才。他博览群书，涉猎百科，对丰富人类的科学知识宝库作出了不可磨灭的贡献。

图 2-2　莱布尼茨

莱布尼茨出生于德意志联邦共和国东部莱比锡的一个书香之家，父亲是莱比锡大学的道德哲学教授，母亲出生在一个教授家庭。莱布尼茨的父亲在他年仅 6 岁时便去世了，给他留下了丰富的藏书。莱布尼茨因此得以广泛接触古希腊罗马文化，阅读了许多著名学者的著作，由此而获得了坚实的文化功底和明确的学术目标。15 岁时，他进入莱比锡大学学习法律，一进校便跟上了大学二年级标准的人文学科的课程，还广泛阅读了培根、开普勒、伽利略等人的著作，并对他们的著述进行深入的思考和评价。在听了教授讲授欧几里得的《几何原本》的课程后，莱布尼茨对数学产生了浓厚的兴趣。17 岁时他在耶拿大学学习了短时期的数学，还获得了哲学硕士学位。

20 岁时，莱布尼茨转入阿尔特道夫大学。这一年，他发表了第一篇数学论文《论组合的艺术》，在获得博士学位后便投身外交界。从 1671 年开始，他利用外交活动开拓了与外界的广泛联系，尤以通信作为他获取外界信息、与人进行思想交流的一种主要方式。在出访巴黎时，莱布尼茨深受帕斯卡事迹的鼓舞，决心钻研高等数学，并研究了笛卡儿、费尔马、帕斯卡等人的著作。

莱布尼茨在数学方面的成就首先是创始微积分。微积分思想最早可以追溯到希腊由阿基米德等人提出的计算面积和体积的方法。1665 年牛顿始创了微积分，莱布尼茨在 1673—1676 年发表了微积分思想的论著。之前，微分和积分是作为两类数学问题分别加以研究的，莱布尼茨和牛顿将积分和微分联系起来，微分和积分是互逆的两种运算，这是微积分建立的关键所在。

然而关于微积分创立的优先权，数学上曾掀起了一场激烈的争论。实际上，牛顿在微积分方面的研究虽早于莱布尼茨，但莱布尼茨成果的发表则早于牛顿。莱布尼茨于 1684 年 10 月发表在《教师学报》上的论文《一种求极大极小的奇妙类型的计算》，在数学史上被认为是最早发表的微积分文献。牛顿在 1687 年出版的《自然哲学的数学原理》的第一版和第二版中写道："十年前，在我和最杰出的几何学家莱布尼茨的通信中，我表明我已经知道确定极大值和极小值的方法、作切线的方法以及类似的方法，但我在交换的信件中隐瞒了这些方法，……这位最卓越的科学家在回信中写道，他也发现了一种同样的方法，并且阐述了他的方法，他与我的方法几乎没有什么不同，除了他的措辞和符号之外。"后来人们公认牛顿和莱布尼茨是各自独立地创建微积分的。

牛顿从物理学出发，运用集合方法研究微积分，其应用上更多地结合了运动学。莱布尼茨则从几何问题出发，运用分析学方法引进微积分概念、得出运算法则。莱布尼茨认识到好的数学符号能节省思维劳动，运用符号的技巧是数学成功的关键之一。因此，他发明了一套符号系统，用 dx 表示 x 的微分，用$\int$符号表示积分，$d^n x$ 表示 n 阶微分等。这些符号进一步促进了微积分学的发展。1713 年，莱布尼茨发表了《微积分的历史和起源》一文，总结了自己创立微积分学的思路，说明了自己成就的独立性。

莱布尼茨在数学方面的成就是巨大的，他的研究及成果渗透到高等数学的许多领域。他的一系列重要数学理论的提出，为后来的数学理论奠定了基础。莱布尼茨曾讨论过负数和复数的性质，得出复数的对数并不存在，共轭复数的和是实数的结论。在后来的研究中，莱布尼茨证明了自己的结论是正确的。他还对线性方程组进行研究，对消元法从理论上进行了探讨，并首先引入了行列式的概念，提出行列式的某些理论。此外，莱布尼茨还创立了符号逻辑学的基本概念，发明了能够进行加、减、乘、除及开方运算的计算机和二进制，为计算机的现代发展奠定了坚实的基础。

1716 年 11 月 14 日，莱布尼茨在汉诺威逝世，终年 70 岁。莱布尼茨的一生，在数学和物理学等方面，都取得辉煌成就。

〖**提示**〗 主教材 1.1.2 节中介绍了莱布尼茨计算器以及关于二进制的起源问题，虽然无法证明二进制数源于公元 2000 多年前中国的《易经》，但易经中的阴爻(用--表示)和阳爻(用**—**表示）相当于 0 和 1，3 个这样的符号组成 8 种形式，称为八卦。而 3 个二进制位正是表示 8 种状态，两者的数值含义是完全一致的，两者的进位关系也是完全一致的，这绝不是偶然巧合。

第 3 章　计算思维及其作用体现

【问题描述】 自计算机诞生以来，还没有哪一项技术像计算机技术如此迅猛地发展，以致改变着人们的工作方式和思维方式，这种思维方式就是计算思维。计算思维本质与计算学科形态虽然呈现的形式不同，但其目标是一致的，其宗旨是寻找通用的方法，处理类似的问题。

【知识重点】 主要介绍计算思维的 4 种表现形式：逻辑思维、算法思维、网络思维、系统思维，它们是计算思维在计算机学科领域中的应用和研究内容，为深入学习和研究提供思路。

【教学要求】 通过关联知识，了解计算思维在计算机学科研究中的研究内容；通过习题解析，加深理解计算思维的基本概念；通过知识背景，了解计算思维倡导者和相关科学家的生平事迹。

3.1　关 联 知 识

今天，计算机科学不仅为信息产业提供了完整的知识体系和科学工具，而且还提供了一种从信息变换角度有效地定义问题、分析问题和解决问题的思维方式，这就是作为计算机科学主线的计算思维。本节介绍计算思维的 4 种表现形式：逻辑思维、算法思维、网络思维、系统思维。

3.1.1　逻辑思维

逻辑是研究人类思维规律和思维形式结构的一门学科，因而通常被称作为逻辑学（logic），它是用符号化、公理化、形式化的方法来研究思维规律的科学。逻辑学最初是由古希腊著名的哲学家、科学家和教育家亚里士多德提出来的。

逻辑思维（logical thinking）又称为抽象思维（abstract thinking），是人类运用概念、判断、推理等思维方式反映事物本质与规律的认识过程，也是一种普遍的能力和思维方式。

1．逻辑思维的基本理论

在当代计算机科学中，逻辑思维或计算逻辑思维是指以布尔逻辑和图灵机为基础，精准地对解决问题的计算过程建模，定义并验证求解方法的正确性。逻辑思维的理论基础是数理逻辑、逻辑代数、逻辑电路、逻辑程序设计等。

（1）数理逻辑（mathmedical logic）。17 世纪中叶德国哲学家、数学家莱布尼茨（Leibniz）给逻辑学引进了一套符号体系，被称为数理逻辑，也称为符号逻辑（symbolic logic）或理论逻辑（theory logic）。数理逻辑是用数学方法建立一套符号体系的方法来研究推理的形式结构和规律的一门学科，包括逻辑演算、集合论、证明论、模型论、递归论等内容。数理逻辑既是逻辑学的一个分支，也是现代数学的一个分支。数理逻辑的特点是语言叙述简单明了、通俗流畅、逻辑性强，从而能对人的思维进行运算和推理。莱布尼茨对逻辑学的贡献是巨大的，被认为是数理逻辑的奠基人。数理逻辑主要包含命题逻辑和谓词逻辑，这两种逻辑构成了数理逻辑的理论基础。

（2）逻辑代数（logic algebra）。1847 年，英国数学家乔治・布尔（George Boole）建立了称为“代数逻辑”（algebraic logic）的运算法则，即利用“与”（and）、“或”（or）、“非”（not）法则来研究逻辑代数问题，从而初步奠定了逻辑代数的基础。人们为了纪念布尔的突出贡献，故将其称为“布尔逻辑”（Boole logic）。布尔逻辑用 3 个逻辑变量“与”“或”“非”表示逻辑关系，用两个逻辑值 1 和 0 表示逻辑结果的“真”与“假”。

（3）逻辑电路（logic circuit）。20 世纪 30 年代，美国学者克劳德・香农将布尔代数引入计算科学领域，并首次提出了可以用电子线路来实现布尔代数表达式。由于布尔代数只有 1 和 0 两个值，与电路分析中的“开”和“关”现象完全一致，都只有两种不同的状态，所以可以按布尔代数逻辑变量的“真”或“假”对应开关的闭合或断开。

（4）逻辑程序设计（logic programming）。应用计算机求解实际问题时，人们必须用计算机能理解的形式语言告诉它“做什么”或者是“怎么做”，而计算机理解这些语言的过程，正是按照人们赋予它的形式化规程（编译过的程序），将它们规约为自己的基本操作。在进行程序设计时，一个问题的逻辑表达式几乎就是某个程序设计语言（如逻辑程序设计语言 Prolog）的一个子程序，而用某个语言编写的程序（如数据库查询语言 SQL 程序）就是逻辑表达式。这类语言的功能特点是只要告诉它做什么，而不需要告诉它怎么做。

【实例 3-1】 设计一个判断某一年是否为闰年的程序。

【解析】 判断某一年是否为闰年的准则是符合下面两个条件之一：

① 年号能被 4 整除，但不能被 100 整除，则为闰年。

② 年号能被 4 整除，又能被 400 整除，则为闰年。

整合条件①和条件②，其逻辑表达式为

```
(年号整除 4 and (not (年号整除 100))) or (年号整除 400)
```

若逻辑值为真，则为闰年。否则，不是闰年。

设年份为 year，如果用 C 语言来表示，判断是否为闰年的逻辑表达式为

```
(year%400==0) || ((year%4==0) && (year%100!=0))
```

输入 year，根据上述逻辑表达式的值，即可得到是否为闰年的结论。

随着逻辑代数研究和应用的深入，促进了数理逻辑的发展，符号系统不断完善，逐步奠定了现代数理逻辑的理论基础，使之成为一门独立的学科。同时，也成为人工智能的奠基石。逻辑研究能够提高一个人的理解、分析、评价和构造论证的能力。

2. 逻辑思维的基本方法

“逻辑”通常指人们思考问题，从某些已知条件出发推出合理结论的规律。例如，某人的逻辑性强，就是说他善于推理，能够得出正确的结论。例如评价某人说话“前言不搭后语”，就是说话缺乏逻辑性或逻辑思维能力。那么，如何提高逻辑思维能力呢？实例 3-1 是利用数学方法实现逻辑问题求解，而现实世界中的许多问题是无法用数学公式来描述和解决的，只能用逻辑思维的思想方法来解决现实世界中的实际问题。逻辑思维的方法很多，熟悉和运用下列方法，对提高我们的逻辑思维能力和逻辑推理能力会有很大的促进作用。

（1）归纳与演绎（induction and deduction）是人类认识和辨别事物时非常重要的两种技能。其中，归纳是指从多个个别的事物中获得普遍的规律，例如黑猫、白猫、花猫，可以归纳为“猫”；

而演绎则与归纳相反，它是指从普遍性规律推导出个别性规则，例如“猫”可以演绎为黑猫、白猫、花猫等。由此可见，归纳就是从个别到一般，演绎是一般到个别，它反映了人们认识世界事物的一般规律，是科学研究中广泛应用的逻辑思维方法。马克思主义认识论认为，一切科学研究都必须运用到归纳与演绎的逻辑思维方法，例如达尔文通过大量观察、研究一切实验材料，然后进行归纳，得出“生物进化论”。

演绎推理的主要形式有“推理三段论”和“结论三段论”。

① 推理三段论就是以逻辑推理形式描述推理过程，例如逻辑学中著名的“苏格拉底三段论”。

P：所有的人都是要死的；

Q；苏格拉底是人；

R：苏格拉底是要死的。

又例如在人工智能程序中的“三段论”有：

◆ 所有 A 是 B，所有 B 是 C，则所有 A 是 C。

◆ 所有 A 是 B，所有 B 不是 C，则所有 A 不是 C。

◆ 有些 A 是 B，所有 B 是 C，则有些 A 是 C。

◆ 有些 A 是 B，所有 B 不是 C，则有些 A 不是 C。

② 结论三段论是指在解题过程中，如果具有前提，需要得出结论，则可运用文氏图法来解题。文氏图（Venn diagram）也称为韦恩图（Wayne figure），它是将逻辑关系可视化的图示方法。

【实例 3-2】 例如计算机专业一班喜欢篮球的有 18 个学生，喜欢足球的有 16 个学生，既喜欢篮球又喜欢足球的有 4 个学生，问该班总共有多少学生。通过文氏图可以很快得到答案，如图 3-1 所示。

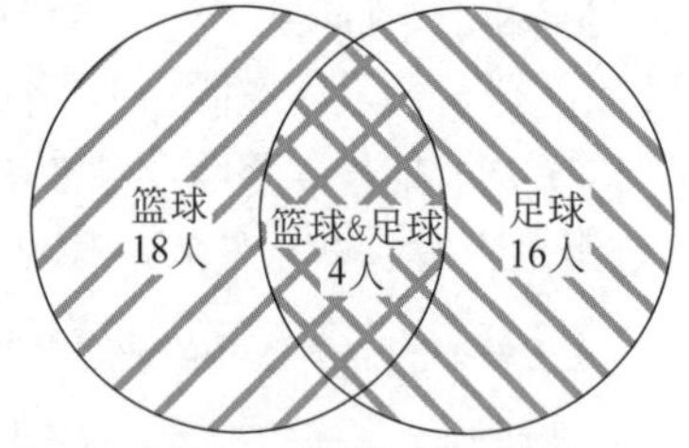

图 3-1　问题求解文氏图

【解析】 通过文氏图计算方法，可以得出计算机专业一班为

$$18-4+16=30\text{ 人}$$

（2）分析法（analysis method）是逻辑思维的基本方法，通过把事物进行分解，对事物的各个属性加以研究，是认识事物整体，掌握事物本质和规律的必要阶段。

逻辑的研究对象是思维和推理，在逻辑思维中“概念思维”是一切推理的基础，概念是反映对象特有属性或本质属性的思维形式。属性可分为本质属性和非本质属性，是事物所具有的各种性质。事物的本质属性是指对该事物具有决定意义的特有属性，而非本质属性是指对该事物不具有决定意义的其他属性。例如，对于“人”这个概念来说，能思维并能创造和使用工具是其基本属性，是“人”区别于动物的根据所在，至于有脚、能走、有生命等，则属于非本质属性。

“概念思维”及其“属性”是逻辑思维分析法中的重要概念。分析法解题的关键是“将条件用尽”，即对问题所给的条件逐个列出，并且分析其中的隐含条件。运用分析法，可以使看上去很复杂的问题变得很简单，它对提高人们缜密的推理有很大的帮助。

【实例 3-3】 我国古代数学家张丘建在《算经》一书中提出了：鸡翁一，值钱五；鸡母一，值钱三；鸡雏三，值钱一，百钱买百鸡，问翁、母、雏各几何？

【解析】 若公鸡每只 3 元，母鸡每只 5 元，小鸡每三只 1 元，求 100 元买 100 只鸡有多少种方案，它是穷举算法的典型实例。设公鸡为 x，母鸡为 y，小鸡为 z，可列出其联立方程如下：

$$\begin{cases} x+y+z=100 \\ 3x+5y+z/3=100 \end{cases}$$

两个方程中有 3 个变量，因而是不定式求解。虽然两个方程式不可能解出 3 个确定的未知数，但只要对上述有限集合中 $1\leqslant x<33$，$1\leqslant y<20$，$3\leqslant z<100$，$z \bmod 3=0$ 的 x，y，z 的各种组合值进行试算，只要结果符合两个表达式的值都为 100，就记录有一种方案。

对于这类不确定性问题的求解，若利用穷举算法，则可以得出多个答案。这就是“将条件用尽”的含义所在。

（3）排除法（exclusive method）是指排除掉不可能的，剩下的总会有正确的。福尔摩斯说过：“当排除了所有其他可能性，还剩一个时，不管有多么地不可能，那都是真相。”所以在面对多项选择时，排除法是快速判断的有效方法。正确运用排除法，往往能收到事半功倍的效果。

【实例 3-4】 一位幼儿园的老师带着 7 位小朋友做一个有趣的智力游戏，她让 6 位小朋友围坐成一圈，让另一位小朋友坐在中央，并拿出 7 顶帽子，其中 4 顶白色的，3 顶黑色的。老师用眼罩蒙住 7 位小朋友的眼睛，并将 7 顶帽子分别戴在 7 位小朋友的头上，然后揭开围坐在圈上的 6 名小朋友的眼罩。这时，老师说：现在你们 7 人猜一猜自己头上戴的帽子的颜色。由于坐在中央的小朋友的遮挡，每个小朋友只能看到 5 个人的帽子。静思了好一会儿之后，坐在中央的、仍然被蒙住眼睛的小朋友举手说“我猜到了”。那么，这位小朋友是怎样猜到自己头上帽子的颜色的呢？

【解析】 对于周围 6 个小朋友，如果这 6 人中有人能看到 4 顶白帽子，那么就能肯定自己戴的是黑帽子；如果能看到 3 顶黑帽子，便能判断出自己戴的是白帽子。既然这 6 个人都无法确定出自己所戴的帽子的颜色，那么就可以推测出每一个人和对面的人（被遮住看不到的那个人）帽子颜色不同，所以一圈 6 人必然是三白三黑，于是位于中央的这位小朋友自己戴的帽子无疑是白色。

（4）假设法（hypothesis method）是作为判断事物真假的一个重要思维方法，具有极其广泛的应用价值。在现实世界中，会常常遇到一些难以决策或难以确定的问题。在此情况下，不妨给出一个假设，然后由该假设列出可能会出现的结果。如果该结果不是我们想要的或所希望的，也就在无形中排除掉了某些可能性。当然，这种假设必须是逻辑性的、合理的。如果假设与真实问题南辕北辙，那么，假设就变得毫无意义了。

【实例 3-5】 有一对孪生兄弟，他们两人能听懂别人的话但却说不出话来，所以在他们回答别人的问题时，只能用点头或摇头来表示。其中，兄（甲）惯说假话，不说真话；弟（乙）却惯说真话，不说假话。有一天，兄弟两人在一个交叉路口处玩耍，此交叉路口一条通往县城（A），一条通往乡镇（B）。此时对面走来一个外地人，向这兄弟俩询问去县城走哪一条路，这兄弟俩有摇头的，也有点头的，因此使这个问路人不知所云，无所适从。面对这种情况，该如何是好呢？

【解析】 面对这种情况，这个问路人只好问其中一个人，看另一个人的反应。问路人只要站在 A、B 任一条路上，对着兄弟俩其中一个人问：我去县城走哪条路，看另一个人怎么回答。对此，我们会得到如表 3-1 所示答案。

表 3-1　问题答案

被询问者	X	Y	被询问者	X	Y
X 为甲（路对）	摇头	点头	X 为乙（路对）	摇头	摇头
X 为甲（路错）	点头	摇头	X 为乙（路错）	点头	点头

由表 3-1 可知，如果两个人答案不一样，说明被问的这个人是甲，那根据另一个的反应去选择就可以了；如果两个人答案一样，则说明被问的人是乙，两个人都摇头，这条路就选对了；如果两个人都点头，这条路就选错了。

逻辑思维能力是指遵循逻辑规则进行思考的能力，一个人逻辑思维能力并不是与生俱来的，它需要有一个长期的训练过程，在长期的训练中不断提高。例如，从事数学工作或计算机编程工作的人，其逻辑思维能力通常比从事其他工作的人逻辑思维能力要强。

3.1.2　算法思维

假设已经知道一个问题是可计算的，但可能存在许多计算过程去解决该问题，那么如何确定（选择）计算过程呢？算法思维的目的就是找出求解该问题的巧妙计算过程，使得计算时间短、使用的计算资源少，而巧妙的计算过程所体现的方法称为算法，这种求解问题的思维方式称为算法思维（algorithm thinking）。

1. 算法思维的基本概念

算法（algorithm）是指对解题方案准确而完整的描述，是对问题求解的方法步骤的详细陈述。算法代表着用系统的方法描述解决问题的策略机制，人类求解问题的这个策略机制就是算法思维。在当代，人们是借助计算机来求解实际问题的，并且在解决问题过程中至少包含两个步骤：一是发现潜在的算法；二是以程序的方法表示并实现算法。

（1）发现算法是指寻找一个快速有效的计算方法，使问题得到圆满解决。事实上，发现问题往往比分析和解决问题更难。算法的发现是一门富有挑战性的艺术，大致可分为如下 4 个阶段。

第一阶段：分析、理解、抽象和归纳问题。

第二阶段：寻找一个可能解决问题的算法过程的思路。

第三阶段：用数学符号语言对算法步骤加以详细描述。

第四阶段：从准确度出发，对算法的复杂度（时间复杂度和空间复杂度）进行评估。

（2）算法实现是指将经过分析、抽象、归纳所形成的问题求解算法，用一种类似于计算机指令的形式加以准确描述，然后通过计算机运行，求得问题求解结果。常用的算法描述方法有自然语言、流程图、伪代码、计算机语言等。

2. 算法思维的基本策略

算法策略（algorithm policy）是指在问题空间中搜索所有可能的解决问题的方法，直至选择一种有效的方法解决问题。其中，算法是面向实现的；策略是面向问题的；问题空间（problem space）是问题解决者对一个问题所达到的全部认识状态，并且一个问题解决者对问题的解决过程就是穿越其问题空间搜索一条通往问题目标状态的路径。

用计算机计算或处理的问题可分为数值数据计算、非数值数据处理、数据元素排序等，并且许多问题可以通过多条路径来达到问题求解的目的。在问题解决过程中，算法思维所强调的是解决问题的有效性，并以“构造性”和“自动化”来体现。

（1）构造性不仅证明问题“解”的存在（对应数学中的存在性证明），而且要构造出适用于该问题的算法，从而构造出问题的解（对应数学中的构造性证明）。

（2）自动化就是计算过程自动化，即算法能够在图灵机或其他计算机上一步接一步地自动执行，直到计算过程完成并给出问题的解，整个过程不需要人工干涉。

3.1.3　网络思维

在解决实际问题时，很多计算过程需要将多个部件连接成一个计算系统，如果把这些部件看作一个节点（node），那么一个计算系统就是由多个节点连接而成的网络（network）。如果网络的整体价值大于其节点价值之和，则称为网络效应（network effect）。

1．网络思维的核心概念

通常把一个网络看作一个硬件系统、软件系统、数据系统、应用服务系统、社会网络系统等。把强调计算过程中的连通性（connectivity）与消息传递（message passing）特征的思维方式称为网络思维（network thinking），并且用名字空间（name space）和网络拓扑（network topology）概念来体现连通性，用协议栈（protocol stack）技术实现消息传递。网络协议、名字空间和拓扑结构是网络思维的 3 个核心概念。

（1）网络协议（network protocol）是确定节点集合以及多个节点之间连接与通信的规则（约定）。作为计算思维的网络体现，协议的一个基本要求是无歧义地、足够精确地描述网络连接与通信的操作系列，并且有助于解决资源冲突、异常处理、故障容错等问题。

（2）名字空间（name space）是用于规定网络节点的名字及其合法使用规则，也可包括命名其他客体（如消息、操作等）的规则。

（3）拓扑结构（topological structure）是网络中各个站点相互连接的形式，例如局域网中文件服务器、工作站和电缆等的连接形式。拓扑结构分为总线型、星状、环状、树状、混合型等。

由此可见，网络思维是名字空间、拓扑结构和协议栈组成的整体思维。在一个实际的网络系统中，一个协议往往不能包含所有规则，而需要几个协议相互配合一起工作，从而构成了协议栈。

2．网络思维研究的内容

计算机网络是计算机与通信技术的结合体，因而网络思维研究涉及以下 4 方面的内容。

（1）网络路径与联通问题。路径是研究网络图按一定顺序穿越一系列节点的轨迹，若一个图中任意两点间有连通路径，则称此图为连通图。网络的目的就是使信息在不同的节点间传输。

（2）网络流量问题。流量是指单位时间内流经某一路径的流动实体的量，网络流量体现的是网络被频繁使用的程度，是网络研究的重要内容。如果流量问题解决不好，会使网络效率降低。

（3）网络群体行为问题。该问题形如交通高峰期在一个高速公路网络上选择行车路线，因此，所研究的问题形如车辆延迟取决于交通拥塞的情况，它与本车司机和其他司机选择的路线有关。

（4）网络的分布与并发问题。这是指在某一时刻在不同的网络节点上有多个用户进行同一业务操作，例如订票操作。其研究的内容是管理系统必须具有允许多个用户同时操作的管理机制。

3.1.4　系统思维

系统思维（system thinking）是指按照系统科学方法论来思考问题，是用系统的观点来认识和处理问题的各种方法的总称。系统思维为现代科学技术的研究带来了革命性的变化，并在社会、经济和科学技术等各个方面得到了广泛应用。例如，当论及计算机时，便自然想到计算机硬件系统和计算机软件系统。当论及数据库时，便自然想到数据库应用系统。由此可见，系统思维已经成为人们良好思维习惯的一部分，并且自然而然地按照系统思维方法分析和解决问题。

1. 系统思维的基本概念

人们在解决大型、复杂的计算、控制、管理等问题时，需要有具体的系统，如仿真系统、导弹系统、信息系统等，而这些系统的核心是计算系统。如何使计算系统高效、可靠地工作，需要从“系统科学”的观点出发,以计算思维分析系统的结构组成，寻找提高系统性能的思想策略。

系统一词来源于英文 system 的音译，并可分为自然系统与人为系统两大类。自然系统遵循自然的法则，如大气系统、生态系统等；而人为系统则相对较复杂，如卫星系统、社会系统等。

迄今为止，虽然没有给出“系统”的确切定义，但从实际系统结构的逻辑思维和抽象角度讲，系统是由若干相互联系、相互作用的要素组成的、具有特定功能的有机整体。这一定义包含了系统的功能、过程、状态、结构、演化、层次等特性。

（1）功能特性是指系统所表现出来的，具有并能够提供的特性、功效、作用、能力等。

（2）过程特性是指各项功能在系统运行过程中的次序和约束关系，用于反映和处理系统的状态及状态的改变。

（3）状态特性是指系统的那些可以观察和识别的形态特征。一般而言，状态表达的是系统的形态特性，功能表达的是系统的静态特性，过程表达的是系统的动态特性。

（4）结构特性是指系统内各构件（元素和子系统）之间的相互联系和相互作用的拓扑关系。

（5）演化特性是指系统的结构、状态、特征、行为、功能等随时间的推移所发生的变化。

（6）层次特性是指系统的功能、过程、构件和结构均可在不同层次上描述和刻画。一般来说，按照层次结构，可把一个系统描述为组件∈模块∈单元∈子系统∈系统。

2. 系统思维的基本方法

系统思维的主要方法有层次思维和模型思维，例如，计算机系统和网络系统，可抽象成 3 个层次：第一层为用户层；第二层为应用层；第三层为系统层，并且各层中可包含硬件和软件模块。

系统科学研究主要采用符号模型而非实物模型，符号模型包括概念模型（concept model）、逻辑模型（logic model）、数学模型（mathematical model）和计算模型（computational model）。

3. 系统思维的三个利器

计算机科学经过多年的发展，在系统特性的基础上，形成并产生了一套完整的系统思维方法。系统思维的基本思想是将现实世界抽象成具有层次结构的系统，再将该系统分解成模块结构，然后组合成为系统，并且无缝执行计算过程。抽象化、模块化、无缝连接这 3 个过程，被认为是系统思维的三个利器。

（1）抽象化（abstraction）是指从多个层次（多个角度或视野）理解一个系统，并且每个层次仅仅考虑有限的、该层次特有的问题，并且用一套精确规定的抽象概念和方法，统一处理该层次所有的计算过程，解决该层的特有问题。抽象化的产物称为抽象，抽象化与抽象都是同一英语单词 abstraction，抽象化或抽象具备以下 3 个性质。

◆ 有限性（finiteness）。从多个层次理解一个计算系统，每个抽象仅仅考虑一个层次中有限的特有问题，忽略同一层次中其他问题的细节，其他层次的问题留在其他层次中解决。

◆ 精确性（precision）。抽象化的产物是一个计算抽象，是语义精确、格式规范的计算概念。

◆ 通用性（generality）。计算抽象强调用一个抽象代表多个具体需求，即用一套统一的方法处理该层次所有的计算过程，解决该层次的特有问题。这种统一的方法不是只对特定问题有效，而是可以触类旁通，用于其他实例，这种通用性也被称为抽象的泛化（generalization）。

抽象化是所有科学技术共有的方法，在计算机学科领域的抽象化主要体现在以下3方面。

① 数据抽象（data abstraction）。数据抽象是指将某一类数据及其操作（存储操作、运算操作、通信操作）的抽象。通常针对这些数据抽象的多个操作步骤组合起来才能解决一个问题，例如数据类型（data type）和数据结构（data structure）就是数据抽象的典型实例。

② 控制抽象（control abstraction）。控制抽象是指控制多个步骤如何组合起来实现计算过程的操作抽象，它一方面确定某个步骤何时激活，另一方面确定计算过程的实施策略（通过逻辑判断，实行顺序执行、条件跳转、函数调用）。

③ 硬件抽象（hardware abstraction）。硬件抽象是指对输入设备、存储设备、输出设备、运算控制设备、存储设备、总线与接口等的抽象。

（2）模块化（modularity）是计算机学科中一个极为重要的概念，并且有着极为重要的作用。它是一种将复杂系统分解为更便于分析、设计、管理的模块化方式，是一种分而治之的思想策略，也是分析和解决复杂问题而采取的一种有效手段。模块化可以理解为一个系统是由多个模块按照一定的规则连接组合而成的，也可以反过来理解为如何将一个系统分解成多个模块的组合。如何将一个大型、复杂系统分解为便于分析、设计、计算的模块（子系统），然后如何将多个模块组合还原成一个完整的系统，是实现模块化所要研究的问题。模块化的目的是便于对复杂系统进行各个击破，以实现整个系统的最优化设计。模块化程序设计、分治算法、有限元方法等，都是源于模块化方法。

（3）无缝连接（seamlessness）也称为无缝级联，是指由多个子系统组成的系统中，让计算过程在全系统中流畅地运行，而不出现缝隙和瓶颈。因此在设计一个系统时，应该考虑系统需要什么样的抽象，如何划分了系统和如何组合而成，如何实现无缝连接，这些是实现自动化的基础。

可以把在程序执行过程中的就绪状态、执行状态和等待状态看作无缝连接的实例。进程已获得所需资源并被调入内存在等待运行时为就绪状态；进程占有CPU且正在执行的状态为执行状态；由于资源不足或等待某事件为等待状态。三个状态是一个连续转换过程，没有缝隙和瓶颈。

3.2 习题解析

本章习题主要考查学生对计算思维相关概念理解和掌握的程度。通过习题解析，进一步加深对计算思维概念的理解，了解计算思维在计算机学科中的作用体现。

3.2.1 选择题

1. 按照人类思维的基本类型划分，可以分为感性思维、理性思维、抽象思维和（　　）等。

A．形象思维　　B．逻辑思维　　C．科学思维　　D．计算思维

【解析】 按照人类思维的基本类型划分，可分为感性思维、理性思维、抽象思维和形象思维等。[参考答案] A

2．如果从科学思维的具体手段和求解功能划分，可以分为发散求解、哲理思辨、理论构建和（　　）。

A．科学计算　　B．逻辑解析　　C．问题收敛　　D．创造性思维

【解析】 从科学思维的具体手段和求解功能划分，可分为发散求解、哲理思辨、理论构建和逻辑解析。[参考答案] B

3．数学建模的基本步骤（过程）主要包括模型描述、模型构想、模型建立和（　　）。

A．模型抽象　　B．模型设计　　C．模型测试　　D．模型验证

【解析】 数学建模的基本步骤（过程）主要包括模型描述、模型构想、模型建立和模型验证 4 个步骤。[参考答案] D

4．（　　）不属于人类思维特征。

A．概括性特征　　B．间接性特征　　C．可靠性特征　　D．能动性特征

【解析】 人类思维具有概括性特征、间接性特征和能动性特征。[参考答案] C

5．（　　）不属于人类科学思维。

A．理论思维　　B．实证思维　　C．计算思维　　D．形象思维

【解析】 科学思维又可分为理论思维、实证思维和计算思维。[参考答案] D

6．（　　）不对应理论思维、实证思维和计算思维。

A．理论科学　　B．实验科学　　C．计算科学　　D．行为科学

【解析】 逻辑思维、实证思维和计算思维分别对应于理论科学、实验科学和计算科学。[参考答案] D

7．利用计算机求解一个问题时，通常是按照（　　）、算法设计、编写程序、程序编译、运行调试等步骤进行的。

A．提出问题　　B．分析问题　　C．解决问题　　D．总结问题

【解析】 利用计算机求解一个问题时，通常是按照分析问题、算法设计、编写程序、程序编译、运行调试等步骤进行的。[参考答案] B

8．问题抽象过程通常分为 3 个层次，不包括（　　）。

A．计算理论　　B．信息处理　　C．硬件系统　　D．软件系统

【解析】 问题抽象过程通常分为计算理论、信息处理和硬件系统 3 个层次。[参考答案] D

9．求解一个具体问题时，算法处理主要涉及 3 个过程，不包括（　　）。

A．选择算法　　B．分析算法　　C．描述算法　　D．验证算法

【解析】 求解一个具体问题时，算法处理主要涉及选择算法、分析算法和描述算法。[参考答案] D

10．人类对自然的认识和理解经历了 3 个阶段，不包括（　　）。

A．经验的　　B．理论的　　C．计算的　　D．学习的

【解析】 人类对自然的认识和理解经历了经验的、理论的和计算的 3 个阶段。[参考答案] D

3.2.2　问答题

1. 什么是科学思维？

【解析】 科学思维是关于人们在科学探索活动中形成的、符合科学探索活动规律与需要的思维方法及其合理性原则的理论体系。

2. 什么是逻辑思维？

【解析】 逻辑思维是利用逻辑工具对思维内容进行抽象的思维活动，逻辑思维过程得以形式化、规则化和通用化就是要求创造出与科学相适应的科学逻辑，如形式逻辑、数理逻辑和辩证逻辑等。

3. 什么是系统思维？

【解析】 系统思维是指考虑到客体联系的普遍性和整体性，认识主体在认识客体的过程中，将客体视为一个相互联系的系统，以系统的观点来考察研究客体，并主要从系统的各个要素之间的联系、系统与环境的相互作用中，综合地考察客体的认识心理过程。

4. 什么是创造性思维？

【解析】 创造性思维是指在科学研究过程中形成一种不受或较少受传统思维和范式的束缚，超越常规思维、构筑新意、独树一帜、捕捉灵感或相信直觉，以实现科学研究突破的一种思维方式。

5. 什么是计算思维？

【解析】 计算思维是运用计算机科学的基础概念进行问题求解、系统设计以及人类行为理解等涵盖计算机科学之广度的一系列思维活动。

6. 计算思维的本质是什么？

【解析】 计算思维的本质是抽象（abstraction）和自动化（automation），可将其概括为“两 A”。

7. 按照人类求解问题的过程抽象，通常分为哪几个阶段？

【解析】 问题求解是一个非常复杂的思维活动过程，就个体对某事物的思维过程而言，可以将其概括为 4 个阶段：发现问题、明确问题、提出假设、验证假设、问题实施。

8. 按照计算机求解问题的过程抽象，通常分为哪几个阶段？

【解析】 用计算机实现问题求解的过程是以计算机为工具、利用计算思维解决问题的实践活动，通常可分为问题分析、算法设计、程序编码、程序编译、运行调试等阶段。

9. 在计算机科学中，抽象的含义和基本方法是什么？

【解析】 抽象是指从具体事物中发现其本质特征和方法的过程。在计算机科学中，抽象的基本方法是发现→提取→命名→表达。

10. 计算思维能力的基本含义是什么？计算思维能力培养的核心是什么？

【解析】 计算思维能力是指具有按照计算机求解问题的基本方式去考虑问题的求解过程，提出问题的解决方法，构建出相应的算法和程序的能力。计算思维能力培养的核心是“问题求解”能力的培养。

3.3 知识背景

计算思维涵盖了计算科学、自动控制、人工智能等领域的一系列思维活动。本节介绍在这些研究领域作出了突出贡献的 4 位华人（裔）科学家：周以真、钱学森、姚期智、傅京孙。

3.3.1 计算机科学家——周以真

周以真（Jeannette M. Wing，1956—，见图 3-2），美国计算机科学家，现任哥伦比亚大学数据科学研究院主任及计算机科学教授。

图 3-2　周以真

周以真 1956 年 12 月 4 日出生，1979 年 6 月在麻省理工学院获得学士和硕士学位，其导师中有图灵奖得主罗纳德·李维斯特（Ronald Rivest）。1983 年，她获麻省理工学院博士学位；1983—1985 年，在南加州大学任助理教授；1985 年起，任教于卡内基-梅隆大学；2004—2007 年，曾担任该校计算机系主任。2006 年 3 月，周以真教授在美国卡内基-梅隆大学（Carnegie Mellon University，CMU）给出了计算思维的定义：计算思维是运用计算机科学的基础概念进行问题求解、系统设计以及人类行为理解等涵盖计算机科学之广度的一系列思维活动。这一定义，揭示了计算思维概念的核心，指出了计算思维的思想观点和方法，从而引发了全世界计算机学界的高度关注和重视。周以真教授的主要研究领域是形式方法、可信计算、分布式系统、编程语言等。1993 年，她与图灵奖得主芭芭拉·利斯科夫合作，提出了著名的 Liskov 代换原则，是面向对象基本原则之一。

3.3.2 中国导弹之父——钱学森

钱学森（Tsien Hsue-shen，1911—2009，见图 3-3），世界著名科学家，空气动力学家，中国载人航天奠基人，被誉为“中国航天之父”“中国科学院资深院士”和“中国工程院资深院士”。

图 3-3　钱学森

钱学森在 20 世纪 80 年代提出：人机结合能产生“精神生产力”，并指出计算机所能处理的实质上是人脑逻辑思维当中的知性思维。所谓“知性思维”，即为一种能运用普通形式逻辑的思维规则所进行的思维，一种能用确定的、可行的方式描述出来的思维。虽然在 20 世纪 80 年代初并没有提出计算思维这个概念，但这个“知性思维”与“计算思维”的概念是不谋而合的。

钱学森 1911 年 12 月 11 日出生于上海，祖籍浙江省杭州市临安。他 1935 年 9 月进入美国麻省理工学院航空系学习，1936 年 9 月获麻省理工学院航空工程硕士学位，后转入加州理工学院航空系学习，成为世界著名的大科学家冯·卡门（Theodore von kármán）最受重视的学生。

1939 年，钱学森获美国加州理工学院航空、数学博士学位。从此，钱学森在美国从事空气动力学、固体力学和火箭、导弹等领域研究，并与导师共同完成高速空气动力学问题研究课题和建立“卡门-钱学森”公式，在 28 岁时就成为世界知名的空气动力学家，并创立了工程控制论。

钱学森 1943 年任加州理工学院助理教授，1945 年任加州理工学院副教授，1947 年任麻省理工学院教授，1949 年任加州理工学院喷气推进中心主任、教授。

1949 年，当中华人民共和国宣告诞生的消息传到美国后，钱学森和夫人期盼着能早日回国，为自己的国家效力。此时的美国已掀起麦卡锡主义的反共热潮。钱学森因被怀疑为共产党人和拒绝揭发朋友，突然被美国军事部门吊销了参加机密研究的证书。

1950 年，钱学森准备回国时，被美国官员拦住，并将其关进监狱，而当时美国海军次长丹

尼 • 金布尔（Dan A. Kimball）声称：钱学森无论走到哪里，都抵得上 5 个师的兵力。从此，钱学森受到了美国政府迫害，同时也失去了宝贵的自由。移民局抄了他的家，在特米那岛上将他拘留 14 天，直到收到加州理工学院送去的 1.5 万美元巨额保释金后才释放了他。

在中国政府的强烈要求下，1955 年 8 月 4 日，钱学森被允许离开美国，10 月 8 日抵达广州。回国前，钱学森向曾经的老师冯 • 卡门告别时送给他《工程控制论》，冯 • 卡门激动地说："你现在在学术上已超过了我。"回国后，他长期担任火箭、导弹和卫星研制的技术领导职务。1956 年初，钱学森向中共中央、国务院提出《建立我国国防航空工业的意见书》。同时，钱学森组建了中国第一个火箭、导弹研究所——国防部第五研究院并担任首任院长。他主持完成了"喷气和火箭技术的建立"规划，参与了近程导弹、中近程导弹和中国第一颗人造地球卫星的研制，直接领导了用中近程导弹运载原子弹"两弹结合"试验，参与制定了中国第一个星际航空的发展规划，发展建立了工程控制论和系统学等。

在钱学森的带领下，1964 年 10 月 16 日中国第一颗原子弹爆炸成功，1967 年 6 月 17 日中国第一颗氢弹空爆试验成功，1970 年 4 月 24 日中国第一颗人造卫星发射成功。1985 年，钱学森获国家科技进步奖特等奖，1991 年被国务院、中央军委授予"国家杰出贡献科学家"荣誉称号和一级英模奖章。1998 年，他被聘为解放军总装备部科学技术委员会高级顾问。在中国科学院第九次院士大会和中国工程院第四次院士大会上，他被授予"中国科学院资深院士"和"中国工程院资深院士"称号。1999 年，他获中共中央、国务院、中央军委颁发"两弹一星功勋奖章"。

钱学森的著作颇丰，1954 年《工程控制论》英文版出版，该书的俄文版、德文版、中文版分别于 1956 年、1957 年、1958 年出版。此外，他还编写了《物理力学讲义》《星际航行概论》《论系统工程》等著作。

2009 年 10 月 31 日上午 8 时 6 分，中国航天之父——钱学森，在北京逝世，享年 98 岁。

3.3.3　计算机科学家——姚期智

姚期智（Andrew Chi-Chih Yao，1946—，见图 3-4），世界著名物理学家，计算机图灵奖获得者。姚期智 1946 年 12 月 24 日出生于中国上海，祖籍湖北省孝感市孝昌县。1967 年，他获得台湾大学物理学士学位，之后赴美留学，1972 年获得美国哈佛大学物理博士学位，师从格拉肖（Sheldon Lee Glashow，1979 年诺贝尔物理学奖得主）。1973 年，26 岁的姚期智放弃物理学，转而投向计算机科学技术。1975 年，他获得美国伊利诺伊大学计算机科学博士学位；同年 9 月，进入美国麻省理工学院数学系，担任助理教授；1976 年 9 月，进入斯坦福大学计算机系，担任助理教授；1981 年 8 月，进入加州大学伯克利分校计算机系，担任教授；1982 年 10 月，担任斯坦福大学计算机系教授。1986 年 7 月，他在普林斯顿大学计算机科学系担任 Wiliam and Edna Macaleer 工程与应用科学教授。

图 3-4　姚期智

1993 年，姚期智最先提出量子通信复杂性，基本上完成了量子计算机的理论基础。1995 年，他提出分布式量子计算模式，后来成为分布式量子算法和量子通信协议安全性的基础，对计算理论包括伪随机数生成、密码学与通信复杂度作出了突出贡献。

姚期智在计算机科学领域的研究方向包括计算理论及其在密码学和量子计算中的应用，并且在 3 个方面具有突出贡献。

（1）创建了理论计算机科学的重要次领域：通信复杂性和伪随机数生成计算理论；

（2）奠定现代密码学基础，在基于复杂性的密码学和安全形式化方法方面有根本性贡献；

（3）解决线路复杂性、计算几何、数据结构及量子计算等领域的开放性问题并建立全新典范。

姚期智 1998 年被选为美国国家科学院院士，2000 年被选为美国科学与艺术学院院士。美国计算机协会（ACM）也把 2000 年度的图灵奖授予他。

2003 年 10 月，姚期智正式加盟清华大学高等研究中心，受聘为清华大学计算机系首席教授；2004 年当选为中国科学院外籍院士；2007 年 3 月 29 日，领导成立清华大学理论计算机科学研究中心。

2010 年 6 月，清华大学-麻省理工学院-香港中文大学理论计算机科学研究中心正式成立，姚期智担任主任。2011 年 1 月，他开始担任清华大学交叉信息研究院院长。2017 年 2 月，他放弃外国国籍成为中国公民，正式转为中国科学院院士，加入中国科学院信息技术科学部；11 月，加盟中国人工智能企业旷视科技 Face++，出任旷视学术委员会首席顾问，推动产学研的本质创新；12 月，任清华大学金融科技研究院管委会主任。

3.3.4　模式识别之父——傅京孙

傅京孙（King-sun Fu，1930—1985，见图 3-5），美籍华裔模式识别与机器智能专家，美国国家工程院院士，台湾“中央研究院”院士。傅京孙为国际知名学者，图形识别科学创始人。与香农、布鲁克斯等人为人工智能领域行为主义学派的代表人物。

图 3-5　傅京孙

傅京孙 1930 年 10 月 2 日出生于浙江丽水，1949 年去台湾，台湾大学电机系毕业，获加拿大多伦多大学科学硕士、美国伊利诺伊大学博士学位，主修电机及计算机软件专业，后为美国波音公司研究工程师。

傅京孙 1961 年始任教于普渡大学电机工程系，达 23 年，历任助教、副教授、教授，1971 年被选为美国电机及电子工程学会（IEEE）荣誉会员，1975 年任普渡大学高斯工程讲座教授，其间数度赴 IBM 公司、加州大学伯克利分校 IBM 华生研究中心、麻省理工学院、斯坦福大学从事研究和教学，结合数学、工程学和计算机知识，创立了“图形识别”学科，以此作为资讯分析与传输的基础依据。

傅京孙 1976 年当选为美国国家工程院院士；同年，获麦考艾科学贡献奖；1977 年其图形识别、影像处理及在遥测、医学等方面的应用的论文获美国计算机学会杰出论文奖；1978 年被选为台湾“中央研究院”院士。他执教 23 年间培养了博士生 80 多人。他多次返台讲学交流，推动资讯科学研究及其应用，曾担任第一届国际图形识别大会总主席，1985 年初担任普渡大学（计算机）研究中心主任，1985 年 4 月 29 日病逝于美国。

傅京孙的主要贡献是在模式识别方面，被称为模式识别之父。他是国际模式识别学会（International Society for Pattern Recognition，IAPR）第一任主席，IEEE-CS 机器智能与模式识别委员会的第一任主席，《模式分析与机器智能》学报的主编，组织和主持了多次国际学术会议，曾担任第一届国际图形识别大会总主席。他出版了 5 本专著和 18 本编著作品，发表过约400 篇论文，是国际智能控制学科（International Intelligent Control Discipline，IICD）的奠基人。在每届国际模式识别大会上，都会颁发一项以中国人命名的奖项——King Sun Fu Prize（傅京孙奖），用于鼓励获奖者在模式识别领域的杰出技术成就。可以说，这一项颁给研究人员的终身成就奖，是模式识别领域的最高荣誉。

第 4 章　数据表示的基本思维

【问题描述】 人们通常习惯使用十进制数描述数据大小，用文字描述语言，用符号描述图形，用颜色描述图像，但计算机却只能识别 0 和 1。因此，计算机中的数据表示除了涉及人与计算机之间的兼容性之外，还涉及数据的溢出、规范化、截断误差、压缩与解码、人机交互方式等。

【知识重点】 主要介绍计算机数据表示所涉及的数据处理的溢出与判断、浮点数运算规范化、数据的压缩与编码；用户操作使用计算机时所涉及的人机交互、计算机图形学、可视化计算等。

【教学要求】 通过关联知识，了解数据运算中的溢出与判断、浮点数运算规范化、数据压缩、人机交互、图形学和可视化计算；通过习题解析，加深对数据表示与运算的理解；通过知识背景，了解计算机电子器件的研究与发展历程及为此作出了杰出贡献的 4 位科学家的生平事迹。

4.1　关 联 知 识

计算机中的数据表示与处理涉及许多方面，例如溢出与判断、浮点数的规范化与截断误差、数据的压缩与编码等。此外，对计算机中数据信息的表示还涉及人机交互、计算机图形学、可视化计算等。人机交互、计算机图形学、可视化计算均属于计算机学科知识主领域（核心课程）范畴。

4.1.1　数据处理的溢出与判断

计算机的字长是有限的，因而它所能表示的数据范围也是有限的。当一个数值的大小超出了机器所能表示的范围时，计算机就无法表示这些数，这种情况称为溢出。

【实例 4-1】 设机器字长为 8 位，且有 $x=+1110001$，$y=+0111010$，求 $x+y$。

【解析】 如果采用补码相加，则有$[x]_{补}=\mathbf{0}1110001$，$[y]_{补}=\mathbf{0}0111010$。

$$
\begin{array}{r}
\mathbf{0}1110001 \\
+）\mathbf{0}0111010 \\
\hline
\mathbf{1}0101011
\end{array}
$$

按照补码表示规则，这个数为−0101011 显然是错误的，因为产生了溢出，使符号位出现了 **1**。当两个正数相加，结果大于机器所能表示的最大正数，称为上溢；当两个负数相加，结果小于机器所能表示的最小负数，称为下溢。那么，机器在运算过程中如何判断溢出呢，常用方法如下。

1．变形补码法

所谓变形补码法就是把原码、反码和补码的符号位由一位变为两位，即用 **00** 表示正数，用 **11** 表示负数，这样便使得模 2 补码所能表示的数的范围扩大一倍，因而又被称为“模 4 补码”。

采用变形补码后，如果两个数相加后，其结果的符号位出现 **01** 或 **10** 时，表示出现了溢出。

【实例 4-2】 设 $x=+0.1100$，$y=+0.1000$，求 $x+y$。

【解析】 $[x]_{补}=\mathbf{00}.1100$，$[y]_{补}=\mathbf{00}.1000$

$$
\begin{array}{r}
\mathbf{00}.1100 \\
+)\ \mathbf{00}.1000 \\
\hline
\mathbf{01}.0100
\end{array}
$$

两个符号位为 **01**，表示运算过程中发生了溢出，即结果大于或等于 1。

【实例 4-3】 设 $x=-0.1100$，$y=-0.1000$，求 $x+y$。

【解析】 $[x]_{补}=\mathbf{11}.0100$，$[y]_{补}=\mathbf{11}.1000$

$$
\begin{array}{r}
\mathbf{11}.0100 \\
+)\ \mathbf{11}.1000 \\
\hline
\mathbf{10}.1100
\end{array}
$$

两个符号位为 **10**，表示运算过程中发生了溢出，即结果小于 1。

〖**提示**〗溢出的逻辑表达式为 $V=S_{f1}\oplus S_{f2}$，其中 S_{f1} 为符号位产生的进位，S_{f2} 为最高有效位产生的进位。在计算机中，实现这个逻辑表达式很容易，只要用一个异或门就可以实现。

定点表示法所能表示的数值范围非常有限，可采用多个字节表示一个定点数来扩大定点数的表示范围。一般规定：一个数的阶码大于机器的最大阶码时称为上溢；一个数的阶码比机器所能表示的最小阶码还小时称为下溢。产生上溢时不能再继续运算，一般需要进行中断处理。而产生下溢时，通常把浮点数的各位强迫置零，即把浮点数作为零处理，这样可使计算机继续运算。

2. 单符号位法

根据变形补码法可知，当最高有效位产生进位而符号位无进位时，表示产生了上溢，如实例 4-2 所示；当最高有效位无进位而符号位有进位时，表示产生了下溢，如实例 4-3 所示。可以用逻辑表达式 $V=C_{f1}\oplus C_{f2}$ 表示，其中 C_{f1} 为符号位产生的进位，C_{f2} 为最高有效位产生的进位。

4.1.2　浮点数的规范化与截断误差

计算机中的实数采用浮点数的格式进行存储和运算，下面介绍对浮点数的格式和存储所涉及的一些问题，这对全面了解浮点数的表示与存储是非常重要的。

1. 浮点数规范化

一个浮点数的表示可以是多种多样的，例如，一个二进制数－10101.11 的浮点数可以表示为

$$-10101.11=\mathbf{1}1010111\times 2^{-2}=\mathbf{10}.1010111\times 2^{5}=\mathbf{10}.01010111\times 2^{6}$$

如果采用更长的位模式，每个数字的表示将存在更大的冗余。为了消除这种冗余，IEEE 对浮点数的表示做了严格规定：小数点的最左一位必须是 1，指数采用阶码表示，并称为规范化（normalization）。

【实例 4-4】 设有一浮点数 1.11B，用科学记数法表示，小数点前一位为 0 还是为 1 呢？

【解析】 用科学记数法表示 1.11B 时并不确定小数点前一位为 0 还是为 1，IEEE 规范化浮点数规定小数点前一位为 1，因而规范化浮点数为 $1.11\text{B}=1.11\times 2^{n}$。

浮点数规范化的目的有两个：一是整数部分恒为 1，这样在存储尾数为 M 时，就可以省略

小数点和整数 1，从而使 23 位尾数域能表达 24 位尾数；二是尾数域最高有效位固定为 1 后，尾数能以最大数的形式出现，即使遇到类似决断的操作，仍然可以保持尽可能高的精度。

2. 标准浮点数的实现

IEEE 标准浮点数的实现是指如何将一个实型数转换为 IEEE 标准浮点数，转换的基本步骤：首先将给定的任一数字转换为二进制数；然后在 e_s 中存储符号值；再将二进制数规范化；计算出移码 e 和尾数 M；最后连接[e_s e]即可，表示任一浮点数的一般格式如图 4-1 所示。

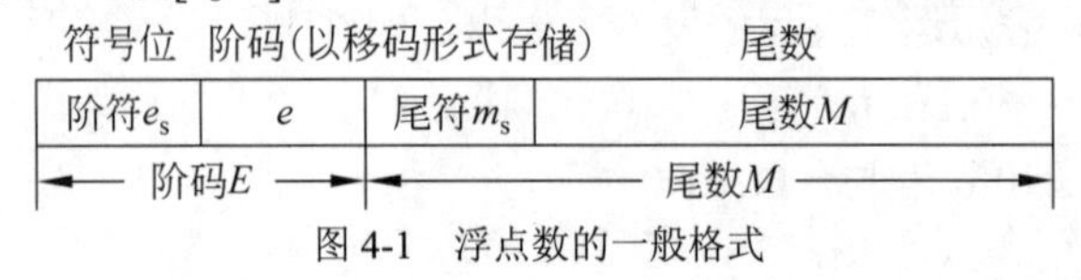

图 4-1　浮点数的一般格式

【实例 4-5】 将十进制的实型数 26.0 转换为 32 位 IEEE 规范化二进制浮点数。

【解析】 26.0＝11010B＝1.1010×2^4，规范化浮点数的转换方法如图 4-2 所示。

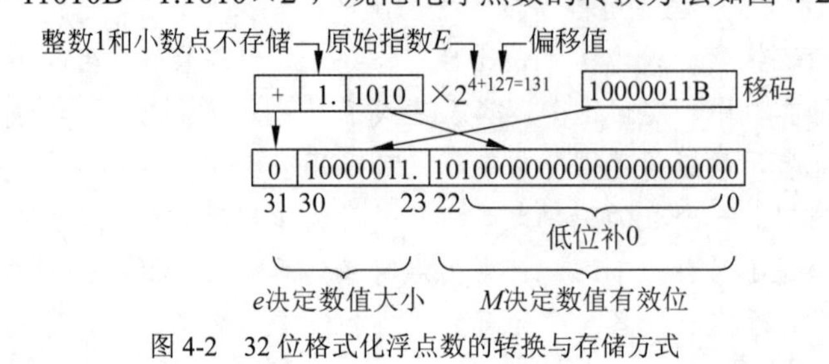

图 4-2　32 位格式化浮点数的转换与存储方式

3. 二进制小数的截断误差

导致二进制小数的截断误差的原因或许是多方面的，但主要是由以下 3 个方面的原因引起的。

（1）浮点数存储空间不够。从二进制浮点数的表示公式可知，假设用 1 字节表示和存储浮点数 N，原始指数 E 的符号和数字本身需要 2 位，尾数 M 符号为 1 位，尾数 M 本身为 3 位。若将二进制数 10.101 以浮点数存储，由于尾数的存储空间不够，导致最右边的数据 1 丢失，这个现象称为“截断误差”（truncation error）或称为“舍入误差”（round-off error）。

（2）数值转换过程所导致。在对一个实型数进行不同数制的转换时，总有一些数值不能精确地表示出来，从而导致截断误差。例如，将十进制小数 0.8 转换为二进制数时为 0.11001100…，后面还有无数个 1100。同样地，将二进制小数转换为十进制时，也有这样的问题。因此，不同数制的转换，不能保证转换的精确性。

（3）浮点数的运算所导致。浮点数相加时，如果一个很大的数加上一个很小数，此时很小的那个数可能被截断，这种现象常称为“大吃小”。因此，在多个数进行相加时，应先将那些较小的数进行累加，然后再与较大的数相加，从而避免产生截断误差。

4.1.3　数据的压缩与编码

在多媒体系统中涉及大量的声音、图像甚至影像视频，这些信息的数据量比字符数据量大得多。例如，一幅分辨率为 640×480 的 256 色图像需要 307200 像素，存放一秒钟（30 帧）这样的视频文件就需要 9216000 字节，约为 9MB；两小时的电影需要 66355200000 字节，约为 66.3GB。存储如此巨大的数据信息，唯一有效的办法是采用数据压缩技术。常用数据压缩编码方法如图 4-3 所示。

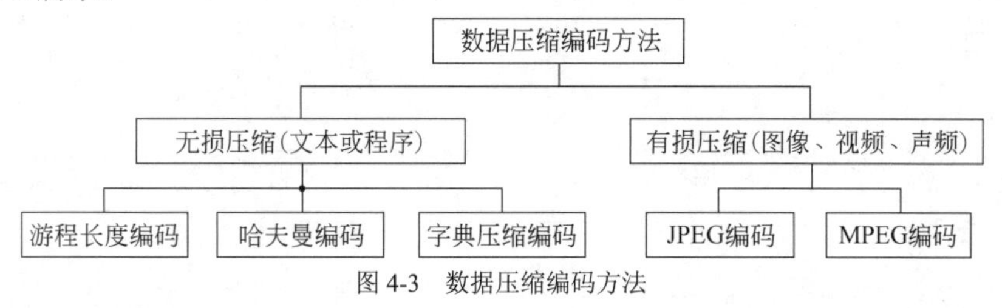

图 4-3　数据压缩编码方法

1．无损压缩编码

无损压缩编码（lossless compression coding）是指原始数据与压缩并解压缩后的数据完全一样。无损压缩主要用于要求重构的信号与原始信号完全一致的场合，例如磁盘文件的压缩。在这种压缩方法中压缩和解压算法是完全互反的两个过程，在处理过程中没有数据丢失，冗余的数据在压缩时被移走，在解压时则再被加回去。无损压缩方法有游程长度编码、哈夫曼编码、字典压缩编码（LZW 编码）等。

（1）游程长度编码（Run Length Coding，RLC）是指将数据中连续重复出现的符号用一个符号和这个符号重复的次数来代替，这个重复的次数被称为“游程”。

【实例 4-6】 对于字符串 AAAAABACCCCBCCC，如何用 RLC 编码表示呢？

【解析】 用 RLC 编码表示一个字符串时，把该字符串分为 3 个部分，其编码方法如图 4-4 所示。

标记字节	字符重复次数	字符

图 4-4　RLC 编码方法

采用 RLC 编码后，字符 AAAAABACCCCBCCC 则为@5ABA@4CB@3C。标记字节@说明重复字符的开始，@后面的数字表示字符重复的次数，数字后面是被重复的字符。如果没有重复的字符，则直接编码，不需要标记字节。

游程长度编码是最简单的压缩方法，可以用来压缩由任何符号组成的数据，它不需要知道字符出现的频率，并且当数据由 0 和 1 表示时十分有效。

（2）哈夫曼编码（Huffman code）是由哈夫曼（David A.Huffman，1925—1999）提出的一种编码方法，编码的基本思想是对频繁使用的字符用较短的编码代替，使用较少的字符用较长的编码代替，每个字符的编码各不相同，而且编码长度是可变的，即变长编码。

【实例 4-7】 运用哈夫曼编码方法对字符串 I am a teacher 进行编码。

【解析】 运用哈夫曼编码的算法步骤如下。

Step1：按符号在文本中出现的概率按从小到大的顺序排列。

Step2：将概率小的两个符号组成一个节点，如空格和 a，I 和 m，t 和 c 等。

Step3：将相邻两个概率组合相加形成一个新的概率，将此新概率与未编码的字符重新排列。

Step4：重复 Step2～Step3，直到出现的概率和为 1（如根节点），形成“哈夫曼树”。

Step5：将代码从根节点开始向上分配（如空格编码＝01），代码左边标 1 或 0 无关紧要。

根据上述步骤，将信号源 I am a teacher 按字符出现概率大小排列成如下字符串：

$$X=\{空格，a，e，I，m，t，c，h，r\}$$

假设每个字符对应的概率为

$$p=\{0.22，0.22，0.14，0.07，0.07，0.07，0.07，0.07，0.07\}$$

因而可形成如图 4-5 所示的哈夫曼编码过程。

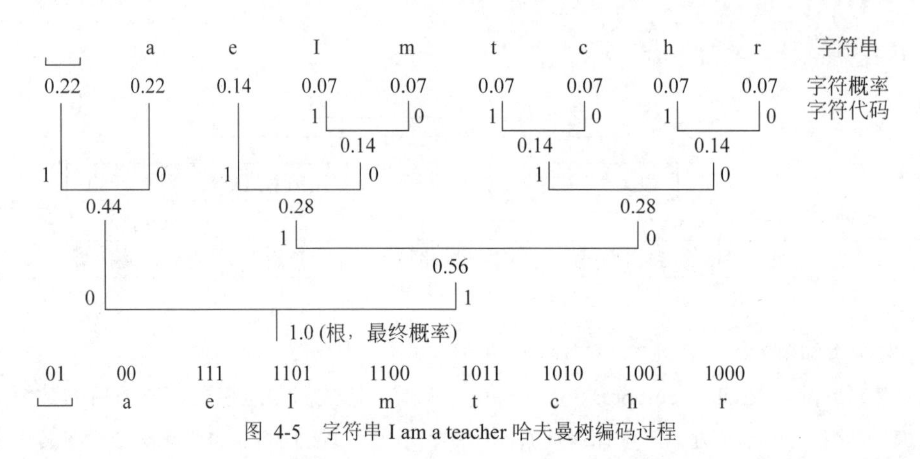

图 4-5　字符串 I am a teacher 哈夫曼树编码过程

从图 4-5 可知，哈夫曼编码过程形如一棵树，因而被称为哈夫曼树编码。它在计算机科学中有着广泛的应用，不仅用于数据压缩，而且在数据通信、多媒体技术等多个领域都有重要应用。

（3）字典压缩编码（dictionary compression coding）是由 Lempel、Ziv、Welch 三人创造的编码方法，因而又称为 LZW 编码，它是一种自适应字典编码（adaptive dictionary encoding）方法。LZW 编码的基本思想是把每一个第一次出现的字符串（单词）按它们在文件中出现的频率组合成一个字典表，并用数字标号来表示（通常是在 7 位 ASCII 码上进行扩展）这个单词。压缩文件只存储数字标号，不存储字符串。当这个字符串再次出现时，便可用字典中的数字标号来代替，并将这个数字标号存入压缩文件中。压缩完成后将字典丢弃，解压时根据数字标号重新生成字典。

【实例 4-8】 对文本 good good study，day day up 按 LZW 编码方法进行压缩编码。

【解析】 对文本中的字符串进行扫描，生成如图 4-6 所示的字典。为了简化问题，采用顺序数字编码。

字符串	g	o	d		good	s	t	u	y	,	a	day	p	.	...
数字标号	1	2	3	4	5	6	7	8	9	10	11	12	13	14	

图 4-6　LZW 编码方法扫描文本后生成的字典

利用 LZW 编码方法，对文本信息进行压缩的最终编码如图 4-7 所示。

压缩文本	good		good		study	,	day		day		up	.
压缩编码	1223	4	5	4	67839	10	3119	4	12	4	813	14

图 4-7　利用 LZW 编码方法对文本信息进行压缩的编码

文本文件中包含了许多重复的字符和空格，通过压缩软件进行压缩后，可以把它压缩到原来的 50%以下。数据压缩提高了数据传输和存储的效率，同时，在某种程度上保护了数据的完整性。

2．有损压缩编码

在文本文件和程序文件中是不允许有信息丢失的，但是在图片和视频中是可以接受的，因为人们的眼睛和耳朵并不能够分辨出如此细小的差别。对于这些情况，使用有损压缩编码（lossy compression coding）方法可大大提高压缩比，这使得在以每秒传送数百万位的音频和视频数据时只需花费更少的时间和空间以及更低廉的代价。有损压缩方法主要用于对图像文件 JPEG 的压缩和对视频文件 MPEG 的压缩。由于有损压缩算法比较复杂，这里只介绍压缩的基本概念。有兴趣的读者，请参阅有关资料。

（1）图像文件 JPEG 的压缩。JPEG 的整体思想是将图像变换成一组数的线性（矢量）集合来揭示冗余，这些冗余（缺乏变化的）可以通过使用无损压缩的方法除去。

图像文件压缩非常重要，例如一张 800×800 大小的普通图片，如果未经压缩大概在 1.7MB，这个体积如果存放文本文件的话足够保存一部 92 万字的鸿篇巨制《红楼梦》，现如今互联网上绝大部分图片都使用了 JPEG 压缩技术，也就是 JPG 文件。能够得到 1/8 的压缩比，之所以能够获得如此高的压缩比，是因为使用了有损压缩技术，即把原始数据中不重要的部分去掉，以便可以用更小的体积保存。如数据 485194.200000000001 可以用 485194.2 来保存。

（2）视频文件 MPEG 的压缩。运动图像是一系列帧的快速流，每帧都是一幅图像。帧是像素在空间上的组合，视频是一幅接一幅发送的帧的时间组合。因此，压缩视频，就意味着对每帧空间上的压缩和对一系列帧时间上的压缩。

视频数据压缩的思路之一是利用图像信号间存在的较强相关性，去除大量冗余信息；思路之二是利用人眼的视觉特性，在不被主观视觉察觉的容限内，通过减少表示信号的精度，以一定的客观失真换取数据压缩。在具体实现时，只需用二进制数完整表示一幅图像，后续图像只需给出表示不同部分的图像信息的二进制数。

〖**提示**〗经过压缩的数据在播放时需要解压缩（解码）。解压缩是数据压缩的逆过程，无损压缩把压缩数据还原成原始数据，而有损压缩则把压缩数据还原成相近的数据，并且压缩比越大，对图像或声音造成的失真度也就越大。常用的压缩/解压工具软件有 WinRAR 和 WinZip 等。

4.1.4　人机交互

人机交互（human-computer interaction）是研究人与计算机之间如何交互和协同的技术，所以也称为人机交互技术（human-computer interaction techniques），是计算机用户界面设计中的重要内容之一。由于人机交互的可用性直接影响着计算机系统的可用性，也影响着计算机系统的工作质量和工作效率，所以成为计算机系统的重要组成部分。随着多媒体技术和虚拟现实技术的发展，人机交互现已成为一门学科，它的研究涉及电子学、人工智能、信息论、控制论、数学、物理学等，是计算机、网络通信、人工智能、分布计算、虚拟现实等信息技术发展的必然结果。

1. 人机交互方式

人机交互方式（human-computer interaction mode）是指人与计算机之间交换信息的组织形式、语言方式、对话形式等。

（1）命令语言。命令语言是人机交互中最早使用的方式，其特点是采用人和计算机彼此都能理解的语言进行交互式对话。例如结构化查询语言（Structured Query Language，SQL）便是典型的命令语言。

（2）问答对话。问答对话是最简单的人机交互方式，通常由计算机启动一次对话，由系统给出问题并提示用户回答，最简单的回答是 Yes/No 或在屏幕上单击按钮选择答案，复杂的回答需要用户输入字符串，然后由系统根据用户的回答或多功能选择按钮去执行相应的操作。

（3）菜单选择。通常由用户在屏幕项目表（菜单）中，通过选择一个任务启动一次对话。通常，菜单选项的意义是可理解且明确的，从而使用户通过少量的学习和记忆来实现信息交换。

（4）语音交互。语音一直被公认为是最自然、最方便、最流畅的信息交换方式。据统计，在日常生活中人类的交互大约有 75%是通过语音来完成的。但在人机之间的语音交互，需要基于语音识别、语音合成和语音理解等技术支撑。目前，语音交互的典型实例是与机器人对话。

（5）数据交互。数据交互是通过输入数据的方式与计算机进行信息交互，最为典型的有以下两种方式。

① 填表方式是指在对话过程中，机器向用户提供的交互界面是一个待填充的表格，让用户按照提示填入适当数据。例如，注册信息的填写采用的就是填表方式。

② 直接方式是指用户直接利用光标（鼠标）的移动进行查找或选择，目前流行的图形用户界面就是直接操纵的人机交互方式。

（6）图像交互。图像交互是计算机根据人的行为去理解图像，然后做出反应。因此，计算机必须具备视觉感知能力。目前，图像交互的典型实例有人脸图像识别、指纹识别、虹膜识别等。

〖提示〗 虹膜是人眼结构中位于巩膜和瞳孔之间的环状部分，它可以根据光线的强弱自动调节瞳孔的大小。虹膜识别具有诸多优点：一是精确度高，仅有百万分之一的误识率，远远低于指纹识别；二是录入迅速，指纹识别需要多次按压，而虹膜的录入只需一秒到几秒钟；三是远距离，不用直接接触即可完成识别；四是动态特性，这些动态特性可以让伪造虹膜变得几乎不可能。

（7）行为交互。行为交互是计算机通过用户行为能够预测用户的行为目的，具体说，就是计算机通过定位和识别技术跟踪人类的肢体运动和表情特征，从而理解人类的动作和行为，并作出相应响应。例如，计算机跟踪人的视线，就能决定用户意图，是想浏览网站还是需要打电话等。

2. 人机交互界面

在计算机中，广义的人机交互界面（human-computer interaction interface）是指人与计算机之间相互施加影响的区域；狭义的人机交互界面是指计算机系统的用户界面。人机交互界面是计算机科学、人机工程、认知心理学、社会学等学科相结合的产物，它的研究范围很广，目前典型的用户交互界面可分为以下 5 种形式。

（1）命令行用户交互界面（Command-Line User Interface，CUI）是指可在用户提示符下输入可执行指令的界面。传统的 UNIX 操作系统和 DOS 环境是命令行界面，即在命令行下输入命令，执行想要的操作。早期的计算机操作系统只有命令行操作模式，优点是命令执行快，而且功能强，不足之处是用户需要熟知相关操作的命令。由于需要用户死记硬背大量的命令，这对于普通用户而言非常不便。后来取而代之的是可以通过窗口、菜单、按键等方式来方便地进行操作。

（2）图形用户交互界面（Graphics User Interface，GUI）是指采用图形方式显示的计算机操作用户界面，是计算机与其使用者之间的对话接口，是计算机系统的重要组成部分。自 20 世纪 70 年代以来，施乐公司（Xerox）研究人员开发了第一个 GUI，开启了计算机图形界面的新纪元。在这之后，操作系统的界面设计经历了众多变迁，OS/2，Macintosh，Windows，Linux，Mac OS，Symbian OS，Android，iOS 等各种操作系统将 GUI 设计带进了新的时代。

（3）多媒体交互界面（multimedia interactive interface）是指利用文字、音频、视频、动画等信息进行交互的方式。在多媒体用户界面出现之前，用户界面经过了从文本到图像的过程，此时用户界面中只有文本和图形（图像），且都是静态的。多媒体技术引入了动画、音频、视频等动态媒体，从而大大丰富了多媒体用户的信息表现形式，使得交互界面中具有“身临其境”的感觉。

（4）多通道交互界面（multichannel interactive interface）是 20 世纪 80 年代兴起的一种新的交互模式，它能进一步提高计算机的信息识别、理解能力和人机交互的效率以及用户的友好性，将人机交互技术和用户界面设计引向更高境界。

（5）虚拟现实交互界面（virtual reality interactive interface）是一种基于人工智能的交互方式，将人机交互的研究集中到语音识别、自然语言理解、虚拟现实、文字识别、手势识别、表情识别等，探索自然和谐的人际关系，使人机交互界面从以视觉感知为主发展到包括视觉、听觉、触觉、动觉等多种感觉通道感知，从手动输入为主发展到包括语音、手势、姿势和视线等多种效应通道输入。这种交互体现了人机交互界面的发展趋势。

4.1.5　计算机图形学

计算机系统是一个符号处理系统，当初主要用于科学计算。随着计算机应用领域的不断拓展，在软件开发、数据库、多媒体、辅助设计、系统仿真、虚拟现实、人工智能等技术中，都涉及计算机图形信息处理。由此，一门新兴学科应运而生——计算机图形学（computer graphics）。

1．计算机图形学概念

计算机图形学在计算机应用中具有十分重要的作用地位，在技术上主要涉及以下 3 方面。

（1）图形生成（graphic generation）是把描述图形的数据（数学模型）通过有效算法转换成图形。为了生成图形，首先必须提供足够的原始数据或数据模型，并把所有数据或模型的参数输入、存储到计算机中，然后根据要求对模型进行有效处理，将处理结果在显示设备上显示出图形。

（2）图像处理（image processing）又称为影像处理，是将客观世界中原来存在的物理影像处理成新的数字化图像的相关技术。图像处理主要包括对物理影像经过采集、量化后送入计算机中，然后由计算机将量化后的数据转换为点阵图，再根据具体情况，对该图像进行增强、调色、去噪、复原、分割、分析、重建、编码、存储、压缩、恢复、传输等处理，得到完美的图像输出。

（3）模式识别（pattern recognition）是对数据中模式和规律的自动识别，其过程主要包括对输入计算机中的图像信息进行预处理和特征抽取，然后进行分析和识别，找出其中蕴含的内在联系或抽象模型，最后由计算机按照要求得到该图像的分类与描述。模式识别与人工智能和机器学习密切相关，与数据挖掘和数据库知识发现（knowledge discovery）等应用一起使用，并且经常与这些术语互换使用。

图形生成、图像处理和模式识别三者之间有着千丝万缕的联系，并且彼此相互融合、相互促进。三者之间的关系如图 4-8 所示。

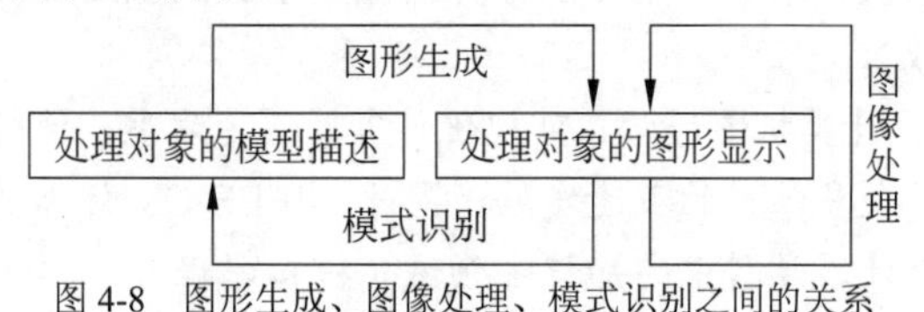

图 4-8　图形生成、图像处理、模式识别之间的关系

2. 计算机图形学的研究

计算机图形学是一种使用数学算法将二维或三维图形转换为计算机显示器的栅格形式的科学。具体地说，计算机图形学就是研究如何在计算机中表示图形、如何进行图形计算、如何进行图形处理及其相关算法。计算机图形学的主要研究对象是点、线、面、体、场的数学构造方法及其图形显示，以及随时间变化的情况等。

3. 计算机图形学的应用

随着计算机图形学的不断发展，其应用越来越广。目前，计算机图形学的主要应用领域有计算机辅助设计与制造、过程控制与指挥系统、辅助设计与数字仿真、地理信息系统与制图、计算机动画与可视化、虚拟现实系统等。随着计算机的广泛应用，计算机图形学在医疗科学和生物科学领域得到了广泛应用。正是由于计算机图形学在计算机学科领域的重要作用，使得图形学与可视化计算（graphics and visual computing）成为计算机学科的知识主领域（核心课程）之一。

4.1.6 可视化计算

可视化（visualization）是利用计算机图形学和图像处理技术将数据转换成图形或图像在屏幕上显示出来，并进行交互处理的理论、方法和技术。可视化计算是指利用可视化计算环境实现程序和算法的设计、测试和结果呈现。可视化计算的研究涉及以下 3 个方面。

1. 人类视觉

了解人类视觉（human vision）的构成和信息处理过程，对于研究计算机视觉具有很大的启发性。视觉是一种复杂的感知和思维过程，视觉器官（眼睛）接受外界的刺激信息，由大脑对这些信息通过复杂的机理进行处理和解释，使这些刺激信息具有明确的物理意义。例如，从输入点阵形式的信号到形式化地感知对客观世界的各种概念，要经过复杂的信息处理和推理。由此可见，视觉是人类感知客观世界的桥梁或窗口，人类认识外界信息中的 70%来自视觉。

2. 计算机视觉

计算机视觉（computational vision）是指用各种成像系统（如摄像机、扫描仪及其他相关设备）代替人体视觉器官作为输入手段，由计算机来代替人体大脑完成信息的处理和解释。因此，计算机视觉的研究目标是使计算机像人一样，通过视觉观察理解世界，并具有自主适应环境的能力。换句话说，计算机视觉就是根据计算机系统的特点进行视觉信息处理，研究人类视觉机理，建立人类视觉的计算理论。

3. 数据可视化

数据可视化（data visualization）是指运用计算机图形学和图像处理技术，将数据转换为图形或图像在屏幕上显示出来，并进行交互处理的理论、方法和技术。因此，数据可视化是关于数据视觉表现形式的科学技术研究，它涉及计算机图形学、图像处理、计算机辅助设计、计算机视觉、人机交互等领域。

〖**提示**〗 人机交互、计算机图形学、可视化计算的飞速发展，使得计算机的应用几乎渗透到各个领域，并且促进了众多学科的飞速发展。因此，IEEE-CS 计算教程将人机交互、计算机图形学和可视化计算列为计算学科中的知识主领域（核心课程）。

4.2　习 题 解 析

本章习题主要考查学生对计算机中数据表示方法的掌握程度，包括数制与转换、数值数据的编码、字符数据的编码、逻辑数据的编码、多媒体数据的编码等。通过习题解析，熟练掌握数据的转换方法、编码方法及其基本应用。

4.2.1　选择题

1. 将十进制数 215 转换成二进制数是（　　）。

A. 11101011　　B. 11101010　　C. 11010111　　D. 11010110

【解析】 将十进制数转换成二进制数的方法是除基取余法。[参考答案] C

2. 将十进制数 215 转换成八进制数是（　　）。

A. 327　　B. 268　　C. 352　　D. 326

【解析】 将十进制数转换成八进制数的方法是除基取余法。[参考答案] A

3. 将十进制数 215 转换成十六进制数是（　　）。

A. 137　　B. C6　　C. D7　　D. EA

【解析】 将十进制数转换成十六进制数的方法是先将十进制数转换成二进制数，然后将二进制数转换为十六进制数。[参考答案] C

4. 将二进制数 01100100 转换成十进制数是（　　）。

A. 144　　B. 90　　C. 64　　D. 100

【解析】 将二进制数转换成十进制数的方法是按“权”展开法。[参考答案] D

5. 将二进制数 01100100 转换成八进制数是（　　）。

A. 123　　B. 144　　C. 80　　D. 100

【解析】 将二进制数转换成八进制数的方法是按“权”展开法。[参考答案] B

6. 将二进制数 01100100 转换成十六进制数是（　　）。

A. 64　　B. 63　　C. 100　　D. 0AD

【解析】 将二进制数转换成十六进制数的方法是按“权”展开法。[参考答案] A

7. 将八进制数 145.72 转换成二进制数是（　　）。

A. 1100111.111010　　B. 1110101.1111　　C. 11001010.010111　　D. 1100101.11101

【解析】 将任意八进制数转换成二进制数的方法是用每一个八进制数对应 3 位二进制数的分组法。[参考答案] D

8. 将十六进制数 3D7.A4 转换成二进制数是（　　）。

A. 111101111.10101　　B. 111100111.1010001

C. 1110010111.1010001　　D. 1111010111.101001

【解析】 将任意十六进制数转换成二进制数的方法是用每一个十六进制数对应 4 位二进制数的分组法。[参考答案] D

9. ASCII 是（　　）位码。

A. 8　　B. 16　　C. 7　　D. 32

【解析】 ASCII 是美国标准信息交换码的英文缩写，用 7 位二进制编码来表示各种常用西

文符号，可以表示 2^7＝128 个不同的字符。[**参考答案**] C

10. 设 x＝10111001，则 $\overline{x}$ 的值为（　　）。

A. 01000110　　B. 01010110　　C. 10111000　　D. 11000110

【解析】 非运算是对原码取反，即 0 变为 1，1 变为 0。[**参考答案**] A

4.2.2　问答题

1. 人类为什么要引入数制?

【解析】 在人类社会发展和变革的过程中，不仅逐渐发现了事物变化的规律，还找到了描述事物本质特征的方法。数制就是用一组固定的数字和一套统一的规则来表示数的方法，例如一年 12 个月，一年 24 个节气，一个节气 15 天，一天 24 小时，一小时 60 分钟，分别称为 12 进制、24 进制、15 进制、60 进制。正是数制的引入，为人类对自然规律的科学描述提供了极大便利。

2. 计算机中为何引入不同的进位计数制?

【解析】 原因之一是计算机硬件系统只能识别电位的有、无或电平的高、低，因而用 1 和 0 表示这两种状态，称为二进制数；原因之二是人们生活中习惯使用十进制数，由于十进制数需要占用 4 位二进制数，而 4 位二进制数可以表示 16 种状态；原因之三是计算机中用 8 个二进制位表示一个字节。正因为如此，在计算机中引入了二进制、八进制、十进制、十六进制。

3. 计算机中为什么要采用二进制?

【解析】 计算机中采用二进制具有电路简单、工作可靠、运算简单、逻辑性强等特点。

4. 数值数据的符号在计算机中如何表示?

【解析】 数值型数据分为正值数据和负值数据。正值数据用原码表示，负值数据的符号通过补码表示和运算。

5. 机器数与真值有何区别?

【解析】 由数值和符号两者合在一起构成数的机内表示形式称为机器数；把所表示的真正数值称为这个机器数的真值。为了便于实现对符号位的处理，引入了原码、反码、补码。

6. 什么是定点表示法? 什么是浮点表示法?

【解析】 定点表示法是指在计算机中约定小数点在数据中的位置是固定不变的，用定点表示法表示的数据称为定点数。浮点表示法是指在计算机中约定小数点在数据中的位置是浮动的，用浮点表示法表示的数据称为浮点数。用定点表示和用浮点表示的机器分别称为定点机和浮点机。由于浮点机的运算方法及其控制线路更为复杂，因而浮点机比定点机的成本高。现在，通常使用的计算机均为浮点机。

7. ASCII、EBCDIC、Unicode 编码各有什么用途?

【解析】 ASCII 是目前计算机中广泛使用的美国标准信息交换码，它用 7 位二进制编码来表示各种常用西文符号。由于 ASCII 基本字符集只能表示 128 个字符，不能满足信息处理的需要，IBM 公司对 ASCII 字符集进行了扩充，称为扩展交换码，英文缩写简称为 EBCDIC。它采用 8 个二进制位表示字符，因而有 256 个编码状态。Unicode 采用 16 位编码体系，可容纳 2^{16}＝65536 个字符编码，因此，几乎能够表达世界上所有书面语言中的不同符号。

8. 汉字输入码、汉字交换码、汉字机内码、汉字字形码、汉字地址码各有何功能和作用?

【解析】 汉字输入码又称为外码，是为了能够直接使用西文标准键盘把汉字输入计算机中而设计的代码；汉字交换码又称为国标码，是用于汉字信息处理系统之间或通信系统之间进行信息交换的汉字国标码；汉字机内码又称为汉字内码，是指汉字信息处理系统内部存储、交换、检索等操作统一使用的二进制编码；汉字字形码又称为字模码，是指汉字库中用点阵表示的汉字字模代码；汉字地址码是指汉字库中存储汉字字形信息的逻辑地址码。

9. 逻辑数据与数值数据有何区别？

【解析】 数值数据用 0～9 来描述数值的大小，逻辑数据是利用 0 和 1 来表示事物之间的逻辑关系，即实现逻辑符号数字化。逻辑数据及其运算不是表示数值大小，而是表示逻辑关系。逻辑运算包括“与”运算、“或”运算、“非”运算和“异或”运算。

10. 为什么多媒体信息需要进行数字化？

【解析】 对于声音、图形、图像、视频、动画等复杂多变的多媒体信息，需要将它们变换成可以度量的数字数据，并据此建立适当的数字化模型，然后将其转换为一系列二进制代码，计算机才能进行存储和处理。上述变换和转换过程就是多媒体信息的数字化过程，将其抽象和转换过程称为多媒体信息数位化。

4.3 知 识 背 景

推动计算机发展的因素很多，而起决定作用的是电子器件。计算机中电子器件的发展经历了三个时代：电子管、晶体管、集成电路。本节介绍电子管的发明者——弗莱明、晶体管的发明者——约翰·巴丁、集成电路的发明者——罗伯特·诺伊斯和杰克·基尔比。

4.3.1 电子管的发明者——弗莱明

电子管是一种早期的电信号放大器件，这一电子器件的出现，实现了科学技术史的伟大突破。电子管的发明者是英国发明家弗莱明（J·Fleming，1864—1945）。

1883 年，美国闻名于世的发明家爱迪生（1847—1931）在研究延长白炽灯的寿命时，做了一个实验。他在与碳丝绝缘的电极上焊了一小块金属片，发现金属片虽然没有与灯丝接触，但是在灯丝加热时，这块金属片上就会有电流流过。这实际上是人类最早发现的热电子发射现象，后来称为“爱迪生效应”。这时，马可尼公司的工程师弗莱明灵机　动，利用“爱迪生效应”不正可以将交流电转化成直流电吗？于是，他用一个金属圆筒代替了爱迪生所用的金属丝，套在灯丝外面并和灯丝一起封在玻璃泡里。这样，接收电子的面积大大增加了。经过实验，检波效果十分理想。弗莱明的这一发明彻底取代了旧式检波器，具有划时代的意义。他在研究中发现，把灯泡中用金属片做的板极接电源正极，在电场作用下，灯丝发射出的电流就会趋向板极，从而使灯丝和板极之间的电路导通。如果板极与电源负极相连，灯丝发射的电子不能到达板极，灯丝与板极之间就没有电流。由于金属筒接正电、灯丝接负电时才有电流通过，因此弗莱明将金属筒称为“阳极”，将灯丝称为“阴极”，其作用相当于一个只允许电流单向流动的阀门，弗莱明把它叫作“热离子阀”，后来将其称为“真空二极管”——“电子管”。

1904 年 11 月 16 日“真空二极管”在英国取得了专利，这是人类历史上第一个电子元器件。真空二极管被成功用作无线电报接收机中的检波器，标志着世界从此进入了电子时代。

1906 年，美国从事无线电信号检波工作的德福雷斯特为改进二极管的性能，经过反复实验，在负极和正极之间加一个金属丝制的栅极效果最佳，这就是今天三极管的标准形式。后来人们又认识到，调整栅极电压可以控制通往正极的电流强度，三极管实际上就是一个放大器。1919年，德国的肖特基提出在栅极和正极间加一个帘栅极的想法，使帘栅极保持稳定高电压，可以加速从负极射出的电子流穿过其网栅而通往阳极。这样，阳极电流就与阳极电压几乎无关，非常有利于电压和功率的放大，这就是四极管的发明，1926年英国的朗德实现了四极管的制造。后来，荷兰的霍尔斯特和泰莱根发明了五极管，即在阳极与控制栅极间加入抑制栅极，并把它们的引线焊在管基上且封闭在玻璃管中。常见典型五极电子管的外形如图4-9所示。

图 4-9　电子管

电子管的发明，给弗莱明带来的不仅是鲜花和掌声，还有金钱和荣耀。弗莱明一生共发表论文100多篇，中学物理课中的右手定则和左手定则，都是弗莱明提出的。1904年，他因发明真空二极管获得专利，并因此于1929年获得爵士爵位。

电子管的诞生和广泛应用，加速了科学技术高速发展的进程。1946年电子管计算机（ENIAC）的诞生，是20世纪最伟大的科技成就。在随后的很长一段时间内，电子管在人们生活中发挥着重要作用。例如，电视机的显像管属于电子管；家用微波炉中产生微波的主要器件是电子管；广播、电视、通信发射机里的大功率发射都离不开电子管。

4.3.2　晶体管的发明者——约翰·巴丁

美国物理学家约翰·巴丁（John Bardeen，1908—1991，见图4-10），1956年同沃尔特·布拉顿（Walter Brattain，1902—1987）和威廉·肖克利（William Shockley，1910—1989）因发明晶体管获得诺贝尔物理学奖。1972年，同列侬·库珀和约翰·施里弗因提出低温超导理论再次获得诺贝尔物理学奖，是第一位在同一领域两次获得诺贝尔奖的人。

图 4-10　约翰·巴丁

由于电子管处理高频信号的效果不够理想，为了克服这一局限，第二次世界大战结束后，贝尔实验室加紧了对固体电子器件的基础研究。肖克利等人决定集中研究硅、锗等半导体材料，探讨用半导体材料制作放大器件的可能性。1945年秋天，贝尔实验室成立了以肖克利为首的半导体研究小组，成员有布拉顿、巴丁等人。

事实上，布拉顿早在1929年就开始在这个实验室工作，长期从事半导体的研究，积累了丰富的经验。他们经过一系列的实验和观察，逐步认识到半导体中电流放大效应产生的原因。布拉顿发现，在锗片的底面接上电极，在另一面插上细针并通上电流，然后让另一根细针尽量靠近它，并通上微弱的电流，这样就会使原来的电流产生很大的变化。微弱电流少量的变化，会对另外的电流产生很大的影响，这就是“放大”作用。布拉顿等人为了实现这种放大效应，在发射极和基极之间输入一个弱信号，在集电极和基极之间的输出端产生一个放大的强信号。

巴丁和布拉顿最初制成的固体器件的放大倍数为50左右。后来他们利用两个靠得很近（相距0.05mm）的触须接点代替金箔接点，制造了“点接触型晶体管”。首次试验时，它能把音频信号放大100倍，在现代电子产品中，上述晶体三极管的放大效应得到广泛的应用。它的外形比火柴棍短，但要粗一些。在为这种器件命名时，布拉顿想到它的电阻变换特性，即它是靠一种从“低电阻输入”到“高电阻输出”的转移电流来工作的，于是取名为trans-resister（转换电阻），后来缩写为transister，即晶体管。由于点接触型晶体管制造工艺复杂，致使许多产品出现故障，并存在噪声大、在功率大时难于控制、适用范围窄等缺点。为了克服这些缺点，半导体研究小组又提出了这种半导体器件的工作原理，肖克利提出了用一种“整流结”来代替金属半导体接点的大胆设想。1947 年 12 月，世界上第一个半导体三极管终于问世了。一个月后，肖克利发明 PN 结晶体管。今天人们常见的晶体管外形如图 4-11 所示。

图 4-11　晶体管

由于约翰·巴丁、沃尔特·布拉顿和威廉·肖克利在 1947 年共同发明第一个半导体三极管，因而他们三人在 1956 年共同荣获诺贝尔物理学奖。同时，巴丁被选为美国国家科学院院士。

在研究半导体三极管的过程中，1950 年巴丁开始考虑超导电性的问题，他意识到电子与声子（晶格振动的简正模能量量子）的相互作用是解决问题的关键。1953 年，施里弗来到伊利诺伊大学，在巴丁的指导下攻读物理学博士学位，并选择超导问题作为博士论文课题。在普林斯顿高等研究院杨振宁的推荐下，刚从哥伦比亚大学获得博士学位不久的库柏开始与巴丁和施里弗进行合作。

1957 年约翰·巴丁、列侬·库珀、约翰·施里弗共同提出低温超导理论，对超导电性做出了合理的解释。人们以他们三人姓氏的第一个字母组合命名这一理论，即 BCS 理论。1972 年，他们三人共同荣获诺贝尔物理学奖。巴丁成为第一位，也是目前为止唯一一位两次获得诺贝尔物理学奖的人。

4.3.3　集成电路的发明者——罗伯特·诺伊斯和杰克·基尔比

1946 年美国贝尔实验室研发出了世界上的第一台电子管数字计算机——ENIAC，虽然它是人类计算工具发展史的一个伟大创举，但却无法与今天的电子数字计算机相比，因为 ENIAC 的逻辑器件是电子管，它体积大、耗电量大、结构脆弱。1959 年，晶体管替代了电子管，它具有电子管的主要功能，并且克服了电子管的诸多缺陷。随后，又很快出现了基于半导体的集成电路，它能将数以万计的晶体管聚集在一块微小的芯片上，其发明者是罗伯特·诺伊斯和杰克·基尔比两位伟大的科学家。

1. 罗伯特·诺伊斯

罗伯特·诺伊斯（Robert Noyce，1927—1990，见图 4-12），集成电路的主要发明人之一。

1927 年 12 月，罗伯特·诺伊斯出生于美国艾奥瓦州，中学毕业后考入格林纳尔学院，同时学习物理、数学两个专业，1953 年获麻省理工学院物理学博士学位。随后，诺伊斯先在费城的费尔科（Philco）电子公司工作了 3 年。1956 年初，诺伊斯追随著名科学家肖克利创办半导体公司。1957 年，诺伊斯与摩尔等 8 人集体辞职，离开了肖克利实验室，在硅谷自行创办了仙童半导体公司，诺伊斯利用共同发起人让·赫米（Jean Hoerni）的一项技术，研制出了集成电路的制造程序。

图 4-12　罗伯特·诺伊斯

1968 年，诺伊斯和摩尔离开公司，创建了后来被称为英特尔的公司，此公司研制出了世界上的第一台微处理器，现已成为世界上最大、最著名的半导体公司。几年之后，诺伊斯和德州仪器公司（Texas Instruments）的杰克·基尔比共同发明集成电路。集成电路性能超群，批量生产成本低廉，若没有集成电路，便没有今天的计算机行业。

诺伊斯是一名杰出的科学家。他本可以获得两次诺贝尔奖，但却与之失之交臂。第一次是他在肖克利半导体实验室（Shockley Semiconductor）时形成的“负阻二极管”概念。然而，肖克利对此毫无兴趣，诺伊斯不得不终止研究。后来，日本科学家江崎玲于奈（Leo esaki）发明了该器件，并获得诺贝尔奖。第二次是诺伊斯和基尔比共同发明集成电路，基尔比于2000年获得了诺贝尔奖，可惜1990年6月3日诺伊斯因游泳时突然心脏病发作而去世，不能共享这一殊荣，享年62岁。

2．杰克·基尔比

杰克·基尔比（Jack Kilby，1923—2005，见图4-13），1958年发明了分立集成电路芯片，这是20世纪最伟大的发明之一。他点亮了一个信息时代来临的灯塔，因为与诺伊斯共同发明了集成电路在2000年获得了诺贝尔物理学奖。

图 4-13　杰克·基尔比

1947年，24岁的杰克·基尔比刚刚获得伊利诺伊大学的电子工程学士学位。1948年，贝尔实验室的威廉·肖克利和两位同事发明了晶体管，它可以代替真空管放大电子信号，使电子设备向轻便化、高效化发展。肖克利因此被誉为“晶体管之父”，并因此获得了1956年度的诺贝尔物理学奖，这是电子技术的一次重大革新。

但随着电路系统不断扩张，元件越来越大，遇到了新的瓶颈。尤其生产一颗电晶体的成本高达十美元，怎么缩小元件体积，降低成本，变成应用上的大问题。

基尔比怀着对电子技术的浓厚兴趣，在威斯康星州的密尔瓦基找了份工作，为一个电子器件供应商制造收音机、电视机和助听器的部件。业余时间，他在威斯康星大学上电子工程学硕士班夜校，1950年获得威斯康星大学电子工程硕士学位后，基尔比与妻子迁往得克萨斯州的达拉斯市，供职于德州仪器公司，那是唯一允许他把全部时间用于研究电子器件微型化的公司，给他提供了大量的时间和优越的实验条件。在这期间，他渐渐形成一个天才的想法：电阻器和电容器（无源元件）可以用与晶体管（有源器件）相同的材料制造。另外，既然所有元器件都可以用同一块材料制造，那么这些部件可以先在同一块材料上就地制造，再相互连接，最终形成完整的电路。基尔比设想利用单独一片硅做出完整的电路，如此可以把电路缩到极小。

1958年9月12日，基尔比宣布成功研制出了世界上的第一块集成电路（Integrated Circuit，IC），从此揭开了20世纪信息革命的序幕，同时宣告信息化时代来临。人们把1958年9月12日视为集成电路的诞生日，这枚小小的芯片开创了电子技术历史的新纪元。

基尔比发明的第一颗集成电路只包含一个单个的晶体管和其他的组件，但从第一颗晶片开始，半导体的制造技术不断更新，集成的规模越来越大，已研制出大规模集成电路。利用大规模集成电路构成的集成组合部件如图4-14所示。

随着微电子技术的高速发展，到英特尔推出Pentium微处理器时，晶片上集成的电晶体已经高达三百万颗以上，称为超大规模集成电路。CPU就是典型的超大规模集成，如图4-15所示。

半导体业中著名的“摩尔定律”——集成电路上的电晶体数量每十八个月扩充一倍，持续多年，至今不竭。这股强大动力，使各种电子产品爆炸性地走向轻薄短小与多功能。个人计算机、移动电话等3C产品正全面改造人类生活。基尔比发明的集成电路几乎成为今天每个电子产品的必备部件，从手机到调制解调器，再到网络游戏终端，这个小小的芯片改变了世界。

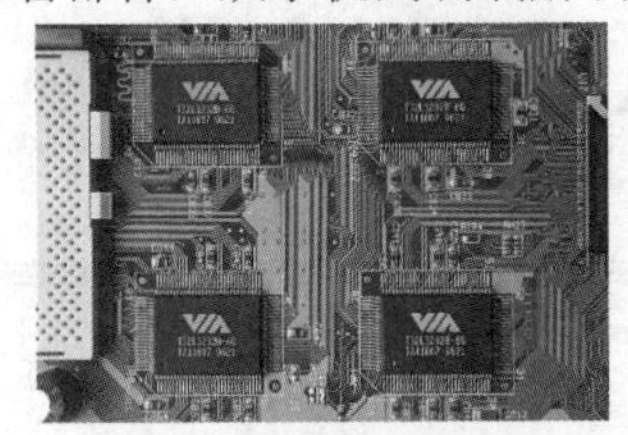

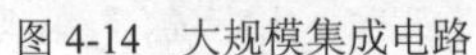
图 4-14　大规模集成电路

图 4-15　超大规模集成电路

2000 年，77 岁的杰克·基尔比因集成电路的发明被授予诺贝尔物理学奖。这个奖距离他的发明已经 42 年。这份殊荣，因为得奖时间相隔极久，也就更突显他的成就之大。迄今为止，集成电路正全面改造人类的个人计算机、移动电话等 3C 产品，皆源于他的发明。

2005 年 6 月 20 日，基尔比因为身患癌症，在得克萨斯州达拉斯市的家中与世长辞，享年 81 岁。

第 5 章　计算系统的基本思维

【问题描述】一个完整的计算系统，包括硬件系统和软件系统，它们“彼此支撑、相互理解”，才使得计算系统按照人们的意愿，齐心协力地努力工作。而这一切，都是在操作系统的指挥下，由 CPU 贯彻执行的。无论是操作系统的具体部署，还是 CPU 的具体执行，它们都基于计算思维。

【知识重点】主要介绍系统科学的基本概念、操作系统的特性和智能手机及其操作系统，了解这些基本内容，有利于利用系统科学分析计算系统，有利于了解操作系统的性能特点。

【教学要求】通过关联知识，全面了解系统科学和操作系统的特性；通过习题解析，加深对计算机系统的理解；通过知识背景，了解为计算机软件作出了杰出贡献的 5 位科学家的生平事迹。

5.1　关 联 知 识

为了加深对计算机系统的理解，本节介绍计算机学科中的系统科学、计算机操作系统的特性和智能手机及其操作系统。这些内容是对主教材第 5 章教学内容的补充。

5.1.1　系统科学

系统科学（system science）也称为系统理论（system theory），是以“系统”为研究和应用对象，探索“系统”的存在方式和运动变化规律的一门学科，也是人们认识客观世界的一个知识体系。

1. 系统科学的演化形成

系统科学起源于人们对自然现象的研究，是对系统本质的理性认识，也是人们认识世界以致改造世界的科学手段。中国最早体现“系统”思维的成果是《易经》，它将世界万物当成一个由基本元素（爻）组成的整体（64 卦），世界万物具有不同的层次（太极→两仪→四象→八卦），万物之间相互演变，体现万物之间复杂的层次关系、结构关系、因果关系等，从而使得在认识世界的同时改造世界。《易经》的研究，涉及传统数学、物理学、天文学等，与当今的“系统科学”不谋而合。

系统科学以不同领域的复杂系统为研究对象，从系统和整体的角度，探讨复杂系统的性质和演化规律，目的是揭示各种系统的共性以及演化过程中所遵循的共同规律，发展优化和调控系统的方法，并进而为系统科学在科学技术、社会、经济、军事、生物等领域的应用提供理论依据。

1946 年 ENIAC（埃尼阿克）的诞生，被认为是 20 世纪科学的重大突破性成就，并被看作现代系统科学崛起的重要标志。今天，系统科学已成为研究系统的结构与功能关系、演化和调控规律的科学，是一门新兴的综合性、交叉性学科。

2．系统科学的基本特性

一个大型的复杂系统，通常是由若干相互联系、相互作用的功能块构成的、具有特定功能的有机整体。在计算机系统中，这个“功能块”被称为“子系统”或“元素”。在探索各子系统或系统元素的划分和相互关系时，必须考虑各个“子系统”或“元素”的基本特性。

（1）抽象性（abstractness）。为了便于描述，可将一个完整的系统抽象成多个不同的子系统。例如，可以把一个完整的计算机系统抽象成由硬件系统和软件系统组成的计算系统。

（2）组成性（constitutive）。任一系统均由多个元素组成，这些元素可以是世界上的一切事物，如物质、现象、概念等，把构成系统的元素称为系统元素，如硬件元素、软件元素。

（3）结构性（designability）。结构性是指系统内各组成部分之间的相互关联、相互作用的框架，并且把对各子系统的划分与个子系统之间的相互关系称为结构分析。

（4）层次性（hierarchy）。一个大型复杂系统，通常分为多个层次，层次是划分系统结构的一个重要工具，也是结构分析的主要方式。层次结构设计的基本原则是包含高层次和支配低层次，隶属低层次和支撑高层次。系统中包含有不同的元素，并且可处于不同层次。例如，计算机系统内层为硬件层，中间层为系统软件层，外层为应用软件层，硬件和软件是系统中的元素。

（5）边界性（borderlines）。系统和元素具有明确的边界，例如，元素包含于系统中，所以元素的边界应小于系统的边界。同时，系统内不同的元素可能产生边界交叉，但不能完全重合。

（6）目的性（objective）。任一系统都有一个确定的目的，例如，划分子系统的目的是简化和便于系统实现，将硬件元素和软件元素按照某种特定方式结合起来，从而构成一个完整的系统。

（7）相关性（relativity）。系统中的各个元素是相互关联的，例如，计算机硬件系统的外层必须具有操作系统，操作系统对内是软件与硬件的界面，对外是人与计算机的界面。

（8）整体性（integrity）。一个系统无论由什么样的元素和多少元素组成，从形态上讲应该是一个能够与其他系统相区别，并且系统元素相互配合和协调，能够发挥特定功能的整体。例如，计算系统包含硬件系统和软件系统，硬件和软件两者必须“相互理解”“齐心合力”，才能高效工作。

3．系统科学的基本因素

系统是一门科学，在进行系统研究时，涉及系统环境、系统行为、系统功能、系统状态、系统演化、系统过程、系统同构、系统类问题等，并且彼此之间相互关联。

（1）系统环境（system environment）是指一个系统之外的一切与它有联系的事物组成的集合。系统要发挥它的作用，达到应有的目标，系统自身就一定要适应环境的要求。例如，数据库系统必须在计算机系统的支持下工作。

（2）系统行为（system behavior）是指相对于它的环境所表现出来的一切变化，行为既属于系统自身的变化，同时又反映环境对系统的影响和作用。

（3）系统功能（system function）是指系统行为所引起的、有利于环境中某些事物乃至整个环境存在与发展的作用。

系统环境、行为和功能三者之间是密切相关的。在开发应用软件时，环境的正确分析以及行为与功能的合理设计，是保证软件开发成功的重要工作。

（4）系统状态（system state）是指系统中可以观察和识别的那些形态特征，通常可以用系统的定量特征来表示，如温度、体积、计算机硬件系统的型号、计算机软件的版本等。

（5）系统演化（system evolution）是指系统的结构、状态、行为和功能等，随着时间的推移而发生的变化。系统的演化特性是系统的基本特性，例如，计算机从以运算器为中心到以存储为中心的体系结构就是一个演化的过程；关系数据库的形成则是随着数据库模型的演变而形成的。

（6）系统过程（system procedure）是指系统演化所经历的发展过程，并且由若干子过程组成，过程的基本元素是动作。

由此可见，系统状态、演化和过程三者之间是密切相关的。

（7）系统同构（system isomorphism）是指不同系统数学模型之间的数学同构，它是代数系统同构概念的拓展，也是系统科学的理论依据。在代数系统中，同构具有以下两个重要特征：

一是两个不同的代数系统的元素基数相同，并能建立一一对应的关系；二是两个不同的代数系统运算的定义相同，一个代数系统中的元素若被其对应系统的元素替换后，可以得到另一个代数系统的运算表。根据系统同构的性质，可以用一种性质和结构相同的系统来研究另一种系统，甚至针对不同学科领域和不同现实系统之间存在同构的事实，对不同学科进行横向综合研究。

（8）系统类问题（system class problem）是指那些不能由单一算法解决，而必须构建一个系统来解决的问题。系统类问题广泛存在于工程、科学、社会、经济等领域。典型的系统类问题有数据库管理问题、卫星导航问题、机器人控制问题、制造企业生产计划管理问题、计算机设备及作业管理问题等。

4．系统科学的基本原则

随着计算机科学技术的迅速发展，计算机硬件系统和软件系统变得越来越复杂，如何借鉴系统科学的思想方法来研究计算机系统，已成为计算机学界的探索重点。事实表明，系统科学方法在计算机学科中的作用已越来越重要，并在利用系统科学方法研究系统时，应遵循以下基本原则。

（1）整体性原则（integrity rule）是指从“整体”和全局出发，以整体的视觉来分析局部与局部之间的关系，进而达到对系统整体的、更深刻的认识和理解。在系统科学中，把整体具有而局部不具有的东西称为“涌现性”（emergent property），它是高层次具有而还原到低层次就不复存在的一种特性。

（2）动态性原则（dynamic rule）是指从“动态”的角度去研究“系统”各个阶段的运行状态，并且考虑到系统的发展趋势。例如，系统分析和设计时，必须考虑系统将来可能的变化，因而在功能结构上要留有余地，以符合动态性原则。

（3）模型化原则（modeling rule）是指根据系统模型的说明和真实系统提供的依据，采用以模型代替真实系统进行模拟实验，以达到认识真实系统特性和规律性的方法。科学系统方法主要采用符号模型而非实物模型，计算机学科中的符号模型主要有概念模型、逻辑模型、数学模型、图示化模型等。其中，最为重要的是数学模型。数学模型是描述元素之间、子系统之间、层次之间以及系统与环境之间相互作用的数学表达式，是系统定性分析和定量分析的工具。因此，研究系统的模型化方法，通常是指通过建立和分析系统的数学模型来解决问题的方法和程序。

（4）最优化原则（optimize rule）是指运用各种有效方法从系统的多种目标或多种可能的途径中，选择最优方案、最佳功能、最优状态，达到整体优化的目的。最优的内容及形式包括系统形态结构最优、运动过程最优、系统性质最优和系统功能最优。

计算机科学体现了系统科学思想，图灵计算机、计算机子系统和层次结构的定义与划分等，是系统科学研究的典型，人们应用系统科学思想方法来研究计算机硬件系统和计算机软件系统。

5.1.2　操作系统的特性

操作系统位于软件系统的最底层，直接与计算机硬件“打交道”，也是用户操作使用计算机的界面，由它实现计算机的一切操作和对计算机硬件系统的管理。

1. 操作系统的特点

计算机性能的高低是由计算机硬件所决定的，而能否充分发挥计算机硬件系统的性能，操作系统起着决定性的作用。操作系统位于系统软件的最底层，是最靠近硬件的软件。操作系统的功能作用是管理计算机资源、控制程序执行、提供多种服务、方便用户使用各种系统软件。为此，操作系统必须具备以下特点。

（1）方便性（conveniences）。如果没有操作系统，用户只能通过控制台输入控制命令，这种使用方式是极为困难的。有了操作系统，特别是 Windows 这类功能强大、界面友好的操作系统，使计算机的操作使用变得非常简易和快捷，只要点击鼠标或按下键盘就能实现很多功能操作。

（2）有效性（effectiveness）。如果没有操作系统，计算机硬件资源会常常处于空闲状态而得不到充分利用，存储器中存放的数据由于无序而浪费了存储空间。而操作系统可使硬件设备由于减少等待时间而得到更为有效的利用，使存储器中存放的数据有序而节省存储空间。此外，操作系统还可以通过合理地组织计算机的工作流程，进一步改善系统的资源利用率及提高系统的效率。

（3）扩充性（extensibility）。随着大规模集成电路技术和计算机技术的迅速发展，计算机硬件和体系结构也随之得到迅速发展，它们对操作系统提出了更高的功能和性能要求。因此，操作系统在软件结构上必须具有很好的可扩充性才能适应发展的要求，不断扩充其功能。

（4）开放性（openness）。20 世纪末出现了各种类型的计算机硬件系统，为了使不同类型的计算机系统能够通过网络加以集成，并能正确、有效地协同工作，实现应用程序的可移植性和互操作性，要求操作系统具有统一的开放环境，其开放性通过标准化来实现，遵循国际标准和规范。

（5）可靠性（reliability）。可靠性是操作系统中最重要的特性要求，它包括正确性和健壮性。正确性是指能正确实现各种功能，健壮性是指在硬件发生故障或某种意外的情况下，操作系统应能做出适当的应对处理，而不至于导致整个系统的崩溃。

（6）移植性（portability）。移植性是指把操作系统软件从一个计算机环境迁移到另一个计算机环境并能正常执行的特性。迁移过程中，软件修改越少，可移植性就越好，良好的移植性方便开发出在不同机型上运行的多种版本。在开发操作系统时，使与硬件相关的部分相对独立，并位于软件的底层，移植时只需根据变化的硬件环境修改这一部分，就能提高可移植性。

2. 操作系统的特征

操作系统作为计算机系统资源的管理者，在管理资源时，面对各种数据、数据流、控制流时，不但具有良好的功能特点，而且还具有并发性、共享性、虚拟性和异步性等基本特征。

（1）并发性（concurrency）是指在计算机系统中同时存在多个程序。并发和并行是有区别的，并发指两个或多个事件在同一时间段内发生，而并行指两个或多个事件在同一时刻发生。

在多处理器系统中，可以有多个进程并行执行，一个处理器执行一个进程。在单处理器系统中，多个进程是不可能并行执行的，但可以并发执行，即多个进程在一段时间内同时运行，但在每一时刻，只能有一个进程在运行，多个并发的进程在交替地使用处理器运行，操作系统负责这些进程之间的执行切换。简单地说，进程就是指处于运行状态的程序。并发性改进了在一段时间内一个进程对CPU的独占，可以让多个进程交替地使用CPU，从而有效提高系统资源的利用率，提高系统的处理能力，但也使系统管理变得复杂，操作系统要具备控制和管理各种并发活动的能力。

（2）共享性（shareability）是指系统中的资源能够被并发执行的多个进程共同使用，以提高系统资源的利用率。资源共享是程序并发执行的基础，而并发执行则是资源共享的前提。并发和共享是现代操作系统的两个重要特征，它极大地提高了计算机系统资源利用率和系统的吞吐量。

（3）虚拟性（virtuality）是指通过某种技术把一个物理实体变成若干个逻辑上的对应物。物理实体是实际存在的，对应物是虚的，是用户感觉不到的。例如，在分时系统中虽然只有一个CPU，但每个终端用户都认为有一个CPU在专门为自己服务，即利用分时技术可以把物理上的一个CPU虚拟为逻辑上的多个CPU，逻辑上的CPU称为虚拟处理器。类似地，可以把一台物理输入输出设备虚拟为多台逻辑上的输入输出设备（虚拟设备），把一条物理信道虚拟为多条逻辑信道（虚拟信道）。在操作系统中，虚拟主要是通过分时使用的方式实现的。

（4）异步性（asynchronism）是指在多道程序环境下允许多个进程并发执行，但由于资源及控制方式等因素的限制，进程的执行并非一次性地连续执行完，通常是以“断断续续”的方式进行。内存中的每个进程在何时执行，何时暂停，以怎样的速度向前推进，每个进程总共需要多长时间才能完成，都是不可预知的。先进入内存的进程不一定先完成，而后进入内存的进程也不一定后完成，即进程是以异步方式运行的。所有这些要求，都由操作系统予以严格保证，只要运行环境相同，多次运行同一进程，都应获得完全相同的结果。

上述4个特征中，并发性和共享性是操作系统两个最基本的特征，它们互为存在条件。一方面，资源共享是以进程的并发执行为条件的，若系统不允许进程并发执行，也就不存在资源共享问题；另一方面，若操作系统不能对资源共享实施有效管理，则必将影响到进程正确地并发执行，甚至根本无法并发执行。

5.1.3　智能手机及其操作系统

“手机”（mobile phone）是当今信息时代人们生活和工作不可或缺的通信工具。早期的手机是一种使用方便、便于随身携带的通信工具，但其信息处理功能极为有限。移动互联网、移动多媒体时代的到来和5G无线通信的广泛应用，使得手机已从简单的通话工具迈入智能化时代，在此背景下智能手机应运而生。随着应用需求的日益增加和技术的不断改进与完善，现在智能手机完全符合计算机关于“程序控制”和“信息处理”的定义，已成为移动计算的最佳终端，并作为一种大众化的计算机产品，性能越来越优越，功能越来越强大，应用越来越广泛。

1．智能手机的定义

智能手机（smart phone）是指具有完整的硬件系统，独立的操作系统，用户可以自行安装第三方服务商提供的程序，并可以实现无线网络接入的移动计算设备。“智能手机”的名称主要是针对老式（按键式）手机功能和操作方式而言的，并不意味着智能手机具有强大的“智能”

功能。

智能手机是实现移动计算、普适计算的理想工具，可提供的信息服务有网页浏览、电子阅读、日程安排、任务提醒、交通导航、程序下载、股票交易、移动支付、移动电视、视频播放、游戏娱乐等。结合（3G、4G、5G）数字通信网络的支持，智能手机正逐步成为功能强大，集通话、短信、网络接入、视频娱乐为一体的综合性个人计算终端设备。

2．智能手机的发展

世界公认的第一部智能手机 IBM Simon（西蒙）诞生于 1993 年，它由 IBM 于 BellSouth 公司合作制造，集手提电话（mobile phone）、个人数字助理（personal digital assistant）、传呼机（beeper）、传真机（fax machine）、行程表（hodometer）、日历（calendar）、世界时钟（earth time zone）、计算器（calculator）、记事本（notepad）、电子邮件（E-Mail）、游戏（game）等功能于一身。与老式手机相比，IBM Simon 的最大特点是没有物理按键，完全依靠触摸屏操作，它采用 ROM-DOS 操作系统。

2008 年 7 月，苹果公司推出了 iPhone 3G，从此智能手机的发展进入了新时代，iPhone 3G 成了引领智能手机的标杆产品。随后，各种品牌智能手机如雨后春笋层出不穷。其中，三星（Samsung）、华为（Huawei）、苹果（iPhone）成为世界三强，是智能手机中的佼佼者。据报道，2022 年二季度全球智能手机出货量约为 2.86 亿台。

3．智能手机的部件

智能手机的最大特点是可以自行安装和卸载应用软件，包括安装手机操作系统、功能可扩展、具备无线接入互联网的能力、支持多任务处理、具有个人数字助理和多媒体功能。为了实现文字、语音、视频和多任务处理，智能手机采用主处理器（CPU）和从处理器（专用芯片）架构，主处理器用来运行操作系统和应用软件，从处理器用来完成语音信号的 A/D 与 D/A 转换、数字语音信号编码和解码等。智能手机需要大容量的存储芯片，常采用闪存芯片作为外存储器，以存储图片、语音和视频等。

4．智能手机操作系统

智能手机与普通手机的区别是使用了操作系统，以管理智能手机的软硬件资源，并为应用软件提供支持。因此，手机操作系统是支撑智能手机的基石。目前，应用在手机上的操作系统有 iOS（iPhone OS）、Symbian（塞班）、Android（安卓）和 Windows Phone 等。虽然智能手机操作系统不属于计算机操作系统的范畴，但由于移动互联网的广泛应用，使得智能手机的功能越来越强大，能实现互联网的交易活动，以往很多在微机上实行的网络信息搜索和查询现在都能在智能手机上操作，特别是网络购物和现金支付，都是通过手机操作实现的。因此，了解智能手机操作系统是非常必要的。

（1）iOS 系统是苹果公司最初为 iPhone 开发的操作系统，后来陆续应用到 iPod Touch、Apple TV 产品上。iOS 用户界面能够使用多点触控直接操作，控制方法包括滑动、轻触开关及按键，支持用户使用滑动、轻按、挤压和旋转等操作与系统互动。这样的设计，使得 iOS 易于使用和推广。由于 iOS 以其系统稳定、优化、用户体验优越等优点，深受用户青睐，并已在市场上独霸一方。

（2）Symbian 系统是一个实时性、多任务的纯 32 位操作系统，具有功耗低、内存占用少等特点，非常适合手机等移动设备使用，可以支持 GPRS、蓝牙、SyncML，以及 3G 技术。最重要的是，它是一个标准化的开放式平台，任何人都可以为支持 Symbian 的设备开发软件。与微软产品不同的是，Symbian 将移动设备的通用技术（操作系统的内核）与图形用户界面技术分开，能很好地适应不同方式输入的平台，也可以使厂商可以为自己的产品制作更加友好的操作界面，符合个性化的潮流，这也是用户能见到不同样子的 Symbian 系统的主要原因。

（3）Android 系统是由 Google 公司于 2008 年推出，属于以 Linux 为基础的开放源代码操作系统，支持的处理器类型有 ARM、MIPS、Power architecture、Intel x86，采用 Android 系统的手机厂商包括宏达电、三星电子、摩托罗拉、乐喜金星、索尼爱立信、华为等。

Android 系统是近年来备受关注、上升势头迅猛的手机操作系统，以价格低廉、优秀的性价比吸引着许多用户。最新调查显示，目前 Android 系统的用户数量已超过 iOS。2010 年末的数据显示，Android 已经超越称霸十年的 Symbian，跃居全球智能手机平台首位。

（4）Windows Phone 系统是微软公司为智能手机开发的操作系统，把网络、个人计算机和手机的优势集于一身，让人们可以随时随地享受到想要的体验。2010 年，微软公司正式发布了智能手机操作系统 Windows Phone 7，并同时宣布了首批采用 Windows Phone 7 的智能手机有 9 款。2012 年，微软公司在美国旧金山召开发布会，正式发布全新移动操作系统 Windows Phone 8，提供真正个性化的手机使用体验。虽然目前 Windows Phone 的市场占有率不如 iOS 和 Android，但由于微软强大的后台，有理由相信这个系统一定会有广阔的前景。

5.2 习 题 解 析

本章习题主要考查学生对计算机系统的认识程度。通过习题解析，进一步加深对计算机系统的结构组成、工作原理，以及操作系统对硬件系统的管理方式等全方位的了解。

5.2.1 选择题

1. 计算机硬件系统的五大部件是指运算器、控制器、输入设备、输出设备和（　　）。

A. 存储器　　B. 接口电路　　C. 外部设备　　D. 指令系统

【解析】 计算机硬件系统的五大部件是指运算器、控制器、输入设备、输出设备和存储器。[参考答案] A

2. 一个完整的计算机系统分成硬件系统、系统软件、应用软件和（　　）4 个层次。

A. 软件系统　　B. 程序设计语言　　C. 操作系统　　D. 指令系统

【解析】 一个完整的计算机系统分成硬件系统、系统软件、应用软件和程序设计语言 4 个层次。[参考答案] B

3. 计算机操作系统具有并发性、共享性、虚拟性和（　　）4 项基本特征。

A. 同步性　　B. 可靠性　　C. 异步性　　D. 可控性

【解析】 计算机操作系统具有并发性、共享性、虚拟性和异步性 4 项基本特征。[参考答案] C

4. 20 世纪 90 年代以来常用的主流操作系统有 DOS、Windows、UNIX 和（　　）。

A. 网络操作系统　　B. 手机操作系统　　C. 智能操作系统　　D. Linux

【解析】 20 世纪 90 年代以来常用的主流操作系统有 DOS、Windows、UNIX 和 Linux。[参考答案] D

5. 计算机中指令执行的基本流程分为（　　）、取指令、分析指令和执行指令。

A. PC＋1　　B. 编写指令　　C. 存储指令　　D. 操作指令

【解析】 计算机中指令执行的基本流程可分为 PC＋1、取指令、分析指令和执行指令。**[参考答案]** A

6. 操作系统对 CPU 的管理主要包括进程控制、进程同步、进程通信和（　　）。

A. 作业管理　　B. 处理器调度　　C. 并发控制　　D. 交通控制

【解析】 操作系统对 CPU 的管理主要包括进程控制、进程同步、进程通信和处理器调度。**[参考答案]** B

7. 目前，微机中常用的外存储器主要有硬盘、光盘、（　　）和移动硬盘。

A. 软盘　　B. 磁盘　　C. U 盘　　D. 磁带

【解析】 目前，微机中常用的外存储器主要有硬盘、U 盘和移动硬盘。**[参考答案]** C

8. 输入输出接口电路用来解决速度、时序、信息格式和（　　）不匹配的问题。

A. 操作方式　　B. 存储格式　　C. 电器特性　　D. 信息类型

【解析】 输入输出接口电路用来解决速度、时序、信息格式和信息类型不匹配的问题。**[参考答案]** D

9. 输入输出的控制方式分为（　　）、程序中断、直接内存访问和 I/O 通道控制等方式。

A. 程序查询　　B. 作业管理　　C. 外存访问　　D. 通道管理

【解析】 输入输出的控制方式分为程序查询、程序中断、直接内存访问和 I/O 通道控制等方式。**[参考答案]** A

10. 操作系统对文件的管理主要包括存储空间管理、文件目录管理、文件读写管理和（　　）。

A. 文件操作管理　　B. 文件安全保护　　C. 文件删除管理　　D. 文件建立管理

【解析】 操作系统对文件的管理主要包括存储空间管理、文件目录管理、文件读写管理和文件安全保护。**[参考答案]** B

5.2.2　问答题

1. 什么是计算系统？

【解析】 计算系统是由硬件和软件组成的、具有科学计算和信息处理功能的完整计算机系统。

2. 如何定义计算机硬件与硬件系统？如何定义计算机软件与软件系统？

【解析】 计算机硬件是指那些看得见、摸得着的部件，计算机中所有部件的有机集合称为计算机硬件系统；计算机中使用的各种程序称为软件，并将计算机中所有程序的有机集合称为软件系统。

3. 什么是操作系统？

【解析】 操作系统是有效地组织和管理计算机系统中的软/硬件资源，合理地组织计算机工作流程，控制程序的执行，并提供多种服务功能及友好界面，方便用户使用计算机的系统软件。

4. 软件与硬件存在哪些关系？

【解析】 计算机软件与硬件存在层次结构关系、相互依赖关系和功能等价关系。

5. 什么是作业？

【解析】 作业是指用户在运行程序和处理数据过程中，用户要求计算机所做工作的集合。作业包含了从输入设备接收数据、执行指令、给输出设备发出信息，以及把程序和数据从外存传送到内存，或从内存传送到外存。

6. 什么是进程?

【解析】 进程是指程序的一次执行过程，是系统进行资源分配和作业调度的单位。进程通常被定义为一个正在运行程序的实例，是一个程序在其自身的地址空间中的一次执行活动。

7. 并发与并行有何区别?

【解析】 并发是将一个程序分解成多个片段，并在多个处理器上同时执行；并行是多个程序同时在多个处理器中执行，或者多个程序在一个处理器中轮流执行。

8. 什么是存储管理?

【解析】 存储管理是指操作系统对内存储器和外存储器的管理方式。不同的操作系统具有不同的功能特性，其中最明显的区别之一就是它们所采用的存储管理方式是不同的。目前常用的管理方式可分为连续存储管理、分区存储管理和分页存储管理。

9. 什么是输入输出控制，主要有哪些控制方式?

【解析】 输入输出控制是指操作系统对 CPU 与 I/O 之间数据传送的控制，并且要求传送速度足够高，系统开销小，能充分发挥硬件资源的能力。随着计算机技术的发展，I/O 控制方式也在不断发展，其控制方式可分为程序查询方式、程序中断控制方式、直接内存访问方式以及 I/O 通道控制方式。

10. 什么是文件和文件系统?

【解析】 逻辑上具有完整意义的信息集合称为文件，计算机中所有的程序和数据都是以文件的形式进行存放和管理的。文件系统是操作系统中与文件管理有关的软件和数据的结合，是操作系统中负责存取和管理信息的模块，它用统一的方式管理用户和系统信息的存储、检索、更新、共享和保护，并为用户提供一套高效的文件使用方法。

5.3 知 识 背 景

本节介绍对计算机软件及其操作作出了杰出贡献的 5 位科学家：计算机软件之母——格蕾丝·霍珀、Windows 的创始人——吉姆·阿尔钦、Linux 的开发者——李纳斯·托瓦尔兹、Word 的创始人——查尔斯·西蒙尼、鼠标的创始人——道格拉斯·恩格尔巴特等人的生平事迹。此外，由于目前计算机中的系统软件和应用软件大都是美国微软公司的产品，因而本节简要介绍微软公司的创始人——比尔·盖茨的生平事迹。

5.3.1 计算机软件之母——格蕾丝·霍珀

格蕾丝·霍珀（Grace Hopper，1906—1992，见图 5-1）是杰出的女数学家，是世界妇女的楷模和骄傲，也是计算机界被崇拜的偶像人物，被世人尊称为“计算机软件之母”。为了纪念格蕾丝·霍珀在计算机软件方面的杰出贡献，世界计算机界设立了著名的霍珀奖。

图 5-1 格蕾丝·霍珀

格蕾丝·霍珀 1906 年 12 月 9 日出生于美国纽约市一个海军世家，其祖父为海军少将，而外祖父是纽约市的高级土木工程师，常常带着她去工作，她也十分高兴地去帮着持红白相间的测量杆，这培养了她对于几何学和数学的兴趣。霍珀从小就像男孩那样爱摆弄机械电器，7 岁那年，为了弄清闹钟的原理，一连拆开了家中的 7 架闹钟。

格蕾丝·霍珀先后就读于瓦萨学院和耶鲁大学，是耶鲁大学第一位女数学博士。霍珀的父亲是保险经纪人，母亲是家庭主妇，但很爱好数学。她的双亲希望长女霍珀像儿子一样接受教育，大学毕业后留校任教。1943 年，日军偷袭珍珠港后，她加入海军预备队。在马萨诸塞州北安普敦的海军军官学校培训以后，1944 年 6 月她被授予上尉军衔，并被分配到装备局。考虑到她是一个数学家，她被派到哈佛大学艾肯教授手下参与 Mark Ⅰ的研制工作，为 Mark Ⅰ编程，她成为“第一台大型数字计算机的第三位程序员”。在毫无计算机和编程知识背景的情况下，霍珀通过刻苦钻研和虚心好学，很快成为一名优秀的程序员并赢得了同事的尊敬。其间，她为海军编写找到最佳海上布雷方案的程序；为 Mark Ⅰ编写了操作手册，建立了世界上第一个“子程序库”，这是霍珀和她的同事将经过试用证明为正确的一些程序，例如，计算正弦、余弦、正切的程序。1947 年夏天，在为 MarkⅡ排除一次故障的过程中，霍珀和她的同事在继电器簧片中间找到了一只飞蛾，这使得 bug（小虫）和 debug（臭虫）这两个本来普普通通的名词成了计算机专业中特指莫名其妙的“错误”和“排除错误”的专用名词而流传至今。战后，艾肯鼓励咨询保险公司在其业务中使用计算机，霍珀为此编写了该公司的一些业务处理程序。计算机在商业上的应用这一新的领域吸引了霍珀的兴趣，因为这比科学和工程计算这类应用复杂得多。

1949 年，霍珀离开哈佛大学，加盟由第一台电子计算机 ENIAC 发明人埃克特和莫齐利开办的计算机公司，为第一台储存程序的商业电子计算机 UNIVAC 编写软件。这期间，她开发出了世界上第一个将高级符号语言转变为机器语言的编译器 A-0（1952 年），第一个处理数学计算的编译器 A-2（1953 年），第一个自动翻译英语的数据处理语言的编译器 B-0（也叫作 Flow-matic，被称为汇编语言 1957 年）。这是第一个用于商业数据处理的类似英语的语言。后来以 Flow-matic 为基础开发的商用语言（Common Bussiness OrientedLanguage，COBOL）于 1959 年问世，它是第一批高级程序设计语言之一，广泛用于大型和小型计算机的高级商业程序设计。COBOL 文本诞生后，霍珀又率先实现了 COBOL 的第一个编译器，因此，有人把霍珀叫作“COBOL 之母”。据 20 世纪 80 年代初的统计，全美国在运行中的程序有 80%是用 COBOL 语言编写的，可见这个语言对计算机应用发展所起的作用。在计算机软件的进展中，霍珀作出了很大的贡献，她的努力使计算机在商用化和产业化方面取得长足的进步。

霍珀一生还获得许多殊荣，如计算机先驱奖、计算机科学年度人物奖、国家技术奖等。1971 年，为了纪念现代数字计算机诞生 25 周年，美国计算机学会特别设立了“格蕾丝·霍珀奖”，颁发给当年最优秀的 30 岁以下的青年计算机工作者。为表彰她对美国海军的贡献，一艘驱逐舰被命名为“格蕾丝号”，加利福尼亚海军数据处理中心也改名为霍珀服务中心。

1992 年 1 月 7 日，在华盛顿的阿灵顿国家公墓，美国海军为在元旦凌晨在睡梦中安然去世的退休女海军军官霍珀举行了隆重的葬礼。全套海军仪仗队和众多肃穆的海军官兵按照海军的仪式向这位令人尊敬的长者作最后的告别，千千万万的美国人通过电视转播观看了葬礼的实况。

4 年以后，即 1996 年 1 月 6 日，美国海军又在缅因州的巴斯港为新建的一艘阿利·伯克级驱逐舰举行了隆重的命名仪式，把它命名为“霍珀号”。这是第二次世界大战以后第一次、整个美国海军历史上第二次，以一位女性的名字命名一艘战舰。美国海军为什么给予霍珀这么高的荣誉呢？原来，霍珀是美国海军历史上第一位获得少将军衔的女性，而且为海军服务长达 43 年，为海军的现代化建设作出了卓越的贡献。

5.3.2 Windows 的创始人——吉姆·阿尔钦

Microsoft（微软）公司平台和服务总裁——吉姆·阿尔钦（Jim Allchin，1951—，见图 5-2），在他的带领下，Windows NT 取代了 Novell 的地位，从网络操作系统的跟随者变成领跑者，并让 Windows 成为主流桌面平台。当年也是阿尔钦力促 IE 浏览器与 Windows 整合，并强烈反对在其他操作系统上开发 IE。虽然此举为微软引来反垄断诉讼，但最终成就了微软在浏览器市场中的绝对垄断，是互联网发展历程中的里程碑。

图 5-2　吉姆·阿尔钦

阿尔钦出生于密歇根州的一个贫穷家庭，幼年时随父母迁往佛罗里达州，在一家农场干活。在修补设备时，培养了他在工程技术方面的兴趣。在佛罗里达州立大学短暂学习电子工程后，他中途辍学，后又重返斯坦福大学、佐治亚工学院等高校深造；曾在 TI、BANYAN 等多家公司任职，是 VINES 网络操作系统的主要负责人。

1990 年，比尔·盖茨多次邀请阿尔钦加盟微软公司，但他最初都置之不理。在后来的面试中，阿尔钦对盖茨直言，微软的软件是世界最烂的，实在不懂请他来做些什么。但盖茨则笑称，正是因为微软的软件存在各种缺陷，才需要你这样的人才。今日，阿尔钦的名号已经成为 Windows 操作系统的同义词。

5.3.3 Linux 的开发者——李纳斯·托瓦尔兹

李纳斯· 托瓦尔兹（Linus Towalds，1969—，见图 5-3），当今世界最著名的计算机程序员、黑客，Linux 内核的发明人及该计划的合作者，被称为 Linux 之父。

图 5-3　李纳斯·托瓦尔兹

托瓦尔兹 1969 年 11 月 28 日出生于芬兰首都赫尔辛基，由于其祖父是赫尔辛基大学的统计学教授，在他 10 岁时就帮祖父将数据输入计算机，从而激发了托瓦尔兹少年时代就对计算机的极大兴趣，常常是废寝忘食，最让托瓦尔兹兴奋的事情是在计算机上编写程序。

1988 年，托瓦尔兹考入赫尔辛基大学。在学校开设的诸多课程中，托瓦尔兹对“UNIX 操作系统”课特别痴迷。UNIX 是面向小型机以上的计算机操作系统，要求有较高的硬件支持，对个人计算机来说不是太适用。托瓦尔兹设想，能否把 UNIX 移植到 Intel 架构的计算机上？可 UNIX 是商用软件，其内核不公开，要移植它很困难，托瓦尔兹决定重新写一个操作系统。他弄来一台 Intel 386 微机，经过几个月夜以继日地奋战，他写出了上万条程序代码，完成了一个操作系统内核。他渐渐地感到，单凭一个人的力量要完成一个操作系统的繁杂开发工作是非常困难的，于是在 1991 年 9 月，托瓦尔兹在 Internet 上公开发布了自己编写的程序源代码，第一次使用了 Linux 的名字。与此程序代码同时发布的还有一份说明，叙述了开发 Linux 的指导思想，其中提到 Linux 系统的大多数工具程序借用了 GNU（GNU’S Not Unix）工程的软件，这些程序遵循 GNU 软件的非版权要求。同时规定，他自己是此程序的版权所有人，任何人可以修改此程序，但修改的程序必须以源代码的形式将其公开，任何人不可通过此程序收取费用。发布的源程序代码被托瓦尔兹称为 Linux 0.01 版。Linux 0.01 发布以后，引起了黑客的积极反响，他们把使用 Linux 发现的程序缺陷和意见反馈给托瓦尔兹。托瓦尔兹根据网上反馈的意见，对 Linux 0.01 进行了一些修补。1991 年 10 月，托瓦尔兹又发布了 Linux 0.02。他宣称开发的 Linux

系统是黑客为黑客而写的软件。他向其他黑客征求意见，希望他们为完善和改进此软件提出修改建议，也欢迎黑客根据自己的需要改进软件。

Linux 的第一个版本在 Internet 上发布以后，因其结构清晰、功能简洁等特点再加上能免费获得源代码，因而吸引了众多学生和科研机构的研究人员学习、研究 Linux。许多人下载 Linux 的源程序并按自己的意愿完善、增强某一方面的功能，再发到网上，Linux 也因此成为一个用户广泛参与、最有发展前景的操作系统。

1991 年 11 月，托瓦尔兹又发布了 Linux 0.03 版。之后，相继推出 Linux 0.10、Linux 0.11 等版本。1992 年 1 月发布的 Linux 0.12 版是 Linux 系统开发史上的第一个里程碑式的版本，此版本增加了虚拟内存功能。此后，图形界面和网络通信两大重要功能被加入 Linux 中。在这一过程中，众多支持者付出了劳动和心血。到 1993 年 9 月，Linux 系统颁布的版本已经到了 Linux 0.99.13 版。1993 年 10 月发布了 11 个版本；1994 年 1 月出版了 14 个版本；1994 年 2 月出版了 11 个版本。透过这一事实可以看出 Linux 的设计者为此付出的艰辛和 Linux 的发展过程。

1994 年 3 月，Linux 1.0 问世。此时 Linux 系统的程序文件压缩容量已从 0.01 版本的 63KB 扩展到 1MB。Linux 1.0 按完全自由扩散版权进行传播，要求所有的源代码必须公开，并且任何人不得从 Linux 交易中获利。然而，这种纯粹的自由软件的理想对于 Linux 的普及和发展是不利的。后来，Linux 转向 GPL（General Public License）版，即除规定的自由软件的各项许可之外，允许用户出售自己的程序备份。在此期间，主营 Linux 分销业务的美国 Red Hat 软件公司、Caldera 公司、VA 公司为推动 Linux 的发展壮大作出了贡献，Linux 系统逐渐被商业界所认可。

在 Linux 系统商业化的同时，Linux 系统技术在托瓦尔兹的领导下继续向前发展和不断完善。1996 年 6 月，Linux 2.0 推出，并为此设计了一个企鹅徽标作为 Linux 系统的吉祥物。Linux 2.0 的最显著特点是可以支持多体系结构和支持多处理器。此时的 Linux 已成为一个完善的操作系统平台，用户从最初的十余人发展到上百万人。

Linux 是在 GNU 公共许可权限下免费获得的，是一个符合可移植操作系统接口（Portable Operating System Interface，POSI）标准的操作系统。Linux 操作系统软件包不仅包括完整的 Linux 操作系统，而且还包括了文本编辑器、高级语言编译器等应用软件。它还包括带有多个窗口管理器的 X-Windows 图形用户界面，如同使用 Windows NT 一样，允许使用窗口、图标和菜单对系统进行操作。Linux 系统具有多用户、多任务、开放源代码、可编程 Shell、支持多文件系统和强大的网络功能等特征。Linux 支持多种硬件平台，从低端的 Intel 386 直到高端的超级并行计算机系统，都可以运行 Linux 系统。近年来，Linux 赢得了越来越多大公司的支持，IBM、HP、Compap、Intel、Oracle、Informix、Sybase、SAP、CA 等都宣布支持 Linux。据统计，全球已有 14%以上的公司在支持 Linux，Linux 的用户数已经超过 1500 万，遍布世界 120 多个国家和地区。如今，Linux 通过全球开发者的不懈努力，内核不断改进、功能不断增强和完善，在很多方面达到或超过了商用操作系统的品质。

Linux 的出现在全世界掀起了一股倡导自由软件、反对垄断的革命浪潮，它开辟了计算机软件的新时代。可以相信随着互联网的发展，从封闭走向开放是软件发展的趋势。目前，许多组织和公司发布了他们自己的 Linux 操作系统版本，即所谓的"发行版"。现在已有 20 多种由公司、非营利组织和个人提供的发行版，主要的有 Red Hat、Caldera、Debian、Mandrake、Slackware、SuSE 和 Turbo Linux 等。1999 年，中国科学院软件所和北大方正电子发展公司联合推出了红旗 Linux 1.0 中文版，掀起了国内推广应用 Linux 的浪潮。

5.3.4 Word 的创始人——查尔斯·西蒙尼

查尔斯·西蒙尼（Charles Simonyi，1948—，见图 5-4），软件开发专家，曾任微软公司产品开发主任，是“所见即所得”（What you see is what you get）的发明人，是软件史上的传奇人物。

图 5-4　查尔斯·西蒙尼

查尔斯·西蒙尼 1948 年 9 月 10 日出生于匈牙利布达佩斯，原名西蒙尼·卡罗利（匈牙利语：született Simonyi Károly）。1972 年，取得斯坦福大学博士学位的西蒙尼，受施乐公司的邀请加入 PARC（帕洛阿尔托研究中心），在个人计算机（Alto）项目中负责文本编辑器的研发工作。PARC 在当时可以说是世界上最好的研究中心，无数的技术天才都汇集在此，这种环境带给了西蒙尼前所未有的创造热情，也让他灵感倍发。在开发程序的过程中，他发现文本信息的微小改动会导致整个程序的混乱，要对文本信息进行格式化且保留原有程序在当时相当困难。为了解决这个难题，他在个人计算机（Alto）上开发了第一个文本编辑程序 Bravo，也就是常说的“所见即所得”字处理软件。在一次演示中，他用 Bravo 在计算机屏幕上输入了不同字体的文字，并通过以太网传输到打印机上，打印出来的效果与屏幕上显示的一模一样。一位银行界高管看完演示后惊讶地说：“这就是所见即所得，我在屏幕上看到什么就可以打印出什么。”之后，Bravo 软件开始在一些小型机上广泛使用，渐渐成了业界的标准。

1981 年他加入微软公司，顺理成章地将这套理论完美地融入软件开发中，一举将微软公司建成世界一流的“软件工厂”。西蒙尼一再表示，“加入微软公司是我人生的重大转折点”。来到微软公司后，他开始在 Bravo 的基础上开发最具前景的“图形操作界面”，不到两年，由他开发的 Word 文字系统就诞生了。1983 年 1 月 1 日，微软公司正式发布 Word 1.0 版本。这款在技术上远远领先同期各类产品的软件的出现让整个产业为之一振，当西蒙尼另一个惊世之作 Excel 问世并与 Windows 3.0 搭售成为全球最畅销的软件后，他已站在软件产业的金字塔尖上。

Word 和 Excel 操作方便简单，几乎所有人都能在短时间内掌握微软公司的 Word 和 Excel。这两种工具软件的迅速普及正得益于“简单易用”的构想，但这种构想在 1981 年最初提出时几乎让微软公司所有的程序员都无从下手，直到“所见即所得”的发明人西蒙尼，用他的这两项发明成功地引爆了图形操作时代。他的发明每年为微软公司创造了数十亿美元的财富，也使自己登上《福布斯》杂志的富豪榜。比尔·盖茨说：“西蒙尼是有史以来最伟大的程序员之一。”这位微软公司前任“首席建筑师”的成就除了那些软件外，还有“只有方便用户使用的软件才能普及”和“程序员生产力”等一系列超前理论。

1991 年微软公司已经基本统治了个人计算机操作系统软件的天下，此后西蒙尼不再介入图形操作系统的开发，而专注于研究新一代程序设计 Intentional Programming（目的编程），一种让普通人都可以编写程序的软件。2007 年，西蒙尼从微软公司辞职并创办了 Intentional Programming 公司，他的公司力求创造新的软件开发模式。他相信“目的编程”将引爆下一场软件革命，就像当初他相信图形操作系统一定成功一样。他现在的研究项目同样得到了微软公司的支持，盖茨表示：“我知道西蒙尼的研究一定会成功，问题只是时间而已。”他从前的同事，一位微软公司的资深软件工程师说：“顶尖程序员与其他无数普通程序员的一个重要区别就是，他有能力在第一时间构想出那些复杂程序的最终结果及可能出现的一切变化，西蒙尼恰恰就是这个人。”

5.3.5 鼠标的创始人——道格拉斯·恩格尔巴特

道格拉斯·恩格尔巴特（Douglas Engelbart，1925—2013，见图 5-5），是计算机界最伟大的传奇人物之一，是人机交互领域的大师，图形界面、超文本和协同软件等基础技术和鼠标的发明者，计算机交互和互联网先驱。他先后获得“冯·诺依曼奖”、ACM 授予的 1997 年度图灵奖，以及克林顿总统授予的“国家技术奖”，以表彰他在未来交互式计算领域的远见和实现其相应关键技术的发明。他被 *Byte* 杂志评为在个人计算机发展史中最具影响力的 20 位科学家之一，被称为计算机界的爱迪生。

图 5-5 道格拉斯·恩格尔巴特

恩格尔巴特 1925 年 1 月 30 日出生于俄勒冈州，是瑞典人和挪威人后裔。他 1948 年在俄勒冈州立大学获得学士学位，毕业后在旧金山阿梅斯实验室（美国国家宇航局的前身）当了三年电器工程师，1956 年在加州大学伯克利分校取得电气工程与计算机博士学位，开始构想“如何通过计算机帮助人类增加智慧”，当时就发明了一项“双稳定气态等离子数字设备”。

随后，他在斯坦福研究院（Stanford Research Institute）工作，也就是今天的斯坦福国际咨询研究院（SRI International）。他向研究院建议，成立了一个“扩增研究中心”（Augmentation Research Center），其“扩增”的原来含义是计算机可以成为人类智力扩增的工具，地点设在门罗公园（Menlo Park），这里后来又成了计算机发烧友聚集的“家酿”俱乐部和“人民计算机中心”所在地，鼠标就是他在门罗公园的创新杰作。

1963 年，美国国家专利局批准恩格尔巴特几年前提交的一份申请，确认一种叫“搜寻点击”输入装置是一项独创的技术，当时的“搜寻点击”器就类似于人们曾经看到的那种可接驳于电视机的游戏机上的操纵器，那时曾有一个学名，叫“X-Y”坐标定位器，以后才逐渐做成现在那种小巧机灵的鼠标。恩格尔巴特研制鼠标时，正值集成电路的起步期，他的这项专利获准时，所有的计算机看起来都是庞然大物，而且几乎都没有显示器，甚至连今天看到的这种键盘也没有，人们是通过各种闪烁的指示灯和形形色色的按钮来控制计算机的。

1968 年，恩格尔巴特应邀参加在旧金山举行的一次计算机研讨演示会议，在会议上他拿出了许多令人吃惊的绝活：图形界面的视窗（Windows），“超文本”发展的“超媒体”（Supermedia），办公套件（Groupware），还有鼠标（Mouse），这是鼠标第一次作为搜寻工具的公开亮相。当时的计算机速度无法与现在相比，显示器仅仅初露苗头，“鼠标”无法跳入计算机市场供用户使用去“搜寻点击”。20 世纪 70 年代个人计算机纷纷出场亮相时，仍难现鼠标的身影。

进入 20 世纪 70 年代，恩格尔巴特实验室经费短缺，被准备涉足计算机业的施乐公司罗致门下，施乐公司研制的“阿尔托”（Alto）微机第一次正式使用了图形界面的视窗和鼠标，恩格尔巴特的发明总算有了出路。但“阿尔特”微机的发展很不顺利，鼠标几乎被关在笼子里。直到 20 世纪 80 年代，鼠标才开始闪耀光芒。1983 年 5 月，微软公司推出它的第一个鼠标，由于鼠标的独特功能，以后各计算机公司纷纷在其计算机中加配了鼠标。今天的计算机，主机、显示器、键盘、鼠标已完全是“相依为命”了。我们不妨试想一下，如果没有发明鼠标，今天计算机的界面和网络操作将会是一种什么状态呢！

恩格尔巴特一生共获得了 21 项专利发明，其中最为著名的是鼠标。另外，他的小组是人机交互的先锋，是开发了超文本系统、网络计算机，以及图形用户界面的先驱；并致力于倡导运用计算机和网络来协同解决世界上日益增长的紧急而又复杂的问题。世界上第一个实现今天意义上可执行的电子邮件（E-mail）、文字处理系统、在线呼叫集成系统和超文本链接都出自他之手。除此之外，他还发明了计算机在显示过程中的多重视窗、共享屏幕的电视会议、新型计算机交互输入设备等，这些开创性成果对计算机网络技术的发展，有着决定性的作用，被喻为在网络技术上有着惊人成就的科学家。

1997 年，恩格尔巴特荣获麻省理工学院颁发的 50 万美元莱梅尔逊奖金（Lemelson Prize），这是为美国人的发明和革新技术颁发的现金数额最大的奖金。1998 年，时任美国总统比尔·克林顿授予恩格尔巴特国家技术奖章，以表彰他为计算机应用作出的突出贡献。2013 年 7 月 2 日，恩格尔巴特在美国与世长辞，享年 88 岁。

5.3.6 微软公司的创始人——比尔·盖茨

比尔·盖茨（Bill Gates，1955—，见图 5-6），微软公司创始人之一，微软公司原董事长。

比尔·盖茨 1955 年 10 月 28 日出生于美国华盛顿州，曾就读于西雅图的公立小学。在那里，他发现了自己在计算机软件方面的兴趣，并且在 13 岁时开始计算机编程。1973 年，比尔·盖茨考入哈佛大学，并且为第一台微型计算机 MITS Altair 开发了 BASIC 编程语言的一个版本。1975 年，比尔·盖茨在大学三年级时离开了哈佛大学，把全部精力投入与他孩童时代的好友保罗·艾伦（Paul Allen）一起创建的微软公司中。在计算机将成为每个家庭、每个办公室中最重要的工具这一信念的引导下，他们开始为个人计算机开发软件。比尔·盖茨的远见卓识以及他对个人计算机的先见之明，成为微软公司及其软件产品成功的关键。在比尔·盖茨的领导下，微软公司持续发展，因其软件产品更加易用、价廉，而备受青睐，很快成为世界首屈一指的著名软件公司，直至今日，经久不衰。

图 5-6　比尔·盖茨

1995 年，比尔·盖茨撰写出版了《未来之路》(*The road ahead*)，曾经连续七周名列《纽约时报》畅销书排行榜首位。1999 年，比尔·盖茨撰写了《未来时速：数字神经系统和商务新思维》一书，向人们展示了计算机技术是如何以崭新的方式来解决商务问题的。该书在超过 60 个国家以 25 种语言出版，赢得了广泛的赞誉，被《纽约时报》《今日美国》和《华尔街日报》列为畅销书。比尔·盖茨把两本书的全部收入捐献给了非营利组织，以支持利用科技进行教育和技能培训。

比尔·盖茨于 2008 年 6 月 27 日退休，他在《时代》杂志上给青年人提出了如何树立正确的人生观和价值观、创造精彩的人生、赢得美好的生活的 11 条忠告，现已成为很多大学生的座右铭。

第 6 章　程序设计的基本思维

【问题描述】 计算系统为问题求解提供了物质和技术条件，而求解的方法则依赖于程序设计，它涉及程序设计的基本思想、程序设计语言、程序语言的基本构成和翻译、程序设计方法和软件开发等。程序设计过程和程序设计目的，充分体现了计算思维的本质：抽象和自动化。

【知识重点】 主要介绍程序设计与学科形态，计算思维、算法之间的关系。将计算学科形态、计算思维方法与程序设计紧密联系在一起，体现学科形态和计算思维在程序设计中的作用。

【教学要求】 通过关联知识，了解程序设计在计算学科中的地位和计算机语言的发展与 3 个学科形态的内在联系；通过习题解析，加深理解计算机程序设计的基本概念；通过知识背景，了解对程序设计作出了杰出贡献的 6 位科学家的生平事迹，以此了解计算机软件的发展历程。

6.1 关联知识

从计算机诞生到今天，程序设计一直是计算机应用的核心技术。本节介绍程序、语言、算法的关系；程序设计与思维方式的关系；程序设计与学科形态的关系；软件工程相关知识。

6.1.1 程序、语言、算法的关系

程序设计是程序设计方法、程序设计语言、算法、人类思维等的综合体现，它们之间不仅相互依存，而且相互促进。

1．程序与语言的关系

计算思维是以计算机科学基础概念为理论基础的，程序设计是计算机科学的重要组成部分，计算机语言是程序设计的语言工具，是在逻辑思维的基础上进行的。因此，只要人类掌握了逻辑思维也就掌握了语言的基本表达能力，掌握了计算机语言的思维方式，就具有了利用程序设计语言思维、描述和解决问题的能力。程序设计解决的中心问题首先是如何处理好特殊性与普遍性之间的关系，即如何通过事物的特殊性找出事物的一般规律。其次是在找出事物的一般规律的基础上，利用程序设计语言描述一般性规律，这就是程序设计。最后，用具有不同特征的同类具体事物来验证程序设计语言描述出的规律的正确性。

2．程序与语言的区别

程序与语言是相互依赖的，语言是描述程序的工具，语言对程序而言具有强制性的规范作用，任何程序都必须遵照一定的规则进行，否则就不能被理解和承认。语言与程序的区别如下。

（1）语言是进行交流的工具。学习和掌握语言的目的是实现人-人或人-机之间的交流。例如：中国人学习外语，是为了能与外国人进行文化交流；学习和掌握计算机语言，是为了实现人-机之间的信息交流。程序是人们运用语言描述事物或解决问题过程中的先后顺序。

（2）语言是描述逻辑的工具。无论是人类语言，还是数学语言，或是形式化语言，都是逻辑思想的体现。人际交流过程中，语言表达是一种逻辑思维；数学语言是对客观世界的抽象描

述；形式化语言是在数学语言基础上揭示事物之间的内在联系和逻辑关系。

（3）语言是程序设计的工具。任何程序最后都要利用语言来描述，语言系统的结构成分是有限的，程序的结构成分是无限的；程序的目的只有一个，但描述程序的语言有多种。程序设计与程序语言的关系如同文章与文字的关系一样，例如文章是用英语写的，但文章和英语是两回事。

3．程序与算法的区别

程序与算法是密不可分的。一个有效的程序，首先要求有一个有效的算法，评价程序质量的标准，诸如程序的可靠性、高效性、可读性、可修改性、可维护性等，无一不受算法的影响，因此可以说，算法是程序设计的核心。但是，两者之间又具有本质上的区别。

（1）外在区别。算法是一种计算思维，代表的是对问题的解，而程序是算法在计算机上的特定实现。一个算法可以用多种程序设计语言来实现，但算法却独立于任何具体的程序设计语言。

（2）内在区别。一个程序不一定满足有穷性，但一个算法必须是有穷的；程序中的指令必须是机器可执行的，而算法中的指令则无此限制；程序＝算法＋数据结构，是指一个程序由一种解决方法加上和解决方法有关的数据组成。

6.1.2　程序设计与思维方式的关系

利用程序设计实现问题求解的过程，其实质就是人的认识过程在计算机上的实现。换句话说，程序设计本质上是抽象和理性的思维过程，程序设计与思维方式密不可分，紧密相连。

1．人类思维的基本方式

程序设计方法是程序设计方法论（方法学）的简称，是计算机科学方法论的重要组成部分，反映了人类的思维方式。人类思维分为逻辑思维（logical thinking）、形象思维（imaginal thinking）和灵感思维（inspiration thinking）3 种基本方式。

（1）逻辑思维又称为抽象思维，是理性认识阶段运用概念、判断、推理等思维方式反映事物本质与规律的认识过程。逻辑思维是在语言的基础上进行的，只有掌握了计算机程序设计语言的思维方式，才会具有利用程序设计语言思维、描述和解决问题的能力。

（2）形象思维是指用具体事物的形象来表达抽象的事物或思想感情，形象思维的特点是不脱离具体的形象，而这个具体形象，必须代表事物的本质。

逻辑思维与形象思维是相辅相成的，二者的区别在于：逻辑思维是用抽象的概念来揭示事物的本质，表述认识现实的结果；形象思维是在选取具体材料的基础上，通过想象、联想甚至幻想，再伴随作者强烈的感情和鲜明的态度，运用高度集中、概括的方法来反映认识现实的结果。

（3）灵感思维是指人们在科学研究、科学创造、产品开发或问题解决过程中突然涌现、瞬息即逝，使问题得到解决的思维过程。灵感思维有偶然性、突发性、创造性等特点。灵感思维是三维的，它产生于大脑对接收到的信息的再加工，储存在大脑中沉睡的潜意识被激发，即凭直觉领悟事物的本质。

2．逻辑表达式与程序语言

程序是对问题求解过程的描述，是语言的有序集合，既体现了算法思想，也体现了人的思维。对于一个正确的思维及其表达而言，思维、语言和逻辑这三者是紧密相连的。正确的思维必须合乎逻辑思维的规律性，逻辑规律性与客观规律性是相吻合的。作为思维工具的语言，其表达形式必须有助于使二者紧密、合理地联系在一起。

利用计算机求解实际问题，首要的任务是将其形式化，即用形式化语言来描述待求解的问题。形式化语言是计算机能理解的语言，用形式化语言告诉计算机做什么或怎么做。经过编译了的可执行程序、逻辑程序设计（Prolog）语言程序、数据库查询语言（SQL）程序都是基于逻辑表达式的形式化语言程序。逻辑表达式是逻辑思维的精确描述，形式化语言是面向计算机的逻辑表达式。

6.1.3 程序设计与学科形态的关系

程序设计是运用计算机学科方法论解决现实世界中的实际问题，而计算机学科方法论的核心是抽象、理论和设计。由此可见，程序设计与计算机学科形态密不可分。

1. 程序设计、抽象和逻辑

在用计算机处理问题之前，首先必须对实际问题进行抽象和描述，这些抽象和描述所呈现的是一系列符号。为了获得求解步骤，通常需要构建求解模型。在其过程中，问题的变换（系统状态的变化）规则等也是用符号表现出来的，所以计算机学科的基本描述手段是“形式化”，其基本思维方式是“抽象”和“逻辑”，从而使得“抽象第一”成为计算机学科最基本的思想方法，也与程序设计的思想方法是完全一致的，抽象思维和逻辑思维是程序设计的基础。

2. 计算机语言与学科形态

计算机语言在计算机学科中占有特殊的地位，它不仅是程序员与计算机进行信息交流的主要工具，也是描述程序算法的工具，是计算学科中最富有智慧的成果之一。

计算机语言伴随着计算机硬件的发展而发展，可从计算机语言的发展历程及其在抽象、理论和设计 3 个形态取得的主要成果来揭示计算机语言在发展过程中与 3 个学科形态的内在联系。

机器语言、汇编语言、高级语言中有关抽象、理论和设计形态的主要内容如表 6-1～表 6-3 所示。

表 6-1　机器语言中有关抽象、理论和设计形态的主要内容

计算机语言	抽　象	理　论	设　计
机器语言的主要内容和成果	语言的符号集为{0，1}；算法的机器指令描述	图灵机（过程语言的基础）、波斯特系统（字符串处理语言的基础）、λ 验算（函数式语言的基础）等计算模型	冯·诺依曼计算机等实现技术；数字电子计算机产品

表 6-2　汇编语言中有关抽象、理论和设计形态的主要内容

计算机语言	抽　象	理　论	设　计
汇编语言的主要内容和成果	常用的符号有数字（0～9）、大小写字母（A～Z，a～z）等；虚拟机、算法的汇编语言描述	与裸机级中理论形态的内容相同	复杂指令（CISC）设计思想、精简指令（RISC）设计思想、翻译方法和技术、汇编程序

表 6-3　高级语言中有关抽象、理论和设计形态的主要内容

计算机语言	抽　象	理　论	设　计
可分为过程式（FORTRAN、PASCAL、C）；函数式（Lisp）；面向对象（C++、C#）；逻辑（Prolog）等	常用符号（0～9）；大小写字母（A～Z，a～z）；运算符（+，−，*，/）；算法语言描述；语言分类；数据类型抽象；程序翻译过程（词法分析、扫描）等	形式语言和自动机理论；形式语义学（操作、公理、代数、并发和分布式程序的形式语义）	词法分析器和扫描器的产生器；语法和语义检查；成型、调试和追踪程序等

6.1.4 软件工程相关知识

在主教材中介绍了软件工程知识，这里对软件工程所涉及的其他相关知识做进一步介绍。

1. 软件工程知识体系

2014 年，电气与电子工程师学会发布的《软件工程知识体系指南》中，将软件工程知识体系划分为 15 个知识领域。

（1）软件需求（software requirements）是指软件需求的获取、分析、规格说明和确认等。

（2）软件设计（software design）是指定义一个系统或组件的体系结构、组件、接口和其他特征的过程以及这个过程的结果。

（3）软件构建（software construction）是指通过编码、验证、单元测试、集成测试和调试的组合，详细地创建出可工作和有意义的软件。

（4）软件测试（software testing）是指为评价、改进产品的质量，表示产品的缺陷和问题而进行的活动。

（5）软件维护（software maintenance）是指由于一个问题或改进的需要而修改代码和相关文档，进而修正现有的软件产品，并保留其完整性的过程。

（6）软件质量（software quality）是指保证软件产品的质量，软件质量特征涉及多个方面，保证软件产品质量是软件工程的重要指标。

（7）计算基础（computing foundations）是指解决问题的技巧、抽象、编程基础、编程语言、调试工具和技术、数据结构和表示、算法和复杂度、系统的基本概念、计算机的组织结构、编译基础知识、操作系统基础知识、数据库基础知识、网络通信基础知识、并行和分布式计算、基本的用户人为因素、开发人员人为因素和安全的软件开发和维护等方面的内容。

（8）数学基础（mathematical foundations）是指计算的基本知识和离散数学包含的基本知识。

（9）工程基础（engineering foundations）是指试验方法和实验技术、统计分析、度量、工程设计、建模、标准和影响因素等。

（10）软件配置管理（software configuration management）是指支持性的软件生命周期过程，是为了系统地控制配置变更，在软件系统的整个生命周期中维持配置的完整性和可追踪性。

（11）软件工程管理（software engineering management）是指对软件工程的管理活动，软件工程管理是建立在组织和内部基础结构管理、项目管理、质量程序的计划制订和控制 3 个层次上。

（12）软件工程过程（software engineering process）是指对软件生命周期过程本身的定义、实现、评估、管理、变更和改进。

（13）软件工程经济学（software engineering economics）是指为实现特定功能需求的软件工程项目而提出的在技术方案、开发过程、产品或服务等方面所做的经济与论证、计算与比较的一门系统方法论学科。

（14）软件工程模型和方法（software engineering models and methods）是指构建软件工程参考模型和工作模型，软件工程模型指软件的生产与使用（需求开发模型、架构设计模型等）、退役等各个过程中的参考模型总称；软件方法指软件开发的各种方法及其工作模型。

（15）软件工程职业实践（software engineering professional practice）是指软件工程师应履行其实践承诺，使软件的需求分析、规格说明、设计、开发、测试和维护成为一项有益和受人尊敬的职业。此外，还包括团队精神和沟通技巧等内容。

2．软件工程目标

软件工程目标是指在给定的时间和费用下开发出一个满足用户功能要求的、性能可靠的软件系统，即在给定成本、进度的前提下，开发出具有如下特性，并能满足用户需求的软件产品。

（1）可修改性（modifiability）是指允许对系统进行修改而不增加原系统的复杂性。可修改性应支持软件的调试与维护，是一个难以度量和难以达到的目标。

（2）有效性（efficiency）是指软件系统能最有效地利用计算机的时间资源和空间资源。各种计算机软件无不将系统的时空开销作为衡量软件质量的一项重要技术指标。很多场合，在追求时间有效性和空间有效性方面会发生矛盾，这时不得不牺牲时间有效性换取空间有效性或牺牲空间有效性换取时间有效性。

（3）可靠性（reliability）是指能够防止因概念、设计和结构等方面的不完善造成的软件系统失效时，系统具有挽回因操作不当造成软件系统失效的能力。对于实时嵌入式计算机系统，可靠性是一个非常重要的目标。例如，宇宙飞船的导航、核电站的运行等实时控制系统中，一旦出现问题可能是灾难性的，后果不堪设想。因此，在软件开发、编码和测试过程中，必须将可靠性放在重要地位。

（4）可理解性（understandability）是指系统具有清晰的结构，能直接反映问题的需求。可理解性有助于控制软件系统的复杂性，并支持软件的维护、移植或重用。

（5）可维护性（maintainability）是指软件产品交付用户使用后，能够对它进行修改，以便改正潜伏的错误，改进性能和其他属性，使软件产品适应环境的变化。由于软件是逻辑产品，只要用户需要，它可以无限期地使用下去，因此软件维护是不可避免的，可维护性是软件工程中一项十分重要的目标。

（6）可重用性（reusability）是指概念或功能相对独立的一个或一组相关模块定义为一个软部件，软部件在多种场合的应用程度称为部件的可重用性。可重用部件应具有清晰的结构和注释，具有正确的编码和较低的时空开销。可重用性有助于提高软件产品的质量和开发效率、有助于降低软件的开发和维护费用。如果从更广泛的意义上理解软件工程的可重用性，还应包括应用项目的重用、规格说明的重用、设计的重用、概念和方法的重用。一般来说，重用的层次越高，带来的效益越大。

（7）可适应性（adaptability）是指软件在不同的系统约束条件下，使用户需求得到满足的难易程度。适应性强的软件应采用广为流行的程序设计语言编码，在广为流行的操作系统环境中运行，采用标准的术语和格式书写文档。适应性强的软件较容易推广使用。

（8）可移植性（portability）是指软件从一个计算机系统或环境搬到另一个计算机系统或环境的难易程度。为了获得比较高的可移植性，软件设计过程通常采用通用的程序设计语言和运行支撑环境。对依赖于计算机系统的低级（物理）特征部分，如编译系统的目标代码生成，应相对独立、集中。这样与处理机无关的部分就可以移植到其他系统上使用。可移植性支持软件的可重用性和可适应性。

（9）可追踪性（traceability）是指根据软件需求对软件设计、程序进行正向追踪，或根据程序、软件设计对软件需求进行逆向追踪的能力。软件可追踪性依赖于软件开发各个阶段文档和程序的完整性、一致性、可理解性。降低系统的复杂性会提高软件的可追踪性。软件在测试或维护过程中，或程序在执行期间出现问题时，应记录程序事件或有关模块中的全部或部分指令现场，以便分析、追踪产生问题的因果关系。

（10）可互操作性（interoperability）是指多个软件元素相互通信并协同完成任务的能力。为了实现可互操作性，软件开发通常要遵循某种标准，支持这种标准的环境将为软件元素之间的互操作提供便利。

3．模型软件工程原则

软件开发目标适用于所有的软件系统开发。为了达到这些目标，在软件开发过程中必须遵循软件工程原则，可将其概括为如下 4 方面。

（1）选取合适的开发模型。在系统设计中，软件需求、硬件需求以及其他因素之间是相互制约和影响的，需要权衡。因此，应充分认识需求定义的易变性，采用适当的开发模型，保证软件产品满足用户的要求。

（2）选取合适的设计方法。在软件设计中通常要考虑软件的特征，采用合适的设计方法有利于特征的实现，以达到软件工程的目标。合适的设计方法包括以下 8 方面。

① 抽象（abstraction）是指抽取事物最基本的特性和行为，忽略非基本的细节。采用分层次抽象的办法可以控制软件开发过程的复杂性，有利于软件的可理解性和开发过程的管理。

② 信息隐藏（information hiding）是指将模块中的软件设计决策封装起来，按照信息隐藏原则，系统中的模块应设计成“黑箱”，模块外部只使用模块接口说明中给出的信息，如操作、数据类型等。隐藏对象或操作的实现细节，使软件开发人员将注意力集中在更高层次的抽象上。

③ 模块化（modularity）。模块（module）是程序中逻辑上相对独立的成分，是一个独立的编程单位（子程序）。模块化有助于信息隐藏和抽象，有助于表示复杂的软件系统。模块的大小要适中，模块过大会导致模块内部复杂性的增加，不利于模块的调试和重用，也不利于对模块的理解和修改。模块太小会导致整个系统的表示过于复杂，不利于控制解的复杂性。模块之间的关联程度用耦合度（coupling）度量；模块内部诸成分的相互关联及紧密程度用内聚度（cohesion）度量。

④ 局部化（localization）是指要求在一个物理模块内集中逻辑上相互关联的计算资源。从物理和逻辑两方面保证系统中模块之间具有松散的耦合关系，而在模块内部有较强的内聚性，这样有助于控制解的复杂性。

⑤ 确定性（accuracy）是指软件开发过程中所有概念的表达应该是确定的、无歧义、规范的。这有助于人们之间在交流时不会产生误解、遗漏，保证整个开发工作协调一致。

⑥ 一致性（consistency）是指要求整个软件系统（包括文档和程序）的各模块均应使用一致的概念、符号和术语；程序内部接口应保持一致；软件与硬件接口应保持一致；系统规格说明与系统行为应保持一致；用于形式化规格说明的公理系统应保持一致等。一致性原则支持系统的正确性和可靠性。实现一致性需要良好的软件设计工具（如数据字典、数据库、文档自动生成与一致性检查工具等）、设计方法和编码风格的支持。

⑦ 完备性（completeness）是指要求软件系统不丢失任何重要成分，完全实现系统所需功能的程度：在形式化开发方法中，按照给出的公理系统，描述系统行为的充分性；当系统处于出错或非预期状态时，系统行为保持正常的能力。完备性要求人们开发必要且充分的模块。为了保证软件系统的完备性，软件在开发和运行过程中需要软件管理工具的支持。

⑧ 可验证性（verifiability）指开发大型软件系统需要对系统逐步分解，系统分解应该遵循系统容易检查、测试、评审的原则，以便保证系统的正确性。采用形式化开发方法或具有强类

型机制的程序设计语言及其软件管理工具，可以帮助人们建立一个可验证的软件系统。

〖提示〗抽象和信息隐藏、模块化和局部化的原则支持软件工程的可理解性、可修改性和可靠性，有助于提高软件产品的质量和开发效率；一致性、完备性、可验证性的原则可以帮助人们实现一个正确的系统。

（3）提供高质量的工程支撑。工欲善其事，先必利其器。在软件工程中，软件工具与环境对软件过程的支撑极为重要。软件工程项目的质量与开销直接取决于对软件工程所提供的支撑质量和效用。

（4）重视软件工程的管理。软件工程的管理直接影响可用资源的有效利用、生产满足目标的软件产品以及提高软件组织的生产能力等。因此，只有对软件过程予以有效管理，才能实现有效的软件工程。

6.2 习题解析

本章习题主要考查学生对程序设计过程、程序设计语言、程序设计方法、软件工程方法等的掌握程度。通过习题解析，加深对程序设计有关概念的理解和程序设计语言及其编译的了解。

6.2.1 选择题

1. 程序设计中的抽象主要包括过程抽象、数据抽象和（ ），可视为程序设计的“三要素”。

A. 控制抽象 B. 方法抽象 C. 概念抽象 D. 问题抽象

【解析】 程序设计中的抽象主要包括过程抽象、数据抽象和控制抽象。**[参考答案]** A

2. 面向过程程序设计语言可分为机器语言、汇编语言、高级语言。其中，高级语言具有（ ）、编程方便、功能性强3个显著特点。

A. 面向问题 B. 高度抽象 C. 自动执行 D. 编程方便

【解析】 高级语言具有面向问题、编程方便、功能性强的显著特点。**[参考答案]** A

3. 支持对象类、封装和（ ）特性的语言称为面向对象程序设计语言。

A. 连续性 B. 集成性 C. 继承性 D. 快速性

【解析】 支持对象类、封装和继承性特性的语言称为面向对象程序设计语言。**[参考答案]** C

4. 用高级语言编写的源程序，要转换成等价的可执行程序，必须经过（ ）。

A. 汇编 B. 编辑 C. 解释 D. 编译和连接

【解析】 用高级语言编写的源程序，要转换成等价的可执行程序，必须经过编译和连接。**[参考答案]** D

5. 计算机能直接执行的程序语言是（ ）。

A. 机器语言 B. 自然语言 C. 汇编语言 D. 高级语言

【解析】 计算机能直接执行的程序语言是机器语言，用其他语言编写的源程序，必须通过翻译程序翻译形成可执行文件。**[参考答案]** A

6. 能将高级语言或汇编语言源程序转换成目标程序的是（ ）。

A. 解释程序 B. 汇编程序 C. 编译程序 D. 连接程序

【解析】 能将高级语言或汇编语言源程序转换成目标程序的是汇编程序。**[参考答案]** B

7. 用（　　）编写的程序不需要通过翻译程序翻译便可以直接执行。

A. 低级语言　　B. 高级语言　　C. 机器语言　　D. 汇编语言

【解析】 用机器语言编写的程序不需要通过翻译程序翻译便可以直接执行。[参考答案] C

8. 程序设计的任务是利用（　　）把用户提出的任务作出描述并予以实现。

A. 数学方法　　B. 数据结构　　C. 计算方法　　D. 计算机语言

【解析】 程序设计的任务是利用计算机语言把用户提出的任务作出描述并予以实现。[参考答案] D

9. 在面向过程程序设计中可分为流程图程序设计、模块化程序设计和（　　）程序设计。

A. 结构化　　B. 可视化　　C. 现代化　　D. 自动化

【解析】 在面向过程程序设计中可分为流程图程序设计、模块化程序设计和结构化程序设计。[参考答案] A

10. 在面向对象程序设计中有3个基本特征，（　　）不属于面向对象程序设计特有的特征。

A. 封装性　　B. 抽象性　　C. 继承性　　D. 多态性

【解析】 面向对象程序设计中的3个基本特征是封装性、继承性、多态性。抽象性是面向对象程序设计的基本属性，但不是面向对象程序设计特有的特征。[参考答案] B

6.2.2 问答题

1. 计算机在解决各特定任务中，通常涉及几方面的内容？

【解析】 计算机在解决各特定任务中，通常涉及两个方面的内容——数据和操作。其中，“数据”是指计算机所要处理的对象，包括数据类型、数据的组织形式和数据之间的相互关系（数据结构）；“操作”是指计算机处理数据的方法和步骤（算法）。

2. 程序、算法、数据结构三者之间有何关系？

【解析】 程序的目的是加工数据，而如何加工，则是算法和数据结构的问题。在加工过程中，只有明确了问题的算法，才能更好地构造数据，但选择好的算法，又常常依赖于好的数据结构。程序是在数据的某些特定的表示方式和结构的基础上对抽象算法的具体描述。

3．计算机指令、计算机语言和计算机软件的区别是什么？

【解析】 计算机指令是指示计算机执行操作的命令；计算机语言是计算机指令的集合；计算机软件是对事先编制好了具有特殊功能和用途的程序系统及其说明文件的统称。

4．高级语言与机器语言有何区别？

【解析】 高级语言中的一条语句可包含多个操作，而机器语言的一条语句只执行一项操作；用高级语言编程不需要了解具体计算机的结构，而用机器语言编程需要了解具体计算机的结构；用高级语言编写的源程序需要通过编译形成可执行文件，计算机才能执行，而用机器语言编写的源程序计算机可以直接执行。

5．解释系统的工作过程是什么？它能否生成目标程序？

【解析】 解释系统的工作过程是边解释边执行，它不能生成目标程序和可执行文件。

6．编译系统与解释系统的区别是什么？哪一种方式运行更快？

【解析】 编译系统是先对语言源程序进行检查，若程序无误，则生成可执行文件；解释系统是对语言源程序边检查、解释边执行。由于编译系统对通过编译的源程序形成可执行程序后便可直接执行，因此编译系统的运行更快。

7. 面向对象程序设计的本质是什么？

【解析】 面向对象程序设计的本质是把数据和处理数据的过程当成一个整体对象。

8. 采用面向对象程序设计的优点是什么？

【解析】 采用面向对象程序设计能产生一个清晰而又容易扩展及维护的程序，一旦在程序中建立了一个对象，其他程序员可以在其他的程序中使用这个对象，完全不必重新编制烦琐、复杂的代码。对象的重复使用可以大大地节省开发时间，切实地提高软件的开发效率。

9. “软件工程”的目标和作用是什么？

【解析】 软件工程是开发、运行、维护和修复软件的系统方法。其中，“软件”的定义为，软件是计算机程序、方法、规则、相关的文档资料以及在计算机上运行时所必需的数据。

10. 软件生存周期可以分为哪几个阶段？

【解析】 软件生存周期按照软件开发的规模和复杂程度，从时间上把软件开发的整个过程进行分解，形成软件规划、软件开发和软件维护 3 个阶段，并对每个阶段的目标、任务、方法作出规定，而且规定一套标准的文档作为各阶段的开发成果。

6.3 知 识 背 景

为了全面了解计算机语言、程序设计方法、操作系统、软件工程方法的发展历程，本节介绍在计算机程序设计领域作出了杰出贡献的 7 位科学家的生平事迹。

6.3.1 C 语言和 UNIX 的开发者——里奇和汤普森

在计算机发展的历史上，大概没有哪个程序设计语言像 C 语言那样得到如此广泛的流行；也没有哪个操作系统像 UNIX 那样获得计算机厂家和用户的普遍青睐和厚爱，它们对整个软件技术和软件产业都产生了深远的影响。而 C 和 UNIX 都是贝尔实验室的丹尼斯·里奇和肯尼斯·汤普森设计、开发的。因此，他们两人共同获得 1983 年度的图灵奖是情理中的事。

1. 丹尼斯·里奇

丹尼斯·里奇（Dennis Ritchie，1941—2011，见图 6-1），UNIX 和 C 语言的发明者，1983 年获得图灵奖、1990 年获得美国汉明奖、1999 年获得美国国家技术奖章。

图 6-1　丹尼斯·里奇

丹尼斯·里奇 1941 年 9 月 9 日生于纽约。里奇中学毕业后进哈佛大学学习物理，并于 1963 年获得学士学位。其间，哈佛大学有了一台 UNIVAC Ⅰ，并给学生开设有关计算机系统的课程，里奇听了以后产生了很大的兴趣。毕业以后他在应用数学系攻读博士学位，完成了一个有关递归函数论方面的课题，写出了论文，但不知什么原因没有答辩、没有取得博士学位，他就离开了哈佛大学，于 1967 年进入贝尔实验室，与比他早一年来贝尔实验室的汤普森会合，从此开始了他们长达数十年的合作。

ACM 于 1983 年 10 月举行的年会上向汤普森和里奇颁奖。有趣的是，当年 ACM 决定新设立一个奖项叫“软件系统奖”（Software System Award），奖励优秀的软件系统及其开发者，而首届软件系统奖的评选结果却是 UNIX 中奖。这样，这届年会上汤普森和里奇成了最受关注的大红人，他们同时获得“图灵奖”和“软件系统奖”两个大奖，这在 ACM 历年的颁奖仪式上是从来没有过的。

2．肯尼斯·汤普森

肯尼斯·汤普森（Kenneth Thompson，1943—，见图 6-2），美国计算机科学家，1983 年图灵奖得主，C 语言前身 B 语言的作者，UNIX 的发明人之一。

图 6-2　肯尼斯·汤普森

汤普森 1943 年 2 月 4 日出生于路易斯安那州的新奥尔良市，1960 年就读于加州大学伯克利分校，主修电气工程专业，1965 年取得了电子工程硕士学位，1966 年加入了贝尔实验室。虽然他学的是电子学，主要是硬件课程，但由于他半工半读时在一个计算中心当过程序员，对软件也相当熟悉，而且更加偏爱，因此很快就和里奇一起被贝尔派到 MIT 去参加由 ARPA 出巨资支持的 MAC 项目，开发第二代分时系统 Multies。

返回贝尔实验室以后，面对实验室中仍以批处理方式工作的落后计算机环境，他们决心以在 MAC 项目中已学到的多用户、多任务技术来改造这种环境，以提高程序员的效率和设备的效率，便于人机交互和程序员之间的交互，用他们后来描写自己当时的心情和想法的话来说，就是“要创造一个舒适、愉快的工作环境”。汤普森以极大的热情和极高的效率投入工作。开发基本上以每个月就完成一个模块（内核、文件系统、内存管理、I/O、…）的速度向前推进，到 1971 年底，UNIX 基本成形。UNIX 首先交给贝尔实验室的专利部使用，3 个打字员利用 UNIX 输入当年的专利申请表，交口称赞系统好用，大大提高了工作效率。UNIX 迅速从专利部推广至贝尔实验室的其他部门，又从贝尔实验室内部推向社会。贝尔实验室的一个行政长官甚至宣称，在贝尔实验室的无数发明中，UNIX 是继晶体管之后的最重要的一项发明。著名的国际咨询公司 IDC 的高级分析员布鲁斯·金（Bruce Kin）估计，1985 年单是美国就有 27.7 万个计算机系统使用 UNIX，1990 年这个数字增长至 210 万。

UNIX 之所以获得如此巨大的成功，主要是它采用了一系列先进的技术和措施，解决了一系列软件工程的问题，使系统具有功能简单实用、操作使用方便、结构灵活多样的特点。它是有史以来使用最广的操作系统之一，也是关键应用中的首选操作系统。UNIX 成为后来的操作系统的楷模，也是大学操作系统课程的“示范标本”。

汤普森和里奇成名后，仍在贝尔实验室做他们喜爱做的事，而且还一直保持着他们历来的生活习惯和作风，常常工作到深夜，在贝尔实验室是出名的“夜猫子”。里奇在接受记者采访时，就自称自己是 definitely a night person。

6.3.2　Pascal 语言的开发者——尼克劳斯·沃思

尼克劳斯·沃思（Niklaus Wirth，1934—，见图 6-3），瑞士计算机科学家，1984 年图灵奖获得者。

凡是学过计算机程序设计的人大概都知道“数据结构＋算法＝程序”这一著名公式，提出这一公式并以此作为其一本专著名的是瑞士计算机科学家尼克劳斯·沃思。因为发明了多种影响深远的程序设计语言，是结构化语言 PASCAL 的设计者，并提出结构化程序设计这一

图 6-3　尼克劳斯·沃思

革命性概念而获得了 1984 年的图灵奖，1987 年获得计算机先驱奖，他是至今唯一获此殊荣的瑞士学者。

沃思 1934 年 2 月 15 日生于瑞士，小时就喜欢动手动脑，他的最大爱好就是组装飞机模型。他的父亲是高中地理教师，有一个小书房，作为家中唯一的孩子，父亲的书房成了他发现灵感的地方，这里有许多技术书籍，从这些书中，他发现了涡轮、蒸汽机、火车头和电报的构造说明，这些问题令他着迷。但是这些理论并没有使他满足，他想知晓生活中这一切东西是怎样运作的。作为飞机模型迷，他和朋友们建造了自己的飞机，数量还相当可观，足有几十架，最大的一架机翼跨度足有 3.5m。中学毕业以后，沃思进入在欧洲甚至全世界都很有名的苏黎世工学院（ETH），1958 年取得学士学位。随后到加拿大的莱维大学深造，1960 年取得硕士学位。之后，他又迁移到美国加州，进入加州大学伯克利分校，于 1963 年获得博士学位。

学成以后，沃思受聘于斯坦福大学刚刚成立的计算机科学系工作。在 20 世纪 50 年代末、60 年代初，沃思的计算机经验和成就相当显赫；在苏黎世工学院时，瑞士的计算机先驱斯帕塞（A.P.Speiser，曾经出任 IFIP 的主席）给沃思上过有关计算机的课程，沃思也曾经用过由斯帕塞开发的计算机 ERMETH；在莱维大学时，沃思学了数值分析；在加州大学伯克利分校时，沃思参加了为 IBM 704 开发 NELIAC 语言编译器的科研小组（NELIAC 是一门类似于 ALGOL 58 的语言）。

正是由于上述经历和成果，斯坦福大学看中了沃思。与此同时，负责 ALGOL 语言完善与扩充的工作小组也看中了沃思，吸收他参加工作。ALGOL W 及 PL360 的成功奠定了沃思作为程序设计语言专家的地位，他一举成名。但沃思是一个爱国心极强的人，成名后的他拒绝了斯坦福大学的挽留，于 1967 年回到祖国，先在苏黎世大学任职，第二年就回到他的母校苏黎世工学院。在这里，他首先设计与实现了 PASCAL 语言，这是在 CCDC 6000 上开发成功的。沃思开发 PASCAL 的初衷是为了有一个适合于教学的语言，并没有想到商业应用。PASCAL 一经推出，由于它的简洁明了，更由于它特别适合于由微处理器组成的计算机系统，因而被广泛流传。在 C 语言问世以前，PASCAL 是风靡世界、最受欢迎的语言之一。沃思的一个学生菲利普·凯恩（Phillipe Kahn），从苏黎世工学院毕业以后，到美国加利福尼亚州办了一个软件公司，卖出了 100 多万个 PASCAL 拷贝，大获成功。PASCAL 之所以成功和受到欢迎，主要是因为它具有以下特点。

（1）提供了丰富的数据类型和构造数据的方法。除一般的整型、实型、布尔型数据外，PASCAL 还增加了字符型、子域类型、记录结构类型、文件类型、集合类型和指示字类型，为程序员提供了极大的方便，也为程序设计提供了极大的灵活性。

（2）既保留了 goto 语句，同时又增加了大量的控制结构，如 if-then-else 语句、case 语句、while 语句、repeat 语句、for 语句，还允许复合语句和处理记录变量的分量使用 with 语句这种缩写形式。

PASCAL 的许多成功特点后来被 C、Ada 等语言所继承和发展。因此，PASCAL 在程序设计语言的发展史上具有承上启下的重要里程碑意义。

ACM 除了在 1984 年授予沃思图灵奖外，1987 年又授予他另一项奖：计算机科学教育杰出贡献奖。另一个重要的国际学术组织 IEEE 也授予过沃思两个奖项：1983 年的 Emanual Piore 奖和 1988 年的计算机先驱奖。

沃思是在 1984 年 10 月于旧金山举行的 ACM 年会上接受图灵奖的。沃思发表了题为“从程序设计语言设计到计算机建造”（*From programing language design to computer construction*）的图灵奖演说，在演说中他回顾了自己在计算机领域所做的工作。

6.3.3　结构化程序设计之父——艾兹格·迪杰斯特拉

艾兹格·迪杰斯特拉（Edsger Dijkstra，1930—2002，见图 6-4），荷兰计算机科学家，1972 年图灵奖获得者。

图 6-4　艾兹格·迪杰斯特拉

迪杰斯特拉 1930 年 5 月 11 日出生于荷兰鹿特丹（Rotterdam），他的父亲是一位化学家，他的母亲是一位数学家，这种充满科学气息的家庭背景对于他的职业生涯乃至他的整个人生都有着深刻的影响。

1948 年迪杰斯特拉考入莱顿大学，毕业后就职于莱顿大学，早年钻研物理及数学，而后转为计算学。在三年之内取得了学士学位，这令他的父亲非常高兴，并在 1951 年 9 月同意他去英国参加一个夏季的课程，那是一个由剑桥大学开设的，学习电子计算装置程序设计的课程。

迪杰斯特拉被西方学术界称为“结构程序设计之父”和“先知先觉”，他一生致力于把程序设计发展成一门科学。科学研究的帅才最重要的素质是洞察力（vision，insight），能够发现有前景的新领域或在新领域内发现和解决最关键的问题。

迪杰斯特拉在 1950—1952 年期间当过三年程序员，在从事硬件中断处理程序的研制中，他发现一些程序错误在多个中断同时出现的情况下无法再现，很容易被当作硬件的瞬间故障，这一现象使迪杰斯特拉毛骨悚然，促使他后来钻研用科学方法从事软件研制。

1959 年，迪杰斯特拉研发了基于科学计算的计算机语言基础——ALGOL，发展了堆栈的概念，使之用于整个编译，以及目标代码运行时的动态存储分配，并在此基础上和 Jenson 完成了世界上第一个 ALGOL 60 编译系统，采用了他首创的优先数编译算法。其中递归调用子程序时的环境维护是迪杰斯特拉的重要贡献，这是用来维护动态环境的一组寄存器（软件），其结构清晰并能适应任何复杂情况。

1959 年，迪杰斯特拉提出了用来解决最短路径的典型算法，称为 Dijkstra 算法，用来求得从起始点到其他所有点的最短路径。该算法采用了贪心的思想，每次都查找与该点距离最近的点，也因为这样，它不能用来解决存在负权边的图。

1965 年召开的 IFIP 会议上，迪杰斯特拉提出“Go To 语句可以从高级语言中取消”和“一个程序的质量与程序中所含的 Go To 语句的数量成反比”。

1965 年，迪杰斯特拉在《ACM 通信》上发表了仅一页的短文《并行程序的控制》，这是他在操作系统领域的第一个重要贡献。该文提出了并行程序互锁问题的一个解决方案。“死锁”（deadly embrace）这一术语是迪杰斯特拉发明的。

在 1967 年的首届操作系统原理研讨会上，迪杰斯特拉介绍了他和几个博士生研制的多道程序系统，多道程序系统的目的是验证他关于操作系统原理、结构、同步进程通信机制等方面的一系列新想法。现在已经普遍采用的系统的多层结构、抽象、上层不需了解下层的详细细节等科学原则就是当时迪杰斯特拉提出的，引起了强烈反响；同步进程通信的信号量 semaphore 这一术语也是迪杰斯特拉当时创造的。

迪杰斯特拉是 ALGOL 60 报告的主要起草者之一，1972 年在他获得 ACM 图灵奖的讲演中，仍对这一报告给予高度评价："只有极少几个像 ALGOL 60 报告这样短的文件能给计算机界带来如此深远的影响。"

迪杰斯特拉的主要贡献是在 20 世纪 50 年代末到 70 年代初做出的，也就是他二十多岁到四十岁出头这段时间完成的。迪杰斯特拉获图灵奖以后，软件领域又涌现出图形用户界面、面向对象技术等一系列新的里程碑，因特网更是带来一个全新的时代。但是迪杰斯特拉关于程序可靠性的一些名言"有效的程序员不应该浪费很多时间用于程序调试，他们应该一开始就不要把故障引入"至今仍有意义。

"程序测试是表明存在故障的非常有效的方法，但对于证明没有故障，调试是很无能为力的"。迪杰斯特拉大力提倡程序正确性证明，但这一方法离实用还有相当大的距离，因为一段源程序的正确性证明的文字往往比源代码还要长，所以充分的软件测试仍不可或缺。但是程序员的科学训练是十分重要的，有人曾做过一个试验：一个题目由一批印度程序员编程，其结果惊人地相似；而由一批中国程序员来做，编出的程序五花八门。中国的软件人员有时把创造性放在不恰当的位置。只有规范的、科学的编程，一个大项目才能得到有效的管理，其质量才有保证。

迪杰斯特拉曾在 1972 年获得过素有计算机科学界的诺贝尔奖之称的图灵奖。之后，他还获得过 1974 年 AFIPS Harry Goode Memorial Award、1989 年 ACM SIGCSE 计算机科学教育教学杰出贡献奖，他的论文在 2002 年获得 ACM PODC 最具影响力论文奖。2002 年 8 月 6 日，迪杰斯特拉因患癌症在荷兰（Nuenen, The netherlands）的家中去世，享年 72 岁。

6.3.4　现代软件开发之父——伊瓦尔·雅各布森

伊瓦尔·雅各布森（Ivar Jacobson，1939—，见图 6-5）被公认是深刻影响并改变着整个软件工业开发模式的世界级大师，是软件方法论的一面旗帜，他是面向方面软件开发（Aspect-Oriented Software Development，AOSD）、组件（component）和组件架构（component architecture）、规范描述语言（Specification Description Language，SDL）、用例（use case）、现代业务工程（modern business project）、Rational 统一过程（RUP）、统一建模语言（Unified Modeling Language，UML）等业界主流方法和技术的创始人，被称为现代软件开发之父。

图 6-5　伊瓦尔·雅各布森

雅各布森 1939 年 9 月出生于瑞典的一个小镇于斯塔德(Ystad)。1962 年在哥德堡的查尔姆斯理工大学获电子工程硕士学位。1985 年，雅各布森在斯德哥尔摩皇家工学院获得博士学位，其博士论文是关于大型实时系统的语言构造方面的研究。1983—1984 年在麻省理工学院的 Functional Programming and Dataflow Architecture Group 做访问学者。2003 年 5 月，雅各布森获得查尔姆斯理工大学校友会的 Gustaf Dalen 奖章。

雅各布森是瑞典 Objectory AB 的创始人，1995 年 Rational 公司收购了 Objectory AB 后直至 2003 年 IBM 公司收购 Rational 公司之前，雅各布森一直在 Rational 公司工作，这期间也是 Rational 公司飞速发展的时期。之后，雅各布森作为雇员离开了 Rational 公司，但直到 2004 年 5 月他仍然担任 Rational 公司的高级技术顾问。

雅各布森与格雷迪·布奇（Grady Booch）和詹姆斯·兰博（James Rumbaugh）共同创建了 UML 建模语言，被业界誉为 UML 之父。雅各布森的用例驱动方法对整个面向对象分析与设计

（Object Oriented Analysis Design，OOAD）行业影响深远，他因此成为业界的一面旗帜，被认为是深刻影响或改变了整个软件工业开发模式的几位世界级大师之一。

雅各布森是《面向对象的软件工程——一种用例驱动方法》（1992 年计算机语言生产力奖获得者）和《对象的优势——采用对象技术的业务过程与工程》两本影响深远的畅销书的主要作者，他还写过有关软件重用的书，发表过一些有关对象技术的、广为引用的论文。

6.3.5 软件工程方法论的创始人——爱德华·尤顿

爱德华·尤顿（Edward Yourdon，1944—，见图 6-6），国际公认的专家证人和计算机顾问，著名的软件工程师，计算机咨询工程师，千年虫计算机病毒专家，著作家与教授，软件工程方法论的创始人。

图 6-6 爱德华·尤顿

爱德华 1944 年 4 月 30 日出生于美国华盛顿州西雅图市，1965 年在麻省理工学院应用数学所获得学士学位，随后在麻省理工学院和纽约理工学院获得了电气工程和计算机科学的硕士学位。

在随后的工作中，他被任命为布宜诺斯艾利斯大学信息技术专业的名誉教授，并任教于麻省理工学院、哈佛大学、加州大学洛杉矶分校、加州大学伯克利分校和其他世界各地的大学。

爱德华是著名的结构化分析技术的发明者之一，也是面向对象设计方法理论的开发者之一。他出版了 27 本学术著作，包括《在全球生产力比赛的竞争》《字节战争》《管理高强度的互联网项目》《死亡 3 月》《美国程序员的崛起和复活》和《美国程序员的衰亡》等，并被翻译成日语、俄语、西班牙语、葡萄牙语、荷兰语、法语、德语、波兰语等。爱德华发表了 570 多篇学术论文，文章多次被刊登在主流计算机杂志上。他在许多世界级的计算机会议中担任主要演讲者。

爱德华 1970 年成为著名的结构化分析/设计方法首席开发人员；1988 年在第二次国际计算机辅助设计工程研讨会上被授予了荣誉证书，表彰他在促进信息系统开发的结构化方法的改进作出的贡献；20 世纪 80 年代末至 90 年代初期，是“爱德华/怀特”面向对象设计方法的开发者之一；1992 年凭借著作《美国程序员的衰亡》，获得计算机语言杂志颁发的奖项 Productivity Award；1997 年 6 月被引荐到计算机名人堂；在 1999 年 12 月《国防软件工程》杂志的评比中，爱德华被评为软件工程领域的十大最具影响力的工程师之一。

6.3.6 软件开发方法学的泰斗——肯特·贝克

肯特·贝克（Kent Beck，1961—，见图 6-7），是 Smalltalk 软件的开发者，设计模式的先驱，测试驱动开发的支持者，也是极限编程的创始者之一。他被称为软件开发方法学的泰斗，对当今世界的软件开发影响深远。

图 6-7 肯特·贝克

肯特·贝克 1961 年出生在美国加利福尼亚州北部的硅谷（Silicon Valley），他有一个对无线电痴迷的祖父，以及一个电器工程师父亲。从小就引导肯特·贝克成为业余无线电爱好者，这让他在计算机软件领域取得辉煌成就。

肯特·贝克是最早研究软件开发设计模式和重构的研究者之一，是敏捷开发的开创者之一，更是极限编程和测试驱动开发的创始人，同时还是 JUnit 的作者。软件开发设计模式研究涉及设计模式、重构、极限编程、测试驱动开发等。

（1）设计模式（design pattern）。肯特·贝克是软件界中首先倡导学习克里斯托弗·亚历山大（Christopher Alexander）工作的先驱者之一。1993 年，肯特·贝克开始在 *The smalltalk report* 上撰写关于 Smalltalk 模式的一个专栏。肯特·贝克在 1996 年出版了 *Smalltalk best practice patterns* 一书。设计模式是一套被反复使用、多数人知晓的、经过分类编目的、代码设计经验的总结。使用设计模式是为了可重用代码、让代码更容易被他人理解、保证代码可靠性。毫无疑问，设计模式使代码编制真正工程化，是软件工程的基石脉络。

（2）重构（refactoring）。这一概念是肯特·贝克在《重构：改善既有代码的设计》一书中提出来的。它是指在不改变软件现有功能的基础上，通过调整程序代码改善软件的质量、性能，使其程序的设计模式和架构更趋合理，提高软件的扩展性和维护性。

（3）极限编程（extreme programming）。极限编程是由肯特·贝克在重构的基础上于 1996 年提出的，是一种近螺旋式的开发方法。它将复杂的开发过程分解为一个个相对比较简单的小周期（策划、设计、编程、测试），通过积极的交流、反馈以及其他一系列的方法，开发人员和客户可以非常清楚开发进度、变化、待解决的问题和潜在的困难等，并根据实际情况及时地调整开发过程。

（4）测试驱动开发（test-driven development）。测试驱动开发是一种不同于传统软件开发流程的新型开发方法，它要求在编写某个功能的代码之前先编写测试代码，然后只编写使测试通过的功能代码，通过测试来推动整个开发的进行。这有助于编写简洁、可用和高质量的代码，并加速开发过程。

第 7 章　算法构建的基本思维

【问题描述】 计算系统为问题求解提供物质条件，程序设计为问题求解提供方法，而算法则为问题求解提供数学支撑，任何一个复杂问题的求解和高水平的程序设计都离不开算法的支撑。在计算机学科中，问题求解与计算思维紧密相关，计算思维的核心是问题求解，问题求解的核心是算法。反而言之，算法是计算思维的具体体现。由此可见，算法在计算机学科中的重要作用及地位。

【知识重点】 主要介绍数值计算的误差分析、数值计算的稳定性问题、近似计算、离散结构等。这些算法问题在计算机求解中极为重要，了解这些算法，可以为日后学习提供研究方向和研究思路。

【教学要求】 通过关联知识，了解问题求解中涉及的具体问题；通过习题解析，加深对问题求解方法的了解；通过知识背景，了解在算法领域作出了杰出贡献的 5 位科学家的生平事迹。

7.1　关 联 知 识

计算机学科是一门计算的学科，用计算机解决实际问题时会涉及许多的算法问题，例如，数值计算的误差分析、数值计算的稳定性问题；问题求解的近似计算、离散结构等。对计算机学科而言，了解这些内容，对启迪计算思维和提高解决实际问题的能力具有十分重要的意义。

7.1.1　数值计算的误差分析

利用计算机解决实际问题时通常涉及数值计算，误差分析就是用来描述数值计算中近似解的精确程度，是计算科学中一个十分重要的概念。“计算误差”“物理误差”“测量误差”的概念不同，“计算误差”指计算机进行问题求解过程中产生误差的原因及其相关问题。

1. 误差定义与分类

运用数值计算解决实际问题时，首先要对被描述的实际问题进行抽象、简化，得到实际问题的数学模型。数学模型与实际问题之间会出现的误差（偏离真值）被称为模型误差（model error）。在进行模型处理或数值计算过程中，所产生（形成）的误差可分为以下类型。

（1）绝对与相对误差。设 x 是某实数的精确值，x_A 是它的近似值，则称 $x-x_A$ 为近似值 x_A 的绝对误差（absolute error），把$(x-x_A)/x$ 称为 x_A 的相对误差（relative error）。当 $x=0$ 时，相对误差是没有意义的。在实际计算中精确值 x 往往是不知道的，所以通常把$(x-x_A)/x_A$ 作为 x_A 的相对误差。

（2）误差界。设 x 是某实值的精确值，x_A 是它的一个近似值，并可对 x_A 的绝对误差做估计 $|x-x_A|\leqslant\varepsilon_A$，则称 ε_A 是 x_A 的绝对误差界，简称误差界，称 $\varepsilon_A/|x_A|$ 是 x_A 的相对误差界。

例如，$\pi=3.1415926\cdots$，若取近似值 $\pi_A=3.14$，则 $\pi-\pi_A=0.0015926\cdots$，可以估计绝对误差界为 0.002，相对误差界为 0.0006。

（3）观测误差（observational error）。在数学模型中，通常包含一些有观测数据确定的参数。对数学模型中一些参数的观测结果一般不是绝对准确的，把观测模型参数值产生的误差称为观测误差。例如，一根铝棒在温度 t 时的实际长度为 L_t，在 $t=0$ 时的实际长度为 L_0，如果用 l_t 来表示铝棒在温度为 t 时的长度计算值，并建立一个数学模型，则为

$$l_t=L_0（1+at），a\approx 0.0000238/℃$$

其中，a 是由实验观测得到的常数，$a\in[0.0000237, 0.0000239]$，则称 L_t-l_t 为模型误差，$a-0.0000238$ 是 a 的观测误差。

〖提示〗 在数值分析中，除了研究计算方法外，还要研究计算结果的误差是否满足精度要求，这就是误差估计问题。在数值计算方法中，主要研究截断误差和舍入误差。

（4）截断误差（truncation error）。实际问题的数学模型往往是很复杂的，因而不一定能获得数值计算的分析解，这就需要建立一套行之有效的近似计算方法，将模型的准确解与用近似数值方法求得的准确解之间的误差称为截断误差或方法误差（methodical error）。例如，对函数

$$\sin x = x-\frac{x^3}{3!}+\frac{x^5}{5!}-\frac{x^7}{7!}+\cdots+(-1)^n\frac{x^{2n+1}}{2n+1!}+\cdots$$

当$|x|$较小时，若用前三项作为 $\sin x$ 的近似值，则截断误差的绝对值不超过$|x|^7/7!$。

（5）舍入误差（round-off error）。在用计算机做数值计算时，一般都不能获得数值计算公式的准确解，而只能对原始数据、中间结果和最终结果取有限位为数字，将计算过程中取有限位进行运算而引起的误差称为舍入误差。例如，$1/3=0.33333\cdots$，如果取小数点后四位数字，则 $1/3-0.3333=0.000033\cdots$就是舍入误差。

〖提示〗 计算机求解问题时的舍入误差无处不在。例如，将十进制数输入计算机中转换成二进制数时会对 t 位后面的数作舍入处理，使得尾数为 t 位，这一转换过程中存在舍入误差问题。又如，在对两个二进制做算术运算时，对计算结果也做类似的舍入处理，从而也存在舍入误差。

由此可见，在数值计算时，计算的最后结果与算法的精确解之间的误差，从根本上讲是由机器的舍入误差造成的，包括输入数据和算术运算的舍入误差。关于计算机中尾数的表示，4.1.2 节中已介绍浮点数的规范化与截断误差问题。

2．有效数字近似值

设 x_A 是 x 的一个近似值，将 x_A 写成 $x_A=\pm 10^k\times 0.a_1a_2\cdots a_i\cdots$，它可以有限或无限的小数形式，其中 a_i（$i=1, 2, \cdots$）是 $0, 1, 2, \cdots$，9 中的一个数字，$a_1\neq 0$，k 为整数。如果

$$|x-x_A|\leqslant 0.5\times 10^{k-n}$$

则称 x_A 为 x 的具有 n 位有效数字的近似值。

若近似值 x_A 的误差界是某一位的半个单位，该位到 x_A 的第一位非零数字共有 n 位，就说 x_A 有 n 位有效数字。在 x 的准确值已知的情况下，若要取有限位数的数字作为近似值，就采取四舍五入的原则。此时，其绝对误差界可以取为被保留的最后数位上的半个单位。例如

$$|\pi-3.14|\leqslant 0.5\times 10^{-2}，|\pi-3.142|\leqslant 0.5\times 10^{-3}$$

按照定义，3.14 和 3.142 分别具有三位和四位有效数字的近似值。显然，近似值的有效数字位数越多，相对误差界就越小，反之亦然。

7.1.2　数值计算的稳定性问题

利用计算机求解问题时，通常先把要解决的问题转化为数学模型，并有多种不同的解法。由于机器字长和存储空间的有限性，往往导致计算结果存在很大差异。若执行的结果与精确解之间存在很大误差，势必影响问题求解的精确度，因而引出了数值计算的稳定性问题。

1．数值方法的稳定性

对于某个数值计算方法，如果输入数据的误差在计算过程中迅速增长而得不到控制，则称该算法是不稳定的。算法的稳定性是数值计算中的首要问题，因为它会影响数值计算的真实结果。

【实例 7-1】 计算定积分 $I_n=\int_0^1 \frac{x^n}{x+5}\mathrm{d}x$，$n=0,1,\cdots,6$。

【解析】 由于是计算系列的积分值，所以需要先推导 I_n 的一个递推公式，由

$$I_n+5I_{n-1}=\int_0^1 \frac{x^{n-1}+5x^{n-1}}{x+5}\mathrm{d}x=\int_0^1 x^{n-1}\mathrm{d}x=\frac{1}{n}$$

可得如下两个递推算法公式

算法 7-1　$I_n=\frac{1}{n}-5I_{n-1}, n=1,2,\cdots 6;$

算法 7-2　$I_n=\frac{1}{5}(\frac{1}{n}-I_n), n=6,5,\cdots 1$。

直接计算可得 $I_0=\ln 6-\ln 5$。如果用 4 位数字计算，得 I_0 的近似值为 I_0^*=0.1823 。记 $E_0=I_n-I_n^*, I_n^*$ 为 I_n 的近似值。

对于算法 7-1，有 $E_n=-5E_{n-1}=\cdots=(-5)^n E_0$。

按以上初始值 I_0 的取法，则有$|E_0|\leqslant 0.5\times 10^{-4}$。事实上，$E_0\approx 0.22\times 10^{-4}$。这样得到$|E_6|=5^6|E_0|\approx 0.34$。这个数已大大超过了 I_6 的大小，所以 I_6^* 一位有效数字都没有了，误差掩盖了真值。

对于算法 7-2，有 $E_{k-n}=(-1/5)^n E_k$，$E_0=(1/5)^6|E_0|$。

如果能够给出 I_6 的一个近似值，则可由算法 7-2 计算 $I_n(n=5,4,\cdots,0)$的近似值。并且，即使 E_6 较大，得到的近似值的误差将较小。由于

$$\frac{1}{6(k+1)}=\int_0^1 \frac{x^k}{6}\mathrm{d}x < I_k\int_0^1 \frac{x^k}{5}\mathrm{d}x=\frac{1}{5(k+1)}$$

则可取 I_k 的一个近似值为

$$I_k^*=\frac{1}{2}\left[\frac{1}{6(k+1)}+\frac{1}{5(k+1)}\right]$$

对 $k=6$ 有 I_6^*=0.0262。以 I_0^*=0.1823 和 I_6^*=0.0262 分别按算法 7-1 和算法 7-2 计算，计算结果如表 7-1 所示。对任何自然数 n，都有 $0<I_n<1$，并且 I_n 单调减。算法 7-1 是不稳定的，算法 7-2 是稳定的。

2．避免有效数字的损失

在数值计算中，参加运算的数有时数量级相差很大，而计算机的位数毕竟是有限的，此时很容易出现“大吃小”的现象，即小数的作用被大数“吞食”。产生这种现象与计算次序有关，例如用 5 位十进制数字计算

表 7-1　不同算法之间的比较

n	算法 7-1 的计算值	算法 7-2 的计算值	I_n（四位）
0	0.1823	0.1823	0.1823
1	0.0885	0.0884	0.0884
2	0.0575	0.0580	0.0580
3	0.0458	0.0431	0.0431
4	0.0210	0.0344	0.0343
5	0.0950	0.0281	0.0285
6	−0.3083	0.0262	0.0243

$$x=10001+\delta_1+\delta_2+\cdots+\cdots\delta_{100}$$

其中，$0.1\leqslant\delta_i\leqslant0.4$，$i=1,2$，…，100。如果自左至右逐个相加，则所有的 δ_i 都可能被吃掉，得到的 $x\approx10001$，但若先把所有的 δ_i 相加，然后再与 10001 相加，则有

$$10011=10001+100\times0.1\leqslant x\leqslant10001+100\times0.4=10041$$

不同的加法计算次序会有不同的结果。同样，对于两个相邻数相减，同样会出现严重的误差问题。

【实例 7-2】 求实系数一元二次方程 $x^2+62.10x+1.000=0$ 的根。

【解析】 为了说明两个相邻数相减会出现严重的误差问题，这里用两种不同的算法进行比较。

算法 7-3　$x_{1,2}=\dfrac{-b\pm\sqrt{b^2-4ac}}{2a}$；

算法 7-4　$x_1=\dfrac{-b-\text{sign}(b)\sqrt{b^2-4ac}}{2a}$，$x_2=\dfrac{c}{ax}$。

用 4 位有效数字计算，将系数代入算法 7-3 和算法 7-4 中，计算结果如下。

$x_1=-62.08$，$x_2=-0.02000$，条件稳定，即 $b^2-4ac<0$，舍入误差对 x_2 的影响大。

$x_1=-62.08$，$x_2=-0.01611$ 无条件稳定，没有相近数相减，舍入误差对 x_2 的影响小。

而方程的准确解是 $x_1=-62.083892$，$x_2=-0.016107237\cdots$。

算法 7-3 是一个条件稳定，即当 $b^2-4ac<0$ 时稳定，否则不稳定。由于算法 7-3 中的分子有一个相近的数相减，会大量损失有效数字，使得有一个结果的误差很大。而算法 7-4 是一个无条件稳定，在任何情况下都是稳定的，舍入误差对 x_2 的影响不大。

3．减少运算次数

在数值计算中应注意的第三个问题是尽可能简化计算步骤，减少运算次数，这样不仅可以节省计算机的计算时间，还能减少误差的累积。

【实例 7-3】 给定 x，计算多项式 $f_n(x)=a_nx^n+a_{n-1}x^{n-1}+a_{n-2}x^{n-2}+\cdots+a_1x+a_0$ 的值。

【解析】 如果先求 a_kx^k，则需要进行 k 次乘法运算再相加，总共需要 $n(n+1)/2$ 次乘法和 n 次加法才能得到一个多项式的值。如果将多项式写成下面的形式

$$f_n(x)=x\{x\cdots[x(a_nx+a_{n-1})+a_{n-2}]+\cdots+a_1\}+a_0$$

则只需 n 次乘法和 n 次加法即可得到一个多项式的值，这就是著名的秦九韶算法，可描述为

$$\begin{cases}u_n=a_n\\u_k=u_{k+1}x+a_k,\ k=n-1,\ n-2,\ \cdots,\ 0\end{cases}$$

最后有 $u_0=f_n(x)$。

【实例 7-4】 利用级数 $\ln(1+x)=\sum\limits_{n=1}^{\infty}(-1)^{n+1}\dfrac{x^n}{n}$，计算 ln2。

【解析】 该计算取决于计算精度，如果精确到10^{-5}，则要计算10万项求和。这不仅计算量大，而且舍入误差的累积也十分严重。如果改为下列级数

$$\ln\frac{1+x}{1-x}=2(x+\frac{x^3}{3!}+\frac{x^5}{5!}+\cdots+\frac{x^{2n+1}}{(2n+1)}+\cdots)$$

来计算ln2，若取$x=1/3$，则只要计算前9项，截断误差便小于10^{-10}。

〖提示〗 在数值计算中，减少运算次数是极为重要的，它是提高计算效率的有效方法，但必须懂得如何对算法进行化简。

7.1.3　问题求解的近似计算

主教材第7章介绍了求取问题确切结果的基本方法及其算法，但在现实世界中还会遇到3类问题：一是如何求解连续性问题；二是如何求解无法直接得到公式解、解析解、精确解或最优解问题；三是如何求解非线性问题。这就需要拓展计算思维：一是将连续问题离散化；二是利用数值算法、概率算法、仿生学算法等寻求问题的近似解或最优解；三是通过弱化有关条件来解决普遍性问题中的一些特例或范围窄小的问题。求问题的近似解是科学计算过程中客观存在而不可回避的问题。因为篇幅限制，下面简要介绍求近似解的5个主要方面的基本概念。了解这些求解方法对拓展问题求解的视野、培养计算思维和解决实际问题的能力是非常重要的。

1. 定积分的近似计算

现实世界中的许多问题是连续性问题，而计算机只能处理离散的或经过离散化了的问题。在主教材3.2.2节中介绍了连续性问题的常用离散化方法，定积分的近似计算就是将连续问题离散化的典型方法，也是求连续函数数值解的有效手段。计算定积分的传统方法是利用牛顿–莱布尼茨（Newton-Leibniz）公式，即对于在区间$[a, b]$上函数$f(x)$的积分，只要能找到被积函数$f(x)$的原函数$F(x)$，便可用Newton-Leibniz公式求得定积分

$$I=\int_a^b f(x)\mathrm{d}x=F(b)-F(a)$$

然而，对实际应用中的许多问题，这种积分方法却无能为力。常常遇到的主要问题如下。

（1）找不到被积函数$f(x)$的原函数$F(x)$，例如

$$f(x)=\frac{\sin x}{x}，\ f(x)=e^{-x^2}，\ f(x)=\sqrt{1+\cos^2 x}，\ \int_a^b \sin x^2\mathrm{d}x，\ \int_a^b \frac{1}{\ln x}\mathrm{d}x$$

（2）被积函数没有有限的解析表达式，而只有通过试验测得的数据表或数据图形。例如，设有一块铝合金板的横截面为正弦波，要求原材料铝合金板的长度，也就是求$f(x)=\sin x$，从$x=0$到$x=b$的曲线弧长为L，可用定积分表示为

$$L=\int_0^b\sqrt{1+(f'(x))^2}\mathrm{d}x=\int_0^b\sqrt{1+\cos^2 x}\mathrm{d}x$$

这是一个椭圆积分计算问题，由于无法求出被积函数的原函数，因而只能用近似方法求取积分值。对此，可以借助于数值求解的近似计算（approximate calculation）来解决这一问题。用计算机求定积分近似值的方法如同数值积分一样，即对积分区间进行细分，并在每个小区间上找到一个简单函数$\varphi(x)$来近似代替$f(x)$，便把复杂的$\int_a^b f(x)\mathrm{d}x$计算转化为求积分$\int_a^b \varphi(x)\mathrm{d}x$。因此，定积分的近似计算实质上就是求被积函数的近似值。不论定积分$\int_a^b f(x)\mathrm{d}x$在实际问题中的真实意义是什么，在几何意义上都等于曲线$f(x)$在两条直线$x=a$、$x=b$与x轴围成的曲边梯

形的面积。只要近似算出曲边梯形的面积，就能得到所求积分的近似值。根据定积分定义

$$\int_a^b f(x)\mathrm{d}x = \lim_{n\to\infty}\sum_{i=1}^{n} f(\xi_i)\Delta x_i \quad (\xi_i \in [x_{i-1}, x_i])$$

推算出求解定积分近似值表达式

$$\int_a^b f(x)\mathrm{d}x \approx \sum_{i=1}^{n} f(\xi_i)\Delta x_i \quad (\xi_i \in [x_{i-1}, x_i])$$

显然，n 取值越大，得到的近似值越精确，因而适合使用计算机的高速度、高密度运算求解。根据 $\sum_{i=1}^{n} f(\xi_i)\Delta x_i$ 的计算精度与要求，可以采用矩形积分法、梯形积分法和抛物线积分法来求解，这 3 种方法是近似计算中最常用的定积分方法。

2. 有限元方法

通过近似计算获得连续问题数值解的方法有两种，一种是数值积分法，另一种是数值微分法。数值积分是通过局部近似计算获得原问题的区域解，数值微分则是通过单元近似计算获得原问题的区域解。数值积分和数值微分，都是通过离散化方法来获取连续性问题近似解的有效手段。

有限元方法（Finite Element Method，FEM）基于数值微分法，是用数值微分解来揭示用实验手段尚不能表现的科学奥秘和科学规律的有效方法，可求解一般连续域的问题，适合解决力学、数学中带有特定边界条件的偏微分方程问题，如结构应力分析、热传导、电磁场、流体力学、声学等问题，都需要求解偏微分方程，这类问题均适合用有限元方法来求取问题的数值近似解。

有限元方法是一种利用数学近似对真实物理系统进行模拟的数值方法，它将连续性系统问题的求解域看成由许多称为“有限元”组成的互联子域，并且对每一单元假定一个合适而简单的近似解，然后推导求解这个域总的满足条件（例如结构的平衡条件），从而得到原问题的近似解。

3. 随机事件及其概率

前面讨论和关注的是如何用数值计算方法解决确定性问题，但现实世界中的很多问题却是随机的，即过程的下一个状态取决于之前的状态和一些随机因素，因而只能用随机过程来描述。

自然界有很多现象，一类是在一定条件下的必然发生，并且不需进行任何判断，例如向空中抛出一颗石子，它必然落下，这类现象被称为“确定性现象”；另一类是在同一条件会发生两种可能，如向空中抛出一枚硬币，落下来后的结果可能正面朝上，也可能正面朝下，这种现象被称作“随机现象”。如果多次重复抛一枚硬币，所得到的结果是正面朝上与正面朝下的次数几乎各占一半，把这种占有的几率称为“概率”，而把经过大量重复试验或观察中所呈现出的固有规律性称作“统计规律”。把对一个客观事物进行的“试验”“调查”或“观测”统称为“试验”。

概率论（probability theory）和数理统计（mathematics statistics）就是研究和揭示自然现象统计规律性的一门数学分支学科，也是其他学科重要的数学基础，如信息论、对策论、排队论、控制论、模糊数学等，都是以概率论为基础的，它的应用遍及自然科学、社会科学、军事科学、工程技术等各个领域。

4. 蒙特卡罗方法

蒙特卡罗方法（Monte Carlo method）是一种以概率统计理论为指导的数值计算方法，也称为随机抽样技术（Random Sampling Technique，RST）或统计试验法，用于求解复杂问题的概率解。

蒙特卡罗方法源于第二次世界大战期间美国研制原子弹的“曼哈顿计划”（Manhattan Project），是1942—1946年美国联合英国、加拿大为第二次世界大战所做的一项军事研究项目。

为了解决弹道导弹的复杂计算问题，组织了由多名科学家组成的一个联合研究小组，提出了一种基于概率统计的数值计算方法，匈牙利数学家约翰·冯·诺依曼用驰名世界的赌城——摩纳哥的Monte Carlo来命名这种方法，因而使该计算方法蒙上了一层神秘色彩。

蒙特卡罗方法是一种应用随机数进行仿真实验的方法。在金融工程学、宏观经济学、计算物理学（如粒子输运计算、量子热力学计算、空气动力学计算）等领域广泛应用，在科学研究过程中也广泛使用，在许多实际问题中都有重要应用。

5. 仿生学算法

上面4种方法所探讨的是用经典数学方法描述自然界中确定性和不确定性的近似计算问题。而仿生学算法源于对自然界的观察发现和研究探索，它能解决经典算法所不能解决的许多问题。

自古以来，自然界是人类各种技术思想、工程原理和重大发明的源泉。例如，鱼在水中的游弋启发了人们模仿鱼的形状制造船舶和航行；根据蝙蝠超声波原理（遇见物体便返回），发明了雷达和盲人探路仪；根据蛙眼的视觉原理，研制出了电子蛙眼，能准确无误地识别特定形状的物体。

事实上，人们对自然界的研究和探索远不仅此。在计算机科学领域，人们通过模仿生物群体智能实现非确定性多项式问题（Non-deterministic Polynomial Problem，NP类问题）求解，解决这类问题的算法称为仿生学算法（Bionics Algorithm，BA）或进化算法（Evolutionary Algorithm，EA），包括遗传优化算法和群体智能优化算法（蚁群优化算法、粒群优化算法、蜂群优化算法等）。

（1）遗传优化算法（Genetic Optimization Algorithm，GOA），简称为遗传算法，是20世纪70年代美国密歇根州（Michigan）大学约翰·霍兰德（John Holland）等人提出的一种全新的随机全局搜索优化方法。该算法模拟自然选择和遗传中发生的复制（reproduction）、交叉（crossover）和变异（mutation）等现象，从任一初始种群（population）出发，通过随机选择、交叉和变异操作，产生一群更适合环境的个体，使群体进化到搜索空间中越来越好的区域，这样一代一代不断繁衍进化，最后收敛到一群最适应环境的个体（individual），从而求得问题的优质解。

（2）蚁群优化算法（Ant Colony Optimization Algorithm，ACOA），简称为蚁群算法，是对蚁群行为研究受到启发而提出来的。当蚂蚁找到食物并将它搬回时，会在其经过的路径上留下一种分泌激素，称为“信息素”（pheromone），其他蚂蚁嗅到这个信息素就沿着最短路径奔向食物。因此，蚁群优化算法是一种随机通用试探法，属于分布式智能模拟算法，可用于求解各种不同的组合优化问题。有人根据蚁群优化算法求解144个城市的最短回路问题，求得解的结果同其他方法求得的解一样精确，由此说明蚁群优化算法是求解组合优化的可行算法。

蚁群算法是一种用来寻找优化路径的概率型算法，具有分布计算、信息正反馈和启发式搜索的特征。蚁群算法本质上是进化算法中的一种启发式全局优化算法，下面用蚂蚁觅食说明蚁群优化算法的基本原理。通常情况下，蚂蚁是随机地向四面八方觅食。当某只蚂蚁觅到食物后，便沿原路返回蚁巢，同时在沿途上留下一种被称为外激素或信息素的物质，并且浓度随着时间的推移而不断下降。蜂群觅食的过程如图 7-1 所示。

设 O 为蚂蚁的巢穴，A 是食物源。若有两只蚂蚁均从蚁巢 O 出发，第一只由 $O \to A$，第二只从 $O \to B \to A$，都找到了食物，且原路返回。从图中可以看出，当第一只蚂蚁返回到 O 点时，第二只可能还在 C 点位置。显然，此时 OA 便有两次信息素(往返各一次)，而 OC 仅有一次信息素。换句话说，OA 的信息素浓度大于 OC 的浓度，得到第一只蚂蚁信息的其他蚂蚁便会沿着信息素浓度高的 OA 线路（即最短路径）找到位于 A 点的食物。

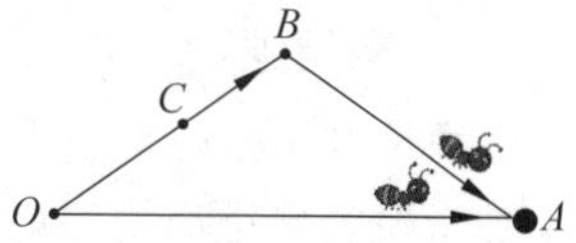

图 7-1　蜂群觅食的过程

（3）粒群优化算法（Particle Swarm Optimization Algorithm，PSOA），也称为粒子群算法、微粒群算法、鸟群觅食算法，简称为粒群算法。它是 1995 年美国的埃伯哈特（R.C. Eberhart）博士和肯尼迪（J. Kennedy）博士等人提出来的一种基于群体智能的随机进化算法。

粒群算法是通过模拟鸟群觅食行为而发展起来的一种基于群体协作的随机搜索算法，其基本思想是模拟鸟群的捕食行为，即一群鸟在随机搜索食物，在这个区域里只有一块食物，但所有的鸟都不知道食物在哪里，但是它们知道当前的位置离食物还有多远，那么找到食物的最优策略是什么呢？显然，最简单有效的就是搜寻目前离食物最近的鸟的周围区域。由于每只鸟都不知道食物在哪里，但却知道距离有多远。如果每次鸟群中哪只鸟距离目标最近，便立即向整个鸟群发出“信息”，此时整个鸟群便立即向着这只鸟靠近。这一过程经过多次迭代后，整个鸟群就已经接近目标了。因此，粒群算法的基本思想是模拟随机搜索食物的捕食行为。研究粒群算法的意义在于利用位置和速度的变化，模拟鸟群迁移中个体行为和群体行为之间的相互影响。

（4）蜂群优化算法（Bee Swarm Optimization Algorithm，BSOA），简称为蜂群算法。随着集群智能优化算法的不断发展，人们受到自然界中蜜蜂的行为启发而提出了一种新颖的智能优化算法——蜂群优化算法。蜜蜂是一种群居昆虫，虽然单个昆虫的行为极其简单，但是由单个简单的个体所组成的群体表现出极其复杂的行为。蜜蜂种群能够在任何环境下，以极高的效率从食物源（花朵）中采集花蜜，并能适应环境的改变。蜂群算法是英国学者 D. T. Pham 受启发于蜂群的采集行为机制而提出的，2005 年土耳其学者德尔维斯·卡拉博加（Dervis Karaboga）提出了基于蜜蜂采集机制的人工蜂群算法（Artificial Bee Colony Algorithm，ABCA），它是又一种群体智能优化算法。

ABCA 是建立在蜜蜂自组织模型和群体智能基础上的一种非数值优化计算方法，是模仿蜜蜂行为而提出的一种优化方法，是集群智能思想的一个具体应用，其主要特点是不需要了解问题的特殊信息，只需要对问题进行优劣的比较，通过各人工蜂个体的局部寻优行为，最终在群体中使全局最优值突现出来，因而有着较快的收敛速度，可以解决多变量函数优化问题。

7.1.4　问题求解的离散结构

前面介绍了利用数学语言描述数值求解、数据处理、近似计算的基本方法。在计算机科学中，还有一类体现事物状态、彼此分散、逻辑关联的离散型问题。如何用形式语言描述离散量的结构及其相互关系，便是“离散结构”（discrete structure）所要研究的问题。离散结构是计算机学科中极为重要的一门学科，它是操作系统、数据库、数据结构、编译理论、人工智能、密码学、逻辑电路设计等课程的重要理论基础。由于离散结构的理论性很强，为了便于理解，故以简单明了、通俗易懂的典型实例，介绍离散结构中 4 个核心概念：数理逻辑、集合论、逻辑代数、图论等。

1. 数理逻辑

数理逻辑是研究逻辑推理及其规则的一门科学，运用数学方法研究思维形式和规律，特别是数学中的思维形式和规律。所谓数学方法，是指用数学符号化的方法描述推理规则，继而建立逻辑推理体系，使得对数理逻辑的研究归结为对一整套符号所组成的逻辑推理体系的研究。数理逻辑包括命题逻辑和谓词逻辑，是电路理论、程序构造、定理证明、人工智能的理论基础。数理逻辑所使用的语言是形式（符号）语言。下面通过实例 7-5 来说明什么是数理逻辑。

【实例 7-5】 用数理逻辑方法描述如图 7-2 所示的开关电路，并以此简化该开关电路。

【解析】 对如图 7-2 所示的开关电路进行简化的常用方法有命题逻辑方法、布尔代数方法、卡诺图方法和奎因-莫可拉斯基方法等。若用命题逻辑方法及其符号（形式）语言表示如图 7-3 所示的开关电路的逻辑关系，则可表示为

$$(P\wedge Q\wedge R)\vee(P\wedge S\wedge R)$$

然后利用命题逻辑等价关系，将该表达式简化为

$$\begin{aligned}(P\wedge Q\wedge R)\vee(P\wedge S\wedge R)&=(P\wedge R\wedge Q)\vee(P\wedge R\wedge S)\\&=(P\wedge \mathrm{R})\wedge(Q\vee S)\end{aligned}$$

根据简化表达式，便将如图 7-2 所示电路简化为如图 7-3 所示电路。事实上，该例电路简化便是命题逻辑所要研究的问题。

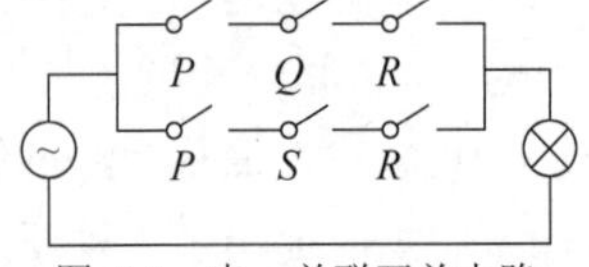

图 7-2　串、并联开关电路

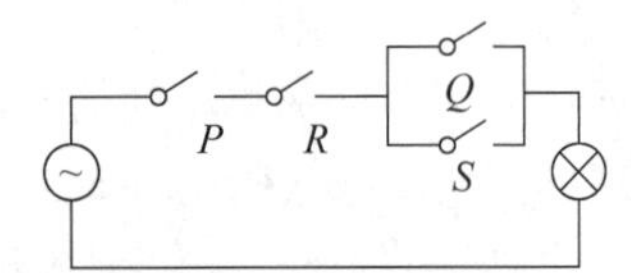

图 7-3　串、并联开关简化

2. 集合论

集合论（set theory）是以研究由不同对象抽象构成的整体的数学理论，主要研究怎样表示数据集合、集合运算、集合性质、集合关系以及集合函数等。集合论是现代数学中的一个独立分支，也是数学中最富创造性的伟大成果之一，在数学中占有独特的地位。集合论的基本概念已渗透到数学的所有领域，并且不断促进着许多数学分支的发展，被视为各个数学分支的共同语言和基础。集合论在计算机科学（程序设计、形式语言、关系数据库、操作系统），人工智能学科，逻辑学，经济学，语言学和心理学等方面有着广泛的应用。

集合论是整个现代数学的理论基础，由于集合论的语言适合描述和研究离散对象及其关系，因而在计算机科学中有着许多重要应用。下面通过一个实例引出集合论涉及的相关概念。

【实例 7-6】 假设外语系 120 名教师中，至少有 100 名能教英语、德语、法语中的一种语言，有 65 人教英语、45 人教德语、42 人教法语，20 人教英语和德语，25 人教英语和法语，15 人教德语和法语，另有少量教师教其他语言，要求用图解法实现如下计算。

（1）求出能教英语、德语、法语 3 种语言的老师人数。

（2）在文氏区域图的 8 个区域（见图 7-4）中填上准确的教师人数，其中 E、G、F 分别代表教英语、德语和法语的教师组成的集合。

（3）分别求出只能教一种语言和只能教两种语言的教师人数。

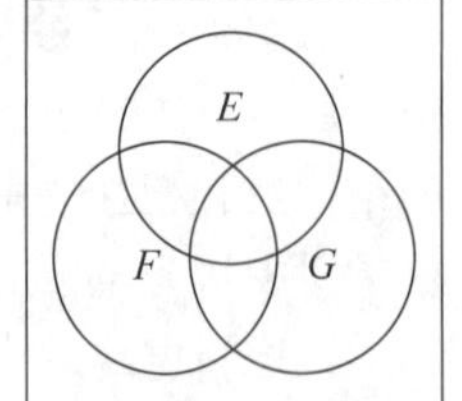

图 7-4　文氏区域图

【解析】（1）假设 E 表示教英语的教师集合，G 表示教德语的教师集

合，F 表示教法语的教师集合。因为 100 名教师至少能教英语、德语、法语中的一种语言，所以可得如下表达式：

$$|E\cup G\cup F|=|E|+|G|+|F|-|E\cap G|-|E\cap F|-|G\cap F|+|E\cap G\cap F|=100$$

根据题意，有 $65+45+42-20-15-25+|E\cap G\cap F|=100$，由此解出 $|E\cap G\cap F|=8$，即教所有 3 种语言的教师为 8 人。

（2）根据教所有 3 种语言的人数，可得如图 7-5 所示结果。

20−8=12 名教师教英语和德语，但不教法语。

25−8=17 名教师教英语和法语，但不教德语。

15−8=7 名教师教德语和法语，但不教英语。

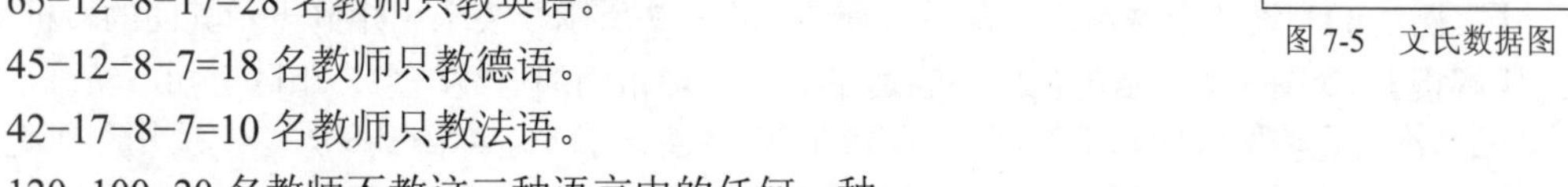

65−12−8−17=28 名教师只教英语。

45−12−8−7=18 名教师只教德语。

42−17−8−7=10 名教师只教法语。

120−100=20 名教师不教这三种语言中的任何一种。

20　E(28)　17　12　8　F(10)　G(18)　7

图 7-5　文氏数据图

（3）从图 7-5 可以看出，只能教一种语言的教师人数为 28+18+10=56，教两种语言的教师人数为 12+17+7=36。

3．逻辑代数

逻辑代数（logical algebra）是代数系统（algebraic system）中的一个分支。代数系统是由对象集合及其在集合上的运算与性质组成的数学结构，因而又被称为代数结构（algebraic structure）。

逻辑代数是 1847 年英国数学家乔治·布尔（George Boole）首先创立的，所以又称为布尔代数。布尔代数是以形式逻辑（formal logic）为基础、以文字符号为工具、以数学形式分析和研究逻辑问题的理论。形式逻辑是研究演绎推理及其规律的科学，包括对词项（逻辑分析的基本单元）和命题形式的逻辑性质的研究、思维结构的研究与必然推出的研究。形式逻辑发展的基础是古希腊哲学家亚里士多德（Arlstotle）的工具论。可以说，如果没有工具论，就没有形式逻辑。

逻辑代数只代表所研究问题的两种可能性或两种稳定的物理状态，正是这种表示为逻辑电路的实现和简化奠定了理论基础。这里，通过逻辑代数实现电路简化来说明逻辑代数的基本概念。

【实例 7-7】 设计两个开关的控制电路：当灯不亮时，敲击任何一个开关都能使灯亮；反之，当灯是打开时，敲击任何一个开关都能使灯灭。

【解析】 为了实现用两个开关电路来控制灯的开与关，可用多个逻辑部件组成一个控制电路，如图 7-6 所示，该电路所呈现的逻辑功能真值如表 7-2 所示。

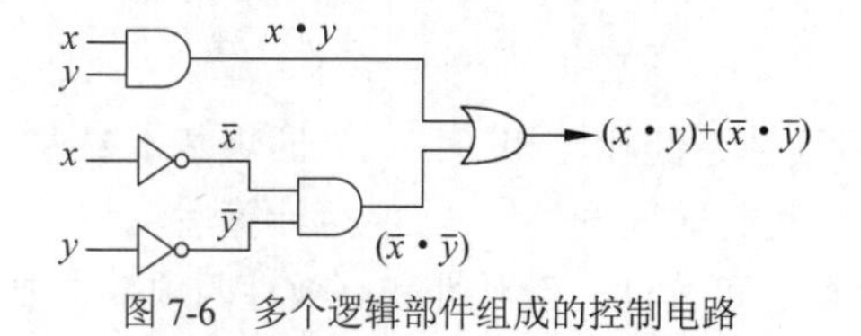

图 7-6　多个逻辑部件组成的控制电路

表 7-2　逻辑电路真值表

x	y	$F(x,y)$
1	1	1
1	0	0
0	1	0
0	0	1

逻辑代数研究的问题是如何用代数形式表示被研究对象的逻辑关系、如何用逻辑部件表示

逻辑函数、如何利用逻辑代数实现逻辑电路的简化等，它在计算机科学中具有极为重要的地位。

4．图论

图论（graphic theory）是既古老而又年轻的学科，近年来发展迅速又应用广泛。图论起源于 1736 年瑞士数学家欧拉发表的解决“哥尼斯堡七桥问题”的第一篇论文，1852 年格斯里（Gathrie）提出了“四色问题”，1859 年哈密尔顿（Hamilton）提出了“哈密尔顿回路问题”，1874 年德国物理学家基尔霍夫（G.R.Kirchhoff）第一次把图论用于电路网络的拓扑分析。1936 年，科尼格（Konig）出版了第一本“图论”专著，从此确立了图论在数学领域的地位，并受到重视。

在现实生活中有很多问题可以用图来描述、分析和研究。用图来描述实际问题有时比用文字或公式要形象、直观得多，因而更能说明现实世界的变化现象。

【实例 7-8】 设 4 个城市之间的单向航线如图 7-7 所示，要求用矩阵表示其间的转机信息。

【解析】 如图 7-7 所示的航线图表达了这 4 个城市间的航线信息，由图可知，城市 4 和城市 2 之间没有直达航线而只能转机，因此可用矩阵 $\boldsymbol{A}_1$ 来表示，如图 7-8 所示。若用矩阵 $\boldsymbol{A}_2$ 表示一个城市经一次中转到另一个城市的单项航线条数，则如图 7-9 所示。

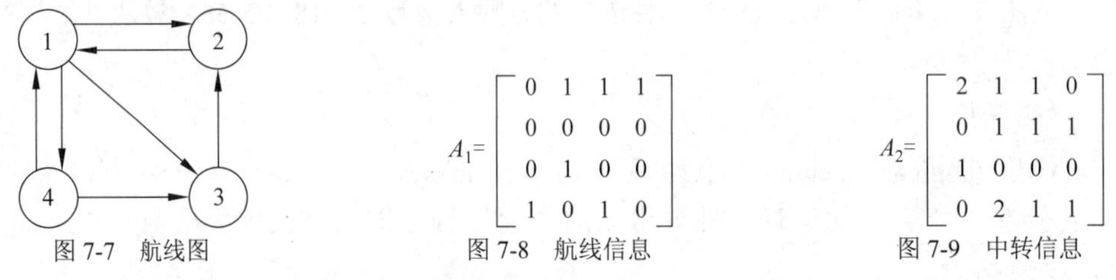

图 7-7　航线图　　图 7-8　航线信息　　图 7-9　中转信息

例如，$\boldsymbol{A}_2$ 的第 2 行第 3 列元素为 1，表示从城市 2 经一次转机到城市 3 的航线有 1 条（2→1→3）；$\boldsymbol{A}_2$ 的第 4 行第 2 列元素为 2，表示从城市 4 经一次转机到城市 2 的航线有 2 条（4→1→2，4→3→2）。这样，人们可以较为全面地了解不同城市间经一次转机到达的航线信息。

〖**提示**〗 主教材第 7 章“算法构建的基本思维”介绍的算法只是计算机求解问题的算法基础，所使用的描述语言是数学语言。而在描述体现事物状态、彼此分散、逻辑关联的离散型问题时，最为有效的描述语言是形式语言。这正是主教材前言中说到“计算机学科是一门计算的学科，计算机系统是一个离散化系统，计算机方法是一种形式化方法”的原因之一。

7.2　习 题 解 析

本章习题主要考查学生对问题求解中涉及的有关算法及其相关概念的了解程度，包括数值数据求解的常用算法（算法策略）、非数值数据的处理（数据结构）、数据元素操作（查找与排序）。通过习题解析，进一步加深对算法相关概念的理解，全面了解问题求解涉及的常用算法。

7.2.1　选择题

1. 在设计一个具体算法时，必须满足正确性、可读性、健壮性和（　　）四项基本要求。

　A. 高效性　　B. 运算精度　　C. 运行时间　　D. 可计算性

【解析】 在设计一个具体算法时，必须满足正确性、可读性、健壮性和高效性四项基本要求。[**参考答案**] A

2. 描述算法的常用方法有自然语言描述法、图形描述法、（　　）描述法和程序设计语言描述法。

A. 数学　B. 伪代码　C. 顺序　D. 循环

【解析】 在问题求解过程中算法的常用描述方法有自然语言描述法、图形描述法、伪代码描述法和程序设计语言描述法。[参考答案] B

3. 用分治算法求解问题时，一般按照分解、求解和（　　）三个步骤进行。

A. 运行　B. 结束　C. 合并　D. 返回

【解析】 用分治算法求解问题时，一般按照分解、求解和合并三个步骤进行。[参考答案] C

4. 用回溯算法求解问题时，一般按照定义、确定和（　　）三个步骤进行。

A. 运行　B. 结束　C. 循环　D. 搜索

【解析】 用回溯算法求解问题时，一般按照定义、确定和搜索三个步骤进行。[参考答案] D

5. 用递归算法求解问题时，一般按照确定递归公式、边界条件和（　　）三个步骤进行。

A. 运算公式　B. 终结条件　C. 初始条件　D. 算法条件

【解析】 用递归算法求解问题时，一般按照确定递归公式、边界条件和终结条件三个步骤进行。[参考答案] B

6. 用动态规划方法求解问题时，一般按照划分、推导和（　　）三个步骤进行。

A. 合并　B. 记录　C. 组合　D. 计算

【解析】 用动态规划算法求解问题时，一般按照划分、推导和记录三个步骤进行。[参考答案] B

7. 在编程求解一个问题时，其中最为重要的是算法设计，算法是对解题过程的（　　）描述。

A. 复杂　B. 大概　C. 精确　D.简单

【解析】 在编程求解一个问题时，算法是对解题过程的精确描述。[参考答案] C

8. 数据结构是指对非数值数据的处理，包括线性表结构、栈结构、队列结构、树结构和（　　）。

A. 体系结构　B. 循环结构　C. 网状结构　D. 图结构

【解析】 数据结构主要包括线性表结构、栈结构、队列结构、树结构和图结构。[参考答案] D

9. 常见的查找算法有顺序查找、折半查找、分块查找、（　　）等。

A. 优先查找　B. 快速查找　C. 网络查找　D. 智能查找

【解析】 常见的查找算法有顺序查找、折半查找、分块查找、优先查找等。[参考答案] A

10. 常见的排序算法有冒泡排序、快速排序、插入排序和（　　）等。

A. 优先排序　B. 选择排序　C. 顺序排序　D. 智能查找

【解析】 常见的排序算法有冒泡排序、快速排序、插入排序和选择排序等。[参考答案] B

7.2.2　问答题

1. 什么是算法？

【解析】 算法是一种求解问题的思维方式，是对事物本质的数学抽象。具体地说，算法是由基本运算规则和运算顺序构成的、完整的解题方法和步骤，是程序设计的核心。

2. 算法有哪些特征？

【解析】 算法有 5 个基本特征：确定性、有效性、有穷性、有零个或多个输入、有一个或多个输出。

3. 算法的复杂性是指什么？

【解析】为了评价一个算法的好坏，通常用时间复杂度和空间复杂度来衡量。时间复杂度是指度量时间的复杂性，即算法的时间效率指标；空间复杂度是指算法运行的存储空间，即算法占用内存空间的大小。

4. 在问题求解过程中，算法的描述方法有哪几种？

【解析】算法是对解题过程的精确描述，在问题求解过程中描述算法的方法很多，常用的描述方法有 4 种：自然语言描述法、图形描述法、伪代码描述法、程序设计语言描述法。

5. 穷举算法的基本思想是什么？

【解析】穷举算法是针对要解决的问题，逐个判断哪些条件符合问题所要求的约束条件，从而得到问题的解。穷举算法的优点是思路简单，缺点是运算量比较大，解题效率不高。

6. 迭代算法的基本思想是什么？

【解析】迭代算法是为了逼近所需目标或结果而重复反馈（迭代），每一次迭代的结果作为下一次迭代的初始值。迭代算法是递推算法的反推形式。

7. 递归算法的基本思想是什么？

【解析】递归可以理解为自我复制的过程。递归算法是指在定义算法的过程中，用自身的简单情况来定义自身，直接或间接地调用自身的一种算法。一个直接或间接地调用自身的过程称为递归过程，一个使用函数自身给出定义的函数称为递归函数。

8. 分治算法的基本思想是什么？

【解析】分治算法是将一个难以直接解决的大问题，划分成一些规模较小的子问题，以便各个击破。因此，该算法采用的是一种“分而治之”的算法思想策略。

9. 动态规划的基本思想什么？

【解析】动态规划是指把一个多阶段决策过程转化为一系列单阶段问题，利用各阶段之间的关系逐个求解，最终解决过程的优化问题，它被广泛应用于最优控制。

10. 数据结构、数据查找与数据排序有何区别？

【解析】数据结构是指对非数值数据进行处理，数据查找与数据排序是指对数据元素的操作，数据查找与数据排序是介于数值数据处理与非数值数据处理之间的一种特殊形式。

7.3 知识背景

本节介绍在算法领域作出了杰出贡献的 5 位科学家：欧氏几何学开创者——欧几里得、算法和程序设计技术的先驱者——高德纳、算法大师——约翰·霍普克罗夫特和罗伯特·塔扬、中国现代数学之父——华罗庚。

图 7-10　欧几里得

7.3.1 欧氏几何学开创者——欧几里得

欧几里得（Euclid，公元前 330—公元前 275 年，见图 7-10）是古希腊著名数学家、欧氏几何学开创者。欧几里得算法是用来求两个正整数最大公约数的算法，由于是古希腊数学家欧几里得在其著作

The elements 中最早描述了这种算法，所以被命名为欧几里得算法。

欧几里得生于雅典，当时雅典就是古希腊文明的中心，浓郁的文化气氛深深地感染了欧几里得，当他还是个十几岁的少年时，就迫不及待地想进入“柏拉图学园”学习。一天，一群年轻人来到位于雅典城郊外林荫中的“柏拉图学园”，只见学园的大门紧闭着，门口挂着一块木牌，上面写着“不懂几何者，不得入内!”这是当年柏拉图亲自立下的规矩，为的是让学生知道他对数学的重视，然而却把前来求教的年轻人给闹糊涂了。有人在想，正是因为我不懂数学才要来这儿求教的呀，如果懂了，还来这儿做什么？正在人们面面相觑，不知是进还是退时，欧几里得从人群中走了出来，只见他整了整衣冠，看了看那块牌子，然后果断地推开了学园大门，头也没有回地走了进去。

“柏拉图学园”是柏拉图 40 岁时创办的一所以讲授数学为主要内容的学校。在学园里，师生之间的教学完全通过对话的形式进行，因此要求学生具有高度的抽象思维能力。数学，尤其是几何学，所涉及的对象就是普遍而抽象的东西。它们同生活中的实物有关，但是又不来自具体事物，因此学习几何被认为是寻求真理的最有效的途径。柏拉图甚至声称“上帝就是几何学家”。这一观点不仅成为学园的主导思想，而且也为越来越多的希腊民众所接受。人们都逐渐地喜欢上了数学，欧几里得也不例外。他在有幸进入学园之后，便全身心地沉潜在数学王国里。他潜心求索，以继承柏拉图的学术为奋斗目标，他夜以继日地翻阅和研究柏拉图的所有著作和手稿，连柏拉图的亲传弟子也没有谁能像他那样熟悉柏拉图的学术思想、数学理论。经过对柏拉图思想的深入探究，他得出结论：图形是神绘制的，所有一切现象的逻辑规律都体现在图形之中。他认为对智慧的训练就应该从图形为主要研究对象的几何学开始。他领悟到了柏拉图思想的要旨，并开始沿着柏拉图当年走过的道路，把几何学的研究作为自己的主要任务，并最终取得了让世人敬仰的成就。

欧几里得最早的几何学兴起于公元前 7 世纪的古埃及，后传到古希腊的都城，又借毕达哥拉斯学派系统奠基。欧几里得通过早期对柏拉图数学思想，尤其是几何学理论系统而周详的研究，已敏锐地察觉到了几何学理论的发展趋势，他下定决心要在有生之年完成这一工作。为了完成这一重任，欧几里得不辞辛苦，长途跋涉，从爱琴海边的雅典古城，来到尼罗河流域的埃及新埠——亚历山大城。他一边收集以往的数学专著和手稿，向有关学者请教，一边试着著书立说，阐明自己对几何学的理解，哪怕是尚肤浅的理解。经过欧几里得忘我的劳动，终于在公元前 300 年结出丰硕的果实，这就是几经易稿而最终定形的《几何原本》一书。这是一部传世之作，几何学正是有了它，不仅第一次实现了系统化、条理化，而且又孕育出一个全新的研究领域——欧几里得几何学，简称欧氏几何。

7.3.2　算法和程序设计技术的先驱者——高德纳

高德纳是美国计算机科学家唐纳德·尔文·克努特（Donald Ervin Knuth，1938—，见图 7-11）的中文名。高德纳是算法和程序设计技术的先驱者，其经典著作 *The art of computer programming*（计算机程序设计艺术）被誉为算法中真正的“圣经”，比尔·盖茨对该著作如此评价：“如果能做对书里所有的习题，就直接来微软上班吧!”

图 7-11　高德纳

高德纳于 1938 年 1 月 10 日出生于美国威斯康星州密尔沃基（Milwaukee）。这是一个山灵水秀、人才辈出的地方，“人工智能之父”、诺贝尔奖和图灵奖的获得者——西蒙也出生在这里。高德纳的父亲是一个多才多艺的人，受过高等教育，当过小学和中学教师。在高德纳小时候，父亲常常给他讲故事，高德纳从小就接受了较好的教育。

高中时，高德纳对数学并没有多大兴趣，而是把主要精力放在听音乐和作曲这两门主修的课程上。当高德纳在 Case 科学院（现在的 Case Western Reserve University）获得物理奖学金时，梦想成为一名音乐家的计划改变了。1956 年，作为 Case 的新生，高德纳第一次接触到了计算机，那是一台 IBM 650。高德纳熬夜读 IBM 650 的说明手册，自学基本的程序设计。对此高德纳说，有了第一次使用 IBM 650 的经历，他便肯定自己能编写出比说明手册上介绍的更好的程序。1960 年，高德纳从 Case 毕业时享有最高荣誉，在由全体教员参加的选举上，他因其公认的出众成就获得了硕士学位。1963 年，高德纳在加利福尼亚理工学院获取了数学博士学位，之后成为了该校的数学教授。在加利福尼亚理工学院任教期间，高德纳作为 Burroughs 公司的顾问继续从事软件开发工作。1968 年，他加入了斯坦福大学，9 年后坐上了该校计算机科学学科的第一把交椅。

这位现代计算机科学的鼻祖是计算机界的传奇人物，高德纳本人一生中获得的奖项和荣誉不计其数，包括图灵奖、美国国家科学金奖、美国数学学会斯蒂尔奖（AMS Steel Prize）以及发明先进技术荣获的极受尊重的京都奖（Kyoto Prize）等。高德纳在年仅 36 岁时就获得了图灵奖，成为该奖历史上最年轻的获奖者。他的获奖作品《计算机程序设计艺术卷 1：基本算法》是一本系统阐述数据逻辑结构和存储结构及操作的著作，是程序设计中研究非数值计算的操作对象以及它们之间关系的学科。原计划出七卷，至今出到第四卷。尽管如此，它依然与爱因斯坦的《相对论》、狄拉克的《量子力学》、费曼的《量子电动力学》等并列，被《科学美国人》杂志评选为 20 世纪最重要的 12 本物理学著作之一。

在上大学时，高德纳参加编程比赛，总是得第一名，同时也是世界上少有的编程时间达到 40 年以上的程序员之一。他除了是技术与科学上的泰斗外，更是无可非议的写作高手，技术文章堪称一绝，文风细腻，讲解透彻，思路清晰，估计这也是《计算机程序设计艺术》被称为"圣经"的原因之一。作为世界顶级计算机科学家之一，高德纳教授已经完成了编译程序、属性文法和运算法则的前沿研究，并编著完成了在程序设计领域中具有权威标准和参考价值的书目的前 3 卷。在完成该项工作之余，高德纳还用了 10 年时间发明了两个数字排版系统，编写了 6 本著作并对其做了详尽的解释说明，这两个系统被广泛用于全世界数学刊物的排版中。随后，高德纳又发明了文件程序设计的两种语言，以及文章性程式语言相关的方法论。

对于高德纳来说，衡量一个计算机程序是否完整的标准不仅在于它是否能够运行，他认为一个计算机程序应该是雅致的，甚至可以说是美的。计算机程序设计应该是一门艺术，一个算法应该像一段音乐，而一个好的程序应该犹如一部文学作品一般。

高德纳对中国文化和中国文字都十分感兴趣，高德纳是他为自己起的中国名字，并且还为他的儿子和女儿分别取名为"高小强"和"高小珍"。

7.3.3　算法大师——约翰·霍普克罗夫特和罗伯特·塔扬

1986 年图灵奖由康奈尔大学机器人实验室主任约翰·霍普克罗夫特和普林斯顿大学计算机科学系教授罗伯特·塔扬共享，而塔扬曾是霍普克罗夫特的学生。这师生两人由于在数据结构和算法的分析和设计方面的许多创造性贡献而共同获此殊荣，在业界传为美谈。

1．约翰・霍普克罗夫特

约翰・霍普克罗夫特（John Edward Hopcroft，1939—，见图 7-12），1986 年图灵奖获得者之一。

图 7-12　霍普克罗夫特

霍普克罗夫特 1939 年 10 月 7 日出生于西雅图，1961 年在西雅图大学获得电气工程学士学位以后，进入斯坦福大学研究生院深造，1962 年获得硕士学位，1964 年获得博士学位。学成以后，霍普克罗夫特曾先后在普林斯顿大学、康奈尔大学、斯坦福大学等大学工作。

霍普克罗夫特成为著名的计算机科学家起源于一个十分偶然的机会。霍普克罗夫特学习的专业是电气工程，原先对计算机科学没有储备多少知识，只学过一门“开关电路和逻辑设计”。因此他原打算毕业后去西海岸的一所大学执教电气工程方面的课程。但就在毕业以前，有一次他偶然经过他的导师，研究神经网络的先驱、著名学者威德罗（Bernard Widrow）办公室的门口，当时，普林斯顿大学的麦克卢斯基教授（Edward Me Cluskey，曾任 IEEE 计算机协会主席）正为筹建数字系统实验室打电话给威德罗，请他推荐博士生去那里工作。威德罗一眼瞥见从门口走过的霍普克罗夫特，觉得这位勤奋好学，悟性又高的得意门生正是一个值得推荐的人才，当即把霍普克罗夫特叫进办公室，并把电话听筒递给了他。霍普克罗夫特在电话里听了麦克卢斯基对普林斯顿大学拟建数字系统实验室的情况介绍，以后又前去面谈了一次，实地了解一番以后，对这一新的学科产生了兴趣，欣然接受了普林斯顿大学的聘任，从而改变了他一生的道路。

年轻的霍普克罗夫特来到普林斯顿大学之后接受的第一项任务是开设一门新课“自动机理论”。这对他来说是富有挑战性的，因为他之前并未接触过这个课题。面对挑战，他以极大的热情收集、钻研和消化了大量有关材料，并对这些资料加以分析、综合和比较。这样，在霍普克罗夫特的努力下，有关自动机理论的一些分散、复杂的材料第一次被全面地条理化、系统化，因此他的讲课理所当然地受到了学生极大的欢迎。然而，霍普克罗夫特更感兴趣的课题是算法。当时，算法复杂性理论虽已由哈特马尼斯（J.Hartmanis）、斯特恩斯（R.Stearns，这两人是 1993 年图灵奖获得者）和布鲁姆（M.Blum，1995 年图灵奖获得者）等人奠定了基础，但对具体算法的效率和优劣的判断尚未建立起客观和明确的准则。例如，有人公布了一个算法，给出对若干样本问题的执行时间；过了一段时间，另外一个人发布“改进算法”，给出对相同样本问题的执行时间（当然比前者少）。而实际上，这很可能是由于机器性能提高和语言改进所致。霍普克罗夫特经过反复研究，终于提出了一种 worst-case asymptotic analysis of algorithm（最坏情况渐近分析法），这种方法先确定问题和大小尺度，然后把计算时间当作问题大小尺度的一个函数去算出计算时间的增长率，以此衡量算法的效率和优劣。这个方法由于与机器性能及所用语言无关，成为测量算法好坏的数学准则，被学术界所广泛认可和接受。但是，导致他和塔扬共同获得图灵奖的最主要原因则是他们解决了图论算法中的一些难题。1970 年，霍普克罗夫特在康奈尔大学获得一年休假，他决定回母校斯坦福大学，到克努特教授名下做研究，因为克努特虽然只比他年长一岁，但因在 1967 年和 1968 年连出两卷《计算机程序设计的艺术》而已名满天下，成为算法领域的权威。克努特知道霍普克罗夫特对算法感兴趣并有独到见解，就把他和自己的得意门生、研究方向也是算法的塔扬安排在一个办公室，为他们的合作创造了条件。他们选择了图论中与实际应用有很大关系的图的连通性和平面性测试难题进行攻关。拿平面图来说，它对设计印刷电路板这样一类问题有十分重要的意义。学过图论的人都知道，平面图的判断问题，在数学上已由波兰数学家库拉托夫斯基（Kuratowski）于 1930 年解决。库拉托夫斯基的判据原理看似简单，但实现起来很难。对于有 100 个顶点的图，用普通的算法，计算机需要 1 万亿步才能确定其是否为平面图。因此，寻找高效的平面图测试算法成为摆在当时计算机科学家面前的一大难题。霍普克罗夫特和塔扬都是富有创造性的人，又都善于合作共事，因此当两朵智慧的火花碰在一起时，很快就迸发出耀眼的光芒!在解决这个难题的过程中，霍普克罗夫特首先提出了一种新的思路、新的算法，经过塔扬的反复推敲和完善，一种适于解这类问题的新的算法终于诞生了，这就是“深度优先搜索算法”（depth-first search algorithm）。利用这种算法对图进行搜索时，节点扩展的次序是向某一个分支纵深推进，到底后再回溯，这样就能保证所有的边在搜索过程中都经过一次，并且只经过一次，从而大大提高了效率。利用他们创造的新算法，塔扬用 ALGOL 为一个包含 900 个节点和 2694 条边的图编制了一个测试其平面性的程序，程序只有 500 行，在 IBM 360/67 上运行，只用了 12 秒就得到了结果。霍普克罗夫特和塔扬把他们的研究成果写成论文在 *Journal of the ACM* 上发表，引起学术界很大的轰动。而他们创造的深度优先算法则被推广到信息检索、国际象棋比赛程序、专家系统中的冲突消解策略等许多方面。在霍普克罗夫特和塔扬获得图灵奖的授奖仪式上，当年的计算机象棋程序比赛的优胜者说，他的程序中使用了霍普克罗夫特和塔扬所发明的深度优先搜索算法，这是他的程序所以能出奇制胜的关键。

2. 罗伯特·塔扬

罗伯特·恩卓·塔扬（Robert Endre Tarjan，1948—，见图 7-13），是世界知名的计算机科学家，1986 年图灵奖获得者之一。

罗伯特·塔扬 1948 年 4 月 30 日生于加利福尼亚州的波莫纳。20 世纪 80 年代初，塔扬一边在贝尔实验室工作，一边在纽约大学当兼职教授。他和纽约大学的几个研究生开始了一项新的研究——能够长期保存信息的数据结构，塔扬称他们设计出来的这种数据结构为 persistent data structure（持久性数据结构）。由于他的一系列创造性工作而获得许多荣誉。除了图灵奖以外，1983 年他被国际数学学会（IMU）授予以著名数学家奈望林纳奖命名的信息科学奖，1984 年美国科学院授予他研究创新奖。1987 年和 1988 年他先后当选为美国科学院院士和美国工程院院士。

图 7-13　罗伯特·塔扬

罗伯特·塔扬的研究领域主要包括图论、算法和数据结构设计。罗伯特教授是许多图论算法的发明者，如树中最近共同祖先离线算法、Splay trees、Fibonacci heaps、平面性检测（planarity testing）等。1986 年，他与约翰·霍普克罗夫特因为在算法及数据结构的设计和分析中所取得的成果而荣获图灵奖。他于 1982 年获得首届奈望林纳奖（Nevanlinna Prize），现为美国科学院院士、美国计算机协会（ACM）院士、美国普林斯顿大学教授。

7.3.4　中国现代数学之父——华罗庚

华罗庚（1910—1985，见图 7-14），中国科学院院士，美国国家科学院外籍院士，中国解析数论创始人和开拓者，被誉为“中国现代数学之父”，是中国在世界上最有影响的数学家之一。美国著名数学家贝特曼（Bateman Harry，1882—1946）著文称：“华罗庚是中国的爱因斯坦，足够成为全世界所有著名科学院院士”，并被列为芝加哥科学技术博物馆中当今世界 88 位数学伟人之一。

图 7-14　华罗庚

1922 年，12 岁的华罗庚从县城仁劬小学毕业后，进入金坛县立初级中学（现江苏省华罗庚中学），王维克老师发现其数学才能，并尽力予以培养。1925 年，他初中毕业后，就读上海中华职业学校，因拿不出学费而中途退学，退学回家帮助父亲料理杂货铺，故一生只有初中毕业文凭。此后，他用 5 年时间自学完了高中和大学低年级的全部数学课程。

1929 年冬，华罗庚不幸染上伤寒病，落下左腿终身残疾，走路要借助手杖；同年，受雇为金坛中学庶务员。1930 年春，华罗庚在上海《科学》杂志上发表《苏家驹之代数的五次方程式解法不能成立之理由》轰动数学界；同年，当清华大学数学系主任熊庆来了解到华罗庚的自学经历和数学才华后，打破常规，让华罗庚进入清华大学图书馆担任馆员。

1931 年，华罗庚进入清华大学数学系担任助理，在此期间他自学了英语、法语、德语、日语，在国内外杂志上发表了 3 篇论文。1933 年，他被破格提升为助教，1934 年 9 月，他被提升为讲师。

1935 年，美国著名数学家，随机过程和噪声信号处理的先驱、控制论的创始人诺伯特•维纳访问中国，他注意到华罗庚的潜质，向英国数学家高德菲•哈代（Godfrey Harold）极力推荐。

1936 年，华罗庚前往英国剑桥大学，渡过了关键性的两年。这时他已经在华林问题（Waring's problem）上取得很多成果，至少发表了 15 篇学术论文，其中一篇关于高斯问题的论文为他在世界上赢得了声誉。华罗庚在解决高斯完整三角和的估计难题、华林和塔里问题改进、一维射影几何基本定理证明、近代数论方法应用研究等方面获得出色成果。

20 世纪 40 年代，华罗庚解决了高斯（Gauss，1777—1855）完整三角和的估计这一历史难题，得到了最佳误差阶估计；对哈代与李特尔伍德关于华林问题及赖特关于塔里问题的结果作了重大的改进，三角和研究成果被国际数学界称为“华氏定理”。

1937 年，华罗庚回到清华大学担任教授，后来随校迁至昆明的国立西南联合大学直至 1945 年。

1939—1941 年，华罗庚在昆明写了 20 多篇论文，完成了第一部数学专著《堆垒素数论》俄文版，后被翻译成德文、英文、日文、匈牙利文和中文。

1946 年 2—5 月，华罗庚应邀赴苏联访问；同年 9 月，前往美国普林斯顿高等研究院访问。

1948 年，华罗庚被美国伊利诺伊大学聘为正教授至 1950 年（1984 年美国科学院授予他外籍院士称号）。

1949 年，中华人民共和国成立后不久，华罗庚毅然决定放弃在美国的优厚待遇，奔向祖国的怀抱。1950 年 2 月，他偕夫人、孩子从美国经香港抵达北京，在途中华罗庚写下了《致中国全体留美学生的公开信》，他在信中说道：“梁园虽好，非久居之乡，归去来兮”。在这封信中，华罗庚喊出了“科学没有国界，科学家是有自己的祖国的”。之后他回到了清华园，担任清华大学数学系主任。

1951 年 8 月，中国数学会第一次代表大会在北京召开，华罗庚当选为理事长。

1952 年 7 月，华罗庚受中国科学院院长郭沫若的邀请成立了中国科学院数学研究所，并担任所长。

1953 年，华罗庚参加中国科学家代表团赴苏联访问，并出席了在匈牙利召开的二战后首次世界数学家代表大会，以及亚太和平会议、世界和平理事会议。

1955 年，华罗庚被选聘为中国科学院学部委员（院士）。

1956 年，华罗庚着手筹建中国科学院计算数学研究所，他的论文《典型域上的多元复变函数论》于 1956 年获国家自然科学一等奖，并先后出版了中文、俄文、英文版专著。

1958 年，华罗庚担任中国科技大学副校长兼数学系主任，同年和郭沫若一起率中国代表团出席在新德里召开的“在科学、技术和工程问题上协调”会议。

华罗庚教授一生致力于数学理论和应用研究。早年的研究领域是解析数论，在解析数论方面的成就尤其广为人知，国际颇具盛名的“中国解析数论学派”对于质数分布问题与哥德巴赫猜想作出了许多重大贡献。华罗庚与陈景润开创了中国“华陈”数学学派，并带领学派的学术成就达到世界水平。他们在多元复变函数论、典型群的研究领先西方数学界 10 多年，是国际上有名的“典型群中国学派”。同时，他也是中国解析数论、矩阵几何学、典型群、自守函数论等多方面研究的创始人和开拓者。

数论是纯粹数学的分支之一，主要研究整数的性质。整数可以是方程式的解。有些解析函数中包括了一些整数、质数的性质，透过这些函数可以了解一些数论的问题。透过数论还可以建立实数和有理数之间的关系，并且用有理数来逼近实数。

在代数方面，华罗庚证明了历史长久遗留的一维射影几何的基本定理，给出了体的正规子体一定包含在它的中心之中这个结果的一个简单而直接的证明，被称为嘉当-布饶尔-华定理。华罗庚与王元教授合作在近代数论方法应用研究方面获重要成果，被称为“华-王方法”。在国际上以华氏命名的数学科研成果就有“华氏定理”“怀依-华不等式”“华氏不等式”“普劳威尔-加当华定理”“华氏算子”“华-王方法”等。

1969 年，华罗庚推出“优选法”和“统筹法”，作为国庆 20 周年的献礼，并得到广泛推广应用。

优选法（optimization method）是以数学原理为指导，合理安排试验，以尽可能少的试验次数尽快找到生产和科学实验中最优方案的科学方法。华罗庚根据黄金分割原理，对单峰函数取搜索区间长度 0.618 倍按对称规则进行搜索，因而称为黄金分割法或 0.618 法，0.618 法的缩短率约为斐波那契法的 1.17 倍，是一种求最优化问题的优选法。

统筹法（co-ordination law）是一门进行生产组织安排和管理的数学方法，它以工序所需时间为参数，用工序之间相互联系的网络图和较为简单的计算方法反映出所研究系统的全貌，求出对全局有影响的关键路线及关键路线上的工序，从而对工程的所有工序做出符合实际的安排。

华罗庚教授是个博学多才的科学家。1953 年，中国科学院组织出国考察团，由科学家钱三强任团长，团员有华罗庚、张钰哲、赵九章、朱洗等多人。途中闲暇无事，华罗庚题出上联一则：“三强韩、赵、魏”，求对下联。这里的“三强”说明是战国时期韩、赵、魏三个战国，却又隐语代表团团长钱三强同志的名字，这就不仅要解决数字联的传统困难，而且要求在下联中嵌入另一位科学家的名字。过了一会儿，华罗庚见大家还无下联，便将自己的下联揭出：“九章勾、股、弦”。《九章》是中国古代著名的数学著作，这里的“九章”又恰好是代表团另一位成员、大气物理学家赵九章的名字。华罗庚的妙对使满座为之喝彩。1980 年，华罗庚在苏州指导统筹法和优选法时写过以下对联：观棋不语非君子，互相帮助；落子有悔大丈夫，纠正错误。

华罗庚教授一生留下了 10 部巨著，有 8 部翻译出版，还有 150 余篇学术论文。1985 年 6 月 12 日，在日本东京做学术报告时，因心脏病突发不幸逝世，享年 74 岁。一位伟大的当代数学家，就此告别了这个世界。

第 8 章　数据库技术

【问题描述】 在计算机科学领域中，数据库技术最能体现计算学科形态（抽象、理论和设计）。其中，数据库模型是抽象的结果；关系查询、优化、规范化是数据库技术的理论基础；开发数据库应用系统即为数据库设计。数据库技术把计算机学科形态和计算思维本质体现得淋漓尽致。

【知识重点】 主要介绍数据管理技术的发展、模型抽象与学科形态、数据库技术的研究与发展等。了解这些知识，对日后进行数据库应用系统的开发是非常重要的。

【教学要求】 通过关联知识，了解关系数据库模型与学科形态的关系以及数据库技术的研究与发展趋势；通过习题解析，加深对数据库技术的理解；通过知识背景，了解对数据库技术的研究与发展作出了杰出贡献的 5 位科学家的生平事迹，从而全面了解数据库技术的发展历程。

8.1　关 联 知 识

信息管理是计算学科 CC2001 体系中的主领域之一，信息管理通常是由数据库技术来实现的。数据库技术的基本理论涉及关系代数、关系演算、数据依赖理论、并发控制理论等。数据库技术不仅充分反映了计算学科形态（抽象、理论、设计），也充分反映了计算思维本质（抽象与自动化）。这里，简要介绍数据管理技术的发展、关系数据库模型与学科形态、数据库技术的研究与发展。

8.1.1　数据管理技术的发展

数据管理技术是伴随着计算机的发展逐步形成的，计算机软、硬件技术的不断发展，使得数据管理技术不断更新完善。数据管理技术的发展大体经历了以下 4 个阶段。

1. 人工管理阶段

20 世纪 50 年代中期以前，计算机主要用于科学计算，数据量不大。当时的硬件状况是外存只有纸带、卡片、磁带，没有磁盘等直接存取的存储设备。这时的计算机既没有操作系统，也没有系统软件，数据管理是一种人工管理方式，数据处理采用简单的批处理方式。这一阶段应用程序与管理数据的对应关系如图 8-1 所示，它具有如下特点。

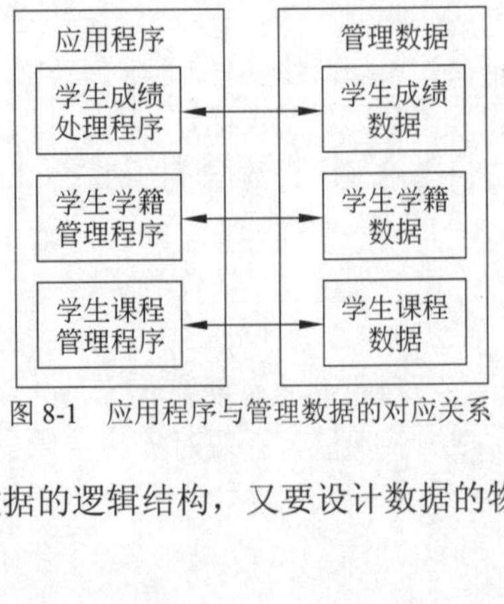

应用程序：学生成绩处理程序 ↔ 学生成绩数据；学生学籍管理程序 ↔ 学生学籍数据；学生课程管理程序 ↔ 学生课程数据（管理数据）

图 8-1　应用程序与管理数据的对应关系

（1）数据不保存在计算机内。计算机主要用于数据计算，执行某一计算任务时原始数据随程序一起输入内存，运算处理并将结果数据输出后，数据和程序同时被撤销。

（2）没有数据管理软件。由于没有统一的数据管理软件，只能通过应用程序管理数据。因此，程序员既要规定数据的逻辑结构，又要设计数据的物理结构，包括存储结构、存取方法和输入方式等。

（3）数据不能共享。数据由应用程序管理，程序与数据之间为固定的对应关系，一组数据只能对应一个程序，因此程序与程序之间有大量的冗余数据。

（4）数据不具备独立性。当数据的逻辑结构或物理结构发生变化后，应用程序也必须做相应的修改，数据不能独立于程序。

2. 文件系统阶段

20 世纪 50 年代中期到 60 年代后期，计算机应用领域不断扩大，不仅用于科学计算，还大量用于信息管理。随着计算机软、硬件技术的发展，出现了操作系统和大容量的外存储器。操作系统中的文件管理系统是用于专门管理数据的软件，为数据管理提供了技术基础。这一阶段应用程序与文件的对应关系如图 8-2 所示，它具有如下特点。

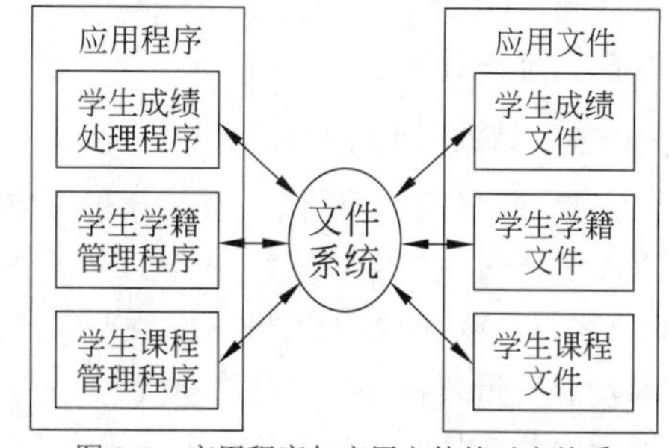

图 8-2　应用程序与应用文件的对应关系

（1）数据可以长期保存。数据可以借助操作系统的文件管理，长期保存在磁盘等外存设备中，用户可以根据需要反复使用这些数据，并能对数据进行插入、删除、修改、查询等操作。

（2）文件系统管理数据。操作系统中文件管理的功能就是确定文件系统的逻辑结构、物理结构、存取方式等。数据以文件的形式来管理，使得数据与程序之间有了一定的独立性。

（3）数据共享性差。在文件系统管理下，文件与应用程序仍然是对应关系，因此，数据的冗余度大，浪费存储空间，给数据的修改和维护带来了困难，容易造成数据的不一致性。

（4）数据独立性低。文件系统中的一个文件通常为某个应用程序服务，一旦数据的逻辑结构发生变化，应用程序就需要修改文件结构的定义，应用程序与数据之间仍然不能相互独立。

随着计算机在管理领域应用的不断扩大和深入，特别是在对数据处理要求的日益增多和复杂的情况下，传统的文件系统已经越来越不适应更有效、便捷地使用数据的需要了。

3. 数据库管理阶段

20 世纪 70 年代，计算机技术有了新的发展：硬件方面有了更大容量的磁盘，软件方面出现了数据库管理技术。它不再像文件系统面向某一个或某一类的程序或用户，而是面向整个系统，将文件系统中的所有数据按一定的规律组织起来集中进行管理，因而提高了数据的共享性，使数据处理更方便、检索更迅速,为多个应用部门提供了灵活、方便的使用手段。这一阶段应用程序与数据库的对应关系如图 8-3 所示，它具有如下特点。

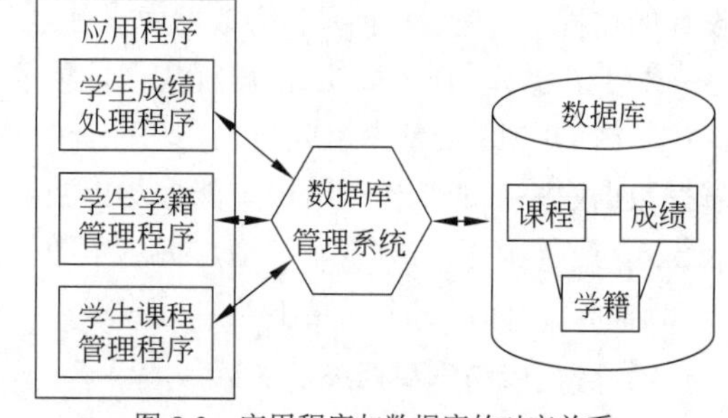

图 8-3　应用程序与数据库的对应关系

（1）数据结构化。数据库中用数据模型描述数据结构，数据模型不仅描述数据本身的特性，也描述数据之间的联系，不同的数据模型决定了不同的数据库系统。数据不是针对某个应用程序，而是面向整个系统。在数据库中数据的存取方式灵活，存取对象可以是某个数据项、一个或一组记录。数据结构化是数据库与文件系统的根本区别所在。

（2）数据共享。数据共享指多用户、多应用、多程序设计语言相互覆盖地共享数据的集合。

以数据为中心组织数据，形成综合性的数据库为各种要求共享数据，从而有效降低了数据冗余度。

（3）数据独立性高。数据独立性包括物理独立性和逻辑独立性。物理独立性是指用户的应用程序与存储在磁盘上的数据库中的数据是相互独立的；逻辑独立性是指用户的应用程序与数据库的逻辑结构是相对独立的。应用程序不因数据存储物理或逻辑上的改变而改变。

（4）专门的数据库管理系统。数据库中的数据由数据库管理系统（Data Base Management System，DBMS）实行统一管理和控制，使人们能对数据库中的数据进行科学的组织、高效的存储、维护和管理。

4．高级数据库阶段

自 20 世纪 80 年代以来，分布式数据库和面向对象数据库技术的出现，使数据库管理技术进入了高级数据库阶段，并且正在随着其他相关学科的发展与相互渗透而高速发展。充分利用相关学科领域的技术成果，使数据库技术与多学科技术的相互结合与相互渗透是当前数据库技术发展的重要特征。传统数据库技术与专门应用领域和其他技术的相互结合、相互渗透，使数据库中的新技术层出不穷，建立和实现了一系列新型数据库，如分布式数据库、面向对象数据库、多媒体数据库、主动数据库、并行数据库、演义数据库、模糊数据库、联邦数据库等，形成了共存于当今社会的数据库大家族，而且这些都是数据库技术重要的发展方向。

新一代数据库技术的发展，一方面立足于传统数据库已有的成果和技术，并在其基础上改进；另一方面，立足于新的应用需求、计算机技术、人工智能技术的发展，研究全新的数据库系统。

8.1.2 模型抽象与学科形态

数据库技术最能体现计算学科的 3 个形态（抽象、理论、设计），本节重点探讨数据库中数据模型的层次抽象以及数据库与学科形态的关联。

1．模型层次抽象

关系数据模型包括逻辑模型、概念模型和物理模型，数据模型的分级抽象过程就是数据库设计的过程，正是这种抽象，将数据库设计划分为 3 个阶段：概念设计、逻辑设计和物理设计。

对于数据库的学习，应在理解数据抽象的基础上，掌握什么是数据库的三级模式和两级映像；掌握 DBMS 的基本组成与主要功能，数据库系统中各部分的功能作用以及 DBA 的职责；掌握数据库系统的结构和组成，能分辨出数据模型和数据模式的区别。特别需要指出的是：三级模式与两级映像的数据库结构，揭示了数据独立性的重要意义，为开发数据库应用系统打下思想基础。因此，它不仅是本章学习的重点，也是本章学习的难点。

2．数据库与学科形态的关联

目前，最常使用的是关系数据库。关系数据库与计算学科中的 3 个学科形态有着一定的内在联系。以“学生选课”为例，讨论 3 个学科形态的内在联系。就“学生选课”例子而言，其 3 个学科形态的内在联系可以用关系 R 的形式来表示。

（1）（学号，学号）∈R。“学号”当然与“学号”（自身）有关系，满足自反性。

（2）（“学生选课”应用软件，“学生选课”应用软件）∈R，满足自反性。

（3）（“学生选课”应用软件，“学生选课”E-R 图）∈R。“学生选课”应用软件属于学科设计形态方面的内容，“学生选课”E-R 图属于学科抽象形态方面的内容。在“学生选课”应用软件的设计中，首先要对问题有感性认识，即抽象（如“学生选课”E-R 图、“学生选课”关系模型等），故“学生选课”应用软件和“学生选课”E-R 图有关系。

（4）（“学生选课”应用软件，数据依赖理论）∈R。数据依赖理论属于学科理论形态方面的内容。当增加某些字段时，示例中的关系模型将出现问题，解决示例中的这些问题应在数据依赖理论的指导下进行，故“学生选课”应用软件和数据依赖理论有关系。

（5）（关系代数，关系模型）∈R。作为理论形态的“关系代数”是建立在关系模型的基础上进行研究的，故两者有内在关系。

〖提示〗主教材第 3 章图 3-5 全面揭示和描述了计算学科形态与计算思维本质的对应关系。

8.1.3　数据库技术的研究与发展

数据库技术现已成为 21 世纪信息化社会的核心技术之一。1980 年以前，数据库技术的发展主要体现在数据库的模型设计上。进入 20 世纪 90 年代后，计算机领域中其他新兴技术的发展对数据库技术产生了重大影响。数据库技术与网络通信技术、人工智能技术、多媒体技术等相互结合和渗透，从而使数据库技术产生了质的飞跃。数据库的许多概念、应用领域，甚至某些原理都有了重大发展和变化，形成了数据库领域众多的研究分支和课题，涌现了许多新型数据库，如分布式数据库、多媒体数据库、面向对象数据库、并行数据库、数据仓库、演绎数据库、知识数据库、模糊数据库、主动数据库、Web 数据库等，这些数据库统称为新一代数据库或高级数据库。

1. 分布式数据库

分布式数据库（Distributed Data Base，DDB）是传统数据库与通信技术相结合的产物，是使用计算机网络，将地理位置分散而管理控制又需要不同程度集中的多个逻辑单位连接起来，共同组成一个统一的数据库系统，是当今信息技术领域备受重视的分支。分布式数据库是分布在计算机网络中不同节点上的数据集合，它在物理上是分布的，而在逻辑上是统一的。在分布式数据库系统中，允许适当的数据冗余，以防止个别节点上数据的失效导致整个数据库系统瘫痪，而且多台处理机可以并行工作，提高了数据处理的效率。

分布式数据库由分布式数据库管理系统（Distributed Data Base Management System，DDBMS）进行管理，支持分布式数据库的建立、操纵与维护的软件系统，负责实现局部数据管理、数据通信、分布数据管理以及数据字典管理等功能。在当今网络化的时代，分布式数据库技术有着广阔的应用前景。无论是企业、商厦、宾馆、银行、铁路、航空，还是政府部门，只要是涉及地域分散的信息系统都离不开分布式数据库系统。

分布式数据库的主要研究内容包括 DDBMS 的体系结构、数据分片与分布、冗余的控制（多副本一致性维护与故障恢复）、分布查询优化、分布事务管理、并发控制以及安全性等。

2. 多媒体数据库

多媒体数据库（Multimedia Data Base，MDB）是传统数据库技术与多媒体技术相结合的产物，是以数据库的方式合理地存储在计算机中的多媒体信息（包括文字、图形、图像、音频和视频等）的集合。这些数据具有媒体的多样性、信息量大和管理复杂等特点。

多媒体数据库由多媒体数据库管理系统（Multimedia Data Base Management System，MDBMS）进行管理，支持多媒体数据库的建立、操纵与维护的软件系统。它的主要功能是实现对多媒体对象的存储、处理、检索和输出等。

多媒体数据库的主要研究内容包括多媒体的数据模型、MDBMS 的体系结构、多媒体数据的存取与组织技术、多媒体数据库查询语言、MDB 的同步控制以及多媒体数据压缩技术等。通常，多媒体数据库也是一个分布式的系统，因而还需要研究如何与分布式数据库相结合以及实时高速通信问题。多媒体数据库的研究始于 20 世纪 80 年代中期，在多年的技术研究和系统开发中，收获了很大的成果。

3. 面向对象数据库

面向对象数据库（Object Oriented Data Base，OODB）是面向对象的方法与数据库技术相结合的产物。目前，面向对象技术已经得到了广泛的应用，面向对象技术中描述对象及其属性的方法与关系数库中的关系描述非常一致，它能精确地处理现实世界中复杂的目标对象。

面向对象数据库数据模型比传统数据模型具有更多优势，如具有表示和构造复杂对象的能力、通过封装和消息隐藏技术提供了程序的模块化机制、继承和类层次技术不仅提供了软件的重用机制等，而且可以实现在对象中共享数据和操作。在面向对象的数据库系统中将程序和方法也作为对象，并由面向对象数据库管理系统（OODBMS）统一管理，这样使得数据库汇总的程序和数据能够真正共享。

面向对象数据库的主要研究内容包括事务处理模型（如开放嵌套事务模型、工程设计数据库模型、多重提交点模型等）。由于 OODB 至今没有统一的标准，这使 OODB 的发展缺乏通用的数据模型和坚实的、形式化的理论基础。作为一项新兴的技术，面向对象数据库还有待于进一步的研究。

4. 并行数据库

并行数据库（Parallel Data Base，PDB）是传统的数据库技术与并行技术相结合的产物。随着超大规模集成电路技术的发展，多处理机并行系统的日趋成熟、大型数据库应用系统的需求增加，而关系数据库系统查询效率低下，人们自然想到提高效率的途径不仅是依靠软件手段来实现，而是依靠硬件手段通过并行操作来实现。并行数据库管理系统的主要任务就是如何利用众多的 CPU 来并行地执行数据库的查询操作。并行数据库是在并行体系结构的支持下，实现数据库操作处理的并行化，以提高数据库的效率。

并行数据库是当前研究的热点之一，它致力于研究数据库操作的时间并行性和空间并行性。关系数据模型仍然是并行数据库研究的基础，但面向对象模型则是并行数据库重要的研究方向。

并行数据库的主要研究内容包括并行数据库体系结构、并行数据库机、并行操作算法、并行查询优化、并行数据库的物理设计、并行数据库的数据加载和再组织技术等。

5. 数据仓库

随着数据库应用的深入和长期积累，企业和部门的数据越来越多，致使许多企业面临着“数据爆炸”和“知识缺乏”的困境。如何解决海量数据的存储管理，并从中发现有价值的信息、规律、模式或知识，达到为决策服务的目的，已成为亟待解决的问题。在此背景下，数据仓库（Data Warehouse，DW）技术应运而生，并引起国内外广泛的重视。

数据仓库是一种把收集到的各种数据转变成具有商业价值的信息技术，包括收集数据、过滤数据和存储数据，最终把这些数据用在分析和报告等应用程序中，为决策支持系统服务。数据仓库中的每个数据都是预定义的、合理的、一致的和不变的，每个数据单位都与时间设置有关。数据仓库除了具有传统数据库管理系统的共享性、完整性和数据独立性外，还具有面向主题性、集成性、稳定性和随时间变化性等特点。

数据仓库技术与数据挖掘（data mining）技术紧密相连，在数据仓库中分析处理海量数据的技术就是数据挖掘技术。数据挖掘又称为数据开采，是从大型数据库或数据仓库中发现并提取隐藏的、未知的、非平凡的及有潜在应用价值的信息或模式的高级处理技术。

数据仓库的主要研究内容包括对大型数据库的数据挖掘方法，对非结构和无结构数据库中的数据挖掘操作，用户参与的交互挖掘，对挖掘得到的知识的证实技术，知识的解释和表达机制，挖掘所得知识库的建立、使用和维护。

6．演绎数据库

演绎数据库（Deductive Data Base，DDB）是传统的数据库技术与逻辑理论相结合的产物，它是一种支持演绎推理功能的数据库。演绎数据库由用关系组成的外延数据库（EDB）和由规则组成的内涵数据库（IDB）两部分组成，并具有一个演绎推理机构，从而实现数据库的推理演绎功能。

演绎数据库主要是汲取了规则演绎功能，演绎数据库不仅可应用于诸如事务处理等传统的数据库应用领域，而且将在科学研究、工程设计、信息管理和决策支持中表现出优势。

演绎数据库的主要研究内容包括逻辑理论、逻辑语言、递归查询处理与优化算法、演绎数据库体系结构等。演绎数据库的理论基础是一阶谓词逻辑和一阶语言模型论。这些逻辑理论是研究演绎数据库技术的基石，对其发展起到了重要的指导作用。

7．知识数据库

知识数据库（Knowledge Data Base，KDB）技术和人工智能（Artificial Intelligence，AI）技术的结合推动了知识数据库系统的发展，是人工智能技术和数据库技术相互渗透和融合的结果。知识数据库将人类具有的知识以一定的形式存入计算机，以实现方便、有效地使用并管理大量的知识。

知识数据库以存储与管理知识为主要目标，一般由数据库与规则库组成。数据库中存储与管理事务，而规则库则存储与管理规则，这两种有机结合构成了完整的知识库系统。此外，一个知识数据库还包括知识获取机构，知识校验机构等。知识数据库还有一种广义的理解，即凡是在数据库中运用知识的系统均可称为知识库系统，如专家数据库系统、智能数据库系统。而专家数据库系统则在此基础上再汲取了人工智能中多种知识表示能力及相互转换能力，而智能数据库则是在专家数据库基础上进一步扩充人工智能中的其他一些技术而构成。

对知识数据库的研究主要集中在算法上，包括演绎算法、优化算法以及一致性算法，其主要目标是提高知识数据库的效率、减少时间及空间的开销。

8．模糊数据库

模糊数据库（Fuzzy Data Base，FDB）的研究始于 20 世纪 80 年代，是在一般数据库系统中引入“模糊”概念，进而对模糊数据、数据间的模糊关系与模糊约束实施模糊数据操作和查询的数据库系统。传统的数据库仅允许对精确的数据进行存储和处理，而现实世界中有许多事物是不精确的。研究模糊数据库就是为了解决模糊数据的表达和处理问题，使得数据库描述的模型更接近地反映现实世界。

模糊数据库的主要研究内容包括模糊数据库的形式定义、模糊数据库的数据模型、模糊数据库语言设计、模糊数据库设计方法及模糊数据库管理系统的实现。近 20 年来，大量的研究工作集中在模糊关系数据库方面，也有许多工作是对关系之外的其他有效数据模型进行模糊扩展，如模糊 E-R、模糊多媒体数据库等。当前，科研人员在模糊数据库的研究、开发与应用系统的建立方面都做了不少工作，但是，摆在人们面前的问题是如何进一步研究与开发大型、适用的模糊数据库商业性系统。

9．主动数据库

主动数据库（Active Data Base，ADB）是相对于传统数据库的被动性而言的。传统数据库系统只能被动地按照用户给出的明确请求执行相应的数据库操作，很难充分适应这些应用的主动要求，而主动数据库则打破了这一常规，它除了具有传统数据库的被动服务功能之外，还提供主动进行服务的功能。主动数据库是在传统数据库基础上，结合人工智能技术和面向对象技术的产物。

主动数据库的目标是提供对紧急情况及时反应的功能，同时又提高数据库管理系统的模块化程度。实现该目标常用的方法是采取在传统的数据库系统中嵌入“事件—条件—动作”(Event-Condition-Action，ECA) 规则。ECA 规则的含义是当某一事件发生后引发数据库系统去检测数据库当前状态是否满足所设定的条件，若条件满足则触发规定动作的执行。

主动数据库的主要研究内容包括数据库中的知识模型、执行模型、事件监测和条件检测方法、事务调度、安全性和可靠性、体系结构和系统效率等。目前，虽然大部分数据库系统产品中都具有一定的主动处理用户定义规则的能力，但尚不能满足大型应用系统在技术上的需求。

10．Web 数据库

随着 WWW（Word Wide Web）的迅速发展，WWW 上可用数据源的数量也在迅速增长，因而可以通过网络获得大量信息，人们正试图把 WWW 上的数据资源集成为一个完整的 Web 数据库，使这些数据资源得到充分利用。

Web 数据库（Web Data Base，WDB）是数据库技术与 Web 技术相融合的产物，它将数据库技术与 Web 技术融合在一起，使数据库系统成为 Web 的重要有机组成部分，从而实现数据库与网络技术的无缝结合。这一结合不仅把 Web 与数据库的所有优势集合在了一起，而且充分利用了大量已有数据库的信息资源。Web 数据库由数据库服务器（database server)、中间件（middle ware)、Web 服务器（Web server)、浏览器（browser）4 部分组成。

Web 数据库的主要研究内容包括 Web 数据库的组成及其与数据库技术的结合。尽管 Web 数据库是刚发展起来的新兴领域，其中许多相关问题仍然有待解决，Web 技术和数据库技术相结合是数据库技术发展的方向之一，开发动态的 Web 数据库已成为当今 Web 技术研究的热点。

8.2　习 题 解 析

本章习题主要考查学生对数据库技术所涉及的基本概念和方法的掌握程度，通过习题解析，进一步加深对数据库有关概念的理解和数据库技术基本内容的了解。

8.2.1　选择题

1. 在数据管理技术发展中，文件系统与数据库系统的重要区别是数据库具有（　　）。

A. 数据可共享　　B. 数据不共享　　C. 特定数据模型　　D. 数据管理方式

【解析】 文件系统与数据库系统的重要区别是数据库具有专门的数据库管理系统（DBMS）。DBMS 支持数据的共享，并提供数据的保护、数据的完整性检查、数据库的恢复等数据管理功能，因而解决了数据的安全性、完整性以及并发控制等。**[参考答案]** D

2. DBMS 对数据库中的数据进行查询、插入、修改和删除操作，这类功能称为（　　）。

A. 数据定义功能　　B. 数据管理功能　　C. 数据控制功能　　D. 数据操纵功能

【解析】 DBMS 具有数据定义功能、操纵功能、控制功能、维护功能、通信功能。其中，数据操纵功能用来实行对数据库进行查询、插入、修改和删除操作。**[参考答案]** D

3. 数据库的概念模型主要用来描述（　　）。

A. 具体计算机　　B. E-R 图　　C. 信息世界　　D. 现实世界

【解析】 概念模型是面向用户的实际世界模型，主要用来描述现实世界的概念化结构，使数据库设计人员在设计的初级阶段摆脱计算机系统及数据库管理系统的具体技术问题，集中精力分析数据与数据之间的联系。**[参考答案]** D

4. 设同一仓库存放多种商品，同一商品只能放在同一仓库，仓库与商品是（　　）。

A. 一对一关系　　B. 一对多关系　　C. 多对一关系　　D. 多对多关系

【解析】 在同一仓库存放多种商品，同一商品只能放在同一仓库，仓库与商品之间的关系是一对多的关系。**[参考答案]** B

5. 关系数据模型使用统一的（　　）结构，表示实体与实体之间的联系。

A. 数　　B. 网络　　C. 图　　D. 二维表

【解析】 关系数据模型使用统一的二维表结构，表示实体与实体之间的联系。**[参考答案]** D

6. 在 E-R 图中，用来表示实体的图形是（　　）。

A．矩形　　B．椭圆形　　C．菱形　　D. 三角形

【解析】 E-R 图也称作实体-联系图，是设计数据库概念模型的最常用方法，主要用来描述实体及实体间的联系。其中，用标有文字的矩形框表示实体，用标有文字的椭圆框表示实体的属性，用标有文字的菱形框表示实体间的联系，用无向边连接实体与对应的属性及实体间的联系。**[参考答案]** A

7．用二维表来表示实体及实体之间联系的数据模型是（　　）。

A．关系模型　　B．网状模型　　C．层次模型　　D．链表模型

【解析】 关系模型是以二维表形式来表示数据中的数据及其联系，层次模型是以树状结构表示数据记录间的关系，网状模型是以记录型为节点的网络。**[参考答案]** A

8．数据库设计的根本目标是要解决（　　）问题。

A．数据共享　　B．数据安全　　C．大量数据存储　　D．简化数据维护

【解析】 对数据实行统一管理，为尽可能多的应用程序服务，为多个用户共享，是数据库的重要特点。**[参考答案]** A

9．在数据库系统的三级模式结构中，用来描述数据库整体逻辑结构的是（　　）。

A．外模式　　B．内模式　　C．存储模式　　D．概念模式

【解析】 数据库系统体现了 3 层结构，分别为外模式、概念模式和内模式。外模式也称为用户模式或关系子模式，描述数据库系统的局部逻辑结构，是某个应用程序使用的那一部分数据库数据的逻辑表示。概念模式也称为逻辑模式，描述数据库系统的整体逻辑结构。内模式也

称为存储模式，描述数据库内部的数据存储结构。[参考答案] D

10. 在关系数据库中，元组在主关键字各属性上的值不能为空，这是（　　）约束的要求。

A．实体完整性　　B．参照完整性　　C．数据完整性　　D．用户定义完整性

【解析】 对关系模型的完整性约束分为 3 种类型，即实体完整性、参照完整性和用户定义完整性。实体完整性是指一个关系的元组在主关键字的各属性上的值不能为空值。参照完整性是指外部关键字的值要么取空值，要么和被参照关系中对应字段的某个值相同。用户定义完整性是指用户根据数据库系统的应用环境的不同，自己设定的约束条件。**[参考答案]** A

8.2.2　问答题

1. 什么是信息？什么是数据？两者之间有何关系？

【解析】 信息是对客观事物的反映，泛指那些通过各种方式传播的、可被感受的声音、文字、图形、图像、符号等所表征的某一特定事物的消息、情报或知识。

数据（data）是承载信息的媒体，是描述事物状态特征的符号，是信息定量分析的基本单位。数据是信息的一种符号化的表示方法。

数据是信息的具体表现形式，而信息是数据有意义的表现。数据与信息之间的关系是数据反映信息，信息则依靠数据来表达。

2. 图书馆与图书仓库有何区别？

【解析】 图书馆是一个存储、管理和负责借阅图书的部门，而图书仓库是一个用来存放图书的地方。

3. 数据库管理系统主要完成什么功能？

【解析】 数据库管理系统是介于用户和操作系统之间的系统软件，它为用户提供数据的定义功能、操纵功能、查询功能，以及数据库的建立、修改、增加、删除等管理和通信功能，并且具有维护数据库和对数据库完整性控制的能力。

4. 什么是概念模型？

【解析】 概念模型是从概念和视图等抽象级别上描述数据，一方面，这种模型具有较强的语义表达能力，能够方便、直观地表达客观对象或抽象概念。另一方面，它还应该简单、清晰、易于用户理解。因此，概念模型是数据库设计人员进行数据库设计的有力工具，也是数据库设计人员和用户之间进行交流的语言。

5. 关系模型是什么结构？

【解析】 关系模型实际上就是一个“二维表框架”组成的集合，每个二维表又可以称为关系，所以关系模型是“关系框架”的集合。在关系数据库中，对数据的操作几乎全部归结在一个或多个二维表上。通过对这些关系表的复制、合并、分类、连接、选取等逻辑运算来实现数据的管理。

6. 关系模型有哪些特点？

【解析】 关系模型是目前所有数据模型中应用最广泛的模型，主要原因如下。

（1）关系模型与非关系模型不同，它建立在严格的数学概念之上，具有坚实的理论基础。

（2）关系模型的概念单一。无论是实体还是实体之间的联系都用关系来表示，对数据的检索结果也是关系。所以其数据结构简单、清晰，用户易懂、易用。

（3）关系模型的存取路径对用户透明，从而具有更高的数据独立性，更好的安全保密性，

也简化了程序员的工作和数据库开发建立的工作。

7. 关系与关系模式之间有何关联和区别？

【解析】 关系是关系模式在某一时刻的状态或内容，关系模式是静态的、稳定的，而关系是动态的、随时间不断变化的，因为关系操作在不断地更新着数据库中的数据。

8. 数据库设计的要求是什么？

【解析】 建立数据库的目的是实现数据资源的共享。数据库设计是否合理的一个重要指标是消除不必要的数据冗余、避免数据异常、防止数据不一致性，这也是数据库设计要解决的基本问题。数据库设计应该尽量做到：良好的共享性、数据冗余最小、数据的一致性要求、实施统一的管理控制、数据独立、减少应用程序开发与维护的代价、安全保密和完整性要求、良好的用户界面和易于操作性。

9. 数据库系统的体系结构是指什么？

【解析】 数据库系统的体系结构是指数据库系统的 3 级模式结构，即外模式（用户模式）、概念模式（逻辑模式）、内模式（存储模式）。

10. 数据库系统由哪些部分组成？

【解析】 数据库系统包含对数据进行组织的数据库、存放数据的硬件系统和对数据信息进行管理与操作的软件系统。数据库系统是由数据库、数据库管理系统、计算机硬件的支撑和软件的支持环境、数据库应用系统、用户、数据库相关人员等构成的一个完整的系统。

8.3 知 识 背 景

数据库技术是随着计算机技术的发展而产生和发展的。随着计算机网络技术的发展与普及，数据库技术得到了进一步的发展，各种新型数据库系统不断出现，各种新技术层出不穷。为了加深对数据库技术的进一步了解，本节介绍对数据库技术的研究与发展作出杰出贡献的 5 位科学家。

8.3.1 关系数据库之父——弗兰克·科德

埃德加·弗兰克·科德（Edgar Frank Codd，1923—2003，见图 8-4），是密歇根大学哲学博士，IBM 公司研究员，被誉为“关系数据库之父”，因为在数据库管理系统的理论和实践方面的杰出贡献于 1981 年获图灵奖。1970 年，科德发表题为《大型共享数据库的关系模型》的论文，文中首次提出了数据库的关系模型。由于关系模型简单明了、具有坚实的数学理论基础，所以一经推出就受到了学术界和产业界的高度重视和广泛响应，并很快成为数据库市场的主流。20 世纪 80 年代以来，计算机厂商推出的数据库管理系统几乎都支持关系模型，数据库领域当前的研究工作大都以关系模型为基础。

图 8-4　弗兰克·科德

弗兰克·科德 1923 年 8 月 19 日生于英格兰中部的港口城市波特兰（Portland）。在牛津大学埃克塞特学院研习数学与化学后，他作为一名英国皇家空军的飞行员参加了第二次世界大战。 1942—1945 年，科德任机长，参与了许多重大空战，为反法西斯战争立下了汗马功劳。“二战”结束以后，科德进入牛津大学学习数学，1948 年取得学士学位后，远渡大西洋到美国纽约谋求发展。他先在 IBM 公司工作，为 IBM 公司早期研制的计算机 SSEC（Selective Sequence Electronic Calculator）编制程序。1953 年，出于对参议员约瑟夫·麦卡锡的不满，他迁往加拿大渥太华，应聘到渥太华的 Computing Device 公司工作。之后，他回到密歇根大学并取得了计算机科学博士学位。1957 年，科德去往 IBM 公司位于圣何塞的阿尔马登研究中心工作，任“多道程序设计系统”（multiprogramming systems）部门主任，期间参加了第一台科学计算机 701 以及第一台大型晶体管计算机 Stretch 的逻辑设计，主持了第一个有多道程序设计能力的操作系统开发。1959 年 11 月，他在《ACM 通信》上发表了关于 Stretch 的多道程序操作系统的文章。

科德在工作中发觉自己硬件知识缺乏，难以在重大工程中发挥更大作用，于是在 20 世纪 60 年代初，年近 40 岁的他毅然决定重返校园，到密歇根大学进修计算机与通信专业，并于 1963 年获得硕士学位，1965 年取得博士学位。这使他的理论基础更加扎实，专业知识更加丰富，加上他在此之前十几年实践经验的积累，终于在 1970 年发出智慧的闪光，为数据库技术开辟了一个新时代。

在数据库技术发展的历史上，1970 年是发生伟大转折的一年。这一年的 6 月，美国 IBM 公司圣约瑟（San Jose）研究实验室的高级研究员科德在《ACM 通信》（*Communications of ACM*）上发表了著名的基于关系模型的数据库技术论文——《大型共享数据库的关系模型》（*A relationnal moded of data for large shared data banks*）。该论文首次明确提出了数据库系统的关系模型，开创了数据库关系方法和关系数据库理论的研究，为数据库技术奠定了理论基础。因此，ACM 在 1983 年把这篇论文列为从 1958 年以来的 25 年中最具里程碑意义的 25 篇论文之一。

1970 年以后，科德继续致力于完善与发展关系理论。1972 年，他提出了关系代数（relational algebra）和关系演算（relational calculus）的概念，定义了关系的并（union）、交（intersection）、差（difference）、投影（project）、选择（selection）、连接（join）等各种基本运算，为日后成为标准的结构化查询语言（Structured Query Language，SQL）奠定了基础。

由于科德首次明确而清晰地为数据库系统提出了一种崭新的模型——关系模型，为数据库管理系统的理论和实践作出了杰出贡献，1981 年的图灵奖很自然地授予了这位“关系数据库之父”。在接受图灵奖时，他做了题为《关系数据库：提高生产率的实际基础》的演说。2003 年 4 月 18 日，科德因心脏病在佛罗里达州威廉姆斯岛的家中去世, 享年 80 岁。

8.3.2 网状数据库之父——查尔斯·巴赫曼

查尔斯·巴赫曼（Charles Bachman，1924—，见图 8-5），是网状数据库的先驱者，1973 年的图灵奖获得者。

图 8-5 查尔斯·巴赫曼

巴赫曼 1924 年 12 月 11 日生于堪萨斯州的曼哈顿市，从 1944 年 3 月—1946 年 2 月，他在西南太平洋战场待了两年，在这里他首次使用 90mm 炮弹的火力控制系统。之后，他离开军队，进入密歇根州立大学学习，并于两年后获得了机械工程的学士学位，1948 年在密歇根州立大学取得工程学士学位，1950 年在宾夕法尼亚大学取得硕士学位。20 世纪 50 年代在陶氏（Dow）化工公司工作，1961—1970 年在通用电气公司任程序设计部门经理，在这里他开发出了第一代网状数据库管理系统——集成数据存储（Integrated Data Store，IDS），并和韦尔豪泽·朗伯（Weyerhaeuser Lumber）一起开发了第一个用于访问 IDS 数据库的多道程序（multi programming）；1970—1981 年在霍尼韦尔（Honeywell）公司任总工程师，同时兼任卡里内特（Cullinet）软件公司的副总裁和产品经理，1983 年创办了自己的公司——Bachman Information System，Inc.(巴赫曼信息系统公司)。

1973 年，他因数据库技术方面的杰出贡献而被授予图灵奖，并做了题为《作为导航员的程序员》(*The programmer asn navigator*）的演讲。1977 年因其在数据库系统方面的开创性工作而被选为英国计算机学会的杰出研究员（Distinguished Fellow)。他还被列入数据库名人堂。明尼苏达大学查尔斯·巴贝奇研究所收集了巴赫曼从 1951—2007 年的全部论文。论文集包含了详细的档案材料，描述了数据库软件的开发，涉及他在陶氏化工公司（1951—1960 年)、通用电气公司（1960—1970 年)、霍尼韦尔公司（1970—1981 年)、卡里内特软件公司（1972—1986 年)、巴赫曼信息系统公司（1982—1996 年)，以及一些在其他专业组织的论文。

巴赫曼在数据库方面的主要贡献有两项。第一项就是巴赫曼在通用电气公司任程序设计部门经理期间，主持设计与开发了最早的网状数据库管理系统（IDS)。IDS 于 1964 年推出后，成为最受欢迎的数据库产品之一，而且它的设计思想和实现技术被后来的许多数据库产品所效仿。第二项就是巴赫曼积极推动与促成了数据库标准的制定，那就是美国数据系统语言委员会（CODASYL）下属的数据库任务组（DBTG）提出的网状数据库模型以及数据定义（DDL）和数据操纵语言（DML）的规范说明，并于 1971 年推出了第一个正式报告一 DBTG 报告，成为数据库历史上具有里程碑意义的文献。该报告中基于 IDS 的经验所确定的方法称为 DBTG 方法或 CODASYL 方法，所描述的网状模型称为 DE 模型或 CODASYL 模型。DBTG 曾希望美国国家标准委员会（ANSI）接受 DBTG 报告为数据库管理系统的国家标准，但是没有成功。1971 年推出 DBTG 报告之后，又出现了一系列新的版本，如 1973、1978、1981 年和 1984 年的修改版本。DBTG 后来改名为 DBLTG（Data Base Language Task Group，数据库语言工作小组)。DBTG 首次确定了数据库的 3 层体系结构，明确了数据库管理员（Data Base Administrator，DBA）的概念，规定了 DBA 的作用与地位。DBTG 系统虽然是一种方案而非实际的数据库，但它所提出的基本概念却具有普遍意义，不但国际上大多数网状数据库管理系统，如 IDMS、PRIMEDBMS、DMS 170、DMS Ⅱ和 DMS 1100 等都遵循或基本遵循 DBTG 模型，而且对后来产生和发展的关系数据库技术也有很重要的影响，其体系结构也遵循 DBTG 的 3 级模式。

由于巴赫曼在以上两方面的杰出贡献，巴赫曼被理所当然地公认为网状数据库之父或 DBTG 之父，他的研究成果在数据库技术的产生、发展与推广应用等各方面都发挥了巨大的作用。此外，巴赫曼在担任 ISO/TC 97/SC-16 主席时，还主持制定了著名的开发系统互连标准，即 OSI。OSI 对计算机、终端设备、人员、进程或网络之间的数据交换提供了一个标准规程，这对实现 OSI 对系统之间达到彼此互相开放有重要意义。20 世纪 70 年代以后，由于关系数据库的兴起，网状数据库受到冷落。但随着面向对象技术的发展，有人预言网状数据库将有可能重新受到人们的青睐。但无论这个预言是否实现，巴赫曼作为数据库技术先驱的历史作用和地位是学术界和产业界普遍承认的。

8.3.3　事务处理技术的创始人——詹姆斯·格雷

詹姆斯·格雷（James Gray，1944—2007，见图 8-6)，美国资讯工程学家，1998 年度的图灵奖获得者。这是图灵奖诞生 32 年来，继数据库技术的先驱巴赫曼和关系数据库之父科德之后，第 3 位因在推动数据库技术的发展中作出重大贡献而获此殊荣的学者。

图 8-6　詹姆斯·格雷

格雷生于 1944 年，在著名的加州大学伯克利分校计算机科学系获得博士学位，其博士论文是有关优先文法语法分析理论的。毕业后，他先后在贝尔实验室、IBM、Tandem、DEC 等公司工作，研究方向转向数据库领域。

在 IBM 公司期间，他参与和主持过 IMS、System R、SQL/DS、DB2 等项目的开发，其中除 System R 仅作为研究原型，没有成为产品外，其他几个都成为 IBM 公司在数据库市场上有影响力的产品。在 Tandem 公司期间，格雷对该公司的主要数据库产品 ENCOMPASS 进行了改进与扩充，并参与了系统字典、并行排序、分布式 SQL non stop 等项目的研制工作。

在 DEC 公司，他仍然主要负责数据库产品的技术工作。格雷进入数据库领域时，关系数据库的基本理论已经成熟，但各大公司在关系数据库管理系统的实现和产品开发中，都遇到了一系列技术问题，主要是在数据库的规模愈来愈大，数据库的结构愈来愈复杂，又有愈来愈多的用户共享数据库的情况下，如何保障数据的完整性、安全性、并行性，以及一旦出现故障后，数据库如何实现从故障中恢复。这些问题如果不能圆满解决，无论哪个公司的数据库产品都无法实用，最终不能被用户所接受。正是在解决这些重大的技术问题，使 DBMS 成熟并顺利进入市场的过程中，格雷以他的聪明才智发挥了十分关键的作用。

各 DBMS 解决上述问题的主要技术手段和方法是把对数据库的操作划分为称为事务（transaction）的原子单位，对一个事务内的操作实行 all-or-not 方针，即“要么全做，要么全不做”。对数据库发出操作请求时，系统对有关的、不同程度的数据元素（字段、记录或文件）“加锁”（locking）；操作完成后再“解锁”（unlocking）。对数据库的任何更新分两阶段提交。建立系统运行日志（log），以便在出错时与数据库的备份（backup）一起将数据库恢复到出错前的正常状态。

上述及其他各种方法可总称为事务处理技术（transaction processing technique）。格雷在事务处理技术上的创造性思维和开拓性工作，使他成为该技术领域公认的权威。他的研究成果反映在他发表的一系列论文和研究报告中，最后结晶为一部厚厚的专著 *Transaction processing: concepts and techniques*（Morgan Kaufmann 出版社出版，另一位作者为德国斯图加特大学的 A.Reuter 教授）。事务处理技术虽然诞生于数据库研究，但对于分布式系统，Client/Server 结构中的数据管理与通信，对于容错和高可靠性系统，同样具有重要的意义。格雷的另一部著作是 *The benchmark handbook: for data base and transaction processing systems*，也是由 Morgan Kaufmann 出版社出版的。除了在公司从事研究开发外，他还兼职在母校加州大学伯克利分校及斯坦福大学、布达佩斯大学从事教学和讲学活动。1992 年，VLDB 杂志（*The VLDB Journal*）创刊，他出任主编。

2007 年 1 月 28 日，格雷在旧金山海域自驾帆船，跟家人失去联系，至今没有发现其踪迹。

8.3.4　标准查询语言（SQL）之父——钱伯伦

钱伯伦（D.Chamberlin，1944—，见图 8-7）是 SQL 语言的创造者之一，也是 XQuery 语言的创造者之一。今天数以百亿美元的数据库市场的形成，跟他的贡献是分不开的。

钱伯伦似乎天生与数据库、信息检索有缘。小的时候，家里的一本 100 多磅重的百科全书是他的最爱，在他看来，这大概是数据库的最早形式。在斯坦福大学获得博士学位以后，钱伯伦加入了位于纽约的 IBM Watson 研究中心，开始从事的项目是 System A。一年后，项目最终失败。当时担任项目经理的 Leonard Liu 很有远见地预见到数据库的美好前景，他转变了整个小组的方向。钱伯伦从此如鱼得水，在数据库软件和查询语言方面进行了大量研究，他成了小组中最好的网状数据库（CODASYL）专家。与此同时，20 世纪 60 年代末至 70 年代初，科德创造了关系数据库的概念。但是，由于这种思想对 IBM 公司本身已有产品造成了威胁，公司内部最初是持压制态度的。

图 8-7　钱伯伦

当科德到 Watson 研究中心访问时，在讨论会上，科德几乎用一行语句就完成了类似于“寻找比他的经理挣得还多的雇员”这样的查询，而这个查询用 CODASYL 来表示的话，可能要超过 5 页纸。这种强大的功能使钱伯伦转向了关系数据库。在其后的研究过程中，钱伯伦相信，科德提出的关系代数和关系演算过于数学化，无法成为广大程序员和使用者的编程工具，这个问题不解决，关系数据库也就无法普及。因此他和刚刚加盟的博伊斯（Boyce）设想出一种操纵值集合的关系表达式语言（Specifying Queries as Relational Expressions，SQUARE）。

1973 年，IBM 公司在外部竞争压力下，开始加强在关系数据库方面的投入。钱伯伦和博伊斯都被调到圣何塞市，加入新成立的项目 System R。当时这个项目阵容十分豪华，有吉姆 • 格雷（Jim Gray）、帕特 • 塞林格（Pat Selinger）和唐 • 哈德勒（Don Haderle）等数位后来的数据库界大腕。System R 项目分成研究高层的 RDS（关系数据系统）和研究底层的 RSS（研究存储系统）两个小组。钱伯伦是 RDS 组的经理。由于 SQUARE 使用的一些符号键盘不支持输入，影响了易用性，钱伯伦和博伊斯决定进行修改。他们选择了自然语言作为方向，其结果就是结构化英语查询语言（Structured English Query Language，SEQUEL）的诞生。当然，后来因为 SEQUEL 这个名字在英国已经被一家飞机制造公司注册了商标，最后不得不改称 SQL。SQL 的简洁、直观使它迅速成了世界标准（1986 年 ANSI/ISO），30 多年后仍然占据主流地位。而经过了 1989、1992、1999 和 2003 年 4 次修订，当初仅 20 多页的论文就能说完的 SQL，如今已经发展为篇幅达到数千页的国际标准。

1988 年，钱伯伦由于 System R 的开发获得了 ACM 颁发的软件系统奖。此后，钱伯伦曾一度顺应个人计算机的大潮，对桌面出版发生了兴趣。20 世纪 90 年代，钱伯伦再次返回数据库世界，开始从事对象——关系数据库的开发，其成果在 DB2 中得到了体现。其间他曾撰写过一本专门讲 DB2 的书 *A complete guide to DB2 universaL database*（morgan kaufmann，1998）。随着网络时代的到来，当 XML 日益成为标准数据交换格式时，钱伯伦看到了自己在两方面的研究经验——数据库查询语言和文档标记语言相结合的最佳时机。他成为 IBM 公司在 W3C XML Query 工作组的代表，并与工作组中两位同事一起开发了 Quilt 语言，这构成了 XQuery 语言的基础。而后者经过多年快速发展，成为 W3C 的候选标准之一。对于钱伯伦来说，XQuery 语言标志着自己整个职业生涯中的又一个高峰。他深信 Web 数据技术的发展将带来第二次数据库革命。钱伯伦的学术成就，使他 1994 年当选为 ACM 院士，1997 年当选为美国国家工程院院士。他对于教育一直很有兴趣，多年来一直担任 ACM 国际大学生程序设计竞赛的出题人和裁判。

8.3.5　实体联系模型的创始人——陈品山

陈品山（Peter Pin-Shan Chen，1947—，见图 8-8），是创立实体-联系图（Entity-Relationship diagram）来描述现实世界概念模型的美籍华裔计算机科学家。

图 8-8　陈品山

陈品山 1947 年 1 月 3 日出生于中国台湾台中市，1968 年于台湾大学电机系毕业，之后赴美国深造，1970 年获哈佛大学计算机科学和应用数学硕士学位，1973 年获哈佛大学计算机科学和应用数学博士学位。1974—1978，1986—1987 年他先后在麻省理工学院，1978—1984 在加州大学洛杉矶分校，1990—1991 年在哈佛大学等学府从事教学和研究，从 1983 年至今任路易斯安那州立大学计算机科学系杰出讲座教授（distinguished chair professor）。

1976 年 3 月陈品山在 *ACM transactions on database systems* 上发表了 *The entity-relationship model——Toward a unified view of data* 一文。由于大众广泛使用实体联系模型，而这篇文章已成为计算机科学 38 篇被广泛引用的论文之一。陈品山被誉为全世界最具计算机软件开发技术的 16 位科学家之一，也是唯一获选的华裔科学家。据美国世界日报报道，同时他也因此被邀请到德国波昂参加一场国际性会议，在会中发表演说，与其他获选的科学家分别谈论他们对未来计算机软件开发的构想。他所研发的计算机软件广泛应用于信息系统、数据库和网际网络等方面。

实体-联系图也称为实体关系模型，是概念数据模型的高层描述所使用的数据模型或模式图，为表述这种实体联系模式图形式的数据模型提供了图形符号。这种数据模型主要用在信息系统设计的第一阶段，例如，在需求分析阶段用来描述信息需求或描述存储在数据库中的信息的类型。在基于数据库的信息系统设计的情况下，在后面的逻辑设计阶段，概念模型会映射到逻辑模型上。

第 9 章　计算机网络技术

【问题描述】 以网络为核心的信息时代不仅改变了人们的生产和生活方式，而且成为推动人类社会发展、进步的重要标志。如同数据库技术一样，可以按照计算学科的 3 个形态来研究计算机网络技术：网络协议和体系结构是问题抽象的结果；网络信息传输归为网络理论范畴；网络拓扑结构、逻辑结构、网络互联、因特网应用模式等归为设计范畴；信息安全归为理论与设计范畴。

【知识重点】 主要介绍奇偶校验码和差错纠正码。前者是对计算机应用模式的拓展，后者是提高网络数据传输可靠性的技术措施，为有志者日后进行科学研究提供探索思路和方向。

【教学要求】 通过关联知识，了解提高数据传输有效性和可靠性的技术措施；通过习题解析，加深对网络理论概念的理解；通过知识背景，了解为计算机网络的形成和发展作出了杰出贡献的科学家以及与计算机信息安全技术相关的重要人物的生平事迹。

9.1　关 联 知 识

计算机网络技术是现代信息技术的核心，而确保网络数据传输可靠的技术措施是奇偶校验码和差错纠正码。这些内容，是计算机学科专业学生必须了解和掌握的。

9.1.1　奇偶校验码

在计算机系统中对数据的存取、传送都要求十分正确。由于多种因素的影响，数据传送过程中难免会发生诸如 1 误变为 0，0 误变为 1 的错误。为了提高数据传送的正确性，一方面要从硬件（电路）上提高计算机的抗干扰能力；另一方面，要通过软件的方法，在原始数据中加入适当的“校验码”（error-detecting code）或“纠错码”（error-correcting code），并与原始数据信息一起进行编码，使之具有发现错误的能力，这种具有数据校验或纠错能力的编码称为数据校验码。数据校验码是指能自动发现差错的编码，但这种编码不具备纠错功能，最为典型的校验码是奇偶校验码，它在信息存储和传输中被广泛使用。

奇偶校验码（odd-even check）的编码特点是使每一个代码中含有 1 的个数总是奇数（偶）数，如果一旦发现不是奇（偶）数，就说明出现了错误。然而，机器中的数码并不都包含奇（偶）数 1。为了保证是奇（偶）数，则在实际代码之外再加一位，以配成奇（偶）数 1。这个增加的位称为奇偶校验位。例如：

0101 的奇校验码为 <u>1</u>0101，偶校验码为 <u>0</u>0101；
　　　　　　　　　└校验位；　　　　　└校验位

1101011 的奇校验码为 <u>0</u>1101011，偶校验码为 <u>1</u>1101011。
　　　　　　　　　　　└校验位；　　　　　　└校验位

1．奇校验

设 $X=(x_0x_1\cdots x_{n-1})$ 是一个又一个 n 位字，则奇校验位 $\underline{C}$ 定义为

$$\underline{C}=x_0\oplus x_1\oplus\cdots\oplus x_{n-1}$$

式中，$\oplus$ 表示按位加，表明只有当 X 中包含有奇数个 1 时，才能使 $\underline{C}=1$，即 $C=0$。

2．偶校验

设 $X=(x_0x_1\cdots x_{n-1})$ 是一个又一个 n 位字，则偶校验位 C 定义为

$$C=x_0\oplus x_1\oplus\cdots\oplus x_{n-1}$$

只有当 X 中包含偶数个 1 时，才能使 $C=0$。

假设一个字 X 从部件 A 传送到部件 B 中，在源点 A 的校验位 C 可用上面的公式算出来，并合并在一起将 $(x_0x_1\cdots x_{n-1}C)$ 送到 B。假设在 B 点的真正接收到的是 $X=(x_0'x_1'\cdots x_{n-1}'C')$，然后计算：

$$F=x_0'\oplus x_1'\oplus\cdots\oplus x_{n-1}'C'$$

若 $F=1$，意味着收到的信息有错。例如 $(x_0x_1\cdots x_{n-1})$ 中正巧有一位变“反”时就会出现这种情况。若 $F=0$，表明字 X 传送正确。

在实际应用中，最简单、最广泛的是检错码是采用一位校验位的奇校验或偶校验，这一位是从 ASCII 编码中体现出来的，如图 9-1 所示。1 字节为 8 位，而 ASCII 编码只用了 7 位（$b_6b_5b_4b_3b_2b_1b_0$）来表示 128 个字符，还有 1 位（b_7）用作奇偶校验位。

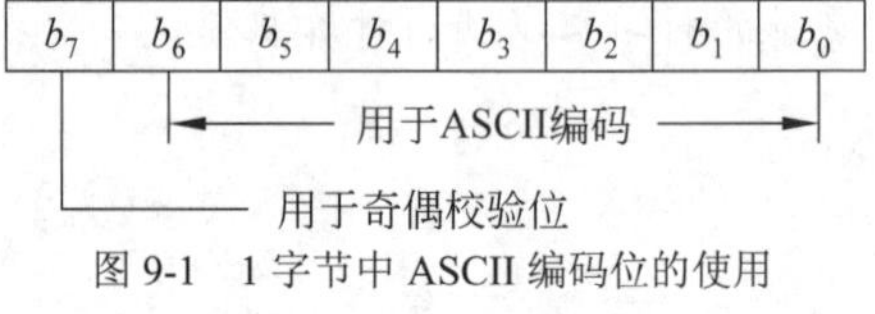

图 9-1　1 字节中 ASCII 编码位的使用

【实例 9-1】 有一个 ASCII 码为 0110010，问它是什么字符？当采用偶校验时，b_7 为多少？

【解析】 查 ASCII 表，可知是数字字符 2。若将 b_7 作为奇偶校验位，且采用偶校验，则传送时必须保证 1 的个数为偶数，所以 $b_7=1$。

【实例 9-2】 已知表 9-1 左栏中有 5 字节的数据，请用奇校验和偶校验进行编码并填入表中。

【解析】 假定最高 1 位是校验位，其余 8 位是数据位，如表 9-1 所示。从表中可以看出，校验位的值取 0 还是取 1，是由数据位中的 1 的个数决定的。

表 9-1　奇校验和偶校验的编码对照

数　据	奇校验编码 *C*	偶校验编码 *C*
10101010	**1**10101010	**0**10101010
01010100	**0**01010100	**1**01010100
00000000	**1**00000000	**0**00000000
01111111	**0**01111111	**1**01111111
11111111	**1**11111111	**0**11111111

奇偶校验可以提供单个错误检测，但无法检测多个错误，也无法识别错误信息所在位置,并且不具备纠错能力。虽然其功能不强，但在信息存储、传输、通信等领域中仍被广泛使用。

9.1.2　差错纠正码

奇偶校验码仅有检验功能，但不能实现自动纠错，而差错纠正码不仅能发现差错，而且能自动纠正差错，这类编码有海明校验码和循环冗余码。

1．海明校验码

海明校验码（Hamming code）是 1950 年贝尔实验室的理查德·海明（Richard Hamming）发明的，因其发明人而得名。它是将待传送的比特串（二进制位）分成许多长度为 m 的组，并在其后附加 k 位冗余位，构成长为 $n=m+k$ 的码字（codeword），也称为纠错码。对于 2^m 个有

效码字中的每一个，都有 n 个无效但可以纠正的码字，这些可纠正的码字与有效码字的距离是 1，含有单个错误位。这样，对于一个有效的信息总共有 $n+1$ 个可识别的码字，它相对于其他 $2m-1$ 个有效信息的距离都大于 1，这意味着共有 2^m（$n+1$）个有效的或是可纠错的码字，显然这个数应该小于或等于码字的所有可能的个数，即 2^n。于是存在 $2^m(n+1) \leqslant 2^n$，因为 $n=m+k$，故可得出 $m+k+1\leqslant 2^k$。

对于给定的 m，上式给出了 k 的下界，即要纠正单个错误，k 必须取的最小值。表 9-2 中列出了一个 8 位的字符，分别采用 1 位、2 位、3 位、4 位的校验位（k=1, 2, 3, 4）时，新组成的码字 n 以及校验成功或失败的组合数 2^k 之间的关系。

表 9-2　组合数之间关系

奇验位 k	新码字 n	组合数 2^4
1	9	2
2	10	4
3	11	8
4	12	16

海明校验码可以达到这个下界，并能直接指出错在哪一位。首先把码字的位从 1～n 进行编号，并把这个编号用 2 的幂相加的形式表示成二进制数，然后对 2 的每一个幂设置一个奇偶校验位。例如，对于 5 号位，由于二进制编号为 101，则可表示为

$$1\times 2^2+0\times 2^1+1\times 2^0$$

5 号位中参与第 1 位和第 4 位的校验，而第 2 位不参与校验。同样，对于 9 号位，由于二进制编号为 1001，则可表示为

$$1\times 2^3+0\times 2^2+0\times 2^1+1\times 2^0$$

9 号位中参与第 1 位和第 8 位的校验，而第 2 位和第 k 位不参与校验。这样，海明校验码将校验位分配在 1, 2, 4, 8 等位置上，其他位置的存放数据如图 9-2 所示。

数据位 \ 校验位	8	4	2	1
3	0	0	0	0
5	0	1	0	1
6	0	1	1	0
7	0	1	1	1
9	1	0	0	1
10	1	0	1	0
11	1	0	1	1

图 9-2　海明码编码

【实例 9-3】 假设要传输 ASCII 编码为 0011010 的数据，求生成端的编码。

【解析】 根据海明校验码的编码规则，求生成端编码的工作过程如图 9-3 所示。

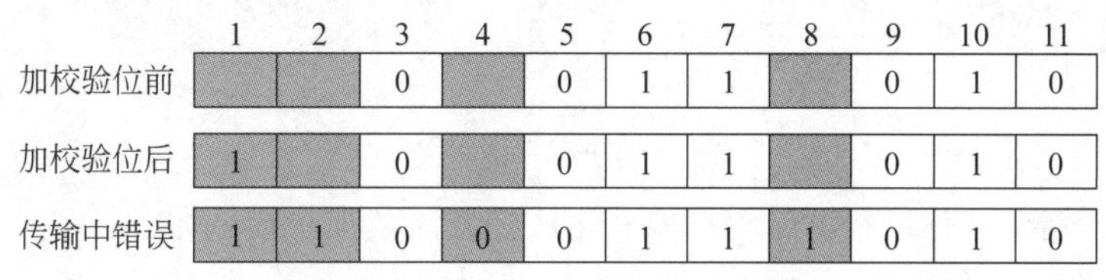

图 9-3　海明码生成端的编码（偶校验）

第一步：在生成端 3, 5, 6, 7, 9, 10, 11 位置上分别放入二进制数 0011010，1, 2, 4, 8 作校验位。

第二步：3, 5, 7, 9, 11 的第一位为 1，参与第 1 位校验，如使用偶校验，则 1 号位的值应为 1。

第三步：3, 6, 7, 10, 11 位置参与第 2 号位的偶校验，第 2 号位的值应为 1；5, 6, 7 位置参与第 4 号位的偶校验，第 4 号位的值应为 0；9, 10, 11 位置参与第 8 号位的偶校验，第 8 号位的值应为 1。

在接收端，如果有一个码字（如 6 号），则接收到的数据如图 9-4 所示。

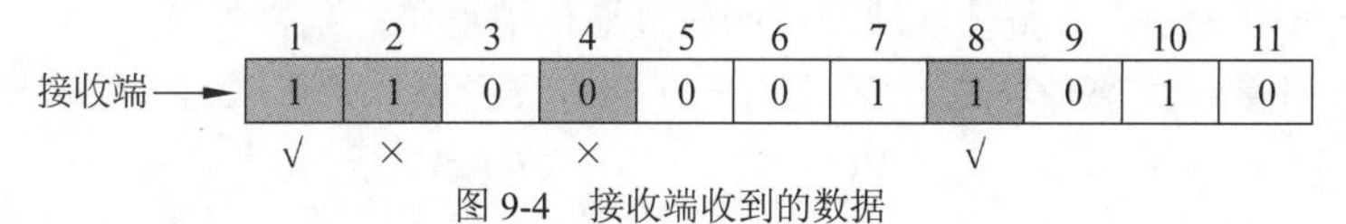

图 9-4　接收端收到的数据

当接收端使用同样的规则进行校验时，发现 1 号位和 8 号位的偶校验正确，而 2 号位和 4 号位的偶校验出错，于是 2+4=6，即确认 6 号位出错，所以将 6 号位接收到的错误纠正为正

确的 1。本例中 $k=4$，$m\leqslant 2^4-4-1=11$，即数据位 11, 共组成 15 位码字, 可检测并纠正单个位置的错误。

海明校验码是一种具有纠错功能的纠错码，能将无效码字恢复成距离它最近的有效码字，但不能做到百分之百正确。海明校验码在内存寻址及 RAM 与寄存器之间传送比特时非常有用。

2. 循环冗余码

循环冗余码（Cyclic Redundancy Code，CRC）采用一种多项式的编码方法，即在发送端根据要传送的 r 位二进制数据比特系列，以一定的规则产生一个校验用的 k 位监督码（CRC），附在原码信息的后面，构成一个共 $k+r$ 位的新二进制数据比特系列然后发送出去。接收端根据信息码和 CRC 码之间所遵循的规则进行检验，已确定传送中是否出错，这个规则在差错控制理论中称为"生成多项式"。

（1）CRC 的工作原理。用数学表达式描述，就是把要发送的二进制数据比特系列当作一个多项式 $f(x)$ 的系数，在发送端用收发双方预先约定的生成多项式 $G(x)$ 去除，求得一个余数多项式，将此余数多项式加到数据多项式 $f(x)$ 之后发送到接收端。在接收端，用同样的生成多项式 $G(x)$ 去除接收数据多项式 $f'(x)$，得到计算余数多项式。如果计算余数多项式与接收余数多项式相同，则表示传输数据无误；否则，则表示传输有错，由发送方重发数据，直至正确为止。循环冗余码的工作原理如图 9-5 所示。

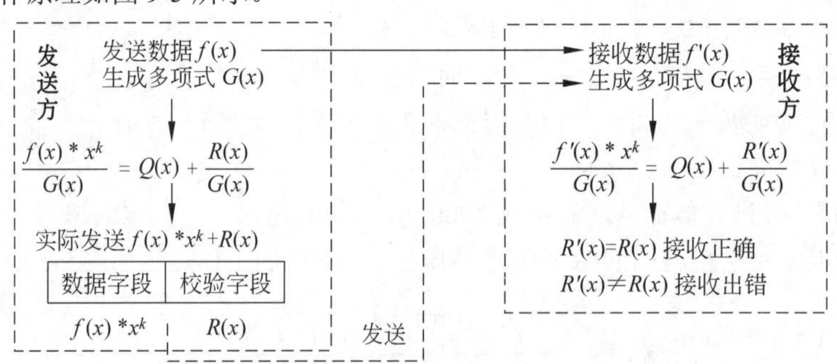

图 9-5 循环冗余码的工作原理

（2）CRC 检错的工作过程。计算校验和生成的方法及步骤描述如下。

① 设 $G(x)$为 k 阶多项式。

② 在发送端，将 x^k 乘以发送报文多项式 $f(x)$，其中 k 为生成多项式的最高幂的值。例如 CRC-12 最高幂的值 k 为 12，则发送 $f(x)*x^{12}$。对于二进制乘法而言，$f(x)*x^{12}$ 是将数据比特序列左移 12 位（即在报文的末尾添加 12 个 0），用来放入余数。

③ 将 $f(x)*x^k$ 除以生成多项式 $G(x)$，获取余数多项式 $R(x)$，即

$$\frac{f(x)*x^k}{G(x)}=Q(x)+\frac{R(x)}{G(x)}$$

④ 将 $f(x)*x^k+R(x)$作为整体，从发送端通过通信信道传送到接收端。

⑤ 接收端对接收数据多项式 $f'(x)$ 采用同样的方式运算，则可求得余数多项式 $R'(x)$。

$$\frac{f'(x)*x^k}{G(x)}=Q(x)+\frac{R'(x)}{G(x)}$$

⑥ 接收端根据计算余数多项式 $R'(x)$是否等于接收余数多项式 $R(x)$来判断是否出现传输错误。若相等，则表示接收正确；若不相等，则表示传输过程中出现了差错。

（3）CRC 生成多项式 $G(x)$。$G(x)$的结构及检错效果是经过严格的数学分析与实验后确定的。$G(x)$由协议规定，并有多种生成多项式列入国际标准中，目前广泛使用的生成多项式有如下 4 种。

CRC-12：$G(x)=x^{12}+x^{11}+x^3+x^2+x+1$；

CRC-16：$G(x)=x^{16}+x^{15}+x^2+x+1$（IBM 公司）；

CRC-CCITT：$G(x)=x^{16}+x^{12}+x^5+1$（ITU-T）；

CRC-32：$G(x)=x^{32}+x^{26}+x^{23}+x^{22}+x^{16}+x^{12}+x^{11}+x^{10}+x^8+x^7+x^5+x^4+x^2+x+1$。

【实例 9-4】 要发送报文 1101011011，生成多项式为 $G(x)=x^4+x+1$，求 CRC 和码字。

[解析] CRC 校验码的生成采用异或运算（1±0=1, 0±1=1, 1±1=0, 0±0=0），具体步骤如下。

第一步　发送数据比特序列为 110011（6b）；

第二步　生成多项式比特序列为 11001（5b，$k=4$）；

第三步　将发送的数据比特序列乘以 2^4，产生的乘积的比特为 1100110000；

第四步　将乘积比特序列用生成的多项式比特序列去除，按模 2 算法计算，即

```
                      100001←Q（x）
G（x）→11001 √1100110000←f（x）*x^k
                  11001
                      10000
                      11001
                       1001←（即余数比特序列 R（x）为 1001）
```

第五步　将余数比特序列加到乘积中，即

1100110000（发送数据$\times 2^4$）$+$1001（CRC 校验码）$=$1100111001(带 CRC 校验码的发送数据)

因此，CRC 为 1001，码字为 1100111001。

第六步　如果在数据传输过程中没有发生传输错误，那么，在接收端收到的带有 CRC 校验码的数据比特一定能被相同地生成多项式整除。

【实例 9-5】 已知接收码为 1100111001，生成多项式 $G(x)=x^4+x+1$，判断码字的正确性，若正确，则指出冗余码和信息码。

[解析] 用接收端收到的数据比特除以生成的多项式比特序列，如果余数为 0，则码字正确。

```
                  100001←Q（x）
G（x）→11001 √1100111001←f（x）*x^k
                  11001
                      11001
                      11001
                          0←R（x）
```

余数为 0，所以码字正确。又因为 $k=4$，所以冗余码是 1001，信息码是 110011。

（4）CRC 校验码的实现。在实际网络应用中，CRC 的过程可以用软件或硬件方法来实现，但用软件实现比较麻烦，而且速度慢。除法运算易于用移位寄存器和模 2 加法器来简单实现，而且可以达到很高的处理速度。现在循环冗余编码的产生和校验均有集成电路产品，发送端能够自动生成 CRC 码，接收端自动校验，使速度大大提高。例如，以太网采用 32 位 CRC 校验由专用的以太网系列器件来完成。CRC 在计算机系统和计算机网络的通信中得到了广泛应用。

（5）CRC 校验码的特点。在实际通信系统中，使用最广泛的检错码是漏检率极低的、便于

实现的循环冗余码。当使用 CRC-16（16 位余数）时，如果采用 9600bps 的传输速率，数据传输每 3000 年，才会有一个差错检测不出来。正是由于漏检率极低，因而得到广泛应用。CRC 校验码的检错能力很强，它具有以下检错能力。

① CRC 校验码能检查出全部单个错；

② CRC 校验码能检查出全部离散的二位错；

③ CRC 校验码能检查出全部奇数个错；

④ CRC 校验码能检查出全部长度小于或等于 k 位的突发错；

⑤ CRC 校验码能以$[1-(1/2)^{r-1}]$的概率检查出长度为（k+1）位的突发错。

例如，如果 $k=16$，则该 CRC 校验码能全部检查出小于或等于 16 位的所有突发差错，并能以 $1-(1/2)^{16-1}=99.997$ 的概率检查出长度为 17 位的突发错，漏检概率为 0.003%。

9.2　习题解析

本章习题主要考查学生对计算机网络的基本概念、Internet 应用和网络安全知识的掌握程度。通过习题解析，进一步加深对计算机网络技术、信息安全技术及其应用领域的了解。

9.2.1　选择题

1. 计算机网络的应用越来越普遍，它的最大好处在于（　　）。

A. 节省人力物力　　B. 扩大存储容量　　C. 实现资源共享　　D. 实现信息交互

【解析】 资源共享是计算机网络的核心功能，它突破了地理位置的局限性，使网络资源得到充分利用。资源共享包括硬件资源共享、软件资源共享和数据资源共享。**[参考答案]** C

2. Internet 是全球公认的（　　）。

A. 局域网　　B. 城域网　　C. 广域网　　D. 互联网

【解析】 Internet 属于广域网的范畴，可以视为互联网。**[参考答案]** D

3. Internet 上的每台正式入网的计算机用户都有一个唯一的（　　）。

A. E-mail　　B. 协议　　C. TCP / IP　　D. IP 地址

【解析】 Internet 上的每台主机都有一个唯一的 IP 地址，以便于信息通过这个地址标识在各主机间传递，这也是 Internet 能够运行的基础。**[参考答案]** D

4. Internet 上每台主机都分配有一个 32 位的地址，每个地址都由两部分组成，即（　　）。

A. 网络号和地区号　　B. 网络号和主机号　　C. 国家号和网络号　　D. 国家号和地区号

【解析】 每个IP地址都由网络号和主机号两部分组成。**[参考答案]** B

5. Internet 使用的基本网络协议是（　　）。

A. IPX/SPX　　B. TCP/IP　　C. NetBEUI　　D. OSI

【解析】 Internet采用TCP/IP协议，它由许多协议组成，是当今计算机网络中最成熟、应用最为广泛的一种网络协议标准。**[参考答案]** B

6. 启动互联网上某一地址时，浏览器首先显示的那个文档称为（　　）。

A. 主页　　B. 域名　　C. 站点　　D. 网点

【解析】 主页（Home Page）是客户进入Web服务器入口的HTML文件，它是WWW的信息组织形式。**[参考答案]** A

7. 电子邮件地址由两部分组成，用@隔开，其中@前为（　　）。

A. 用户名　　B. 机器名　　C. 本机域名　　D. 密码

【解析】 电子邮件地址格式为“用户名@主机名”。用户名是指使用该电子邮件服务的某个用户账号，主机名表示提供这个电子邮件服务的服务器主机名。**[参考答案]** A

8. 表示统一资源定位器的是（　　）。

A. HTTP　　B. WWW　　C. URL　　D. HTML

【解析】 HTTP是超文本传输协议，WWW是万维网，HTML是超文本标记语言。URL是统一资源定位器，用来指定服务器中信息资源的位置。**[参考答案]** C

9. Internet上的搜索引擎是（　　）。

A. 应用软件　　B. 系统软件　　C. 网络终端　　D. WWW 服务器

【解析】 搜索引擎是 Internet 上的一个 WWW 服务器，它的主要任务是在 Internet 中主动搜索其他 WWW 服务器中的信息并对其自动索引，将索引内容存储在可供查询的大型数据库中。**[参考答案]** D

10. 在浏览网页时，若超链接以文字方式表示时，文字通常会带有（　　）。

A. 括号　　B. 下画线　　C. 引号　　D. 方框

【解析】 带有超链接的图片和文字等具有带颜色的边界，文字会带有下画线，用户可以很容易识别页面上的超级链接。**[参考答案]** B

9.2.2　问答题

1. 什么是因特网？

【解析】 因特网（Internet）是指基于 TCP/IP 协议的全世界最大的、由众多网络互联而成的计算机互联网。它连接着全世界数以百万计的计算机和网络终端设备，实现数据和资源共享。

2. 什么是网络体系结构？

【解析】 为了完成计算机之间的通信合作，把每个计算机互联的功能划分成定义明确的层次，规定了同层次进程通信的协议及相邻层之间的接口及服务。这些同层进程间通信的协议以及相邻层接口统称为网络体系结构。

3. 什么是网络协议？

【解析】 计算机之间的通信协议常称为网络协议。它是一种通信规则，是为网络通信实体之间进行数据交换而制定的规则、约定和标准。

4. 浏览器/服务器模式有哪些主要特点？

【解析】 浏览器/服务器模式中应用程序只安装在服务器上，无须在客户机上安装应用程序，程序维护和升级比较简单；简化了用户操作，用户只需会熟练使用简单易学的浏览器软件即可；系统的扩展性好，增加客户端比较容易。

5. 简述 WWW 的工作方式。

【解析】 Internet 上的信息资源以网页形式存储在 WWW 服务器中，用户通过 WWW 客户端程序（浏览器）向 WWW 服务器发出请求；WWW 服务器根据客户端请求内容，将保存在 WWW 服务器中的某个页面发送给客户端；浏览器在接收到该页面后对其进行解释，最终将图、文、声并茂的画面呈现给用户。用户可以通过页面中的链接，方便地访问位于其他 WWW 服务器中的页面或其他类型的网络信息资源。

6. 电子邮件应用程序的主要功能是什么？

【解析】 电子邮件应用程序的功能主要有两个方面：一方面，电子邮件应用程序负责将写好的邮件发送到邮件服务器中；另一方面，它负责从邮件服务器中读取邮件，并对邮件进行处理。

7. 域名结构有什么特点？

【解析】 Internet 的域名系统和 IP 地址一样，采用典型的层次结构，每一层由域或标号组成。最高层域名（顶级域名）由因特网协会的授权机构负责管理。域名的各段之间以小圆点“.”分隔，域名系统最右边的域为一级（顶级）域，域名不区分大小写字母。

8. 什么是防火墙技术？

【解析】 防火墙技术最初是针对 Internet 网络不安全因素所采取的一种保护措施。防火墙对两个或多个网络之间传输的数据包和链接方式按照一定的安全策略进行检查，是用来阻挡外部不安全因素影响的内部网络屏障。它能有效地控制内部网络与外部网络之间的访问及数据传送，从而达到保护内部网络的信息不受外部非授权用户的访问和过滤不良信息的目的。

9. 目前流行的、基于分组过滤的防火墙体系结构有哪些类型？

【解析】 目前流行的、基于分组过滤的防火墙体系结构有 3 种：①双宿主机网关，是用一台装有两个网络适配器的双宿主机作防火墙；②屏蔽主机网关，分单宿堡垒主机和双宿堡垒主机两种类型，两种结构都易于实现，而且很安全；③屏蔽子网，就是在内部网络与外部网络之间建立一个起隔离作用的子网。

10. 什么是数字认证技术？

【解析】 数字认证是既可用于对用户身份进行确认和鉴别，也可对信息的真实可靠性进行确认和鉴别，以防止冒充、抵赖、伪造、篡改等问题的信息安全技术。数字认证技术中涉及数字签名、数字时间戳、数字证书和认证中心等，其中最常用的是“数字签名”技术。

9.3 知 识 背 景

为了加深对计算机网络技术的进一步了解，本节介绍对计算机网络技术的研究与发展作出杰出贡献的科学家以及与计算机信息安全技术相关的重要人物。

9.3.1 ARPANET 的创始人——劳伦斯·罗伯茨

劳伦斯·罗伯茨（Lawrence Roberts，1937—，见图 9-6），ARPANET 的创始人，被誉为“计算机网络之父。

罗伯茨 1937 年出生于美国康涅狄格州的诺沃克市（Norwalk Connecticut），曾就读于麻省理工学院，于 1959 年、1960 年、1963 年先后取得学士、硕士、博士学位，他的博士论文课题是“计算机如何感知三维物体”。毕业后，他留在麻省理工学院的林肯实验室工作。在最初的计算机联网研究中，ARPA 首先与麻省理工学院以及 CCA（Computer Corporation of a America）公司合作。罗伯茨作为麻省理工学院的代表，和 CCA 公司的代表托马斯·迈利尔（Thomas Meerill）一起，提出了一份题为《时分计算机的协作网络》（*A cooperative network of*

图 9-6　劳伦斯·罗伯茨

time-sharing Computers）的研究报告，建议构造一个由 3 台计算机组成的网络进行实验。ARPA 批准了这个报告。应该说这是世界上第一个计算机网络，后来人们把它称为“实验网”（The Experimental Network）。

1967 年初，泰勒召集以罗伯茨为首的 ARPANET 主要研究人员，在密歇根州安阿伯市（Ann Arbor）召开大会，研讨 ARPANET 设计方案。会上，罗伯茨首次提出了他的初步构思：分时系统加电话拨号，以连接不同类型的大型主机，就像他们在林肯实验室曾做过的试验那样。这些大型主机既向整个网络提供自己的资源，负责计算和数据处理；同时又承担每个节点的通信调度工作。但对于不同类型、不同规格的主机，用不同的语言操作，它们如何能够兼容并实现通信？与会的多数人，对罗伯茨提出的方案持怀疑态度。

会议结束时，TX-O 计算机和 LINC（Laboratory Instrument Computer，实验室工具计算机）的发明者、来自华盛顿大学的威斯利·克拉克提出了一个出色的主意，即在两台计算机主机和电话线之间接入一台小型机，充当信息传递和转换的中介，以处理信息路由，这一方案从根本上解决了计算机系统不兼容的问题。回到华盛顿后，罗伯茨立即拟定了一份备忘录，将中介计算机正式命名为“接口信息处理机”（Interface Message Processor，IMP），即由 IMP 通过电话线连接形成子网，计算机主机通过子网进行通信。而在英语中，IMP 的本义是“小精灵”，未来的 ARPANET 将由许许多多的“小精灵”实施连接、调度和管理。当然，还必须制定一套详细的规则，明确规定“小精灵”的通信格式，以及它们如何与各类主机交换信息等。现在，人们都已经知道，由克拉克首先提出的“中介计算机”，就是风靡于 Internet 或局域网的“路由器”（router）的前身和雏形。

1967 年 10 月，在美国计算机学会（ACM）于田纳西州的盖特林堡市（Gatlinburg，Tennessee）召开的年会上，罗伯茨提交了一篇题为 *Multiple computer networks and inter-computer communication*（多计算机网络和计算机间的通信）的论文，介绍了建造 ARPANET 的初步设想，并提出在 ARPANET 中使用 IMP 来实现互不兼容计算机的联网。但是，信息的安全性和网络通信的可靠性问题仍没有彻底解决。按照 ARPA 的要求，所要建设的是一个能够经受核攻击的通信网络。当时正处于冷战的最紧张时期，像电话系统那种高度集中式的网络，即使主要系统的一小部分遭到损害，所有的长途通信都会被中断，所以罗伯茨设计 ARPANET 不能采用线路交换和集中控制式网络。那么，什么才是更先进的技术方案呢？美国科学家保罗·巴伦和英国科学家唐纳德·戴维斯提出的分布式网络和“分组交换技术”为 ARPANET 提供了理论与技术支持。

1969 年 8 月开始，作为 IMP 的 Honeywell 516 小型机陆续由 BBN 公司发往 4 个站点，开始进入实际的联网试验。由于有充分的技术准备和方案论证，联网进展顺利，1969 年 10 月 29 日，4 个站点的计算机网络正式联通，标志着 ARPANET 正式诞生。这个 ARPANET 就是 Internet 最早的雏形。

ARPANET 开通以后，罗伯茨并不满足，继续抓紧 ARPANET 的后续技术开发工作。为了使 ARPANET 具有更多的功能，支持更多的结构，在罗伯茨的主持下，史蒂芬·克罗克（Stephen Crocker）在加州大学洛杉矶分校领导的网络工作小组，于 1970 年 12 月制定出了“网络控制协议”（Network Control Protocol，NCP），并于 1971—1972 年使 ARPANET 的所有站点都采用了 NCP。这使 ARPANET 建立了多层的体系结构，技术上上了一个台阶，也使网络用户可以开始开发各自的应用。

在进行技术开发的同时，罗伯茨为 ARPANET 的运行和管理陆续建立了 3 个中心，即位于 BBN 公司的网络管理中心(Network Control Center，NCC)，这是 ARPANET 的第一个服务中心；位于 UCLA 的网络测量中心（Network Measurement Center，NMC），负责测量网络的各种性能指标；位于斯坦福研究院（SRI）的网络信息中心（Network Information Center，NIC），负责收集有关网络和各主机资源的信息，并开发存取这些信息的工具。3 个中心的建立，为 ARPANET 的正常运作和发展起到了重要作用。

在罗伯茨的组织下，ARPANET 迅速扩大，只过了一年多时间，ARPANET 就已发展到 15 个站点，23 台主机。新接入的站点中包括哈佛大学、斯坦福大学、麻省理工学院、卡内基-梅隆大学等著名高校和美国航空航天局（NASA）的研究中心等，地理上也从最初限于西海岸地区扩展到东海岸，覆盖了整个美国。

Internet 是集体的创造，而非个人的发明。为了实现计算机联网，许多人煞费苦心，艰辛探索，孜孜以求，付出了巨大的心血。从理论探讨、可能性和可行性分析，到组织实施、解决实现中出现的种种难题，许多学者和工程技术人员，其中包括一批富有朝气和创新精神的年轻学子呕心沥血，历经七八个春秋才得以大功告成。在这样一个宏大的创新工程中，罗伯茨作为主要组织者在 ARPANET 及 Internet 的实现中发挥了出色的领导和组织作用，被誉为“计算机网络之父”。

9.3.2　分组交换技术的创始人——克兰罗克、巴伦、戴维斯

在计算机网络的早期研究过程中，人们发现线路交换技术不适合计算机数据传输，为了保证信息传输的灵活、高效和安全，必须寻找新的、适合于计算机通信的交换技术，分组交换网就是在这种背景下产生的。分组交换网技术的创始人分别是美国科学家雷纳德·克兰罗克、波兰裔美籍工程师保罗·巴伦和英国物理学家唐纳德·戴维斯于 20 世纪 60 年代初提出的分组交换技术（也称为包交换），成为 ARPANET 并实现通信的技术基础。这 3 位科学家是发明互联网的重要先驱。

1. 雷纳德·克兰罗克

雷纳德·克兰罗克（Leonard Kleinrock，1934—，见图 9-7），1958 年获得麻省理工学院硕士学位，并师从信息论之父香农继续攻读博士学位。1961 年他发表第一篇论文《大型通信网络的信息流》（*Information flow large communication nets*）及他 1964 年发表的博士论文《通信网络：随机的信息流动与延迟》（*Communication nets：stochastic message flow and delay*）中都涉及分组交换概念，虽然没有明确提出这个名称，但他提出的方法是把信息切割成散片传送，以便提高通信效率，其核心就是分组交换。

图 9-7　雷纳德·克兰罗克

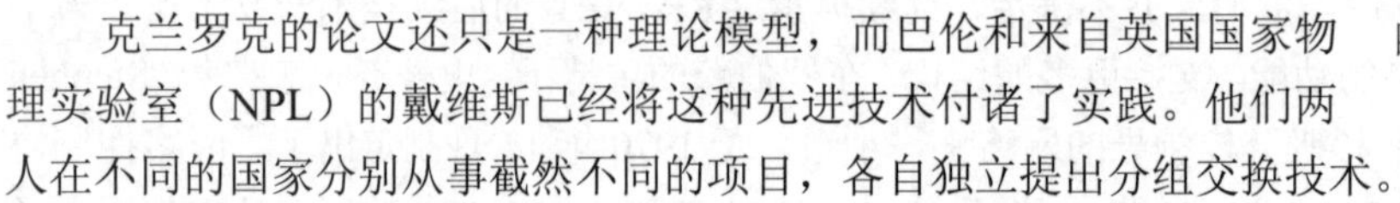
克兰罗克的论文还只是一种理论模型，而巴伦和来自英国国家物理实验室（NPL）的戴维斯已经将这种先进技术付诸了实践。他们两人在不同的国家分别从事截然不同的项目，各自独立提出分组交换技术。

2. 保罗·巴伦

保罗·巴伦（Paul Baran，1926—，见图 9-8）出生在波兰，两岁时随父母移民美国。1959

年他获得加州大学洛杉矶分校（UCLA）的工程硕士学位。巴伦在兰德（Rand）公司工作期间，仔细分析了当时正在使用的两种网络，其一是传统的集中式网络，就像电话网络那样有一个网络控制中心；其二是分散式网络，具有多个网络控制中心。这两种网络都容易遭受打击。受到麻省理工学院一位精神病学家的启发，他把人类大脑神经网组织的模式，搬到了新的网络设计中。他说："去掉网络中心，你就可以构造出一张新的网络，它由许许多多的节点联结而成，就像一张巨大的渔网。"渔网的每一节点，都有多条通道与其他节点相连，被他称为分布式网络。与集中式或分散式网络不同，在分布式网络中，参与联网的各台计算机都是平等的。这就像人脑细胞那样，哪个神经元都不能自称是大脑的"中心"。经过 3 年艰苦努力，巴伦终于完成了网络设计方案——分布式通信网络。

图 9-8　保罗・巴伦

巴伦于 1964 年 8 月发表了名为《论分布式通信网络》（*On distributed communication network*）的研究报告，提出了分布式网络的概念。他通过研究表明，只要每个节点能与 4 个以上的其他节点连通，网络就会具有相当高的强度和稳定性。

巴伦还进一步提出了分布式网络的通信，把传送的信息切分为被称作信息块的小单元，每个信息块自动选择网络中可以走得最快的道路传输，同时携带有关其"发信地点"（起始地）和"收信地点"（目的地）的数据，当所有的"块"都到达了目的地后，便重新恢复成原来的信息。形象地讲，就是把一封信的内容分成若干自然段，每个自然段都装进一个信封，在每个信封上写好收信人的姓名和地址，这些信封分别经过相同的路线，或者沿不同的路线传送，哪里好走就走哪里。到达目的地后再合成为一封完整的信。巴伦将他的这项发明称为分布式自适应信息块交换。

在巴伦提出分布式网络理论之后不久，英国国家物理实验室的唐纳德・戴维斯在研究分时系统过程中，也提出了类似的思想。

3．唐纳德・戴维斯

唐纳德・戴维斯（Donald Davies，1924—2000，见图 9-9）于 1943 年、1947 年进入伦敦的帝国学院（Imperial College）学习，分别获得物理学学士和数学学士学位。1947 年 9 月，戴维斯来到国家物理实验室，在图灵领导下参与研制 ACE（Automatic Computing Engine）计算机。图灵逝世那年，他被派往美国麻省理工学院进修，从而接触到当时最新的计算机技术。回国后，一直承担英国通信方面的工程设计。10 年后，他再次前往美国，作了一段时间的访问学者，亲身参加过麻省理工学院的分时系统研究项目。

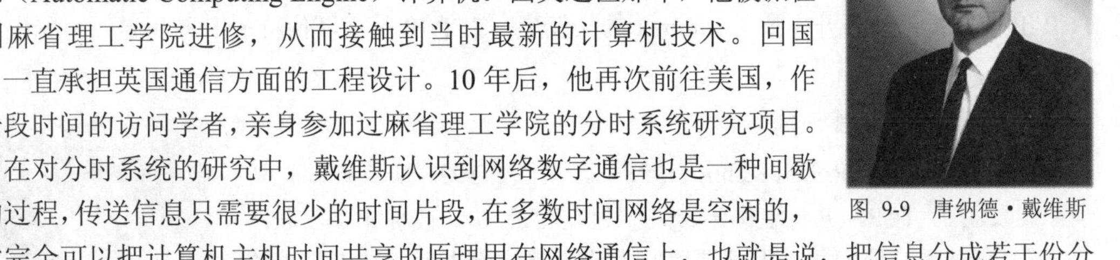

图 9-9　唐纳德・戴维斯

在对分时系统的研究中，戴维斯认识到网络数字通信也是一种间歇性的过程，传送信息只需要很少的时间片段，在多数时间网络是空闲的，因此完全可以把计算机主机时间共享的原理用在网络通信上，也就是说，把信息分成若干份分时传送，其结果将允许多人同时使用一条线路而不会相互影响，任何人都感觉不到别人也在使用这条线路。1965 年 11 月，戴维斯构想出了这种适合数据通信的特殊网络。

1966 年，戴维斯把信息块命名为包或分组，把分组交换（packet switching）作为这一技术的正式名称，人们也把分组交换称作包交换。在他设计的网络里，穿行着无数信息包，每个包都能自动找到自己的传送路线。某个信息被分成若干包后，虽然它们走的道路可能不是一条，到达的时间也可能有先有后，但在终点会自动组合起来，还原成完整的信息。

对于 ARPANET 来说，分组交换技术首先意味着信息传送的安全性，因为分组交换网络抵御故障能力强，只有出了问题的信息包而不是全部信息需要重新传输。如果包遇到发生故障的计算机或者部分线路中断，它会另找其他的传输路径，即使发生局部核战争，通信也不会中断。分组交换技术大大提高了信息传送的效率，比起线路交换每个人必须占用一整条线路，分组交换则意味着一条线路能被许多人同时使用。

当然，分组交换也带来一些新的问题。例如，分组在各节点存储、转发时因要排队总会造成一定的延时。当网络通信量过大时，这种延时可能会很长。此外，各分组必须携带的控制信息造成了一定的额外开销,并且整个分组交换还需要专门的管理和控制机制。

以分组交换为技术特征的 ARPANET 的试验成功，使计算机网络的概念发生了根本的变化，即由以单个主机为中心面向终端的星状网络，发展到以通信子网为中心的用户资源子网。用户通过分组可共享用户资源子网的许多硬件和各种软件资源。这种以通信子网为中心的计算机网络比最初的面向终端的计算机网络的功能扩大了很多，再加上分组交换网的通信费用比电路交换低廉，因此，这种网络一诞生便得到迅速发展，成为 20 世纪 70 年代计算机网络的主要形式。

克兰罗克、巴伦和戴维斯 3 位网络先驱先后提出的基本类似的信息散片、信息块和信息分组理论，使互联网设计中最后一道障碍迎刃而解。分组交换和分布式网络奠定了互联网络的基础。

9.3.3 TCP/IP 协议的创始人——卡恩和瑟夫

ARPANET 诞生以后，网络的站点数和连入的计算机数迅速增加，英国、挪威的计算机开始联入，逐渐成为国际性网络。此外，还出现了以无线方式发送信息包接入网络的计算机。

由于每种连接方式有自己的信息格式，相互之间无法交流，成为制约网络发展的一个屏障。为了解决这一问题，就必须制定网络数据通信的规则和标准，这就是通常所说的计算机网络协议。

今天，Internet 所使用的各种网络协议中，最重要、最著名的是传输控制协议（Transmission Control Protocol，TCP）和网际协议（Internet Protocol，IP），这两个协议定义了一种在计算机网络间传送数据的方法和原则，成为全世界因特网传输资料所用的最重要的技术。随后，美国国防部决定无条件地免费提供 TCP/IP，即向全世界公布解决计算机网络之间通信的核心技术，TCP/IP 核心技术的公开导致了 Internet 的大发展。TCP/IP 是由罗伯特·卡恩和温顿·瑟夫合作开发的。

1. 罗伯特·卡恩

罗伯特·卡恩（Robert Kahn，1938—，见图 9-10），美国计算机科学家。发明了 TCP，并与温顿·瑟夫一起发明了 IP，被称作“互联网之父”。有趣的是他们两人用掷硬币的方法决定排名先后，结果瑟夫的名字排在了前面。

图 9-10 罗伯特·卡恩

罗伯特·卡恩常被称为鲍勃·卡恩（Bob Kahn），1938 年 12 月 23 日出生于美国纽约的布鲁克林（Brooklyn）。在纽约城市大学获得电气工程学士学位后进入普林斯顿大学学习，获得硕士和博士学位，1964 年被麻省理工学院聘为助理教授。两年以后他去波士顿的 BBN 公司实习，参加 ARPANET 接口信息处理机（IMP）项目，并留在了 BBN 公司。卡恩在 IMP 工程中解决了差错检测与纠正、通信阻塞问题。

1972 年 10 月，美国华盛顿第一届国际计算机通信会议（International Computer Communication Conference，ICCC）就不同的计算机网络之间进行通信问题达成协议，成立了 Internet 工作组（Internet Workgroup，INWG），负责建立一种能保证计算机之间进行通信的标准规范（即通信协议）。由于主持这次会议的卡恩工作太忙，瑟夫被推选为工作组第一任主席。

2．温顿・瑟夫

温顿・瑟夫（Vinton Cerf，1943—，见图 9-11）和卡恩一道获得包括图灵奖、美国国家技术奖、美国总统自由勋章等在内的众多荣誉，任 Google 公司副总裁兼首席互联网专家。

图 9-11　温顿・瑟夫

瑟夫因早产造成听力缺陷，助听器伴随了他一生，成名后曾写过一篇《一位有听觉缺陷的工程师的自白》的论文。后来，瑟夫考进斯坦福大学主修数学，之后进入加州大学洛杉矶分校攻读计算机科学博士学位，有幸与卡恩一起工作。他们一起思考、研究网络通信规则，提出了术语协议（Protocol）。1973 年底，瑟夫和卡恩合作完成了著名论文《关于分组交换网络的协议》，提出著名的 TCP/IP 协议。TCP/IP 包括两部分，其中 TCP 是提供可靠数据传输的控制协议；IP 是提供无连接数据报服务的协议。TCP/IP 协议分为 4 层：网络接口层、网际层、运输层和应用层。

1976—1982 年，在任职美国国防部高级研究项目机构（U.S.Department of Defense’s Advanced Research Projects Agency，DARPA）期间，温顿・瑟夫领导了互联网及与互联网相关的数据包技术和安全技术的开发工作，在其中发挥了关键作用。从 2000 年开始，他担任了互联网名称与数字地址分配机构（Internet Corporation for Assigned Names and Numbers，ICANN）董事长。

2005 年，温顿・瑟夫成为 Google 公司的首席互联网宣传师和 ICANN 的主席。随后，在美国航空航天局的喷射推进实验室继续他的 TCP/IP 方面的研究。2011 年，在外太空实验中进行有移动陆地环境的测试。与此同时，瑟夫在 Google 公司的工作使得他能够在像 IPv6 和域名系统安全范围这样的话题上同政府和企业谈论策略。也许瑟夫不能“发明”另一个互联网，但显然他会在将来的网络世界上留下他的印记。瑟夫说：“数字信息经济学正在改变商业模式，并且将 10 年前看起来不可思议的事变成现实，我几乎等不及来看 Google 的第二个 10 年和 21 世纪会带来的改变。”

9.3.4　以太网的创始人——阿布拉门逊和麦特考夫

以太网的核心思想是共享数据传输信道，而共享数据传输信道的思想来源于美国夏威夷大学（University of Hawaii），其创始人是诺曼・阿布拉门逊和鲍勃・麦特考夫。

1．诺曼・阿布拉门逊

图 9-12　诺曼・阿布拉门逊

诺曼・阿布拉门逊（Norman Abramson，1932—，见图 9-12），计算机科学家，开发出 ALOHAnet 无线通信系统。

诺曼・阿布拉门逊 1932 年 4 月 1 日出生于美国马萨诸塞州波士

顿，1953 年在哈佛大学取得物理学学士；1955 年于加州大学洛杉矶分校取得物理学硕士学位；1956 年进入斯坦福大学，1958 年在斯坦福大学取得电机工程博士学位，之后在斯坦福大学继续博士后研究。20 世纪 60 年代末，阿布拉门逊及其同事研制了一个名为 ALOHA 系统（Addmve Link On-Line Hawaii System）的无线电网络。这个地面无线电广播系统把该校位于欧胡岛（Oahu）上的校园内的 IBM 360 主机与分布在其他岛上和海洋船舶上的读卡机和终端连接起来。这种争用型网络允许多个节点同一个频道上进行传输，但频道中站点数目愈多，发生碰撞的概率愈高，从而导致传输延迟增加和信息流通量降低。阿布拉门逊发表了一系列有关 ALOHA 系统的理论和应用方面的文章。1970 年，他在一篇论文中详细阐述了计算 ALOHA 系统理论容量的数学模型。1972 年，ALOHA 通过同步访问而改进成时隙 ALOHA 成组广播系统，使效率提高一倍多。阿布拉门逊及其同事的研制成果已成为今天使用的大多数信息广播系统（其中包括以太网和多种卫星传输系统）的基础。

2．鲍勃・麦特考夫

鲍勃・麦特考夫（Bob Metcalfe，1946—，见图 9-13），计算机科学家，以太网的发明者之一。

图 9-13　鲍勃・麦特考夫

鲍勃・麦特考夫 1946 年出生于美国，从小就喜爱科技，特别是计算机。他上初中二年级时就造了一个老师称为计算机的东西。这台计算机是用继电器、开关和霓虹灯做成的。它能够把 1，2，3 与另一组 1，2，3 相加，点亮表示结果 2，3，4，5，6 的某一个灯。

鲍勃・麦特考夫毕业于麻省理工学院，后又在哈佛大学获得理学博士学位。1972 年，麦特考夫来到 Xerox PARC 计算机科学实验室工作，负责建立一套内部网络系统，将 Xerox Alto 计算机连接到 ARPANET。1972 年秋，麦特考夫偶然发现了阿布拉门逊的关于 ALOHA 系统的早期研究成果。他认识到，通过优化可以把 ALOHA 系统的效率提高近一倍。

1972 年底，麦特考夫和戴维德・伯格斯（David Boggs）设计了一套网络，将不同的 ALTO 计算机连接起来，接着又把 NOVA 计算机连接到 EARS 激光打印机。在研制过程中，麦特考夫把他的工程命名为 ALTO-ALOHA 网络，因为该网络是以 ALOHA 系统为基础的，而又连接了众多的 ALTO 计算机。1973 年 5 月 22 日，世界上第一个个人计算机局域网络——ALTO-ALOHA 网络开始运转，麦特考夫将该网络改名为以太网（Ethernet），其灵感来自电磁辐射可通过发光的以太来传播这一想法。

以太网比初始的 ALOHA 网络有了巨大的改进，因为以太网是以载波监听为特色的，即每个站在要传输自己的数据流之前先要监听网络，这个改进的重传方案可使网络的利用率提高近一倍。1976 年，PARC 的实验型以太网已经发展到 100 个节点，在长达 1000m 的粗铜轴电缆上运行。1976 年 6 月，麦特考夫和伯格斯发表了题为《以太网：局域网的分布型信息包交换》的著名论文，1977 年底，麦特考夫和他的 3 位合作者获得了具有冲突检测的多点数据通信系统的专利，被称为载波监听多路访问和冲突检测（Carrier Sense Multiple Access/Collision Detection，CSMA/CD）的多点传输系统。从此，以太网正式诞生了。

1979 年，DEC、Intel 和 Xerox 公司召开三方会议，商讨将以太网转变成产业标准的计划。1980 年 9 月 30 日，DEC、Intel 和 Xerox 这 3 家公司共同发布了《以太网，一种局域网；数据链路层和物理层规范 1.0 版》，这就是现在著名的以太网蓝皮书，也称为 DIX 版以太网 1.0 规范

（DIX 是这 3 家公司名称的缩写）。最初的实验型以太网工作在 2.94Mbps，而 DIX 开始规定是在 20Mbps 下运行，最后降为 10Mbps。1982 年 DIX 重新定义该标准，公布了以太网 2.0 版，即 DIX Ethernet V2.0。

在 DIX 开展以太网标准化工作的同时，美国电气和电子工程师学会也组成一个定义与促进工业（LAN）标准的委员会，即 802 工程委员会。由于 DIX 不是国际公认的标准，所以在 1981 年 6 月，IEEE 802 工程委员会决定组成 802.3 分委员会，以产生基于 DIX 工作成果的国际公认标准。1982 年 12 月 19 日，19 个公司宣布了新的 IEEE 802.3 草稿标准。1983 年该草稿最终以 IEEE 10BASE5 面世。今天的以太网和 802.3 可以认为是同义词。在此期间，Xerox 已把它的 4 件以太网专利转交给 IEEE。1984 年，美国联邦政府以 FIPS PUB107 的名字采纳 802.3 标准。1989 年，ISO 以标准号 ISO8023 采纳 802.3 以太网标准，至此，IEEE 标准 802.3 正式得到国际上的认可。后来出现了百兆以太网、千兆以太网等。今天以太网仍然是局域网的主流技术，而且性能越来越高，价格也越来越低。1973 年的以太网只有每秒几兆位的速度，到了 2000 年，每秒千兆位的以太网已经开始大量使用，人们已经在研制每秒万兆位的以太网产品。

9.3.5　万维网的创始人——蒂姆·李

蒂姆·李（Tim Lee，1955—，见图 9-14），是万维网的创始者，也是万维网联盟（World Wide Web Consortium）的发起人，是监视万维网发展的联盟主席，不列颠帝国勋章佩戴者，英国皇家学会会员。

图 9-14　蒂姆·李

蒂姆 1955 年 6 月 8 日出生于英格兰伦敦西南部，他的父母都是计算机科学家，都参与了世界上第一台商业计算机——曼彻斯特Ⅰ型（Manchester Mark Ⅰ）的设计建造。1976 年蒂姆在牛津大学物理系获得一级荣誉学位。1980 年 6—9 月，蒂姆在欧洲核子研究组织（CERN）时，提出了一个独到的构想：创建一个以超文本系统为基础的项目，使分布于各地的计算机得以分享及更新信息。同时，他创建了 ENQUIRE 原型系统。1990 年，他在日内瓦的欧洲粒子物理实验室开发了世界上第一个网络服务器和第一个客户端浏览器编辑程序，建立了全球第一个 WWW 网站。他当之无愧地成为全球互联网的创始人。今天，WWW、http 已成为人们的日常词汇，互联网已经影响到人们的工作、娱乐、社交等几乎所有领域。然而蒂姆从不居功自傲，每谈到成就，他总是平静地说："我没有发明互联网，我只是找到了一种更好的方法。"

1992 年，欧洲粒子物理实验室公布了万维网之后，万维网迅速流行起来。到了 1994 年，万维网已经成为访问 Internet 最普遍的手段。同时，万维网服务器的增长速度十分惊人，各种不同类型的操作系统都支持万维网浏览器的运行。到 2007 年 10 月，全球网站数已经突破了 2.5 亿个，可想而知，他的奉献让全球互联网迅猛发展，也让所有的网络运营商们赚了不计其数的钱。

2012 年 7 月 27 日，在伦敦奥林匹克体育场举行的伦敦奥运会开幕式上，一位英国科学家隆重登场，接受全场掌声，这个"感谢蒂姆"的场面惊动全球，成为开幕式的一个亮点。他就是互联网的发明者、被业界公认为"互联网之父"的英国人蒂姆。在全世界的注目下，他在一台计算机前象征性地打出了一句话：This is for everyone，含义是"互联网献给所有人"。蒂姆不仅被视为英国人的骄傲，他同样无可争辩地赢得了全世界的尊重。不仅因为他的发明改变了人类生活方式，改变了全球信息交流的传统模式，带来了一个全新的信息时代。更伟大的是，为了互联网的全球普及，让所有人不受限制地使用互联网，他宣布放弃为万维网申请专利。本可以在金钱上与比尔·盖茨不相上下，但他决定把自己的互联网成就无偿向全世界开放，个人失去了天价财富，却让全人类受益，今天我们点击的几乎任何一个网址都少不了万维网，这意味着我们时时在分享着蒂姆的无私奉献。

9.3.6 E-mail 的创始人——雷·汤姆林森

电子邮件译自英文的 email 或 E-mail，它表示通过电子通信系统进行信件的书写、发送和接收。今天使用最多的通信系统是 Internet，同时电子邮件也是 Internet 上最受欢迎的功能之一。由于电子邮件使用简单、传递迅速、收费低廉，易于保存、全球畅通无阻，而被广泛地应用，使人们的交流方式得到了极大的改变。

图 9-15　雷·汤姆林森

雷·汤姆林森（Ray Tomlison，1942—2016，见图 9-15），美国 BBN 公司的工程师。他在 1971 年秋天，发明了通过分布式网络发送消息（E-mail）的程序。

雷·汤姆林森 1963 年毕业于麻省理工学院，两年后获得博士学位，后进入 BBN 公司工作。最初他在 PDP-10 计算机上编写了一个类似邮箱的管理程序，让使用同一台计算机的两个人可以互相转发邮件。程序由两部分构成：同一机器内部的 E-mail 程序 SNDMSG，就是发信（SENDMESSAGE）的意思；一个实验性的文件传输程序（CPYNET）。SNDMSG 是一个在 PDP-10 计算机上运行，方便程序员和研究人员互相传送信息的程序。它跟我们现在所熟识的 E-mail 有很大的差别：SNDMSG 只能在本地机器上运行，方便使用同一台机器的人共享一些短小的消息。这类用户可以创建一个文本文件，然后把它发送到同一机器上的另一个指定的“邮箱”里去。

后来，汤姆林森将 CPYNET 作了一些改进，使它能通过 ARPANET 用 SNDMSG 发送信息到其他计算机上的 Mailbox。1970 年 7 月，在 BBN 公司的两台计算机上实现了两封邮件的互发试验。汤姆林森用@这个符号来区别本地计算机信箱与信息将要发送至的对方计算机信箱。接着，为了验证自己的设想是否正确，汤姆林森就用自己的这个软件在 ARPANET 上发出了第一封电子邮件。当时，BBN 公司有两台通过 ARPANET 相连的 PDP-10 计算机。发信人是汤姆林森，收信人还是汤姆林森，所不同的只是这两个汤姆林森是在两台不同的计算机上注册的用户名。因此，这是一台计算机上的汤姆林森给另一台计算机上的汤姆林森发信。第一条信息就这样在这两台机器之间传送，它们之间唯一的物理联系就是通过 ARPANET。有了这个技术，大家会很快在 ARPANET 上造出大量的电子“邮局”，从此 E-mail 这种信息交流方式诞生了。

虽然电子邮件是在 20 世纪 70 年代发明的，却是在 20 世纪 80 年代才得以兴起。20 世纪 70 年代的沉寂主要是由于当时使用 ARPANET 网络的人太少，网络的速度也仅为目前 56Kbps 标准速度的 1/20。受网络速度的限制，那时的用户只能发送简短的信息，不可能像现在这样能发送大量照片。20 世纪 80 年代中期，个人计算机兴起，电子邮件开始在计算机迷以及大学生中广泛传播；20 世纪 90 年代中期，互联网浏览器诞生，全球网民人数激增，电子邮件被广为使用。

9.3.7 著名黑客——泰潘·莫里斯

罗伯特·泰潘·莫里斯（Robert Tappan Morris，1965—，见图 9-16），是曾经因为编写过著名的蠕虫病毒（Morris）而被起诉的第一人。2014 年 8 月，他被评为史上五大最著名黑客之一。

20 世纪 60 年代初，美国电报电话公司的贝尔实验室里的 3 个年轻人在开发 UNIX 操作系统之余，在一台 IBM 7090 计算机上写了个叫作“达尔文”的游戏，模拟生物的进化过程，参与者要自己撰写程序来和别人的程序争夺地盘并且争取消灭别的程序。这个游戏也叫作“磁芯大战”，被认为是计算机病毒的始祖。他们编写此程序的目的只是想探索计算机的极限罢了，其成员之一就是罗伯特·泰潘·莫里斯的父亲——前美国国家计算机安全中心（隶属于美国国家安全局）首席科学家罗伯特·莫里斯（Robert Morris）。

图 9-16　泰潘·莫里斯

泰潘·莫里斯小时候就有别的孩子们所没有的玩具。他的父亲会在家放一台终端机，而泰潘·莫里斯很快就被这种用纸带输入输出的新玩具迷住了。虽然他后来在哈佛大学读文学专业，但是似乎一直觉得计算机领域才是他应该从事的行业。于是在读研究生时，他选择了康奈尔大学的计算机科学专业。也正是在那里，他写出了让自己被历史铭记的程序。

1988 年冬天，正在康奈尔大学攻读的泰潘·莫里斯，把一个被称为“蠕虫”（Morris）的计算机病毒（computer virus）送进了美国最大的计算机网络互联网。1988 年 11 月 2 日下午 5 点，互联网的管理人员首次发现网络有不明入侵者。它们仿佛是网络中的超级间谍，狡猾地不断截取用户口令等网络中的“机密文件”，利用这些口令欺骗网络中的“哨兵”，长驱直入互联网中的用户计算机。入侵得手，立即反客为主，并闪电般地自我复制，抢占地盘。很快，这个程序感染了大约 6000 台计算机，而受到影响的则包括 5 个计算机中心、12 个地区节点以及在政府、大学、研究所和企业中的超过 25 万台计算机和连接设备，并导致了部分计算机崩溃。

当警方已侦破这一案件并认定泰潘·莫里斯是闯下弥天大祸的“作者”时，纽约州法庭却迟迟难以对他定罪。在当时，对制造计算机病毒事件这类行为定罪，还是世界性的难题。苏联在 1987 年曾发生过汽车厂的计算机工作人员用病毒破坏生产线的事件，法庭只能用“流氓罪”草草了事。

1990 年 5 月 5 日，纽约地方法庭根据泰潘·莫里斯设计病毒程序，造成包括国家航空航天局、军事基地和主要大学的计算机停止运行的重大事故，判处泰潘·莫里斯三年有期徒刑缓期执行，罚款一万美金，义务为社区服务 400 小时。泰潘·莫里斯事件震惊了美国社会乃至整个世界。而比事件影响更大、更深远的是：黑客从此真正变黑，黑客伦理失去约束，黑客传统开始中断。大众对黑客的印象永远不可能恢复。而且，计算机病毒从此步入主流，hacker 一词开始在英语中被赋予了特定的含义。

罗伯特·泰潘·莫里斯现在是美国计算机科学和人工智能实验室的一名专家，专注于计算机网络体系研究。

第 10 章　计算机前沿技术

【问题描述】 需求是发明之母，也是推动社会进步和发展的原动力。人工智能技术、虚拟现实技术、移动互联网技术、物联网技术、云计算技术、大数据技术等，就是随着社会发展与应用需求涌现出来的，已成为目前计算机新技术应用中的热门话题，可视为计算机应用领域的前沿技术。

【知识重点】 主要介绍人工神经网络、神经网络专家系统和智能机器人，这些内容代表了目前计算机科学技术的发展趋势。了解这些前沿技术，为学习者着手现在，放眼未来是极为有益的。

【教学要求】 通过关联知识，了解计算机科学领域的前沿技术；通过习题解析，进一步加深对计算机前沿技术的了解；通过知识背景，了解为人工智能技术的研究与发展作出了杰出贡献的 6 位计算机科学家的生平事迹，了解人工智能技术的发展历程和人工智能涉及的知识领域。

10.1　关 联 知 识

计算机科学技术是 20 世纪最伟大的成就，进入 21 世纪，计算机科学技术已进入了突飞猛进的发展阶段。随着微电子技术、通信技术、人工智能技术的发展，计算机新技术层出不穷，如人工神经网络、神经网络专家系统、智能机器人等，代表了计算机科学领域前沿技术的发展趋势。

10.1.1　人工神经网络

人工神经网络（Artificial Neural Nets，ANN）是集脑科学（brain science）、神经心理学（neuropsychology）和信息科学（information science）等多学科的交叉研究领域，是近年来高科技领域的一个研究热点：其研究课题有神经网络专家系统、神经网络计算机、神经网络智能信息处理系统及控制系统等；其研究目标是通过研究人脑的组成原理和思维方式，探索人类智慧的奥秘，进而通过模拟人脑的结构和工作模式，使机器具有类似人类的智能，即具有人类进行学习和获取知识的能力。随着人工神经网络研究的深入，近年来在模式识别、机器学习、专家系统等多方面不断取得研究成果，已成为人工智能研究中最活跃的领域。

人工神经网络的研究基于生物神经网络，因此，要了解什么是人工神经网络，必须先了解生物神经网络的基本结构特性，然后了解如何使用人工神经网络来模拟生物神经网络的结构特性。

1．生物神经网络结构与功能

生物神经网络（Biological Neural Networks，BNN）是指由中枢神经系统（脑神经和脊髓）及周围神经系统（如感觉神经、运动神经、交感神经和副交感神经等）所构成的复杂神经网络，负责对动物机体各种活动的管理。构成生物神经网络的基本单元是生物神经元，是脑神经系统的核心。

（1）生物神经元的结构。人脑组织的基本单元是神经细胞，被称为生物神经元（biological neurons），简称为神经元，主要由细胞体、轴突、树突和突触构成，如图 10-1 所示。

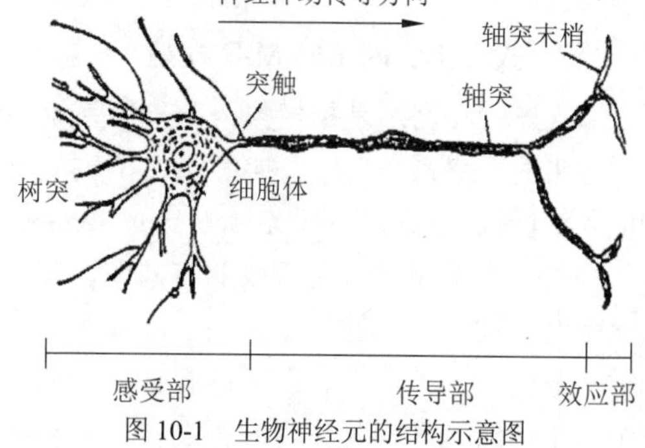

图 10-1　生物神经元的结构示意图

① 细胞体（cyton）。由细胞核、细胞质与细胞膜等组成，其直径为 5～100μm。细胞体是神经元的新陈代谢中心，同时还用于接收并处理从其他神经元传递来的信息，细胞膜内外有电位差，为 20～100mv，称为膜电位，膜外为正，膜内为负。

② 轴突（axon）。轴突是细胞体向外伸出的最长的一条分支，也称为神经“纤维”，并分为髓鞘纤维和无髓纤维两种结构形式。每个神经元只有一个轴突，长度最大可达 1m 以上，相当于神经元的“输出”电缆，它通过尾部分出的许多神经末梢以及梢端的轴突向其他神经元输出神经冲动。

③ 树突（dendron）。树突是细胞体向外伸出的除轴突外的其他分支，长度较短，但分支很多，相当于神经元的“输入端”，用于接收从四面八方传来的神经冲动。

④ 突触（synapse）。突触是神经元之间通过轴突（输出）与树突（输入）的接口部分，即一个神经元的神经末梢与另一个神经元的树突的交界面，位于神经元的神经末梢尾端，是轴突的终端。突触有两种类型：兴奋型突触和抑制型突触。

（2）生物神经元的功能。脑神经生理学研究表明，每个人脑有 10^{11}～10^{12} 个神经元，每一神经元有 10^3～10^4 个突触。

① 时空整合功能。神经元对不同时间通过同一突触传入的信息（神经冲动）具有时间整合功能，对同一时间通过不同突触传入的信息具有空间整合功能，两种功能结合，具有时空整合功能。

② 兴奋与抑制状态。神经元具有两种常规工作状态，即兴奋状态与抑制状态。兴奋状态是指神经元对输入信息经整合后使细胞膜电位升高，超过动作电位的阈值（约为 40mv）时，此时产生神经冲动并由轴突输出；抑制状态是指输入信息经整合后使膜电位下降至低于动作电位的阈值，从而导致无神经冲动输出。它满足 0-1 律，对应“兴奋-抑制”状态。

③ 脉冲与电位转换。突触界面具有脉冲/电位信号转换功能，沿神经纤维传递的电脉冲为等幅、恒宽、编码（60～100mv）的离散脉冲信号，而细胞膜电位变化为连续的电位信号，这两种信号是在突触接口进行变换的。在突触接口处进行数模转换时，是通过神经介质以量子化学方式实现（电脉冲——神经化学物质-膜电位）的变换过程。

④ 神经纤维传导速度。神经冲动沿神经纤维传导的速度在 1～150m/s，因纤维的粗细、髓鞘的有无而不同；有髓鞘的粗纤维，其传导速度在 100m/s 以上；无髓鞘的细纤维，其传导速度可降低到数 m/s。

⑤ 突触延期和不应期。突触对信息（神经冲动）的传递具有时延和不应期，在相邻的二次输入之间需要一个时间间隔，即为不应期。在此期间对激励不响应，不传递神经冲动。

⑥ 学习、遗忘和疲劳。由于结构可缩性，突触的传递作用有增强、减弱和饱和，所以细胞也具有相应的学习、遗忘或疲倦效应（饱和效应）。

随着脑科学和生物控制论研究的进展，人们对神经元的结构和功能有了更进一步的了解，神经元并不是一个简单的双稳态逻辑元件，而是超级的微型生物信息处理机或控制机。

2. 人工神经网络的 M-P 模型

人工神经网络是指模拟人脑神经系统的结构和功能，运用大量的处理部件，由人工方式建立起来的网络系统。人工神经网络由模拟神经元组成，把 ANN 看成以处理单元(processing element)为节点，用加权有向弧相互连接而成的有向图。其中，处理单元是对生物神经元的模拟，而有向弧则是对轴突—突轴—数突对的模拟，有向弧的权值表示相互连接的两个人工神经元间相互作用的强弱，人工神经网络由多个人工神经元相互连接组成，如图 10-2 所示。

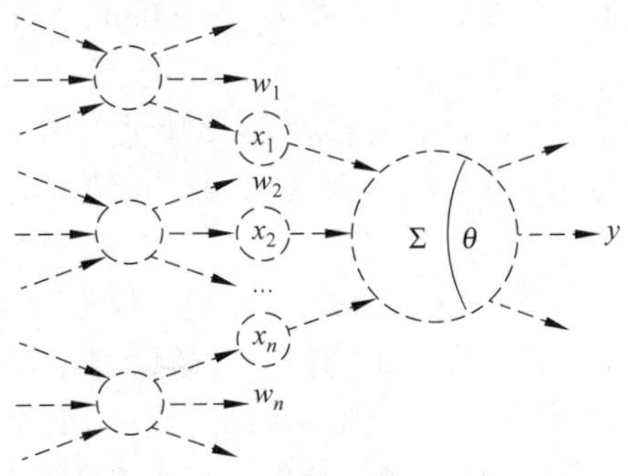

图 10-2 人工神经元的 M-P 模型

人工神经网络是 1943 年由美国生物学家麦洛克（W.Mc Culloch）和数理逻辑学家皮茨（W.Pitts）根据生物神经元的功能与结构共同提出的二值神经元模型，因而也被称为 M-P 模型。图 10-2 中，圆表示神经元的细胞体；x_i（$i = 1,2,\cdots, n$）表示该神经元的外部输入；w_i（$i = 1,2,\cdots, n$）表示该神经元分别与各输入间的连接，称为连接强度；θ 表示神经元的阈值；y 表示神经元的输出，它对应于生物神经元的轴突。来自其他神经元的输入乘以权值，然后相加。把所有总和与阈值电位比较，当总和高于阈值电位时，其输出为 1；否则，输出为 0。大的正权对应于强的兴奋性突触连接，小的负权对应于弱的抑制性突触连接。

3. 人工神经网络的数学描述

在 M-P 模型中，假设来自其他处理单元 i 的信息为 x，它们与本处理单元的互相作用强度为 w_i（$i=0,1,2,\cdots，n-1$)，处理单元内部的阈值为 0，那么本处理单元的输入、输出和激活值分别为

$$\sum_{i=0}^{n-1} w_i x_i\ , \qquad y = f(\sum_{i=0}^{n-1} w_i x_i - \theta)\ , \qquad \sigma = \sum_{i=0}^{n-1} w_i x_i - \theta \tag{10-1}$$

式中，x_i 为第 i 个元素的输入；w_i 为第 i 个元素与本处理单元的互联权重；f 称为激发函数（activation function）或作用函数，它决定节点（神经元）的输出，该输出位为 1 或为 0 取决于其输入之和大于或小于内部阈值 θ。激发函数一般具有非线性特性，常用的非线性激发函数有阈值型、分段线性型、Sigmoid 函数型（简称 S 函数型）和双曲正切型，如图 10-3 所示。

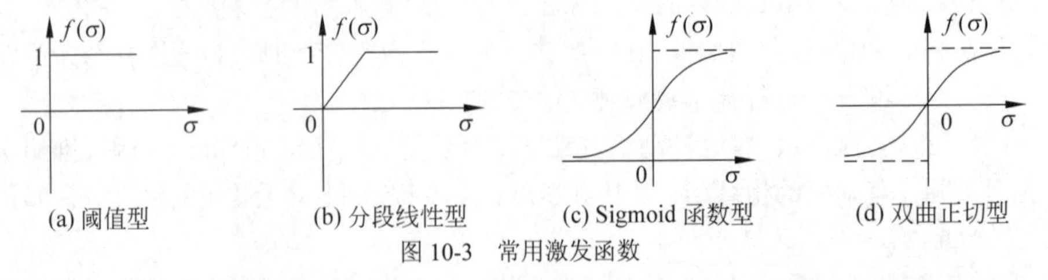

图 10-3 常用激发函数

（1）阈值型：又称为阶跃函数，它表示激活值 σ 和其输出 $f(\sigma)$ 之间的关系。阈值型函数为激发函数的神经元是一种最简单的人工神经元，即 M-P 模型。

（2）分段线性型：可以看作一种最简单的非线性函数，它的特点是将函数的值域限制在一定范围内，其输入、输出之间一定范围内满足线性关系，一直延伸到输出为最大阈值（饱和）

为止。

（3）Sigmoid 函数型：是一个有最大输出值的非线性函数，其输出值是在某个范围内连续取值的，以它为激发函数的神经元具有饱和特性。

（4）双曲正切型：实际上是一种特殊的 S 型函数，其饱和值是－1 和 1。

人工神经网络的工作过程主要由两个阶段组成：一个阶段是工作期，此时各连接权值固定地计算单元的状态变化，以求达到稳定状态；另一个阶段是学习期，即自我适应期或设计期。前一阶段工作较快，各单元的状态也称为短期记忆（short term memory）；后一阶段慢得多，连接权值及连接方式也称为长期记忆（long term memory）。

10.1.2　神经网络专家系统

专家系统是一种基于人工智能的计算机程序系统，传统的专家系统只能在有限的、定制式的规则中寻求答案，对于一个庞大的知识库或复杂难解的数据结构，传统的专家系统就显得无能为力。为此，人们提出了用人工神经网络推理机制开发专家系统，“人工神经网络专家系统”应运而生。

1．神经网络专家系统的基本原理

神经网络专家系统（Neural Network Expert System，NNES）是人工神经网络专家系统的简称。神经网络用大量神经元的互连及对各连接权值的分布来表示特定的概念或知识，因而在进行知识获取时只要求领域专家提供样本（范例或实例）及相应的解，通过特定的自学习算法对样本进行学习，然后，经过神经网络内部自适应算法不断修改权值分布，把领域专家求解实际问题的启发式知识和经验分布到神经网络的互连权值分布上。对于特定的输入模式，神经网络通过前向计算，产生一个输出模式，这一数值计算过程即神经网络专家系统的推理机制，主要由 3 部分组成。

（1）输入逻辑概念到输入模式的变换。根据论域的特点，确定变换规则，再根据相应规则，将目前的状态变换成神经网络的输入模式。

（2）网络内的前向计算。根据神经元的特征，其输入为 $x_i=\sum T_{ij}y_i$；T_{ij} 为连接权系，y_i 为神经元的输出且有 $y_i=f_i\ (x_i+\theta_i)$。其中 θ_i 为神经元的阈值，f_i 为单调增非线性函数。由此计算，即可产生神经网络的输出模式。

（3）输出模式解释。随着论域的不同，输出模式的解释规则各异。解释的主要目的是将输出数值向量转换成高层逻辑概念。

由此可见，特定解是通过输出节点和本身信号的比较而得到的，在这个过程中其余的解同时被排除，这就是神经网络并行推理的基本原理。在神经网络中，允许输入偏离学习样本，只要输入模式接近于某一学习样本的输入模式，则输出亦会接近学习样本的输出模式，这种性质使得神经网络专家系统具有联想记忆的能力。

2．神经网络专家系统的基本结构

神经网络专家系统的目标是利用神经网络的学习功能、大规模并行分布式处理功能、连续时间非线性动力学和全局集体作用实现知识获取自动化；克服组合爆炸和推理复杂性及无穷递归等困难，实现并行联想和自适应推理；提高专家系统的智能水平、实时处理能力及鲁棒性（是指控制系统在一定的参数摄动下，维持其他某些性能的特性）。因此，可以这样定义神经网络专家系统为一个四元组：

$$\text{NNES}=(\text{KB}，\text{NN}，\text{EX}，\text{IN})，\quad \text{KB}=\text{EB}\cup\text{IB}，\text{EB}=R\cup S，\text{IB}=W\cup L \quad (10\text{-}2)$$

式中，KB 是知识库，NN 是人工神经网络，EX 是输出解释器，IN 是人机接口。其中，EB 是外部知识库；$R=\{r_1, r_2, \cdots, r_n\}$是规则集，规则形如 LHS→RHS, LHS、RHS 分别是规则的前件集和后件集；$S=\{s_1, s_2, \cdots, s_n\}$是样板实例集，其中的元素 s_i 是输入样本的属性；IB 是内部知识库，W、L 分别为神经网络的权集合连接集；EX=（NO, EC, fe），其中 NO 是神经网络输出集，NO∈{0,1}，EC 是专家系统动作集，EC∈R，fe 是函数，fe: NO→EC。

基于四元组的神经网络专家系统的结构如图 10-4 所示，它由以下 4 个模块组成。

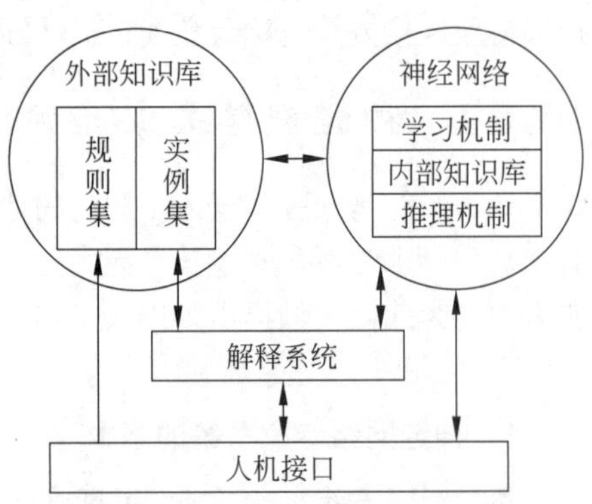

图 10-4　神经网络专家系统的结构

（1）外部知识库：用于存放用户输入的专家知识，包括规则集和实例集。

（2）神经网络：神经网络专家系统的核心，由学习机制、内部知识库、推理机制组成。

① 学习机制。根据外部知识库提供的数据集，按照一定的学习算法对神经网络进行训练，然后变换为神经网络内部的表达形式。

② 内部知识库。在神经网络内部以权值及连接隐含地表达专家知识。

③ 推理机制。推理的过程对应着神经网络内部状态演变（活跃）的轨迹，把活跃过的神经节点记录下来，便可以对神经网络的推理过程做出解释。

（3）解释系统：把神经网络的输出结果转换为人们便于理解的逻辑概念或特定的动作。

（4）人机接口：是神经网络专家系统的用户界面，即 I/O 接口，它提出问题并获得结果。

3. 神经网络专家系统的功能特点

神经网络专家系统是以神经网络为核心建造的一种符号与数值相结合的智能系统，不仅可以模拟人类专家的逻辑思维方式进行推理决策和问题求解，还具有自学习能力、自适应能力、并行推理能力、联想记忆能力。而这一切，都是基于神经网络。利用神经网络为专家系统提供模式识别能力、相关存储能力以及信号处理能力；利用神经网络的自学习能力使专家系统能够根据系统的数据、实例进行规则的学习与调整；利用神经网络的数字特征协助专家系统处理非线性和不确定性复杂信息；利用神经网络协助专家系统提高逻辑推理效率。

神经网络系统的主要特征是大规模模拟并行处理信息的分布式存储、连续时间非线性动力学、全局集体作用、高度的容错性和鲁棒性、自组织自学习及实时处理。它可直接输入范例，信息处理分布于大量神经元的互连之中，并且具有冗余性，许许多多神经元的“微”活动构成了神经网络总体的“宏”效应，这些正是它与传统的人工智能的差别所在。

10.1.3　智能机器人

智能机器人（intelligent robot）是指具有人类智慧，能够在各类环境中自主地或交互地执行各种拟人任务（anthropomorphic tasks）的机器，与智能机器人概念密切相关的有机器人和机器人学。

机器人（robot）是一种自动化机器，这种机器具备一些与人或生物相似的智能能力，如感知能力、规划能力、动作能力和协同能力，是一种具有高度灵活性的自动化机器。

机器人学（robotics）是与机器人设计、制造和应用相关的科学，又称为机器人技术或机器人工程学，主要研究机器人的控制与被处理物体之间的相互关系。

随着计算机科学技术的高速发展与人工智能技术的广泛应用，智能机器人技术在各领域中的应用越来越广泛，由于它能有效促进国民经济的高速发展，因而受到世界各国的高度关注和重视。

1. 智能机器人的功能特征

要使智能机器人具有类似于人的基本功能和完成人的某些特定工作，智能机器人必须具备人的某些特征，具体来说，至少要具备 3 个基本要素：感觉、效应、思考。

（1）感觉（feel）。智能机器人必须具有各种类型的内部信息传感器和外部信息传感器，如视觉、听觉、触觉、嗅觉。这些要素实质上就是相当于人的眼、鼻、耳等五官，可以利用诸如摄像机、图像传感器、超声波传感器、激光器、导电橡胶、压电元件、气动元件、行程开关等机电元器件来实现。

（2）效应（effect）。智能机器人除了具有感受器外，还有效应器，作为作用于周围环境的手段。这个类似于人体筋肉的效应器就是自整步电动机，使手、脚、鼻等触觉都动起来。

（3）思考（think）。根据感觉要素所得到的信息要思考出采用什么样的动作。思考是 3 个要素中的关键，也是人们要赋予机器人必备的要素。思考包括判断、逻辑分析、理解等方面的智力活动。这些智力活动实质上是一个信息处理过程，而计算机则是完成这个处理过程的主要手段。

2. 智能机器人的基本类型

机器人可分为一般机器人和智能机器人。一般机器人是指不具有智能，只具有按给定程序执行操作的机器人；智能机器人是指至少具有上述三要素的机器人。智能机器人的研究从 20 世纪 60 年代初开始，经过几十年的发展，已形成多种不同类型的智能机器人。从作用原理划分，可分为传感型机器人、交互型机器人、自主型机器人等；从行业用途划分，可分为工业机器人、农业机器人、智能陪护机器人等；从智能程度划分，可分为初级智能机器人和高级智能机器人。

（1）初级智能机器人。具有像人那样的感受、识别、推理和判断能力，可以根据外界条件的变化，在一定范围内自行修改程序，并对自己做出相应调整。不过，修改程序的原则是由人预先设定的。初级智能机器人已拥有一定的智能，虽然还没有自动规划的能力，但已逐步走向成熟，达到实用水平。

（2）高级智能机器人。与初级智能机器人不同的是，修改程序的原则不是由人设定的，而是机器人自己通过学习，总结经验来获得修改程序的原则，所以它的智能高出初级智能机器人。这种机器人已拥有一定的自动规划能力，能够自己安排自己的工作。此外，这种机器人可以不要人的照料，完全独立工作，故称为高级智能机器人，这种机器人已开始走向实用。

3. 智能机器人的关键技术

随着社会发展的需要和机器人应用领域的扩大，人们对智能机器人的要求越来越高。由于智能机器人所处的环境往往是未知的、难以预测的，所以在研究这类机器人的过程中，必将涉及以下关键技术。

（1）导航与定位。在机器人系统中，自主导航是一项核心技术，也是机器人研究领域的重点和难点问题。导航的基本任务，一是基于环境理解的全局定位，通过环境中景物的理解，识别人为路标或具体实物，以完成对机器人的定位，为路径规划提供素材；二是目标识别和障碍物检测，实时对障碍物或特定目标进行检测和识别，提高控制系统的可靠性和稳定性；三是安全保护，能对机器人工作环境中出现的障碍和移动物体作出分析，避免对机器人造成损伤。

（2）路径规划。依据某个或某些优化准则（如工作代价最小、行走路线最佳、行走时间最短等）规划最优路径。在机器人工作空间中找到一条从起始状态到目标状态，避开障碍物的最优路径，是机器人研究领域的一个重要分支。规划智能最优路径的方法是将遗传算法、模糊逻辑以及神经网络等人工智能方法应用到路径规划中，以此提高机器人路径规划的避障精度，加快规划速度，满足实际应用的需要。在最优路径规划中，应用最多的主要算法有模糊方法、神经网络、遗传算法、Q 学习算法（Q Learning）、混合算法等，这些方法在障碍物环境已知或未知的情况下，均已取得一定的研究成果。其中，Q 学习算法是一种典型的与模型无关的人工智能算法。

（3）机器人视觉。机器人视觉系统的工作包括图像的获取、图像的处理和分析、输出和显示。核心任务是特征提取、图像分割和图像辨识。而如何精确、高效地处理视觉信息是视觉系统的关键问题。视觉信息处理逐步细化，包括视觉信息的压缩和滤波、环境和障碍物检测、特定环境标志的识别、三维信息感知与处理等。

（4）智能控制。随着机器人技术的发展，对于无法精确解析、建模的物理对象以及信息不足的病态过程，传统控制理论暴露出许多缺点甚至无能为力。近年来，许多学者提出了各种不同的机器人智能控制系统。机器人的智能控制方法有模糊控制，神经网络控制，智能控制技术的融合（模糊控制和变结构控制的融合、神经网络和变结构控制的融合、模糊控制和神经网络控制的融合、基于遗传算法的模糊控制方法）等。

智能控制方法提高了机器人的速度和精度，但也有其自身的局限性。例如，机器人模糊控制中的规则库如果很庞大，推理过程的时间就会过长；如果规则库很简单，控制的精确性又会受到限制；无论是模糊控制还是变结构控制，抖振现象都会存在，这将给控制带来严重的影响；神经网络的隐层数量和隐层内神经元数的合理确定仍是神经网络在控制方面所遇到的问题；神经网络易陷于局部极小值等问题。所有这些问题，都是智能控制设计中亟待解决的问题。

（5）人机接口技术。智能机器人的研究目标并不是完全取代人，复杂的智能机器人系统仅依靠计算机来控制是有一定困难的，即使可以做到，由于缺乏对环境的适应能力而并不实用，所以智能机器人系统还不能完全排斥人的作用，而是需要借助人机协调来实现系统控制。因此，设计良好的人机接口就成为智能机器人研究的又一个重点问题。

人机接口技术是研究如何使人方便、自然地与计算机交流的技术。为了实现这一目标，除了要求机器人控制器有一个友好、灵活、方便的人机交互界面之外，还要求计算机能够看懂文字、听懂语言、说话表达，甚至能够进行不同语言之间的翻译，而这些功能的实现又依赖于知识表示方法的研究。因此，研究人机接口技术既有理论研究价值，又有巨大的应用价值。随着多媒体技术的高速发展，人机接口技术已经取得了显著成果，文字识别、语音识别与合成、图像识别与处理、机器翻译等技术已经开始实用化。在智能机器人中，人机接口装置、交互技术、监控技术、远程操作技术、通信技术等也是人机接口技术的重要组成部分，其中远程操作技术是一个重要的研究方向。

随着计算机科学技术的高速发展，计算机芯片技术的不断更新，人工神经网络和模糊控制技术的日臻完善，将会极大地加速智能机器人走向全面适用化的进程。

10.2 习 题 解 析

本章习题主要考查学生对人工智能、虚拟现实、移动互联网、物联网、云计算、大数据等技术的了解程度。通过习题解析，进一步加深对这些新技术概念的理解和应用的了解。

10.2.1 选择题

1. 目前，人工智能的关键技术可以概括为模式识别、语音识别、语言理解、机器学习和（　　）5个方面。

A．语言识别　　B．符号识别　　C．机器推理　　D．智能行为

【解析】 目前，人工智能的关键技术可以概括为模式识别、语音识别、语言理解、机器学习和智能行为5个方面。**[参考答案]** D

2. 人工智能从它的形成到发展，经历了3个阶段：（　　）、形成期和发展期。

A．探索期　　B．孕育期　　C．推理过程　　D．推理特点

【解析】 人工智能从它的形成到发展，经历了漫长的探索过程，可将其归纳为3个阶段：孕育期、形成期和发展期。**[参考答案]** B

3. 所谓专家系统，实际上就是一个基于专门领域知识来求解特定问题的（　　）系统。

A．人工智能　　B．专家知识　　C．计算机程序　　D．知识推理

【解析】 专家系统是一个基于专门领域知识来求解特定问题的计算机程序系统，主要用它来模仿人类专家的活动。**[参考答案]** C

4. 虚拟现实技术有三大特征，下列选项中，（　　）不包括在内。

A. 沉浸性　　B. 交互性　　C. 构想性　　D. 快速性

【解析】 虚拟现实技术的三大特征是沉浸性、交互性和构想性。**[参考答案]** D

5. 移动互联网已实现从模拟网向数字网的转换，并能传输语音、数据、视频等（　　）。

A. 多媒体信息　　B. 网络信息　　C. 模拟信息　　D. 通信信息

【解析】 移动互联网已实现从模拟网向数字网的转换，并能传输语音、数据、视频等多媒体信息。**[参考答案]** A

6. 物联网将物品通过射频识别信息、传感设备与（　　）连接，以实现物品的智能化识别和管理。

A. 因特网　　B. 互联网　　C. 交换机　　D. 集线器

【解析】 物联网将物品通过射频识别信息、传感设备与互联网连接，实现物品的智能化识别和管理。**[参考答案]** B

7. 物联网的核心和基础仍然是互联网，物联网的体系结构包括应用层、网络层和（　　）。

A. 物理层　　B. 协议层　　C. 感知层　　D. 链路层

【解析】 物联网的体系结构包括应用层、网络层和感知层。**[参考答案]** C

8. 云计算是将网络中分布的计算、存储、服务设备、（　　）等资源集中起来，将资源以虚拟化的方式为用户提供方便、快捷的服务。

A. 网络设备　　B. 服务器　　C. 操作系统　　D. 网络软件

【解析】云计算是将网络中分布的计算、存储、服务设备、网络软件等资源集中起来，将资源以虚拟化的方式为用户提供方便、快捷的服务。[参考答案] D

9. 云计算系统管理技术是云计算的“大脑”，通过自动化、智能化的手段实现系统的(　　)。

A. 运营与管理　B. 连接与实现　C. 高速运算　D. 数据交换

【解析】云计算系统管理技术通过自动化、智能化的手段实现系统的运营与管理。[参考答案] A

10. 目前，典型的大数据应用主要包括商业智能、智慧城市和(　　)三大领域。

A. 决策支持　B. 社交网络服务　C. 政府决策　D. 公共服务

【解析】大数据应用主要包括商业智能、智慧城市和社交网络服务三大领域。[参考答案] B

10.2.2　问答题

1. 什么是人工智能?

【解析】人工智能是研究、设计和应用智能机器或智能系统来模拟人类智能活动的能力，以延伸人类智能的科学。

2. 人工智能的关键技术是什么?

【解析】人工智能的关键技术是模式识别、语音识别、自然语言理解、机器学习和机器人学。

3. 什么是虚拟现实技术?

【解析】虚拟现实技术是采用计算机技术生成的一个逼真的视觉、听觉、触觉及嗅觉等的感觉世界，用户可以用人的自然技能对这个生成的虚拟实体进行交互考察。

4. 虚拟现实技术是基于哪种应用技术发展起来的?

【解析】虚拟现实技术起源于多媒体和可视化技术，反映了人机关系的演化过程，是一种多维信息的人机界面，也是多媒体技术的最高境界。

5. 什么是移动互联网?其关键技术是什么?

【解析】移动互联网是在互联网的基础上，将智能移动终端与无线网络相结合的一种新兴互联网络。移动互联网的关键技术是移动互联网通信技术和移动互联网终端技术。

6. 什么是物联网?它与互联网有何区别?

【解析】物联网是基于互联网、传统电信网等信息承载体，让所有能行使独立功能的普通物体实现互联、互通的网络。物联网与互联网的区别主要有 4 个方面：一是它们所面向的对象不一样，互联网所面向的对象是人，物联网所面向的对象是人和物；二是使用者不一样，互联网的使用者是人，物联网的使用者是人和物；三是两者的起源不一样，互联网的起源是计算机技术和网络技术，物联网的起源是传感器技术的创新和云计算的出现；四是技术重点不一样，物联网是以数据采集、后台云计算为主，而互联网则是以网络协议为主。

7. 什么是云计算?

【解析】云计算是将网络中分布的计算、存储、服务设备、网络软件等资源集中起来，将资源以虚拟化的方式为用户提供方便、快捷的服务。

8. 目前，云计算的主要应用领域有哪些?

【解析】云计算技术虽然诞生时间不长，但发展很快，并得到广泛应用。目前主要应用领域有金融与能源领域、电子商务领域、电子政务领域、教育科研领域、医药医疗领域、制造业领域等。

9. 什么是大数据技术？目前的主要应用领域有哪些？

【解析】“大数据”是指需要新处理模式才能具有更强的决策力、洞察发现力和流程优化能力的海量、高增长率和多样化的信息资产。目前主要应用领域有商业智能、智慧城市、社交网络服务、智能电网等。

10. 大数据的关键技术有哪些？

【解析】目前，大数据的关键技术主要有大数据采集技术、大数据预处理技术、大数据存储及管理技术、大数据分析及挖掘技术、大数据展现和应用等。

10.3 知 识 背 景

为了加深对人工智能技术的进一步了解，本节介绍对人工智能技术的研究与发展作出了杰出贡献的 6 位计算机科学家的生平事迹。

10.3.1 LISP 之父——约翰·麦卡锡

约翰·麦卡锡（John McCarthy，1927—2011，见图 10-5）。美国计算机科学家，是“达特茅斯会议”的发起者之一，提出了“人工智能”（Artificial Intelligence，AI）概念，并使之成为一个重要的学科领域。麦卡锡在人工智能的发展过程中作出了突出贡献，他所开发的 LISP 语言（List Processing Language）成为人工智能界第一个最广泛流行的语言，因而被称为 LISP 之父。

图 10-5　约翰·麦卡锡

麦卡锡 1927 年 9 月 4 日出生于美国波士顿市，从小勤奋好学。上初中时，他自学了加州理工大学低年级的高等数学。1948 年大学毕业后，麦卡锡到普林斯顿大学研究生院深造。正是在这里，麦卡锡开始对人工智能产生了兴趣。1948 年 9 月，在一个“脑行为机制”的专题讨论会上，冯·诺依曼发表了一篇关于自复制自动机的论文，提出了可以复制自身的机器的设想，这激起了麦卡锡的极大兴趣和好奇心，自此便尝试在计算机上模拟人的智能。1949 年，他向冯·诺依曼谈了自己的想法，得到冯·诺依曼的赞成和支持，冯·诺依曼鼓励他研究下去。

1951 年，麦卡锡取得数学博士学位，留校工作两年后转至斯坦福大学，但也只工作了两年就去了位于新罕布什尔州汉诺威的达特茅斯学院任教。

在 1956 年达特茅斯会议前后，麦卡锡的主要研究方向是计算机下棋，其研究重点之一是如何减少计算机需要考虑的棋步。经过艰苦探索，终于发明了著名的 α-β 搜索法，使搜索能有效进行。在 α-β 搜索法中，麦卡锡将节点的产生与求评价函数值（返上值或倒推值）两者巧妙地结合起来，从而使某些子树节点根本不必产生与搜索（称为“修剪”——pruning 或 cut-off），使下棋快速搜索能有效进行。搜索法至今仍是解决人工智能问题中一种常用的高效方法。

1958 年，麦卡锡到麻省理工学院任职，与明斯基一起组建了世界上第一个人工智能实验室，并提出了将计算机的批处理方式改造成为能同时允许数十甚至上百用户使用的分时方式（time-sharing）的建议，并推动麻省理工学院成立组织开展研究，实现了世界上最早的分时系统——基于 IBM 7094 的 CTSS 和其后的 MULTICS。1962 年，麦卡锡离开麻省理工学院重返斯坦福大学，参加了基于 DEC PDP-1 的分时系统的开发，并在那里组建了第二个人工智能实验室。

1959 年，麦卡锡基于阿隆索·丘奇（Alonzo Church）的 λ-演算和西蒙、纽厄尔首创的“表结构”，开发了著名的LISP语言。LISP语言成为人工智能界第一个广泛流行的语言。

除了人工智能方面的研究和贡献之外，麦卡锡也是最早对程序逻辑进行研究并取得成果的学者之一。1963年他发表的论文《计算的数学理论的一个基础》集中反映了这方面的成果。麦卡锡在该论文中系统地论述了程序设计语言语义形式化的重要性以及它同程序正确性、语言的正确实现等问题的关系，并提出在形式语义研究中使用抽象语法和状态向量等方法，开创了程序逻辑（logic of programs）研究的先河。程序逻辑就是一种语言，用这种语言可以无二义地表达程序的各种性质，其语义规定了该语言中各种表达式的意义，用同意义相关的方式去操作这些表达式，以计算该语言中各种断言（assertion）的真值。研究程序的逻辑对于帮助人们了解软件是否合理十分重要，可以用于程序验证（program verification）、自动程序设计、程序分析等方面。

麦卡锡因在人工智能领域的贡献，获得了很多荣誉。他1971年获得图灵奖；1988年获得由日本INAMORI基金会设立的KYOTO奖，这个奖主要奖励在高科技方面作出杰出贡献的科学家，麦卡锡是这个奖的第5位获得者。1987年，麦卡锡当选英国皇家工程院院士；1989年又当选美国国家科学院院士；1990年获美国全国科学奖章（National Medal of Science）。2011年10月24日晚上，约翰·麦卡锡与世长辞，享年84岁。

10.3.2　人工智能专家——马文·明斯基

马文·明斯基（Marvin Minsky，1927—，见图10-6），是美国科学院和美国国家工程院院士。他建立了框架理论，开发出世界上最早的机器人，创立了世界上第一座专攻人工智慧的实验室，为人工智能的建立与发展作出了多方面的贡献，获得1969年度图灵奖。

图10-6　马文·明斯基

明斯基1927年8月9日出生于纽约市，中学时代对电子学和化学表现出兴趣。1945年高中毕业后，明斯基应征入伍，按明斯基本人后来的说法，这是他第一次、也是最后一次和非学术界的人在一起。退伍后，1946年，他进入哈佛大学主修物理，但他选修的课程相当广泛，从电气工程、数学到遗传学，涉及多个学科和专业，有一段时间他还在心理学系参加过课题研究。当时流行的一些关于心智起源的学说与理论使他难以接受，如新行为主义心理学家伯尔赫斯·弗雷德里克·斯金纳（Burrhus Frederic Skinner，1904—1990）根据一些动物行为的事实提出理论，把人的学习与动物的学习等同起来，明斯基就不以为然，并激发了他要把这个困难问题弄清楚的决心。后来他放弃物理改修数学，并于1950年毕业，之后进入普林斯顿大学研究生院深造。第二次世界大战以前，图灵正是在这里开始研究机器是否可以思考这个问题的，明斯基也在这里开始研究同一问题。1951年，他提出了关于思维如何萌发并形成的一些基本理论，并建造了一台学习机——Snare。Snare是世界上第一个神经网络模拟器，其目的是学习如何穿过迷宫。在Snare的基础上，明斯基综合利用他多学科的知识，解决了使机器能基于对过去行为的知识预测其当前行为的结果这一问题，并以“神经网络和脑模型问题”（*Neural nets and the brain model problem*）为题完成了博士论文。他1954年取得博士学位，并留校工作3年，其间他与麦卡锡、香农等人一起发起并组织了成为人工智能起点的“达特茅斯会议”。在这个具有历史意义的会议上，明斯基的Snare，麦卡锡的α-β搜索法，以及西蒙和纽厄尔的“逻辑理论机”（logic theorist）成为会议的3个亮点。1958

年，明斯基从哈佛大学转至麻省理工学院，麦卡锡也由达特茅斯来到麻省理工学院与他会合，他们在这里共同创建了世界上第一个人工智能实验室。

明斯基在人工智能方面的贡献是多方面的。1975 年，他首创框架理论（frame theory），框架理论的核心是以框架这种形式来表示知识。框架的顶层是固定的，表示固定的概念、对象或事件。下层由若干槽（slot）组成，其中可填入具体值，以描述具体事物特征。每个槽可有若干侧面（facet），对槽作附加说明，如槽的取值范围、求值方法等。这样，框架就可以包含各种各样的信息，如描述事物的信息，如何使用框架的信息，对下一步发生什么的期望，期望如果没有发生该怎么办等。利用多个有一定关联的框架组成框架系统，就可以完整而确切地把知识表示出来。

明斯基还把人工智能技术和机器人技术结合起来，开发出了世界上最早的、能够模拟人类活动的机器人 Robot C，使机器人技术跃上了一个新台阶。他的另一个大举措是创建了著名的思维机公司（Thinking Machines inc.），开发具有智能的计算机。

明斯基获得 1969 年度图灵奖时才 42 岁，1981—1982 年出任美国人工智能学会（AAAI）的第三任主席，为推动人工智能的建立和发展作出了重要贡献。

10.3.3　人工智能专家——赫伯特·西蒙

赫伯特·西蒙（Herbert Simon，1916—2001，见图 10-7），美国管理学家和社会科学家，经济组织决策管理大师。他倡导的决策理论，是以社会系统理论为基础，吸收古典管理理论、行为科学和计算机科学等内容而发展起来的一门边缘学科。1975 年，因在创立和发展人工智能方面的杰出贡献，他和纽厄尔同获图灵奖。1978 年，由于他在决策理论研究方面的突出贡献，被授予第十届诺贝尔经济学奖。

图 10-7　赫伯特·西蒙

西蒙 1916 年 6 月 15 日出生于美国威斯康星州密歇根湖畔的密尔沃基市（Milwaukee），他从小聪明好学，在芝加哥大学（University of Chicago）注册入学时年仅 17 岁。在上大学时，西蒙就对密尔沃基市游乐处的组织管理工作进行过调查研究，这项研究激发了西蒙对行政管理人员如何进行决策这一问题的兴趣，这个课题从此成为他一生事业中的焦点。1936 年他从芝加哥大学毕业，取得政治学学士学位以后，应聘到国际城市管理者协会（International City Managers Association，ICMA）工作，参加工作后广泛接触计算机并产生了浓厚兴趣，很快成为用数学方法衡量城市公用事业的效率专家。

1939 年，他转至加州大学伯克利分校，负责由洛克菲勒基金会资助的一个项目，该项目是对地方政府的工作和活动进行研究。1943 年他完成了关于组织机构如何决策的博士论文。随后，西蒙来到伊利诺伊理工学院（Illinois Institute of Technology）政治科学系工作了 7 年。1949 年他来到卡内基-梅隆大学，在新建的经济管理研究生院任教，他一生中最辉煌的成就就是在这里做出的。

20 世纪 50 年代，西蒙和艾伦·纽厄尔（Allen Newell）以及另一位著名学者约翰·肖（John Shaw）一起，成功开发了世界上最早的启发式程序“逻辑理论机”。逻辑理论机证明了数学名著《数学原理》一书第 2 章 52 个定理中的 38 个，1963 年对逻辑理论机进行改进后可证明全部 52 个定理，受到了人们的高度评价，认为是用计算机探讨人类智力活动的第一个真正的成果，也是图灵关于机器可以具有智能这一论断的第一个实际的证明。同时，逻辑理论机也开创了机器定理证明（mechanical theorem proving）这一新的学科领域。

在 1956 年夏天的达特茅斯会议上，西蒙和纽厄尔带到会议上的“逻辑理论机”是当时唯一可以工作的人工智能软件，引起了与会代表的极大兴趣与关注。因此，西蒙、纽厄尔以及达特茅斯会议的发起人麦卡锡和明斯基被公认为人工智能的奠基人，4 人均被称为“人工智能之父”。

10.3.4　人工智能专家——艾伦·纽厄尔

艾伦·纽厄尔（Allen Newell，1927—1992，见图 10-8），是计算机科学和认知信息学领域的科学家，曾在兰德（RAND）公司、卡内基-梅隆大学计算机学院、泰珀商学院和心理学系任职和教研。他是信息处理语言（Information Processing Language，IPL）发明者之一，并写了该语言最早的两个 AI 程序，合作开发了逻辑理论家（logic theorist）和通用问题求解器（general problem solver）。1975 年，他和赫伯特·西蒙一起因人工智能方面的基础贡献而被授予图灵奖。1992 年 6 月，美国总统乔治·赫伯特·沃克·布什向他颁发了全国科学奖章。

图 10-8　艾伦·纽厄尔

纽厄尔 1927 年 3 月 19 日出生于旧金山。第二次世界大战期间，纽厄尔在海军服了两年预备役。战后他进入斯坦福大学学习物理，1949 年获得学士学位。之后在普林斯顿大学研究生院攻读数学，一年以后辍学到兰德公司工作，和空军合作开发早期预警系统。系统需要模拟在雷达显示屏前工作的操作人员在各种情况下的反应，因而使纽厄尔对“人如何思维”这一问题发生兴趣。也正是从这个课题开始，纽厄尔和卡内基-梅隆大学的西蒙建立了合作关系，提出了“中间结局分析法”（means ends analysis）作为求解人工智能问题的一种技术。这种方法需要找出目标要求与当前态势之间的差异，选择有利于消除差异的操作以逐步缩小差异并最终达到目标。利用这种方法，他们研制成最早的启发式程序——逻辑理论机（logic theory machine）。在开发逻辑理论机、通用问题求解器的过程中，纽厄尔所表现出的才能与创新精神深得西蒙的赞赏，在西蒙的竭力推荐下，纽厄尔得以在卡内基-梅隆大学注册为研究生，并在西蒙指导下完成了博士论文，于 1957 年获得卡内基-梅隆大学博士学位。

1961 年纽厄尔离开兰德公司，正式加盟卡内基-梅隆大学，和西蒙、艾伦·佩利（Alan Perlis）一起筹建了卡内基-梅隆大学的计算机科学系，这是美国甚至全世界第一批建立计算机系的高校之一。他们为卡内基-梅隆大学研制与开发过一些著名的计算机系统，不仅为卡内基-梅隆大学计算机科学系的建设与发展作出了巨大贡献，而且对计算机技术的发展产生了重要影响。

纽厄尔和西蒙在人工智能中作出的另一种贡献是他们提出的“物理符号系统假说”（Physical Symbol System Hypothesis，PSSH），从而成为人工智能中影响最大的符号主义学派的创始人和代表人物。所谓物理符号系统，按照西蒙和纽厄尔 1976 年给出的定义，就是由一组称为符号的实体所组成的系统，这些符号实体都是物理模型，可作为分组出现在另一个符号实体中。任何时候，系统内部均有一组符号结构，以及作用在这些符号结构上以生成其他符号结构的一组过程，包括建立、复制、删除这样一些过程。所以，一个物理符号系统就是逐渐生成一组符号的生成器。根据这一假设，物理符号系统就是对一般智能行为具有充分而必要手段的系统，即任一物理符号系统如果是有智能的，则必能执行对符号输入、输出、存储、复制、条件转移和建立符号结构 6 种操作。反之，能执行这 6 种操作的任何系统，也就一定能够表现出智能。根据这个假设，可获得 3 个推论：①人是具有智能的，因此人是一个物理符号系统；②计算机是一个物理符号系统，因此它必具有智能；③计算机能模拟人，或者说能模拟人的大脑。

西蒙和纽厄尔都是卡内基-梅隆大学的教授，他们曾是师生，后来成为亲密的合作者，共事长达 42 年，直至纽厄尔去世。西蒙和纽厄尔在人工智能研究方面的主要成果可概括为，一是人工智能系统的实现和开发；二是提出了物理符号系统假说；三是发展、完善了语义网络的概念和方法。

纽厄尔生前是美国国家科学院院士和美国国家工程院院士，是美国人工智能学会（AAAI）的发起人之一，并曾任该学会主席（1979—1980）。他还曾出任美国认知科学学会（Cognitive Science Society）的主席。1992 年 6 月，他获得全国科学奖章（National Medal of Science）。一个月后，1992 年 7 月 19 日，纽厄尔因癌症去世，享年 65 岁。

10.3.5　人工智能专家——爱德华·费根鲍姆

爱德华·费根鲍姆（Edward Feigenbaum，1936—，见图 10-9），美国斯坦福大学计算机科学家，1965 年成功研制了世界上第一个专家系统，1994 年度的图灵奖得主。

图 10-9　爱德华·费根鲍姆

费根鲍姆 1936 年出生于美国新泽西州的威霍肯市（Weehawken），在 12 岁时自学钢琴，高中时自学微积分。他从父亲的朋友那里得到一部有交换线路的机器和一份由克劳德·艾尔伍德·香农所写的关于布尔逻辑的论文，这些东西都令费根鲍姆着迷。

1952 年费根鲍姆进入卡内基理工学院（现卡内基-梅隆大学）电气工程系学习。在那里，他遇到了诺贝尔奖得主西蒙。在西蒙的指导下，费根鲍姆实现了一个模拟人在刺激—反应环境中记忆单词时才反应的程序——基本识别和存储设备系统（Elementary Perceiver And Memorizer，EPAM），并以此为题完成了他的博士学位。之后，费根鲍姆来到英国国立物理实验室（NPL）工作了一段时间。

回到美国后，费根鲍姆进入斯坦福大学继续其人工智能的研究。在人工智能初创的第一个 10 年中，人们看重的是问题求解和推理的过程。费根鲍姆将理论研究与实验研究紧密结合，1965 年，费根鲍姆和斯坦福大学遗传学系主任、诺贝尔奖获得者乔舒亚·莱德伯格（Joshua Lederberg）等人合作，开发出了世界上第一个专家系统——DENDRAL（根据分子式及其质谱推断分子结构的专家系统）。DENDRAL 中保存着化学家的知识和质谱仪的知识，可以根据给定的有机化合物的分子式和质谱图，从几千种可能的分子结构中挑选出一个正确的分子结构。DENDRAL 的成功不仅验证了费根鲍姆关于知识工程理论的正确性，还为专家系统软件的发展和应用开辟了道路，逐渐形成具有相当规模的市场，其应用遍及各个领域、各个部门。因此，DENDRAL 的研究成功被认为是人工智能研究的一个历史性突破。费根鲍姆领导的研究小组后来又为医学、工程和国防等部门研制成功一系列实用的专家系统，其中尤以医学专家系统方面的成果最为突出，最负盛名。例如，用于帮助医生诊断传染病和提供治疗建议的著名专家系统 MYCIN 等。目前，学术界公认，在将人工智能技术应用于医学方面，斯坦福大学处于世界领先地位，这和费根鲍姆是分不开的。

费根鲍姆非常善于研究、实验和总结。1963 年费根鲍姆主编了《计算机与思想》(*Computers and thought*)，这本书被认为是世界上第一本有关人工智能的经典专著。书中收录的 21 篇文章是人工智能学者早期的研究成果，但其中的大部分观点和结论至今仍被认同。

费根鲍姆的重大贡献在于通过实验和研究，证明了实现智能行为的主要手段在于知识，在多数实际情况下是特定领域的知识，因而在1977年举行的第五届国际人工智能联合会议上最早提出了“知识工程”（knowledge engineering），并使知识工程成为人工智能领域中取得实际成果最丰富、影响也最大的一个学科分支。费根鲍姆有句名言：“知识中蕴藏着力量”（In the knowledge lies the power）。这句话和培根的名言“知识就是力量”意义相近，但似乎更确切些：知识只有被人所发掘和掌握时，才能产生力量。

20世纪80年代，费根鲍姆与Avron Barr等人合编了四卷本的《人工智能手册》（*The handbook of artificial intelligence*），前三卷于1981年、1982年由William Kaufmann出版社出版，第四卷于1989年由 Addison Wesley 出版社出版。这套手册的内容涵盖了人工智能的理论与实践的各个方面，是从事人工智能研究和开发的工程技术人员必备的参考书。

费根鲍姆在接受图灵奖时发表了题为：《“什么”怎样变成“如何”》的演说（*How the "what" becomes the "how"*），对人工智能的发展作了一个历史性的回顾与总结，全文刊载于 *Communications of the ACM*，1996年5月，97～104页。

10.3.6　人工智能专家——拉吉·雷迪

拉吉·雷迪（Raj Reddy，1937—，见图10-10），是英籍印度计算机科学家，1994年度的图灵奖由两位人工智能专家分享，一位是费根鲍姆；另一位就是拉吉·雷迪。

图 10-10　拉吉·雷迪

雷迪1937年出生于印度，1958年从印度大学毕业，取得学士学位后去澳大利亚留学，在新南威尔士大学（The University of New South Wales）获硕士学位之后，去美国斯坦福大学深造，师从麦卡锡和明斯基，1966年获得博士学位并加入英国国籍。然后，他来到卡内基-梅隆大学。这里的人工智能研究是居世界前列的，雷迪有幸与纽厄尔和西蒙一起工作，得到他们的指点和帮助。在这样的环境下，通过雷迪自己的努力，他成长为人工智能领域的佼佼者。雷迪主持过许多大型人工智能系统的开发，取得了一系列引人注目的成就。

雷迪曾任卡内基-梅隆大学计算机学院院长，微软研究院顾问委员会委员，也是许多著名学术团体，如IEEE、ACM、AAA（美国声学会）的高级会员。1979年，他担任国际AI联合会议主席时，又带头发起成立了美国人工智能协会，并于1987—1989年任AAAI会长。他也是美国国家科学院和国家工程院院士，1997年被选为克林顿总统的信息技术咨询委员会委员。雷迪出身于发展中国家，因此他把将高新技术推广到发展中国家的工作看作自己应尽的义务，并因此于1984年获得法国总统密特朗授予的古罗马勋章。1999年6月28日，雷迪应邀来到中国，参加由《计算机世界》和微软中国研究院联合举办的“21世纪的计算学术研讨会暨中美顶级计算机科学家高峰对话”。会上，他发表了题为《创新、转变和革命——信息技术将如何改变21世纪的社会》的精彩报告。

雷迪在接受图灵奖时发表了题为《对可能的“梦想”的梦想》（*To dream the possible dream*）的演说，演说对某些人认为人工智能只是不切实际的幻想观点进行了批判，认为人工智能是可以实现的美好愿望，人们应该去追求，去探索，去实践。

第二部分

实 验 辅 导

第 11 章　构建微机系统

本章以构建一个完整的微型计算机系统为主线，安排了 3 个实验项目：构建微机硬件系统、BIOS 设置和构建微机软件系统。通过本单元的实验，了解微机硬件系统的基本构成、BIOS 的设置方法和建立硬盘的方法（低级格式化、硬盘分区、高级格式化、安装操作系统等）。

11.1　构建微机硬件系统

为了加深对微机硬件系统的了解，本项实验的目的是掌握微机硬件系统中各部件的连接方法，熟悉微机中各组件的常用类型及参数，这对自行选购和配置微机或便携式计算机是非常有益的。

11.1.1　实验任务——如何实现部件连接

1. 实验描述

计算机硬件是指那些看得见、摸得着的物理部件，当组装或购置一台微型计算机时，必须熟悉、了解主要部件的型号、主要技术参数、生产厂家、单价等，如表 11-1 所示。

表 11-1　微型计算机配置信息

部件名称	型　号	主要技术参数	生产厂家	单　价
主机板				
CPU				
内存				
硬盘				
显卡				
显示器				
光驱				
机箱				
声卡				
键盘				
鼠标				
网卡				

2. 实验分析

从计算机的结构组成来讲，计算机硬件系统由五大部件组成。但构成一个完整的微机系统，除了五大部件外，还必须由机箱、主机板、线缆等，将各部件连接成一个完整的微机硬件系统。

3. 实验实施

一个完整的微机硬件系统，是通过部件连接构成的，将其分为内部连接和外部连接，并且按照先内后外的顺序进行安装和连接，最终形成一个完整的计算机硬件系统。

11.1.2　主机箱内部连接

所谓内部连接，是指由主机箱内的主机板（main board）来实现连接，主机板集成了各类总线和一些重要的核心部件，许多部件均固定在主机板上，如CPU插座、控制芯片组、存储器插座、总线槽、ROM BIOS、COMS电池、I/O接口芯片组、时钟，以及一些控制芯片组。而像CPU、内存条、各种插件板这样的核心部件则是以“对号入座”的方式插入主机板的扩展槽中。

1．主机板

微型计算机硬件系统是以主机板为核心，再插接必要的部件，就可以很容易地配置成一台具有个性化的微型计算机硬件系统。正是因为主机板的作用，使微型计算机系统的组装变得非常简单。虽然主机板的类型很多，但其基本布局是相似的，常见微机主机板结构布局如图11-1所示。

图11-1　微机主机板结构布局

2．总线与接口

总线是主机各部件（CPU、ROM、RAN、I/O）之间实现数据交换的通道，它通过一组导线，并按照某种连接方式，将主机的各个部件有机地组织起来，其连接方式如图11-2所示。

3．扁缆连接

所谓扁缆连接，是指主机箱内主机板与存储设备驱动器之间的连接。在微型计算机中，软盘驱动器、硬盘驱动器和光盘驱动器是通过扁缆与主机板相连的，微机硬件系统内部连接如图11-3所示。

11.1.3　主机箱外部连接

计算机系统中的键盘、鼠标、扫描仪、打印机、绘图仪、外存储器（U盘、移动硬盘）等都属于外部设备。在微机主机箱的背面（或正面）有各种接口，各种外部设备都是通过接口与主机连接的。主机箱上的各类接口几乎没有重复，所以在连接时一般都不会出错。不管是立式

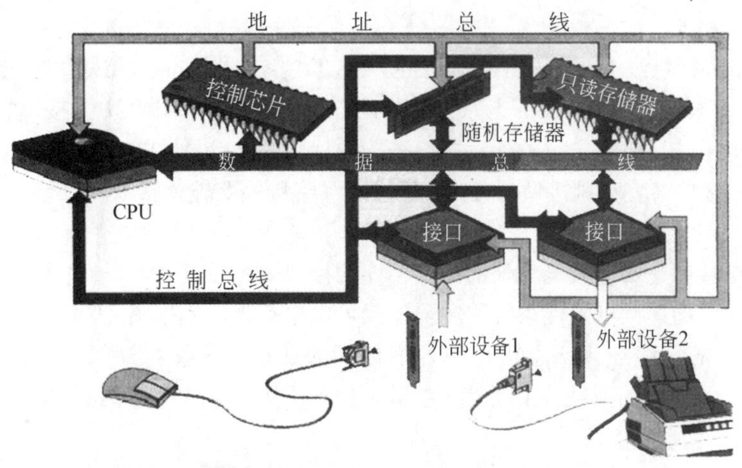

图 11-2　外部设备通过接口电路实现与总线相连示意图

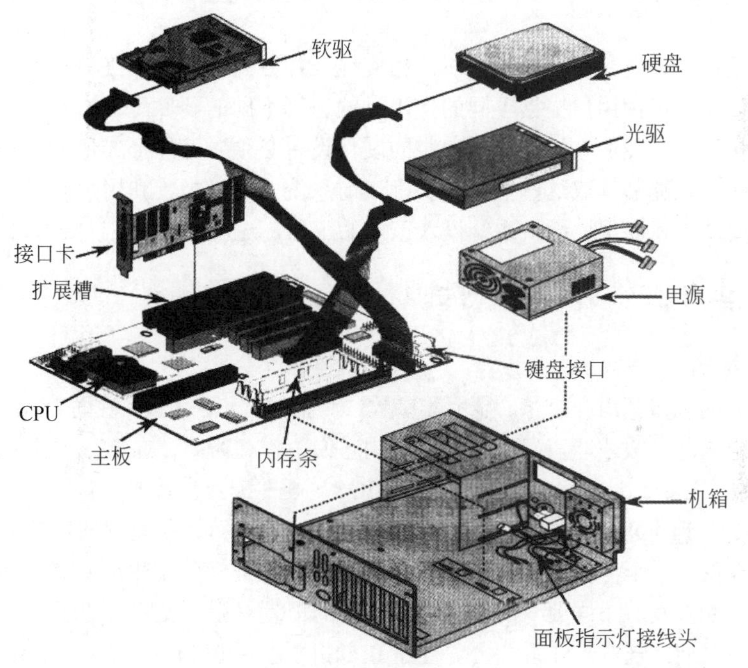

图 11-3　微机硬件系统内部连接示意图

机箱还是卧式机箱，其接口几乎都一样。现在的微机多为立式机箱，其外部连接如图 11-4 所示。

（1）电源接口是连接外部电源的通用接口，其电源电压为 220V。

（2）PS/2 接口是连接微机键盘和鼠标的通用接口。

（3）COM 接口是微机与其他设备进行通信的接口，可以与外置 Modem 相连，从而可以通过电话线连上 Internet 网；也可以与扫描仪、数码相机、绘图仪等相连；有时也用于短距离微机间的数据传输。

（4）LPT 接口是一个 25 针的并行通信接口，一般

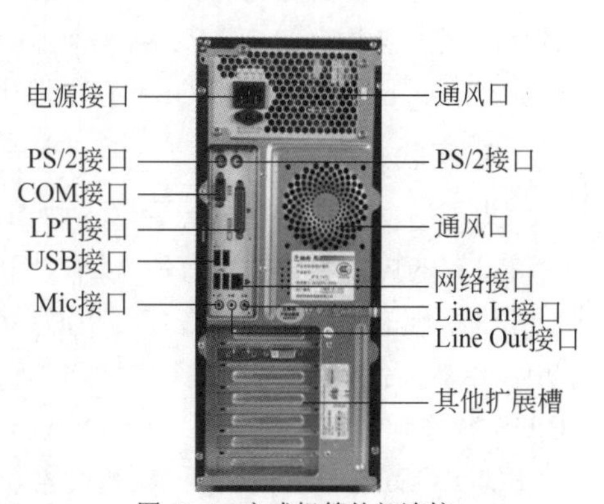

图 11-4　立式机箱外部连接

用来与打印机相连。

（5）通用串行总线（Universal Serial Bus，USB）接口是由 Intel、IBM、Microsoft、Compaq、Digital、NEC、Northern Telecom 七家公司共同开发的一种新型输入输出接口总线标准，用于克服传统总线的不足，将不一致的外设接口统一成标准的 4 针插头接口。

（6）Mic 接口（麦克风接口）、Line In 接口（音频线路输入接口）、Line Out 接口（音频线路输出接口）。

（7）网络接口是实现微机与外部网络相连的接口。

综上所述，构建微机硬件系统的实验步骤可以概括为，根据图 11-4，了解主机板中的各部件、主机板中的总线连接、主机箱中各部件间的连接、各接口端的连线情况。然后，按照表 11-1，填写各部件的型号、主要技术参数、生产厂家，并通过上网查询单价等。

11.2　BIOS 设置

随着新的微处理器芯片的不断出现，相应地，各种外部设备、接口和软件技术都有了很大的发展。现代微机可由用户根据不同的使用目的选择不同的硬件配置，并设定不同的参数来组成自己的微机系统。然而，用户选择安装的硬件设备必须以某种形式记录这些信息，以便在系统启动时操作系统能够读取这些信息、明确当前系统的硬件配置和用户对某些参数的设定以及用户的某些要求，才能保证微机系统投入正常的工作，这就是 BIOS 设置的目的和作用所在。

11.2.1　实验任务——如何进行 BIOS 设置

1. 实验描述

不同型号的机器其内存容量、显示器参数、硬盘容量、磁头数、柱面数、扇区数均有不同，主机必须知道这些参数才能正确而有效地控制它们工作。为此，在 286 以上微机中设置了基本输入输出系统（Basic Input/Output System，BIOS）硬件配置参数的设置程序。该设置程序存放在主机板的 ROM BIOS 中，并已成为 BIOS 系统中一个不可缺少的组成部分。ROM BIOS 的应用，为用户提供了一个便于操作的系统软/硬件接口，从而解除了生产厂商难以适应各种不同用户对硬件设备配置具有不同要求的困惑，使硬件的配置对用户变得“透明”。

也许读者会问，既然硬件系统设置程序 BIOS 固化在 ROM 芯片中，而 ROM 中的内容是只能读而不能改写的，为什么机器的硬件配置可以改变，而且可以在 BIOS 中设置呢？这是因为具体的配置参数存储（保存）在一个由电池供电的互补金属氧化物半导体（Complementary Metal Oxide Semiconductor，CMOS）存储器中，所以把 BIOS 设置称为 CMOS 设置就是这个原因。

2. 实验分析

为了适应微机的各种配置，各种 BIOS 设置程序不仅所适用的机型和功能不尽相同，而且允许设置的内容和参数也有所不同。因此，要求 BIOS 必须具备以下功能。

（1）自检及初始化。在按下电源启动开关后，主板接通电源，BIOS 最先被启动，对 CPU 初始化，然后对外部设备进行检测。由于计算机的硬件设备很多（包括存储器、中断、扩展卡），BIOS 对每一设备都给出了一个检测代码，由于检测过程是逐渐进行的，所以把这个检测代码称为 POST CODE，即开机自我检测代码。POST 自检的顺序为加电→CPU→ROM→BIOS→System

Clock→DAM→RAM→IRQ→显卡等。检测显卡以前的过程属关键部位测试，如果这部分有问题则为核心故障，计算机会处于挂起状态。在对显卡检测完以后，便对 64KB 以上内存、I/O 接口、软硬盘驱动器、键盘、即插即用设备、CMOS 设置等进行检测。如果发现故障，机器会发出报警声(不同的故障有不同的报警声)，并在屏幕上显示各种信息和出错报告，此时检测程序终止。在正常情况下，POST 过程进行得非常快，在启动过程中几乎感觉不到这个过程。

（2）设置中断。开机时，BIOS 会告诉 CPU 各硬件设备的中断号，当用户发出使用某个设备的指令后，CPU 根据中断号完成相应的硬件工作，再根据中断号跳回原来的工作。

（3）程序服务。BIOS 直接与计算机的 I/O 设备打交道，通过特定的数据端口发出命令，传送或接收各种外部设备的数据，实现软件程序的直接操作。

3. 实验实施

微机中不同类型的主机板，配置不同类型的 BIOS 及其相应的 CMOS 电路。因此，要实行 BIOS 设置，必须了解常用的 BIOS 的基本类型、基本功能、基本特征；熟悉 CMOS 电路中各项设置的含义以及设置的方法和步骤。

11.2.2　启动 BIOS 设置

由于各种硬件系统大都有一定的差异，所以各种 BIOS 设置程序总是针对某一类型的硬件系统设计的，并随发表的时间不同而有许多不同的版本。在 PC 系列微机中，较常使用的 ROM BIOS 有 Americal Megatrends Inc 公司开发的 AMI BIOS；Award Software Inc 公司开发的 Award BIOS；Phoenix Technologies Ltd 公司开发的 Phoenix BIOS。此外，还有 MR BIOS、Euro BIOS、AST BIOS、COMPAQ BIOS 等。其中，Phoenix BIOS 主要用于高档品牌的微机或笔记本电脑。

当第一次启动机器或系统配置被改变时，可运行驻留在 BIOS 中的 SETUP 程序来设置系统，告诉 SETUP 程序系统里包括哪些硬件设备。用户根据菜单提示可以设定本系统中软盘驱动器的类型、硬盘驱动器类型及参数、视频显示卡类型、内存容量、日期和时间等。设置完毕，仍在菜单下将其参数存入 CMOS RAM 中，供系统使用。

不同 BIOS 的进入方式有所区别，Award BIOS、AMI BIOS 和 Phoenix BIOS 的进入方式如下。

（1）Award BIOS：开机启动时按 Delete（Del）键。

（2）AMI BIOS：开机启动时按 Ctrl＋Alt＋Esc 组合键。

（3）Phoenix BIOS：开机启动时按 F2 键。

〖**提示**〗 把上述启动过程中的按键称为“热键”。在开机启动过程中，应不断点击热键，如果热键按得太晚，则会直接启动系统，这时需要重新启动机器并点击热键，直至进入 BIOS。

11.2.3　BIOS 的设置项目

不同类型的 BIOS 所设置的项目是不同的，因篇幅限制，这里仅以 Award BIOS 为例进行简要介绍。

在开启计算机或重新启动计算机后，在屏幕显示 Waiting…时，按下 Delete 键，便可进入 BIOS 设置界面，如图 11-5 所示。

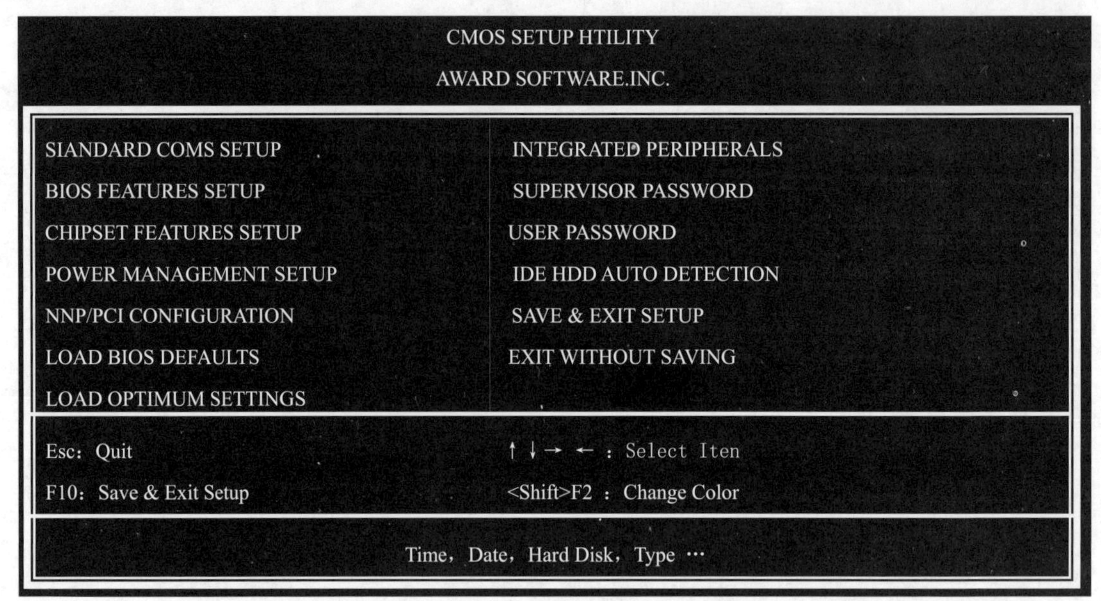

图 11-5 CMOS 设置界面

图 11-5 中各选项的具体功能如下。

- SIANDARD COMS SETUP（标准 COMS 设定）：设定日期、时间、软硬盘规格、工作类型，以及显示器类型。
- BIOS FEATURES SETUP（BIOS 功能设定）：设定 BIOS 的特殊功能，如病毒警告、开机磁盘有先后顺序等。
- CHIPSET FEATURES SETUP（芯片组特性设定）：设定芯片组工作相关参数。
- POWER MANAGEMENT SETUP（电力功能设定）：设定 CPU、硬盘、显示器等省电功能。
- NNP/PCI CONFIGURATION（即插即用设备与 PCI 组态设定）：设置 ISA 以及其他即插即用设备中的中断以及其他参数。
- LOAD BIOS DEFAULTS（载入 BIOS 预设值）：载入 BIOS 初始设置值。
- LOAD OPTIMUM SETTINGS（载入主板 BIOS 出厂设置）：BIOS 的最基本设置，用于确定故障的范围。
- INTEGRATED PERIPHERALS（内建整合设备周边设定）：主板整合设备设定。
- SUPERVISOR PASSWORD（管理者密码）：管理员设置进入 BIOS，修改设置的密码。
- USER PASSWORD（用户密码）：设置一般用户密码。
- IDE HDD AUTO DETECTION（自动检测 IDE 硬盘类型）：自动检测硬盘容量、类型。
- SAVE & EXIT SETUP（存储并退出设置）：保存已更改的设置，退出 CMOS 设置。
- EXIT WITHOUT SAVING（退出 BIOS 设置）：不保存已修改的设置，并退出设置。

按照 BIOS 主界面的设置提示符进行相关设置，设置完毕，按下 F10 键保存并退出。

〖**提示**〗 由于初学者对计算机的配置设置了解还不够全面，因此在查看、熟悉 BIOS 设置的过程中不要随意改变设置，并且在查看完之后，不要保存。否则，可能会影响机器的正常工作。

11.3　构建微机软件系统

任何计算机都必须有软件的支撑，而且这些软件都必须存放在硬盘中，要使计算机能投入正常使用，必须在硬盘中装入必要的软件系统。

11.3.1　实验内容——如何构建软件平台

1. 实验描述

所谓软件平台，就是启动计算机后，能自动进入操作系统的工作界面。怎样使一个新构建的微机硬件系统成为可操作使用的机器呢？这就是本项实验的目的和任务。

2. 实验分析

计算机中的所有软件均存放在硬盘中，而新建的微机硬盘中是没有任何信息的。要使硬件系统成为可操作使用的机器，必须对硬盘进行初始化、磁盘分区、高级格式化、装入操作系统等工作。

3. 实验实施

构建微机软件系统的方法步骤是对硬盘进行初始化、磁盘分区、高级格式化、安装系统软件和应用软件等工作。其中，硬盘初始化就是对硬盘进行低级格式化，在此基础上对硬盘进行分区、高级格式化、安装操作系统、应用软件等。

11.3.2　低级格式化

硬盘低级格式化是对硬盘最彻底的初始化方式。新生产出来的硬盘上没有任何信息，形如一张白纸，低级格式化就是将空白的磁盘划分出柱面和磁道，再将磁道划分为若干扇区，每个扇区又划分出标识部分（ID）、间隔区（GAP）和数据区（DATA）等。

1. 低级格式化的前提

新购置的 PC 硬盘均由厂家作过低级格式化，无须用户再作初始化。但当出现下列情况之一时，一般需要对硬盘进行初始化操作。

（1）硬盘发生严重故障或分区信息丢失或被某些病毒感染而无法清除时；

（2）在移动机器前没有进行磁头复位的操作而造成硬盘盘面损坏；

（3）硬盘磁头在读写时突然断电，使磁头划伤磁盘盘面；

（4）当硬盘受到外部强磁体、强磁场的影响而出现大量“坏扇区”。

〖提示〗 当硬盘上出现逻辑坏磁道时，用户可以使用低级格式化来达到屏蔽坏道的作用。但屏蔽坏磁道并不能消除坏磁道，而是将坏磁道隐藏起来，不让用户在存储数据时使用这些坏磁道，这样能在一定程度上保证用户数据的可靠性。不过，此时坏磁道却会随着硬盘分区、格式化次数的增长而扩散蔓延。

2. 低级格式化的方法

对硬盘初始化必须使用专门的工具软件，目前常用的方法有两种：一种是利用专门的工具软件，如 Hoformat、Lowform、Lformat 等；另一种是利用某些计算机的 ROM BIOS 中含有低级格式化程序，这种方式非常简单、方便。因此，如果主机板中提供了这种功能，建议使用这种方法进行硬盘低级格式化。

11.3.3 磁盘分区

硬盘分区通常指对物理硬盘进行逻辑分区。由于硬磁盘的容量一般都很大，为了适应工作需要和管理，通常可将它分成几个区域。磁盘分区有主分区和扩展分区之分，一个物理硬盘最多可以有 4 个主分区和一个扩展分区。其中，主分区是标记为安装操作系统的那部分硬盘空间，主要用来安装不同的操作系统，所以一台微机允许安装几个不同类型的操作系统；扩展分区可以再分为多个逻辑分区，以存放不同用户或不同用途的文件。在“计算机”窗口中看到的“逻辑驱动器”是物理硬盘的一部分，它们是从主分区或者扩展分区中划分出来的逻辑驱动器。

1. 硬盘分区的前提

做过低级格式化的硬盘必须进行分区，但更多的是为了适应用户对资源的管理和维护，或是为了删除顽固性病毒等因素，需要对硬盘进行重新分区。

2. 硬盘分区的方法

对硬盘进行分区是使用 Fdisk 命令实现的，该命令的功能是在硬盘上建立、删除、显示当前的分区，并指定活动分区。使用 Fdisk 命令分区的方法有多种，在使用 DOS 时，则用系统软盘启动，然后使用 Fdisk 命令进行分区。现在的微机基本为 Windows 操作系统，因此利用光盘启动，然后使用 Fdisk 命令进行分区。利用启动光盘进行分区的方法步骤如下。

（1）将启动光盘放进光驱，重新启动计算机。

（2）在启动过程中进入 BIOS 设置程序，将第一启动顺序设为 CD-ROM。

（3）保存并退出 BIOS 设置，此时再重新启动计算机，即利用光盘来启动计算机。

（4）启动计算机后，在 DOS 提示符下，输入 Fdisk 命令，然后按回车键（Enter）。此时，系统询问是否启用大硬盘的支持，即是否使用 FAT32 文件系统，默认为使用 FAT32 文件系统。

〖提示〗 分区格式分为 FAT16、FAT32 和 NTFS，其选用与磁盘大小和操作系统有关。

◆ FAT16 为 16 位文件分配表，支持最大分区为 2GB，优点是通用性强，但硬盘利用率低。

◆ FAT32 为 32 位文件分配表，没有最大分区限制，可用于 Windows XP/ Vista/7/10/11。

◆ NTFS 只能用于 Windows NT 家族，其显著特点是系统的安全性和稳定性更出色。

（5）选择磁盘分区格式后，便进入 Fdisk Options 主菜单，并显示如下信息。

◆ Create DOS partition or logical DOS drivei（创建 DOS 分区或 DOS 逻辑分区）；

◆ Set active partition or logical DOS drivei（设置活动分区）；

◆ Delete partition or logical DOS drivei（删除分区或 DOS 逻辑分区）；

◆ Display partition information（显示分区信息）。

（6）创建 DOS 分区。在 Fdisk Options 主菜单中选择 1，便开始创建 DOS 分区，然后依次创建主 DOS 分区、扩展分区和逻辑分区。

（7）设置活动分区。创建主 DOS 分区后返回到分区界面中，输入 2，便开始设置活动分区。

〖提示〗 在 DOS 分区里只有主 DOS 分区才能被设置为活动分区，其余分区则不能。所以输入 1 可以激活主 DOS 分区，然后再回到 Fdisk Options 主菜单中，激活了活动分区后，该盘符中的 Status 项显示有 A，此时表示该分区是活动分区。

对硬盘进行分区是一个复杂的过程，通常只有对计算机系统非常熟悉的用户才能进行分区，初学者千万不要进行分区操作，否则，会导致硬盘中的所有信息全部丢失，并且无法进行恢复。

11.3.4　高级格式化

磁盘是存储信息的介质，为了便于对磁盘的读写，需要对磁盘存放信息的位置做出安排，使计算机按照预先安排的顺序进行读写，通常称为“文件分配表”（File Allocation Table，FAT），这个文件分配表就是通过高级格式化形成的，并写入磁盘中。

1. 高级格式化的前提

高级格式化是建立硬盘的必要步骤，在作完分区后须分别对各分区进行高级格式化。不论设置了多少逻辑盘，每一个逻辑盘都需要进行高级格式化。此外，如出现下述情况之一，则必须对硬盘进行高级格式化才能使硬盘正常工作。

（1）硬盘不能启动；

（2）改变硬盘内的操作系统版本；

（3）硬盘感染某些无法清除的病毒或出现别的故障。

Windows 7 提供了磁盘管理与维护功能，其中包括了磁盘分区管理、快速格式化方式和高级格式化。低级格式化、高级格式化、快速格式化三者之间的区别如表 11-2 所示。

表 11-2　低级格式化、高级格式化、快速格式化三者之间的区别

类　型	主 要 工 作	特　点	备　注
低级格式化	介质检查、磁盘介质测试、划分磁道和扇区、对每个扇区进行编号（C/H/S）；设置交叉因子	只能在 DOS 环境或自写的汇编指令下进行，过多的低级格式化对磁盘有损伤	如果磁盘有物理损伤，低级格式化会加重损伤程度；时间较长，低级格式化 320GB 的硬盘需要 20 小时甚至更久
高级格式化	清除数据（删除写标记）、检查磁盘扇区、重新初始化引导信息、初始化分区表信息	只能对分区进行操作，如果存在坏的扇区，仍然会进行读写操作	Format 不能自动修复逻辑坏块，用 SCANDISK 或 Windows 磁盘检查功能，能对磁盘进行优化处理
快速格式化	删除文件分配表信息，不检查扇区损坏情况	只能在磁盘操作系统上进行，并且只是存储数据	DOS 下可能有分区识别问题。另外，Linux 没有快速格式化命令

2. 高级格式化的方法

高级格式化的方法有多种，通常用光盘中的 format 命令实行格式化，具体操作步骤如下。

（1）在硬盘分区完成后，再次从光盘启动计算机。

（2）在系统出现 A:\>提示符后，输入 format 命令，命令格式如下。

```
A:\> format/s
```

其中，s 是可选参数，在对 C 盘进行格式化时必须使用该参数，将 C 盘格式化为系统启动盘。对 C 盘以外的其他逻辑区进行格式化时，切不可带该参数。

〖提示〗对硬盘进行低级格式化和高级格式化是一个比较复杂的过程，通常只有对计算机系统比较熟悉的用户才能实行以上操作。而对计算机系统不太熟悉的用户，千万不要随意对硬盘进行格式化、分区和高级格式化，以免造成数据丢失，甚至造成不可估量的损失。

11.3.5　安装系统软件

一个能正常工作的计算机系统是一个由硬件系统和软件系统构成的完整系统。其中，硬件是计算机系统的物理支撑，软件为用户操作使用计算机提供技术支撑。计算机中的软件是在完成硬盘格式化后装入的，使计算机正常运行的必要软件是计算机操作系统。

1. 安装软件的前提

凡是经过低级格式化、硬盘分区或高级格式化后，计算机硬盘中的软件全部消失，这时必须根据用户需要装入必要的软件。此外，为了适应工作需要，常常需要更换软件版本，或进行软件升级。在安装软件时，首先安装的是操作系统，然后安装其他系统软件和应用软件。

2. 软件安装的方法

无论是操作系统、工具软件或应用软件，都是功能强大的软件，因而需要很大的存储空间，所以这些软件都以光盘作为存储媒介。如果是首次安装操作系统，则需要改变 BIOS 设置，即由光盘启动计算机，然后按照安装提示符进行安装操作。安装完毕，恢复 BIOS 设置，即由计算机硬盘启动计算机。如果是更新操作系统，则无须改变 BIOS 设置，启动计算机后插入光盘，运行安装程序，然后按照安装提示符进行安装。在安装完操作系统后，根据用户需要，安装 Office 应用软件和其他工具软件。目前，较常用的微机操作系统是 Windows 7，最为常用的应用软件是 Office 2010。

3. 观察机器启动过程

每当安装了新的操作系统后，建议关机后再开启电源开关，然后按主机箱上的 Power 按钮，启动计算机。在启动过程中，计算机将自动进行硬件检测，这个检测过程是按只读存储器（ROM）中的程序进行的。在启动过程中如果出现问题，则按图 11-6 进行故障排除。

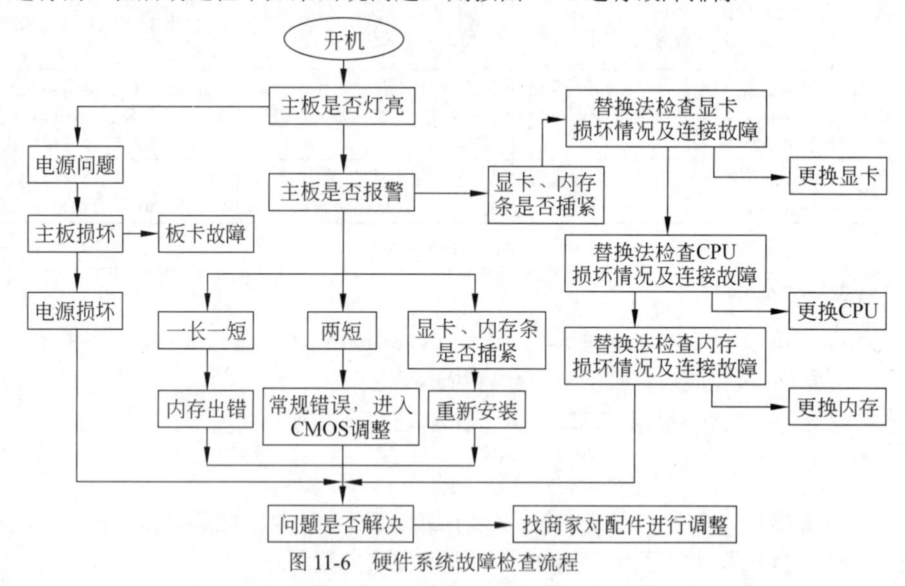

图 11-6　硬件系统故障检查流程

〖提示〗 微机的启动过程是由 BIOS 来执行的，而 BIOS 的设置是由 CMOS 来实现的。当用户关机时，由安装在主机板上的 5V 电池给 CMOS 供电，开机时主机向该电池充电。正因如此，对于长时间没有使用的机器，由于电池掉电而失去了这些参数而无法启动或无法投入正常工作，需要再进入设置程序（SETUP），重新进行系统设置，才能使机器处于正常的工作状态。

根据图 11-6 硬件系统故障检查流程，在计算机启动过程中，如果出现异常现象，根据启动过程及其警告声音，可以判断硬件系统故障的基本部位。

第 12 章　文字录入方法

文字录入是最基本的计算机操作技能。本章安排了 3 个实验项目：打字指法练习、拼音输入法和五笔字型输入法。通过本章的实验，为后续实验操作和日后工作打下良好基础。

12.1　打字指法练习

学会键盘的操作，对计算机初学者来说是十分重要的，因为键盘的操作是一切操作的基础。掌握正确的键盘操作和文字录入方法是非常重要的，必须养成良好的操作习惯。

12.1.1　实验任务——如何实行高速打字

1. 实验描述

操作计算机，必须熟练掌握键盘和鼠标操作，这些操作包括命令操作和信息录入操作。其中，通过键盘录入的信息主要有阿拉伯数字、英文字符、汉字以及特殊字符等。

2. 实验分析

用于练习键盘指法的工具软件很多，并各具特点。但相比之下，使用方便、界面美观、操作简单的工具软件是金山打字软件。

3. 实验实施

要提高信息录入效率，必须掌握正确的打字姿势和科学的指法规则。为此，可以利用金山打字软件，按照键盘指法要求，由易到难，由慢到快，逐步掌握正确的键盘输入方法。

12.1.2　掌握正确的打字姿势

要掌握正确的键盘操作指法，首先要掌握正确的打字姿势。键盘操作是一项基本的技能训练，是文字录入方法的基础。科学的键盘录入技术是触觉录入法，即所有字母、数字和符号全用手指击键输入，充分发挥每一根手指的触觉能力，而无须借助脑力的揣度或目力的观察。当进行输入时，双目不看键盘，而专注于原稿，因而又称为“盲打”。触觉录入法之所以具有正确而快速的优点，在于充分利用了眼看、脑想、手动和记忆这 4 个环节，既各有侧重又协调一致地多次循环，形成条件反射，本能地进行录入工作。正确的键盘录入具有如下基本要求。

1. 正确的端坐姿势

姿势正确才有可能做到准确、快速地通过键盘进行文字输入，而且不容易疲劳。录入人员的正确坐姿如图 12-1 所示。具体来说，要注意以下几点。

图 12-1　端坐姿势示意图

（1）录入人员应水平坐在椅子上，身体应保持笔直，稍偏于键盘右方。

（2）应将全身重量置于椅子上，坐椅要调节到便于靠近手指操作的高度，双脚自然地踏放在地板上，腰要挺直，身体稍微偏于键盘右方，微向前倾。

（3）双肩放松，大臂与小肘微靠近身体，小臂与腕略向上倾斜，除手指外，上身其他部位不得接触工作台或键盘。两肘轻轻贴于腋边，手指轻放于规定的字键上，手腕平直。人与键盘的距离可移动椅子或键盘的位置来调节，以使人能保持正确的击键姿势为宜。

（4）手掌与键盘的斜面平行，手指略弯曲，自然下垂，轻放在基准键上，左、右手拇指放在空格键上。录入时，手抬起，只有要击键的手指才可伸出击键，手指完成击键应立即放回到基准位上，不可用触摸方法，也不可停留在已击的键位上。录入过程中，要用相同的节奏和力度轻轻地击键，不可用力过猛。

（5）显示器宜放在键盘的正后方。先将键盘右移 5cm，再将原稿紧靠键盘左侧放置，以便阅读。两眼专注原稿，绝对不允许看键盘。估计录入字符位置快到一行的末尾时，要用眼的余光扫视行尾，以便及时换行。

（6）录入过程中，精神要高度集中，避免出现差错。平时没有上机练习时，要经常在脑海中浮现一个键盘，记忆各个键的位置，并进行假想的操作。

2. 手指的定位

手指的定位是指手指在键盘上的作用分区，把主键区的第二行（从下往上）称为基准键，共有 8 个字键，这 8 个基准键位与手指的对应关系，必须牢牢记住。在基准键位的基础上，对于其他字母、数字、符号键，都采用与 8 个基准键位相对应的位置来记忆。例如用原击 D 键的左手中指击 E 键，用原击 K 键的右手中指击 I 键等。键盘的指法分区如图 12-2 所示。

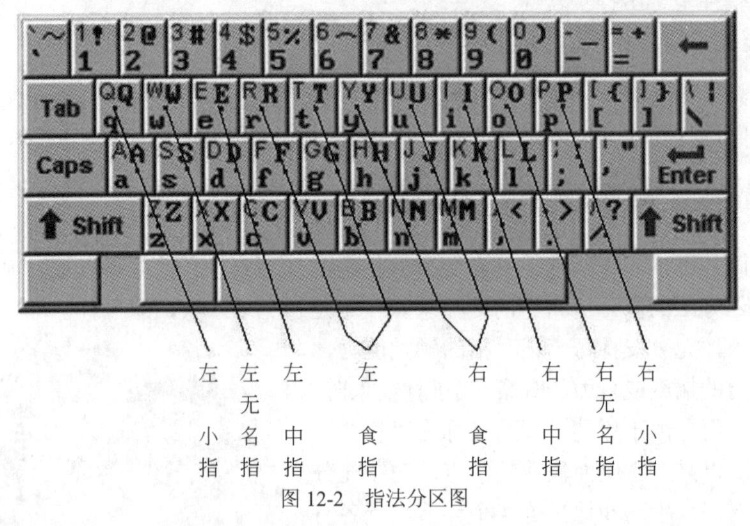

图 12-2　指法分区图

凡两斜线范围内的键都必须由规定的手的同一手指管理，这既便于操作，又便于记忆。

3. 字键的击法

掌握手指击键的基本方法，养成良好的击键习惯是非常重要的，击键时应注意以下规则。

（1）手腕要平直，手臂要保持静止，全部动作仅限于手指部分。

（2）手指要保持弯曲，稍微拱起，手指的各关节微成弧形，分别轻轻放在基准字键的中央。

（3）输入时，手抬起，只有击键的手指才可伸出击键。每击一键后，要借助字键对于手指的反作用力，立即回归到基准字键以便继续输入，这种方法要贯穿于键盘操作的始终。

（4）输入时，不可接触手掌，也不可用力过猛，要用相同的节拍轻轻地敲击。

（5）击键时，手下盲打，眼看屏幕。

4. 数字键的击法

当输入数字数据时可以用标准打字机键盘上的数字键录入，也可以用键盘右边的数字小键盘录入。击打数字键的指法按不同场合分为如下两种。

（1）纯数字数据录入。在这种场合，两手手指可直接放在数字键上，击键方式就和基准键的指法一样。在纯数字数据的场合，还可使用数字小键盘直接录入。这个小键盘由右手管制，右手食指、中指和无名指分别放在“4、5、6”按键上。

（2）字母、数字混合数据录入。在一般情况下，原稿中绝大部分都是字母符号，只是夹带部分数字。这时，应按常规指法录入，从基准键出发，击键后再返回基准键。然后，按键盘分区的手指管制范围，遇到数字时，手指向数字键伸击，如击键手指尽量伸击还达不到数字键位时，手可适量前移，但不能像第一条指法介绍的那样把手指放在数字键上，以免回归基准键时带来偏差。

5. 空格键的击法

按空格键时，右手从基准键上迅速垂直上抬 1～2cm，大拇指横着向下一击并立即回归。每击一次输入一个空格。

6. 换行键的击法

在录入过程中需要换行时，起右手小指击一次 Enter 键，击后，右手立即退回原基准键位。在手回归过程中小指弯曲，以免把“；”号带入。

7. Shift 键的击法

Shift 键多用于符号输入的控制，对于处在各字键上方符号的输入，就必须在先按下 Shift 键的前提下，再击所需输入的符号键，该符号才能被输入计算机中。如果要输入由左手管制的字键上方的符号，就要用原击“：”号键的右手小指按下右边的 Shift 键，同时左手相应的手指击所要输入的符号键即可。同样，若要输入右手管制下的符号，就必须用原击 A 字键的左手小指按下左边的 Shift 键，同时右手相应的手指击所要输入的符号键。这里要注意的是，按 Shift 键的手指要稍超前按键，并且要等另一手指击了符号键后才能缩回。

8. 大写字母键的击法

当录入大写字母时，则用左手小指按下 CapsLock 键即可。CapsLock 键是大小写字母切换键。如果要返回到小写字母，则用左手小指再按一下 CapsLock 键即可。注意 CapsLock 键对上档符号键不起作用，只对字母键起作用。

〖**提示**〗 在学习键盘录入时，初学者最容易出现操作错误，提醒大家注意以下事项。

（1）在录入过程中，基准键位上的手指偏离或错位，会使打出的字符全部发生错误。

（2）把一只手的某手指管制的按键错记为另一只手的相应手指管制的按键，即只记住了字母键的手指分工而混淆了左、右手的分工。

（3）在指法不熟练的情况下，击键过快容易搅乱击键的先后顺序，例如把 and 打成 nad。

（4）在录入中，两字间及标点符号之后，容易漏打空格，出现连字现象。要纠正这种差错，就要养成把空格作为符号来对待的习惯，见空格就击空格键，有几个空格就击几次。

（5）速度练习时，出现不应留空格而留了空格的情况。这是由于大拇指与空格键距离太近，在练习击键的过程中，大拇指无意间碰到空格键所致。

（6）由于计算机键盘有连发功能（按住一个键不放，超过一定的时间就会以一定的速度连续产生这个字符），初学者往往因指法生疏而不自觉用力按键，从而造成输入两个或多个同样的字符。因此在输入中要注意是弹击按键，而不要触摸按键时间过长。

（7）盲目贪图速度，太快和用力过猛，超出应有的均匀节拍，就会使键盘的键帽高低不平，甚至会损坏按键的触点，给以后的操作带来不便或打不出预想的字符。

12.1.3 利用金山软件练习打字

金山打字通是一个非常优秀的打字训练软件。金山打字通有多个版本，金山打字通 2010 与以前版本相比，具有更为合理的设计规划，目的是让用户能在浅入深出的练习中循序渐进地提高。

1. 金山打字通 2010 登录

首先启动 Windows 7，只要在微机上装入了“金山打字通”软件，执行“开始”→“程序”→“金山打字通 2010”命令，便启动并显示该软件“用户信息”窗口，如图 12-3 所示。

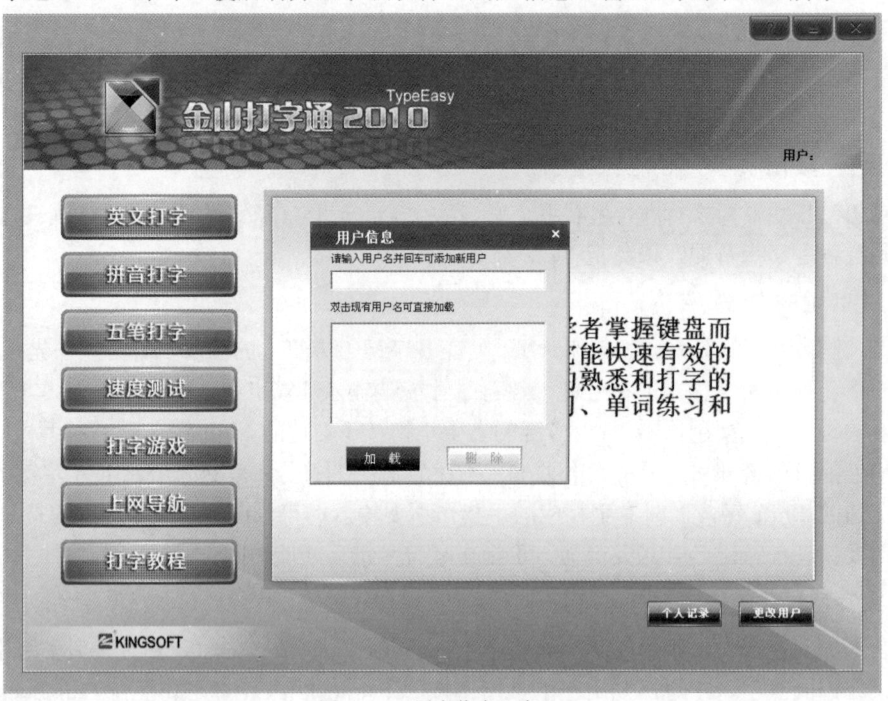

图 12-3 “用户信息”窗口

在英文打字的键位练习中，用户可以选择键位练习课程，分键位进行练习，而且具有手指图形，提示每个字母在键盘的位置，以便知道用哪个手指敲击当前需要输入的字符。

若是新用户，输入用户名，按 Enter 键登录，下次进入时，双击列表中的用户名或选中后单击“登录”按钮即可。开始打字练习之前，出现“学前测试”窗口，如图 12-4 所示。

如果“进行英文打字速度”学前测试，则选中该单选按钮，单击“是”按钮，进入如图 12-5 所示的界面。

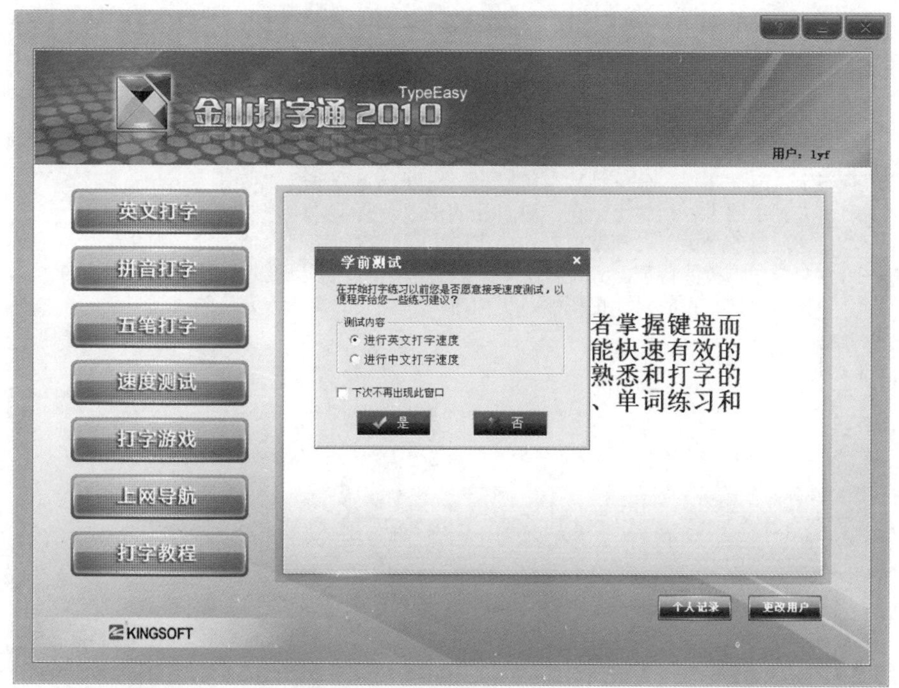

图 12-4 “学前测试”窗口

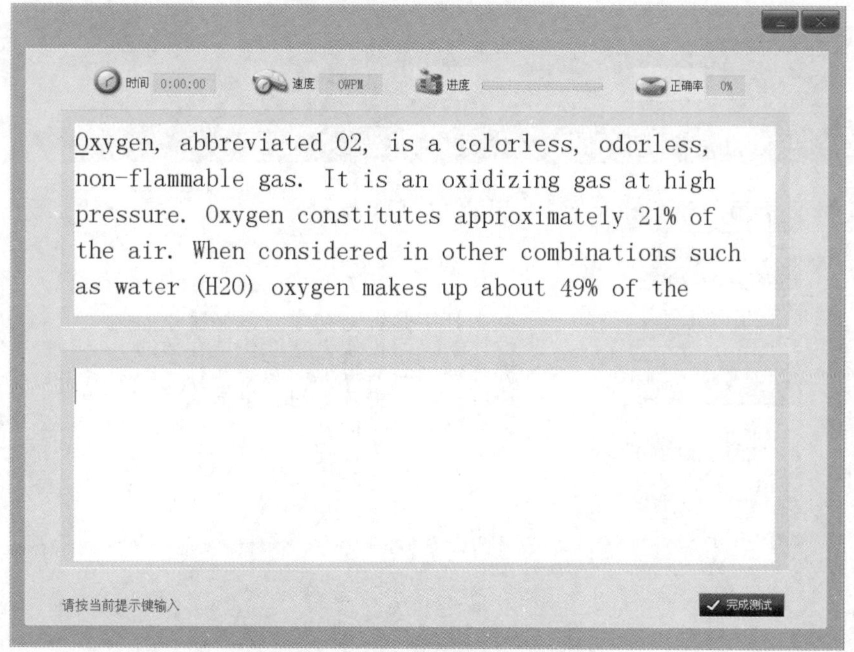

图 12-5 “英文打字速度”测试界面

如果“进行中文打字速度”学前测试，则选中该单选按钮，单击“是”按钮，进入如图 12-6 所示的界面。

如果不进行学前测试，则单击“否”按钮，便进入金山打字通 2010 主界面，如图 12-7 所示。

主界面左边显示了该软件所提供的 7 项功能菜单，当鼠标移到某功能项时，右边文本框中随即显示该项功能的简要文字说明。

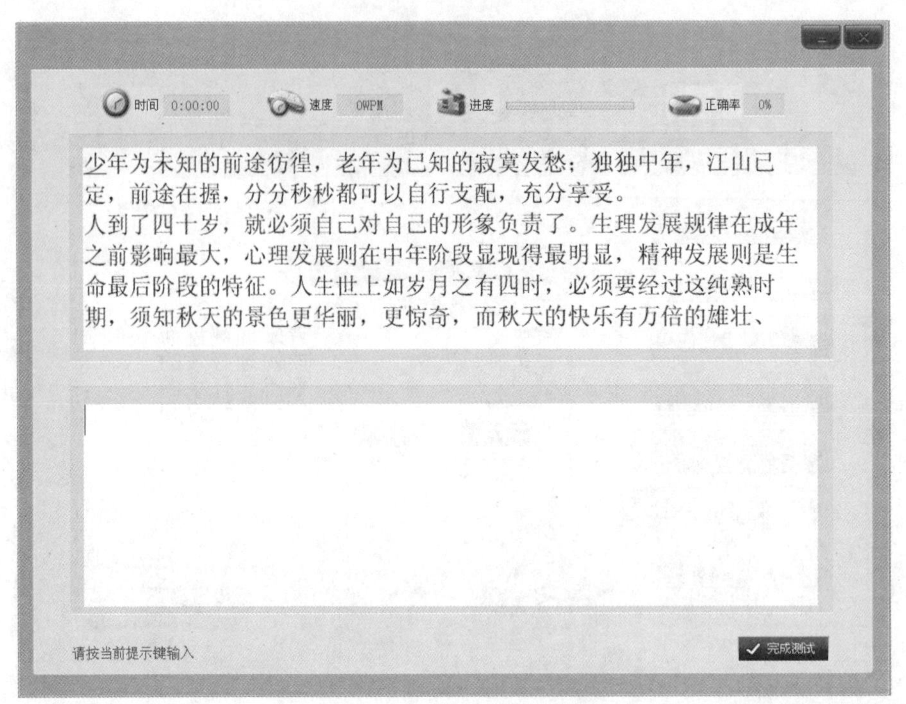

图 12-6 “中文打字速度”测试界面

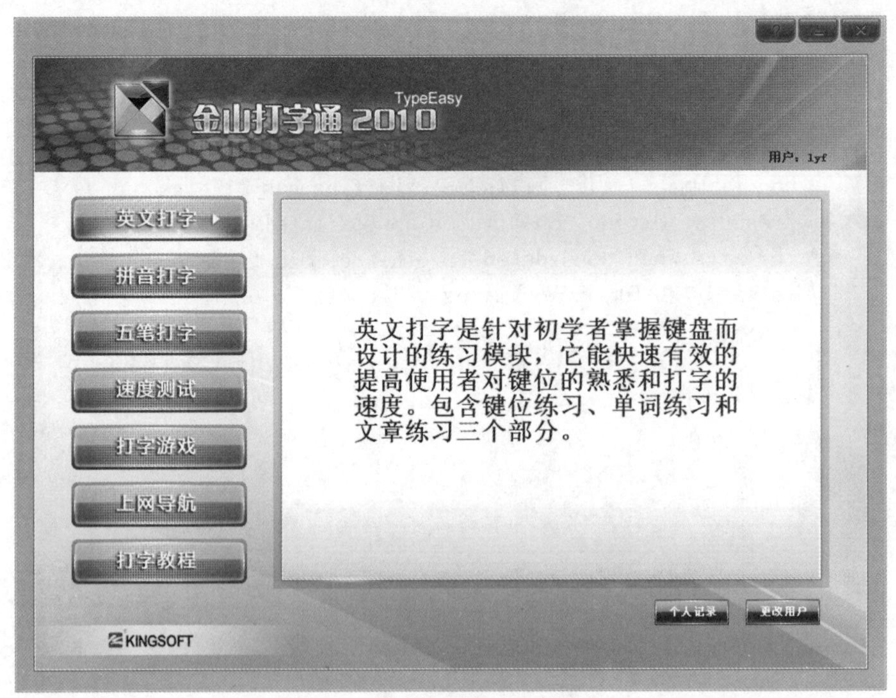

图 12-7 金山打字通 2010 主界面

2. 英文打字练习

英文打字练习是为了掌握英文字符的输入方法，金山打字通 2010 提供了 4 种练习方案：键位练习（初级）、键位练习（高级）、单词练习和文章练习，4 种练习方案如图 12-8 所示。

图 12-8　键位练习（初级）

（1）键位练习（初级）。对于刚接触计算机，学习打字的用户，在练习过程中应按照每个字母在键盘的位置，并按照图 12-2 对手指的分工来敲击当前需要输入的字符。

（2）键位练习（高级）。对于已经对键盘有初步了解的用户，应能快速地练习键位，熟悉键盘。界面由 3 部分组成，即打字栏、状态栏和键盘图，如图 12-9 所示。

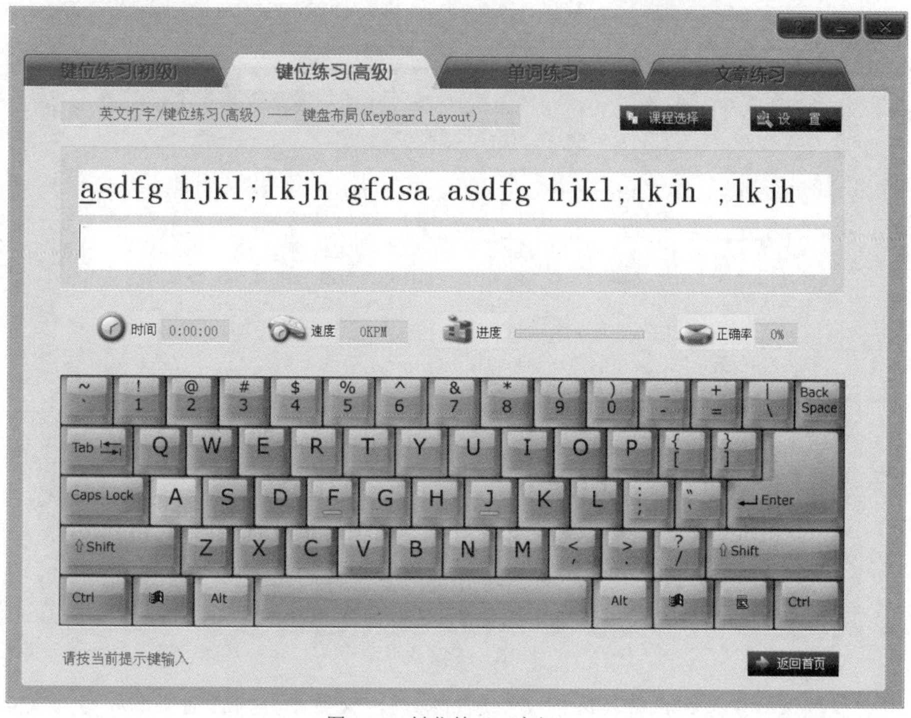

图 12-9　键位练习（高级）

（3）单词练习。用来练习单词和单词间的间隔。练习时按照上行的单词输入，如果输入的字符错误，则错误的字符显示红色。单词练习界面如图 12-10 所示。

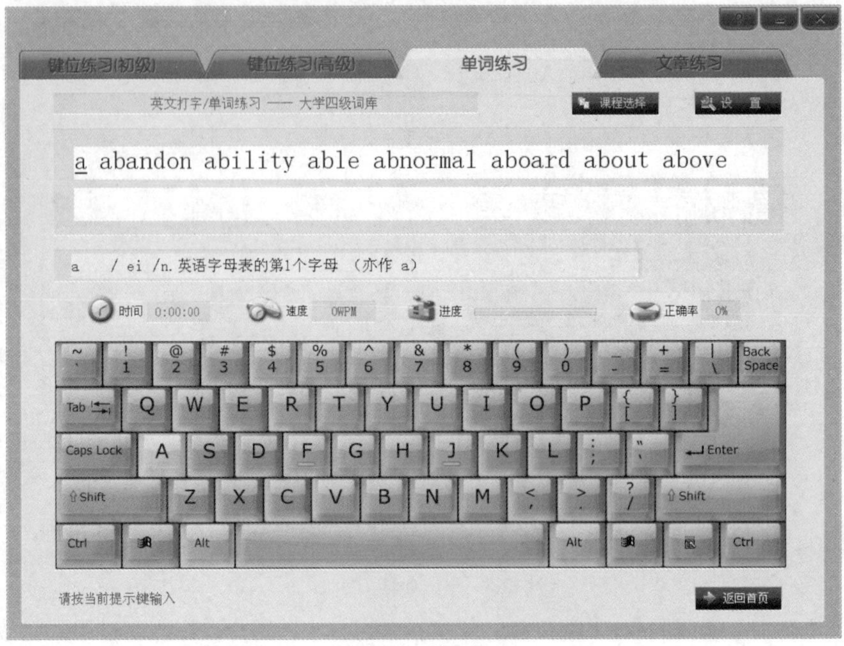

图 12-10　单词练习

（4）文章练习。为了更快地提高英文的整体打字水平，通过文章练习，可以更加熟练地掌握常用单词。要求把握英文句子的节奏，便能更快地提高打字速度，如图 12-11 所示。

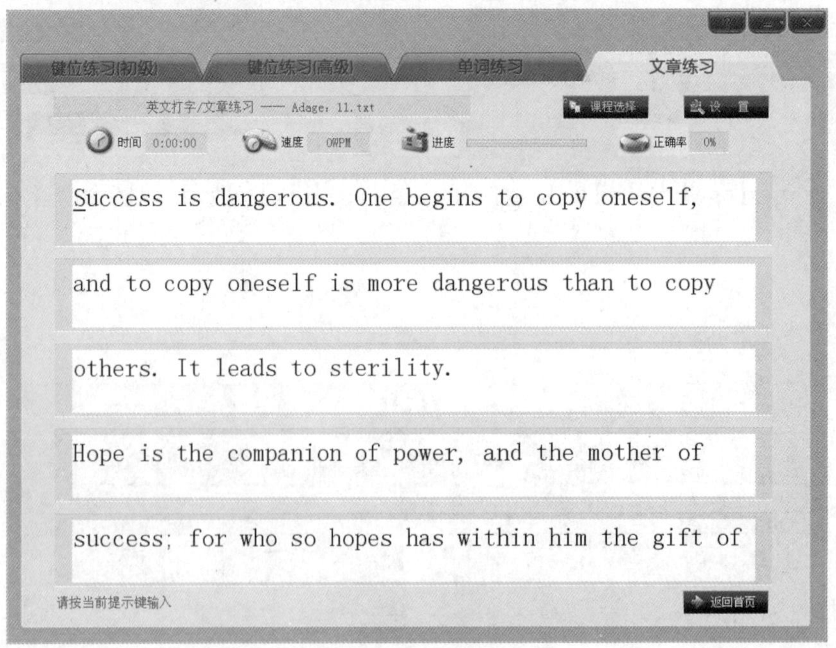

图 12-11　文章练习

单击“课程选择”按钮选择相应的文章进行练习，文章库分为普通文章和专业文章。当选中一篇文章后，单击“确定”按钮，便可以进行文章练习了。

〖提示〗英文打字练习是汉字打字的基础，虽然简单，但必须熟练掌握打字指法，反复练习，熟能生巧，不断提高打字速度，不断降低出错率。4 种英文打字方案让用户从最基本的入门级别练习开始，逐步提高自己的打字水平。

12.2　拼音输入法

汉字的输入方法很多，可以归纳为 3 类：键盘输入法、手写输入法和语音输入法，本书仅讨论键盘输入法。键盘输入法的种类繁多，目前最常使用的键盘输入法有两类：一类是拼音输入法，即利用汉语拼音直接输入汉字；另一类是笔画输入法，即利用笔画或笔画组合（称为字根或部件）所对应的计算机键盘上的字母或数字键进行文字输入，例如，五笔字型输入法和表形码输入法等。

12.2.1　实验任务——如何实行拼音输入

1. 实验描述

现代办公离不开汉字录入。汉字录入的方法很多，其中，拼音输入法是最简单的输入方法，因为它不需要通过其他专门训练，也不需要掌握其他知识，只要会拼音就能够进行汉字输入，是非录入专业人员的首选输入方法。

2. 实验分析

Windows 7 支持的拼音输入法包括全拼输入法、简拼输入法、智能 ABC 输入法等。此外，还可以下载其他输入方法(如搜狗输入法)，用户可根据自己熟悉的输入方法进行选择。

3. 实验实施

实现汉字输入，首先了解常用的拼音输入方法。然后，利用“金山打字通 2010”软件进行练习，包括音节练习、词汇练习、文章练习等，达到熟练掌握用拼音输入汉字的目的。

12.2.2　熟悉拼音输入法

1. 全拼输入法

全拼输入法是以汉字的拼音作为编码，完全按照汉语拼音方法输入，只要用户会汉语拼音，就可以输入汉字，因而是最简单的输入方法。这种输入法带有联想功能且词库量大，输入一个词语的第一个汉字，即可显示出该词语的后续汉字。全拼输入法具有一定的智能特性，当输入拼音声母和韵母时，不必输入完整的汉字拼音，即可自动给出可选的汉字或词语。但由于该输入法重码率高，所以录入效率不高，不能作为专业输入法使用。

全拼输入法的编码字母是英文字母 A～Z，由于键盘上没有汉字拼音中的韵母 ü，通常用 v 来代替。用全拼输入法输入汉字时，完全可以按照标准的汉语拼音规则，逐个输入字词的汉语拼音，最多允许一次输入 12 个拼音字母。在输入过程中，计算机会把输入的拼音所对应的所有汉字显示出来，用户可从中选择需要的汉字。

2. 智能 ABC 输入法

智能 ABC 输入法是一种输入方便、提供动态词汇库系统及使用规范汉字的输入方法。智能

ABC 输入法以拼音输入为主，允许音形组合操作。由于具有一定的智能特性，输入效率较高。智能 ABC 输入法可进行全拼输入、简拼输入、混拼输入、笔形输入、音形混合输入和双拼输入。下面简要介绍智能全拼、智能简拼、智能混拼和智能双拼 4 种基本输入方法。

（1）智能全拼输入。智能 ABC 中的全拼输入与前面介绍的全拼输入法很相似，适合对汉语拼音比较熟悉的用户。输入时，按规范的汉语拼音书写形式（不带四声）连续输入，按空格键作为输入的结束，并显示汉字或词。弹出显示汉字和词后，通过 1～9 键选择输入。例如：

wo hen xiang wei qin’aide mama chang yi zhi haotingde gequ

其中，“’”为隔音符，防止出现拼音中的二义现象。

（2）智能简拼输入。如果对汉语拼音把握不太准确，或想减少击键次数以加速输入速度，则可使用简拼输入。输入规则是输入每个汉字的声母（各个音节的第一个字母），然后按空格键，此时显示所输入拼音字母相对应的汉字。对于 zh、ch、sh，既可以用 zh、ch、sh 输入，也可以用 z、c、s 输入。例如：

汉字或词	全拼	简拼
计算机	jisuanji	jsj
教育部	jiaoyubu	jyb
长城	changcheng	cc，cch，chc，chch
综上所述	zongshangsuoshu	zshssh，asss，zsssh，zshss

（3）智能混拼输入。智能混拼输入就是将全拼和简拼结合起来进行输入。规则是对于两个音节以上的词语，允许有的音节采用全拼，有的音节采用简拼。因此，它具有全拼和简拼的特点。例如：

汉字或词	全拼	简拼	混拼
自动化	zidonghua	zdh	zdhua
金沙江	jinshajiang	jsj	jinshj　jshj
操作系统	caozuoxitong	czxt	czxitong，caozuoxt

（4）智能双拼输入。智能双拼输入是为专业人员提供的一种快速输入方法。规则是每一个汉字在双拼输入方式下只需要击键两次，奇次键为声母，偶次键为韵母。虽击键两次，但是在输入的外码框中，显示的仍然是一个汉字的完整拼音。

3. 搜狗拼音输入法

搜狗拼音输入法是当前网络中较流行、用户好评率较高、功能强大的拼音输入法，本项实验要求重点掌握搜狗拼音输入法。搜狗拼音输入法与传统输入法不同的是，它采用了搜索引擎技术，是第二代输入法。输入速度有了质的飞跃，在词库的广度、词语的准确度上，搜狗拼音输入法都远远领先于其他输入法，其下载地址：http://pinyin.sogou.com/。

图 12-12　进入“拼”菜单

（1）输入法的启动。系统默认的输入法状态为英文，用户可随意选用 Windows 7 系统已安装的各种中文输入法。只要点击屏幕底部“任务栏”右侧的语言指示器“拼”，如图 12-12 所示，便弹出如图 12-13 所示输入法菜单，然后在菜单中选择输入法。

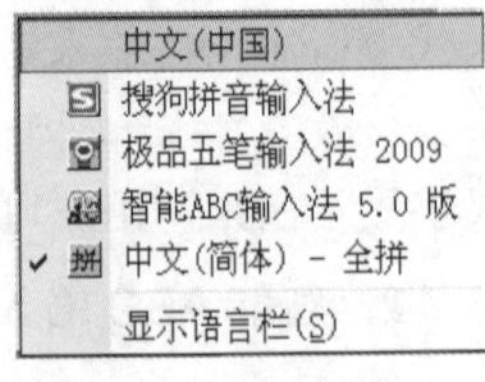

图 12-13　“输入法”菜单

（2）切换到搜狗拼音输入法。将鼠标移到要输入的地方单击，使系统进入输入状态，然后按 Shift+Ctrl 键切换输入法，直至搜狗拼音输入法出来即可。当系统仅有一个输入法或者搜狗拼音输入法为默认的输入法时，按下“Ctrl+空格键”即可切换出搜狗拼音输入法。

（3）如何使用简拼。搜狗拼音输入法支持的是声母简拼和声母的首字母简拼，例如，如果想输入“张学科”，只要输入 zhxk 或者 zxk，就可以输入“张学科”3 个字；同时，搜狗拼音输入法支持简拼全拼的混合输入，例如输入 srf，sruf 或 shrfa 都是可以输入“输入法”3 个字的。

（4）翻页选字。搜狗拼音输入法默认的翻页键是“，”和“。”。即输入拼音后，按“。”（相当于 PageDown 键）进行向下翻页选字，找到所选的字后，按其相对应的数字键即可输入。推荐使用这两个键进行翻页，因为用“，”和“。”时手不用移开键盘主操作区，效率最高，不易出错。输入法默认的翻页键还有“－”“＝”和“[”“]”，可以通过“设置属性”→“按键”→“翻页键”命令来进行设定。

（5）中英文切换。输入法默认是按下 Shift 键就切换到英文输入状态，再按一下 Shift 键就会返回中文状态；单击状态栏上面的“中”字图标也可以进行切换。除了 Shift 键切换以外，搜狗拼音输入法支持回车输入英文和 V 模式输入英文，在输入较短的英文时使用，能省去切换到英文状态下的麻烦。具体操作方法如下：

① 回车输入英文。输入英文，直接按 Enter 键即可。

② V 模式输入英文。先输入 V，然后再输入要输入的英文，可以包含@、+、×、/、-等符号，然后按空格键即可。

（6）修改候选词的个数。为了适应各类用户的习惯，搜狗拼音输入法允许用户修改候选词个数的设置。单击状态栏上“菜单”中的“设置属性”命令，弹出“搜狗拼音输入法设置”对话框，选择“外观”选项卡，然后通过“显示模式”中的“候选项数”来修改显示的候选词的个数，选举范围是 3～9 个。输入法默认的是 5 个候选词，如图 12-14 所示。

如果设为 9 个候选词，则如图 12-15 所示。搜狗的首词命中率和传统的输入法相比，已经有很大提高，第一页的 5 个候选词能够满足绝大多数的输入。推荐选用默认的 5 个候选词；如果候选词太多，会造成查找困难，导致输入效率下降。

（7）全角和半角符号切换。在输入过程中常常遇见全角符号和半角符号，这时用鼠标点击图 12-16 所示的选择符号即可。

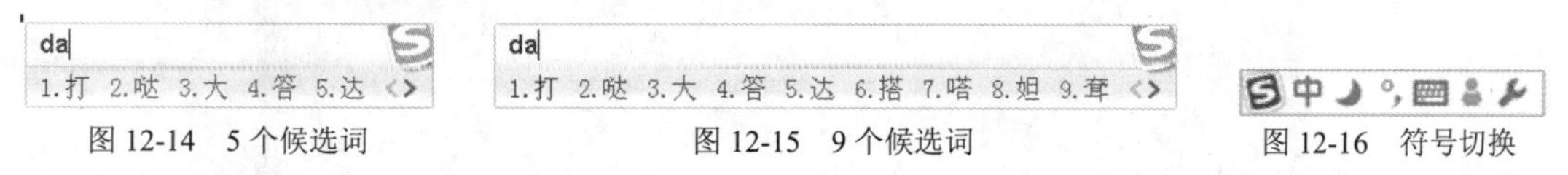

图 12-14　5 个候选词　　图 12-15　9 个候选词　　图 12-16　符号切换

（8）网址输入法。搜狗拼音输入法特别为网络设计了多种方便的网址输入模式，能够在中文输入状态下输入几乎所有的网址。当输入以 www、http:、ftp:、telnet:、mailto: 等开头时，输入状态自动识别进入英文输入状态，后面可以输入 www.sogou.com 或 ftp://sogou.com 等网址。

（9）使用自定义短语。自定义短语是通过特定字符串来输入自定义的文本，可以通过输入框内拼音串上的“添加短语”，或者候选项中短语项的“编辑短语”来进行短语的添加、编辑和删除，如图 12-17 所示。

设置自己常用的自定义短语可以提高输入效率。例如，定义“lyf，1＝lyf@sogou.com”，那么只要输入 lyf，然后按空格键就可以输入 lyf@sogou.com；定义“jc，1＝大学计算机应用基础”，只要输入 jc，然后按空格键，就可以输入“大学计算机应用基础”。输入 sfz，然后按空格键就可以输入 130123456789。

自定义短语在设置选项的“高级”选项卡中默认开启，单击“自定义短语设置”按钮即可，其界面如图 12-18 所示。

（10）快速进行关键字搜索——搜狗输入法搜索。搜狗拼音输入法在输入栏上提供“搜狗搜索”按钮，候选项悬浮菜单上也提供搜索选项，输入搜索关键字后，按上下键选择想要搜索的词条之后，单击“搜狗搜索”按钮，搜狗输入法将立即提供搜索结果，如图 12-19 所示。

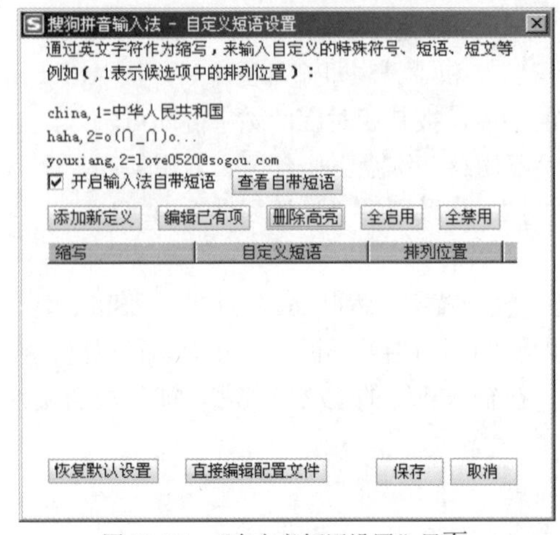

图 12-17　“自定义短语设置”界面

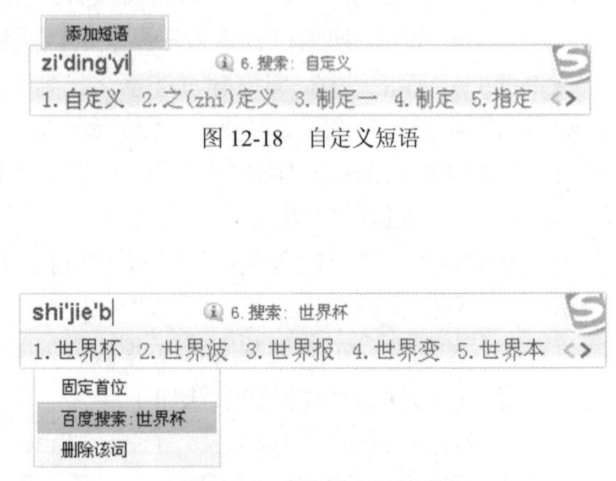

图 12-18　自定义短语

图 12-19　搜狗输入法搜索

此外，搜狗拼音输入法还有快速输入人名、快速输入生僻字、快速输入制表符以及其他特殊符号等功能特点。因此，该输入法是拼音输入法中最方便、快捷的输入方法之一。

12.2.3　利用金山软件练习拼音打字

“金山打字通 2010”软件提供了 3 种练习方案：音节练习、词汇练习、文章练习。

1. 音节练习

音节练习是按照汉语拼音的音节来输入汉字所对应的拼音，练习窗口如图 12-20 所示。

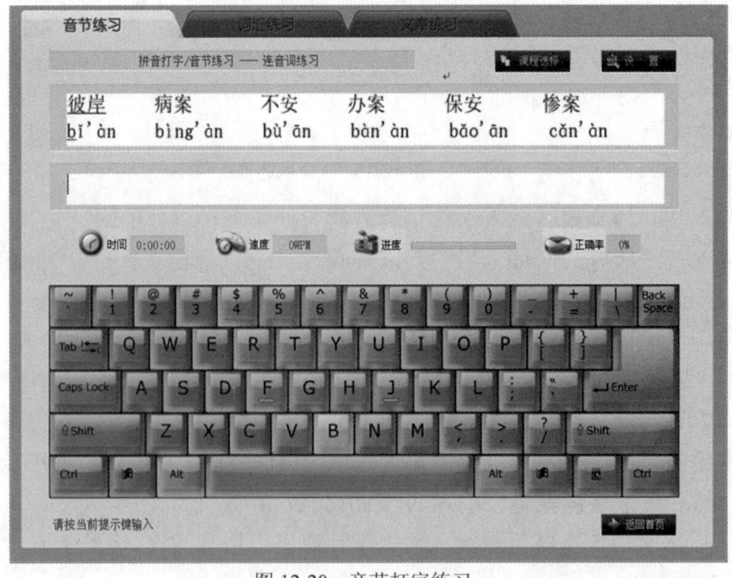

图 12-20　音节打字练习

2. 词汇练习

词汇练习是利用输入法的智能功能，提高汉字输入速度的有效方法，练习窗口如图 12-21 所示。

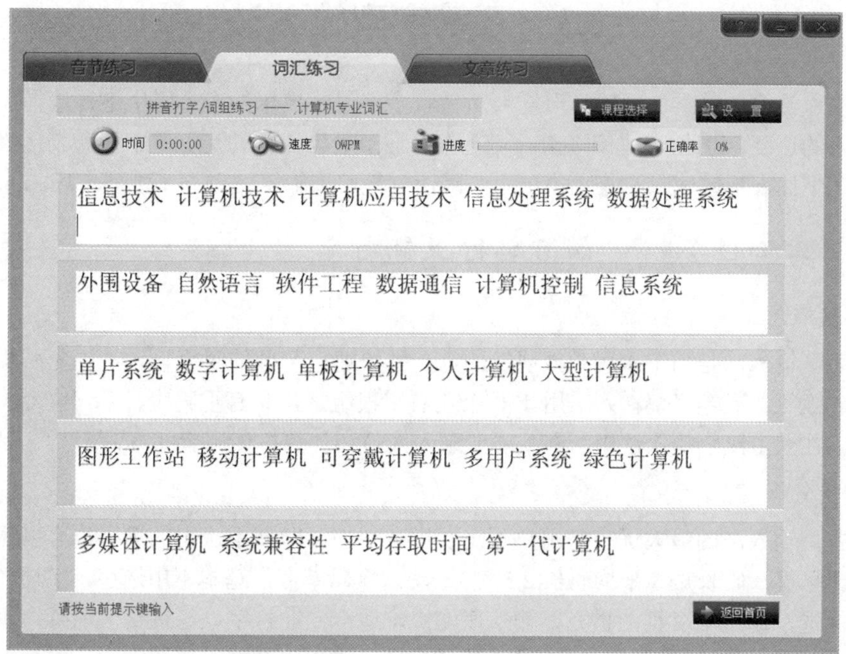

图 12-21　词汇打字练习

3. 文章练习

文章练习是在音节输入和词汇输入的基础上进行的综合训练，练习窗口如图 12-22 所示。

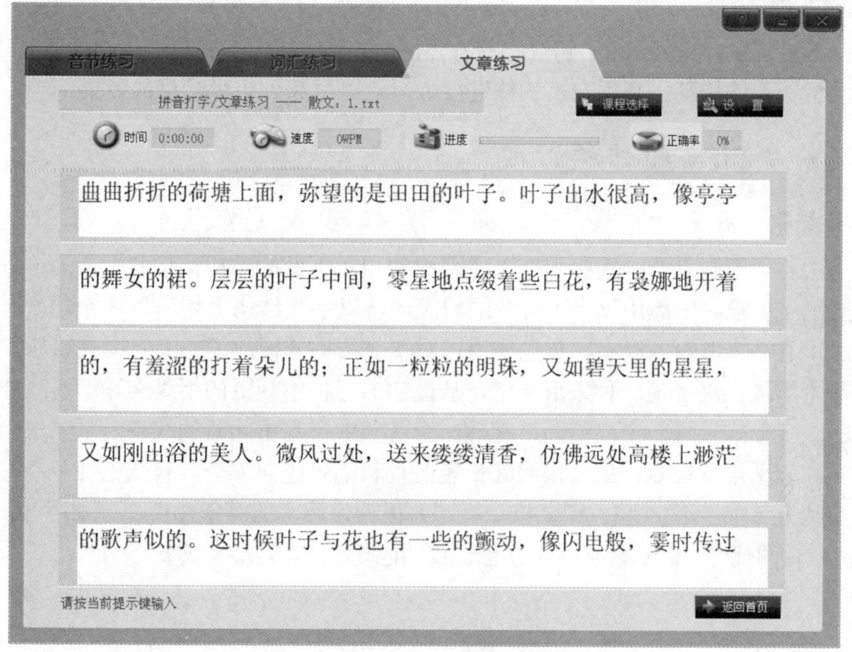

图 12-22　文章打字练习

拼音打字从音节练习入手，用户通过对方言模糊音、普通话异读词的练习，可以纠正用户在拼音输入中遇到的错误。测试过程更科学，可以随时测试自己的打字速度。

12.3　五笔字型输入法

拼音输入法简单易学，但输入时需要对一音多字显示出来的多个汉字进行选择，因而严重妨碍了输入的速度。为此，人们研究出了字形输入法，最为流行的有五笔字型和表形码输入法，由于五笔字型比表形码输入法推出得更早，因而五笔字型输入法占据了主要市场。

12.3.1　实验任务——如何实行五笔打字

1. 实验描述

五笔字型输入法是由王永民教授研发的，一种快速、高效的汉字输入法，先后相继推出了 86 版和 98 版等。五笔字型输入法用 130 个左右字根组字，具有重码少、字词兼容、输入速度快等特点，在众多汉字输入法中，深受专业录入人员和计算机使用者的喜爱。

2. 实验分析

五笔字型输入法的最大优点是用户不需要拼音知识，即使不认识的汉字也可以输入，并且输入有规律可循，码长短（平均码长 2.5 键），动态重码率低，基本不用选字，字词之间无须换挡，字根优选，词组丰富且能扩充，输入速度快，适合专业打字。经过指法训练，每分钟可输入 120～160 个汉字。随着智能 ABC 输入法的出现，推出了智能五笔输入法。它把五笔字型和智能处理系统结合在一起，从而使输入速度大大提高。智能五笔软件可从 http://www.znwb.com 下载。

3. 实验实施

要实行五笔打字，首先必须了解汉字的特点，即汉字的结构形式和汉字的拆分方法。然后，按照五笔字型输入法规则，利用金山软件进行练习，可以起到事半功倍的效果。

12.3.2　分析汉字的结构形成

1. 汉字结构分析

汉字是由若干笔画复合、连接和交叉所形成的相对不变的结构，按照一定的位置关系组合形成的。五笔字型输入法运用汉字可拆分的思想，将汉字从结构上划分为 3 个层次：笔画、字根和字形。用五笔字型输入汉字，首先要通过对汉字结构分析，了解汉字构成的基本规则。

（1）基本笔画。汉字是一种象形文字，从最初书写极不规范的甲骨文逐渐演变成现在以楷书为标准的众多形式。每一个“笔画”都是一个楷书中书写不间断的线条，从书法上讲，汉字的笔画种类和笔画形态很多，如果按照其长短曲直和笔势走向来分，有几十种。经过科学地分类，可以归纳为 5 种：横、竖、撇、捺、折，并根据使用率的高低排序，分别用 1、2、3、4、5 表示 5 种笔画的代号。5 种笔画代号与笔画名、笔画走向、笔形及其变形的对应关系如表 12-1 所示。

表 12-1　五笔字型的基本笔画

代　　号	笔　画　名	笔 画 走 向	笔形及其变形
1	横	左→右	一
2	竖	上→下	丨亅
3	撇	右上→左下	丿
4	捺	左上→右下	㇏
5	折	带转折	乙乛乚

5 种笔画组成字根时，笔画间的关系可分为 4 种类型：单、散、连、交。

① 单，即 5 种笔画本身，如“一”，既是笔画横，又是单字“一”。

② 散，指组成字根的笔画之间有一定的距离，如“二”“八”等。

③ 连，指组成字根的笔画是相连的，如“人”“刀”等。

④ 交，指组成字根的笔画是互相交叉的，如“又”“十”等。

（2）基本字根。五笔字型中把组字能力很强（即组字频度高），而且日常汉语文字中出现次数很多（即实用频度高）的字根称为基本字根。例如平时常说的“木子李”是说“李”字由“木”和“子”组成，“立早章”是说“章”字由“立”和“早”组成。这里，木、子、立、早都是五笔字型基本字根。一般说来，字根有形有义，在大多数情形下成为构字的基本单位，即构字部件或码元，它是汉字的灵魂。五笔字型共有 130 个基本字根，在键盘上的位置如图 12-23 所示。

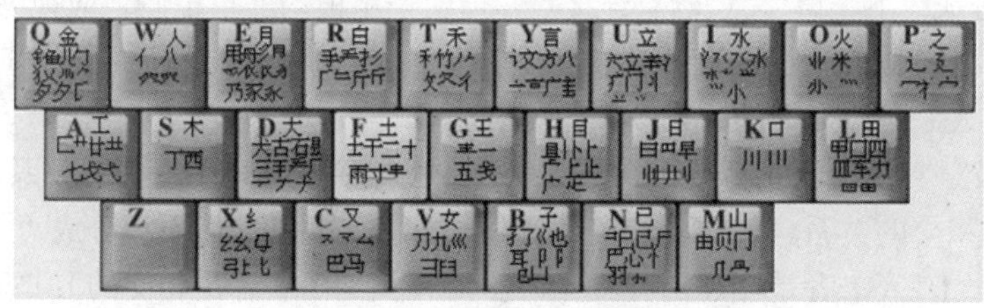

图 12-23　五笔字型键盘字根键位

它将英文键盘变换为五笔字型字根键盘，为方便用户记忆字根，五笔字型发明人王永民给出了“五笔字型字根助记词”，读者要想通过五笔字型输入法快速输入汉字，就应当熟记“五笔字型字根助记词”。根据字根第一个笔画的类别划分为 5 组，分别对应于英文字母键盘的一个区，每个区又根据字根的第二个笔画分为 5 个位，如“冂”键（23K）表示“口、川”字根在 K 键上，在 2 号区 3 号位。25 个键位构成整个字根键盘。首笔为横的字根大都分布在第一区；首笔为竖的字根大都分布在第二区；首笔为撇的字根大都分布在第三区；首笔为捺的字根大都分布在第四区；首笔为折的字根大都分布在第五区。同一键位上的字根大多与键名的形态相近，如“王”键上有“主”，“土”键上有“士”和“干”。相当一部分字根键的位号与第二笔代号保持一致，如“王”的第二笔是横，其代号为 1，与位号 1 一致。另外，各个键位上复合的单笔画字根的笔画数目与键位的位号保持一致。例如，在一区中，一横“一”在 11（G）键上；二横“二”在 12（F）键上；三横“三”在 13（D）键上。“五笔字型字根助记词”非常形象地描述了字根键盘上字根的分布情况，熟记后，有利于尽快记忆字根位置。

（3）基本字形。根据构成汉字的各种基本字根之间的位置关系，可以把成千上万的汉字分为 3 种类型：左右型、上下型和杂合型。根据每种类型汉字的多少，依次从 1～3 命名代号，如表 12-2 所示。基本字根组成汉字时，按照位置关系也有单、散、连、交的情况。

表 12-2　字的三种类型

字形代号	字　型	字　例
1	左右型	村树封桂
2	上下型	思意怒罚
3	杂合型	因凶这司同乘巨本无天

2. 汉字的拆分方法

要用五笔字型输入汉字，首先要将汉字正确地拆分为基本字根，然后按书写顺序实行输入。

（1）汉字的分解。汉字拆分的基础是分解汉字。例如，将“桂”分解成“木、土、土”；将“楊”分解为“木、易”等。因为字根只有 125 个，这样就把处理几万个汉字的问题变成了只处理 125 个字根的问题，把输入一个汉字的问题变成输入几个字根的问题，形如输入几个英文字母才能构成一个英文单词一样。

（2）汉字的拆分。一个汉字可以分解成许多的字根，然而按照正确的汉字输入方法，只能拆分成 4 个字根，五笔字型输入法通过这 4 个字根输入一个字。汉字的拆分，是将汉字化为能够实现正确输入的 4 个字根的过程。五笔字型的汉字拆分原则是“能散不连，能连不交，书写顺序，取大优先，兼顾直观”。

① 能散不连。一个汉字若被视为是字根与字根之间散的关系，就不要认为是连的关系。例如，“占”字拆分成“卜、口”，虽然有连接点，但两个字根均非单笔画，应视为上下型。另外，“倡”，三个字根之间是“散”的关系；“自”，首笔“丿”与“目”之间是“连”的关系；“夷”，“一”“弓”与“人”是“交”的关系。

② 能连不交。对一个汉字拆分时，能拆分成字根与字根之间相连接的关系，就不要拆分成字根与字根之间相交的关系。例如，“天”字拆分成“一、大”，而不拆分成“二、人”。又如，“于”应是“一、十”（二者是相连的），而不是“二、丨”（二者是相交的）；“丑”应是“乙、土”（二者是相连的），而不是“刀、二”（二者是相交的）。

③ 书写顺序。拆分“合体字”时，一定要按照正确的书写顺序进行。例如“新”字只能拆成“立、木、斤”，不能拆成“立、斤、木”；“中”只能拆成“口、丨”，不能拆成“丨、口”；“夷”只能拆成“一、弓、人”，不能拆成“大、弓”。

④ 取大优先。当选取字根有两种或两种以上的方案时，尽量取较大的字根（即笔画较多的字根）。如“世”字，第一种拆法为“一、凵、乙”，第二种拆法为“廿、乙”，显然，前者是错误的，因为其第二个字根“凵”，完全可以向前“凑”到“一”上，形成一个更大的已知字根“廿”。

⑤ 兼顾直观。取大优先的原则不是绝对的，在拆分汉字时，为了照顾汉字字根的完整性，有时不得不暂且牺牲一下“书写顺序”和“取大优先”的原则，形成个别例外的情况。拆分的字根应该有较好的直观性，即考虑到人们的习惯，这样便于联想记忆，给输入带来方便。例如“自”拆分成“丿、目”，而不是“亻、乙、三”。另外，“国”按“书写顺序”应拆成“门、王、一”，但这样便破坏了汉字构造的直观性，故只好违背“书写顺序”，拆作“口、王和‘、’”了。

对一个汉字，在可能的几种方案中，以拆分出的字根最少的那种拆分方案为优先方案。如果几个方案拆出字根的数目相等，则“散”比“连”优先，“连”比“交”优先。

熟悉了基本字根的键位和汉字拆分的基本方法，便可以用五笔字型方法输入汉字了。记住这些字根及其键位是学习和掌握五笔字型输入法的首要步骤。

12.3.3　利用金山软件练习五笔打字

利用金山打字通 2010 进行五笔字型打字练习，则在主菜单中单击“五笔打字”按钮，进入五笔字型练习，包括字根练习、单字练习、词汇练习、文章练习，实现高速录入的目的。

1. 字根练习

字根练习就是根据汉字拆分的规则，按照五笔字型所定义的对应键进行指法练习。因此，此项练习的目的是熟悉五笔字型所定义的对应键位。“字根练习”窗口如图 12-24 所示。

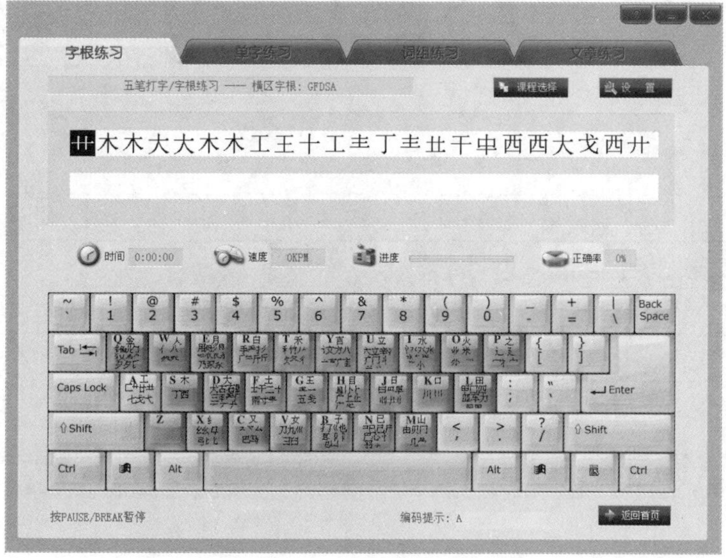

图 12-24　“字根练习”窗口

2. 单字练习

单字练习是在字根练习的基础上，根据所给出的单字，按照汉字拆分规则进行输入。因此，此项练习的目的是提高单字输入的速度。“单字练习”窗口如图 12-25 所示。

图 12-25　“单字练习”窗口

3. 词组练习

词组分为两字、三字、四字词组。为了提高输入速度，对词组进行特殊编码。因此，此项练习的目的就是熟悉编码规则。“词组练习”窗口如图 12-26 所示。

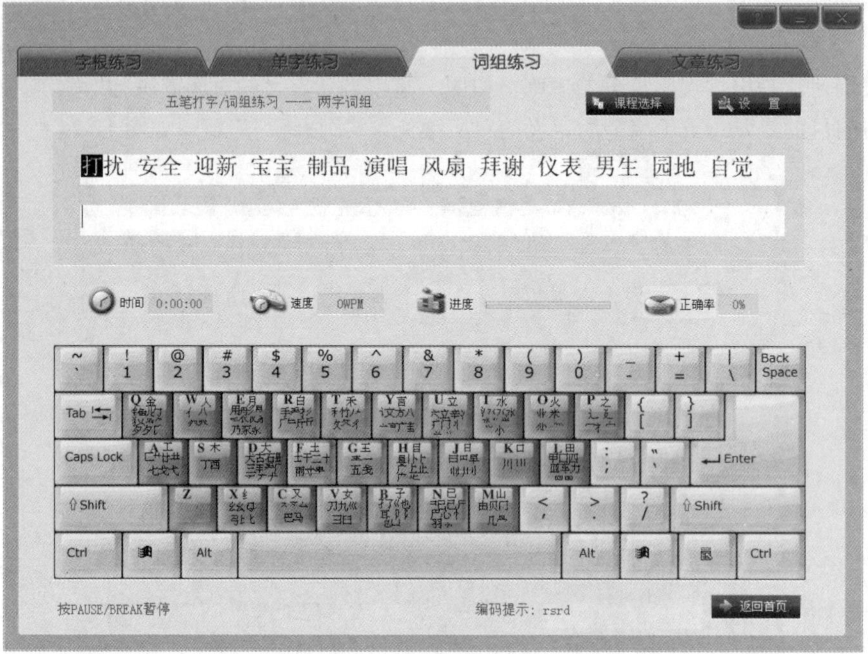

图 12-26　“词组练习”窗口

4. 文章练习

文章练习是基于上述基础练习之上的综合练习。“文章练习”窗口如图 12-27 所示。

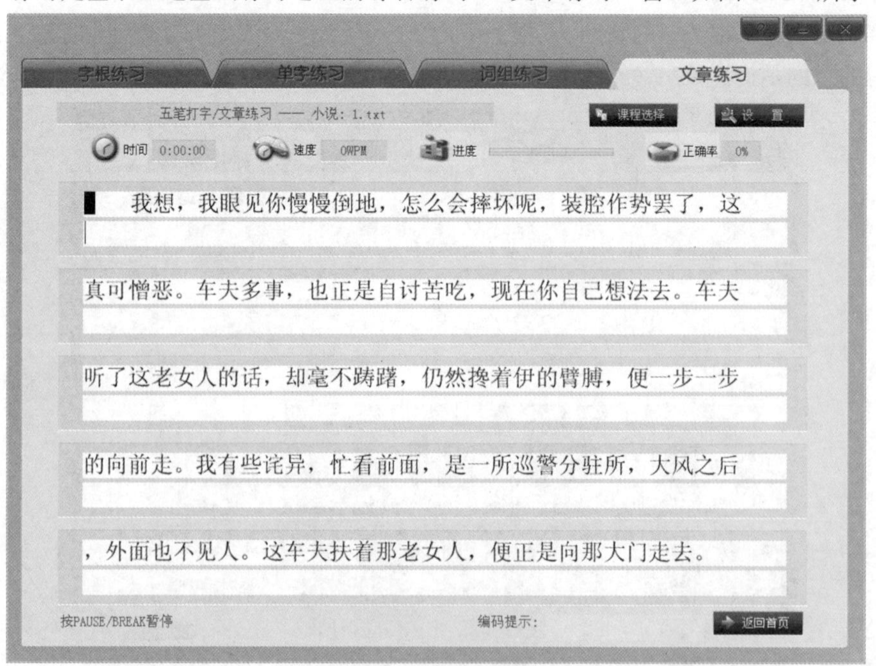

图 12-27　“文章练习”窗口

5. 速度测试

单击主界面的“速度测试”按钮，便进入速度测试界面，它包括以下 3 种输入方式的测试。

（1）屏幕对照：按照屏幕上给出的汉字进行输入，这是最基本的输入方法，其窗口如图 12-28 所示。

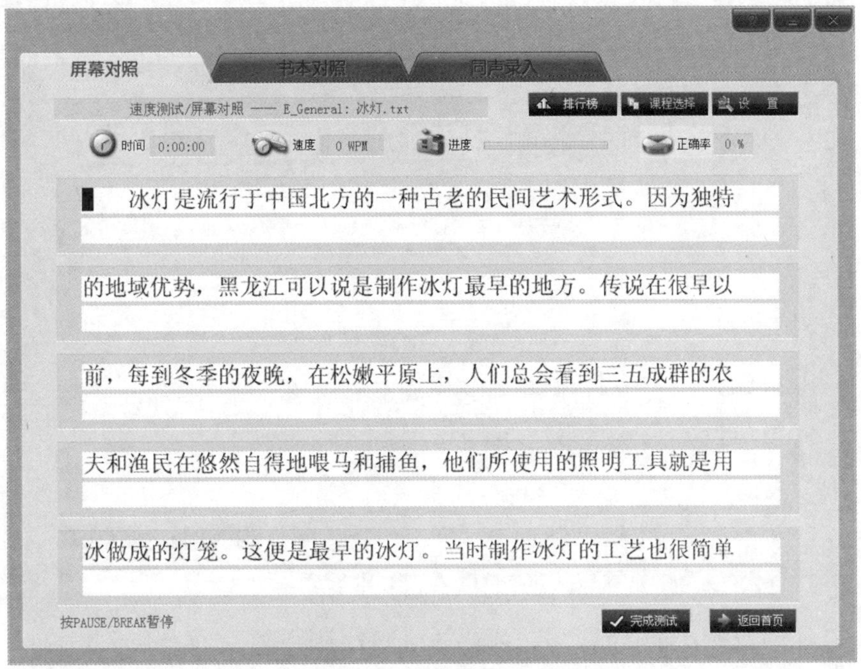

图 12-28 “屏幕对照”窗口

（2）书本对照：根据书稿上的文字进行边看边输入（盲打），其窗口如图 12-29 所示。

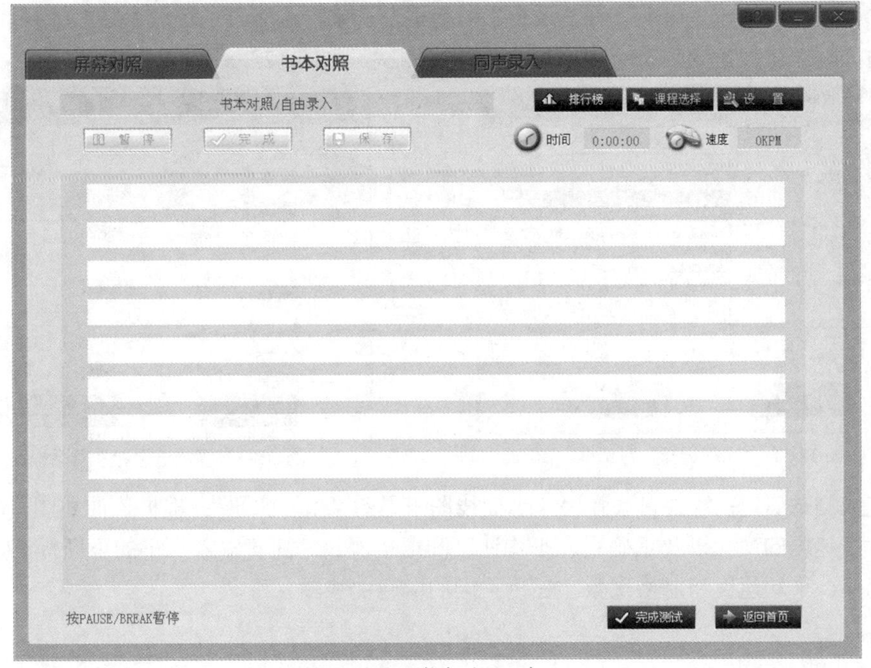

图 12-29 “书本对照”窗口

（3）同声录入：是根据所听到的声音，边听边输入，其窗口如图 12-30 所示。

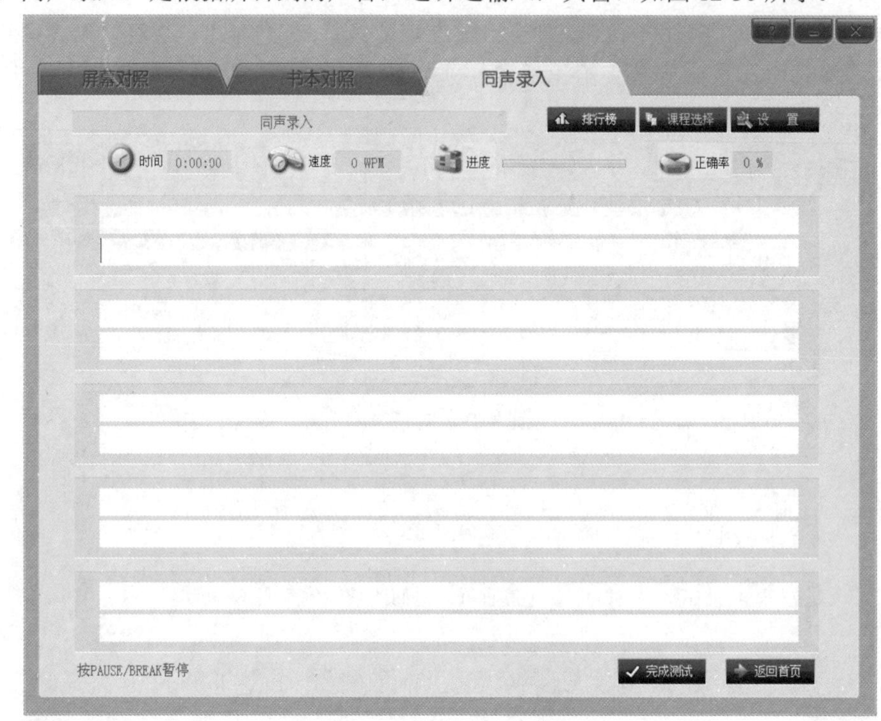

图 12-30 “同声录入”窗口

“屏幕对照”“书本对照”以及“同声录入”可以任意选择。在进行“屏幕对照”练习时，单击“课程选择”按钮，出现“英文文章”“中文文章”“普通文章”和“专业文章”，选择相应的文章，单击“确定”按钮，如图 12-31 所示。

单击“设置”按钮，出现“测试设置”对话框，选定“时间设定模式”，在“时间”框内输入测试时间，单击“确定”按钮，即可开始速度测试，如图 12-32 所示。

图 12-31 “课程选择”对话框

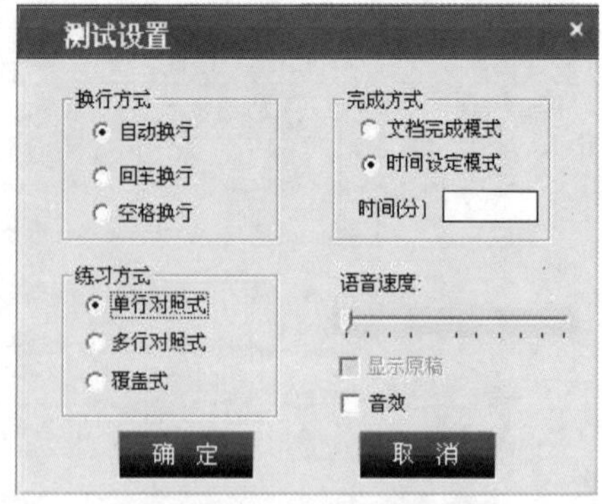

图 12-32 “测试设置”对话框

在完成测试后，系统会自动弹出一个曲线图来显示“用户水平”。根据该曲线图，便可以看到自己打字速度的变化以及正确率、平均速度和退格次数。随着输入水平的不断提高，打字速度、正确率、平均速度和退格次数会显示不同的响应曲线图。

第 13 章　Windows 7 的基本应用

计算机中的一切操作都是在操作系统的支配下进行的。目前，计算机上广泛使用的操作系统是 Windows XP 和 Windows 7。本章安排了 4 个实验项目：Windows 7 对资源的管理、Windows 7 的附件工具、Windows 7 的多媒体功能和文件的压缩与解压。

13.1　Windows 7 对资源的管理

操作系统的作用是有效地组织和管理计算机系统中的硬件和软件资源，合理地组织计算机工作流程，控制程序的执行，并提供多种服务功能及友好界面，方便用户使用计算机的系统软件。其中，对硬件的管理包括对 CPU、磁盘、存储空间的管理；对软件的管理包括对文件及其文件夹、应用程序的操作管理。

13.1.1　实验任务——如何实行资源管理

1. 实验描述

Windows 对资源的管理是通过资源管理器来实现的，Windows 的主要功能操作是进行文件与文件夹的选取、打开、新建、重命名、移动、复制、删除；对文件与文件夹的属性进行设置和搜索指定的文件与文件夹；对存放文件与文件夹的磁盘进行优化等。

2. 实验分析

要实现对资源的管理，首先必须熟悉资源管理工具，利用 Windows 7 提供的资源管理工具，能实现对计算机系统中的资源进行高效管理。Windows 7 使用“计算机”和“资源管理器”作为资源管理工具管理文件和文件夹，它显示当前计算机系统中的驱动器、文件夹和文件的分层结构。

（1）“计算机”。如果双击桌面上的“计算机”图标，即可打开“计算机”窗口。在“计算机”窗口中显示的内容是用户文档和驱动器名。

（2）“资源管理器”。如果启动“资源管理器”，可以选择“开始”→“所有程序”→“附件”→“Windows 资源管理器”命令，也可以单击“开始”“计算机”以及任何文件夹图标，并在所弹出的快捷菜单中选择“资源管理器”命令。在“资源管理器”中可进行界面所显示的各种操作。

3. 实验实施

Windows 7 对资源的管理是通过资源管理工具来实现的，通过资源管理工具，实现对文件和文件夹的管理，以及对磁盘的管理与优化。

13.1.2　文件的基本操作

1. 新建文件、文件夹与快捷方式

（1）新建文件。可以通过菜单命令和快捷菜单命令来实现。

方法 1 在需要新建文件的窗口中选择“文件”→“新建”命令，然后在弹出的子菜单中选择相应的文件类型即可。

方法 2 在需要新建文件窗口的工作区中的空白区域右击，在弹出的快捷菜单中选择“新建”命令，然后在弹出的子菜单中选择相应的文件类型。

（2）新建文件夹。在 Windows 7 中，可以新建文件夹来存放需要的文件或文件夹，以便于对文件和文件夹的管理，其方法有如下 3 种。

方法 1 打开 Windows 资源管理器或“计算机”“我的文档”窗口，浏览到想要创建文件夹的位置，如磁盘、文件夹等，在“文件和文件夹任务”下，选择“创建一个新文件夹”命令，选中“新建文件夹”时，新文件夹将以默认名显示，并处于可编辑状态，直接输入文件夹名，按下 Enter 键，便可完成新建文件夹的操作。

方法 2 在需新建文件夹的窗口中选择“文件”→“新建”→“文件夹”命令。

方法 3 在窗口工作区的空白区右击，在弹出的快捷菜单中选择“新建”→“文件夹”命令。

（3）新建快捷方式。创建快捷方式的目的是方便用户操作，如果要将某一对象的快捷方式放在桌面上时，应在该对象上右击，然后在快捷菜单中选择“发送到”“桌面快捷方式”，或直接按住 Shift 键，将对象拖到桌面上。如果创建其他文件夹的快捷方式，可选择“文件”菜单中的“新建”→“文件夹”命令。

2. 选择文件与文件夹

在对文件或文件夹进行复制、移动、删除等操作时，先要选定文件与文件夹。选择操作时，通常有以下 4 种情况。

（1）选择单个文件或文件夹。在需要选择的文件或文件夹对象上单击，被选择的文件或文件夹以反白形式显示。

（2）选择相邻的多个文件或文件夹。先单击第一个文件或文件夹，然后按住 Shift 键不放，再单击最后一个文件或文件夹，即可选中这两个文件或文件夹之间的全部文件或文件夹。

（3）选择不相邻的多个文件或文件夹。单击第一个文件或文件夹，然后按住 Ctrl 键不放，逐个单击其他需要选定的文件或文件夹，全部选定后释放 Ctrl 键即可；对于已选定的文件或文件夹，如果发现有误选的，按住 Ctrl 键，再单击要取消的文件或文件夹即可。

（4）选择所有文件与文件夹。选择“编辑”→“全部选定”命令，或按下 Ctrl+A 键，可以快速选择当前窗口中的所有文件和文件夹。

3. 复制文件与文件夹

复制文件即制作一个该文件的副本，复制文件夹即制作此文件夹本身和其中所含有的所有文件的副本。其操作方法主要有如下 3 种。

方法 1 单击需复制的文件或文件夹，然后选择“编辑”→“复制”命令，切换到目标窗口，然后选择“编辑”→“粘贴”命令。

方法 2 右击需复制的文件或文件夹，在弹出的快捷菜单中选择“复制”命令，再在目标窗口中的空白区域右击，在弹出的快捷菜单中选择“粘贴”命令。

方法 3 单击需复制的文件或文件夹，按下 Ctrl+C 键，切换到目标窗口，按下 Ctrl+V 键完成复制操作。

4．移动文件与文件夹

移动文件是指把文件从计算机外存的一个位置移动到另一个位置，与复制操作不同的是，移动操作只有源文件副本，不保留源文件。

方法 1　单击需移动的文件或文件夹，然后选择“编辑”→“剪切”命令，切换到目标窗口，再选择“编辑”→“粘贴”命令。

方法 2　右击需移动的文件或文件夹，在弹出的快捷菜单中选择“剪切”命令，再在目标窗口中的空白区域右击，在弹出的快捷菜单中选择“粘贴”命令。

方法 3　选定需移动的文件或文件夹，选择“编辑”→“移动到文件夹”命令，将弹出“移动项目”对话框。在此，选择需移动文件或文件夹所到的目的位置，单击“移动”按钮，完成文件或文件夹的移动。

方法 4　选中需移动的文件或文件夹，使目标窗口可见，直接将选中的文件或文件夹拖曳到目标窗口即可完成移动操作。

5．重命名文件与文件夹

在实际应用中，为了便于记忆或管理，时常需要对已建立的文件或文件夹重新命名。此时，只要右击，便可重新命名文件夹名或文件名。

6．删除文件与文件夹

为了节省磁盘空间，对于不再使用的文件或文件夹，要及时删除。删除方法有如下 4 种。

方法 1　选中需删除的文件或文件夹，在窗口中选择“文件”→“删除”命令。

方法 2　选中需删除的文件或文件夹，在其上右击，在弹出的快捷菜单中选择“删除”命令。

方法 3　选中需删除的文件或文件夹，直接按 Delete 键删除。

方法 4　直接将需删除的文件或文件夹拖曳到桌面上的“回收站”。

〖提示〗 按上述任一种方法操作之后，会将文件或文件夹放到“回收站”中暂时存储，如果想彻底删除，可以在选择删除命令或按 Delete 键或拖曳的同时按下 Shift 键，也可以右击“回收站”图标，在弹出的快捷菜单中选择“清空回收站”命令即可。

7．搜索文件和文件夹

用户可能忘记某些文件（夹）的位置，或忘记文件的名字，这就需要进行文件或文件夹的搜索。在 Windows 7 中，引入了“搜索助理”功能，利用它提供的索引服务，可以快速找到需要的文件和文件夹，便于打开存放位置未知的文件或文件夹。

8. 设置文件（夹）的属性

Windows 7 的文件（夹）都有自己的属性，用户可查看和重新设置。其操作是先选定文件（夹），然后单击“文件”菜单中的“属性”命令（或快捷菜单中的“属性”命令），打开“属性”对话框，属性包括如下几种。

（1）只读（R）：设定为只读属性的文件或文件夹内的文件只能使用，不能修改或删除。

（2）隐藏（H）：设定为隐藏属性的文件或文件夹不能列出，看不到文件名或文件夹名。

（3）存档（A）：设定为存档属性的文件或文件夹可以备份，否则，不能备份。

（4）系统（S）：设定为系统属性的文件或文件夹由系统控制，不能随意修改其属性。

9. 显示文件的扩展名

在 Windows 7 中，文件一般以图标和主文件名来标识，扩展名被隐藏，仅靠图标来区分文件的类型。若希望显示文件的扩展名，可在文件夹窗口中选择“工具”→“文件夹选项”命令，在显示的对话框中单击“查看”选项卡，取消“隐藏已知文件类型的扩展名”复选框的选择。

13.1.3 磁盘管理与优化

为了提高磁盘利用率和读写速度，需要对磁盘进行定期维护与优化，包括查看磁盘属性、检查磁盘、磁盘清理和磁盘碎片整理等操作。

1. 查看磁盘属性

在“计算机”或“资源管理器”中，右击驱动器图标，在弹出的快捷菜单中选择“属性”命令，即弹出“磁盘属性”对话框，查看 C 盘容量及占用情况，绿色表示已占用的磁盘空间，红色表示剩余的可用空间。“磁盘属性”对话框中有 4 个选项卡，供用户设置和操作。

2. 检查磁盘

计算机中的磁盘频繁地进行读写操作，时间长了难免会导致磁道上的文件受到破坏，这就需要对磁盘进行检查。Windows 7 自带的磁盘扫描可以检查文件系统错误，修复磁盘上的坏扇区。在“资源管理器”中右击驱动器图标，在弹出的菜单中选择“属性”→“工具”，然后进行磁盘检查操作。

3. 磁盘清理

计算机在使用一段时间后，磁盘中会留下很多垃圾文件和临时文件而占用大量磁盘存储空间，利用 Windows 7“系统工具”中的“磁盘清理”程序可以释放磁盘空间。选择“开始”→“所有程序”→“附件”→“系统工具”→“磁盘清理”命令，打开“磁盘清理：驱动器选择：”对话框，在对话框下拉列表框中选择 C 盘，单击“确定”按钮。然后，按照对话框中的提示，进行磁盘清理操作。

4. 磁盘碎片整理

由于在保存、删除文件等操作时在磁盘上会产生一些碎片，这些碎片将影响到磁盘的性能，增加磁盘的读取时间。Windows 系统提供“磁盘碎片整理程序”程序，选择“开始”→“所有程序”→“附件”→“系统工具”→“磁盘碎片整理程序”命令，按照提示进行碎片整理操作。

13.2 Windows 7 的附件工具

Windows 7 提供了一些短小的附件工具，以帮用户更好、更方便地使用计算机。这些附件工具占用磁盘空间小、操作简便、运行快速，在很多时候可以帮助用户解决一些复杂问题。

13.2.1 实验任务——如何使用附件工具

1. 实验描述

附件工具是“程序”窗口中的一个程序组，包含写字板、计算器、画图、截图工具、录音机、远程桌面连接等。

2. 实验分析

在计算机应用中，经常会遇到一些特殊的应用需求，例如绘制图形，截取图形画面，进行简单的加、减、乘、除运算等，利用 Windows 7 系统提供的附件工具，能为用户带来极大的方便。

3. 实验实施

本实验就是熟悉文字处理工具、图形工具、命令提示符。虽然基于图形界面的 Windows 为用户操作使用计算机提供了极大方便，但 DOS 命令方式仍有其优越性，仍然可以在很多场合使用。

13.2.2 文字处理工具

1. 写字板

“写字板”是一个简单的字处理程序，可用来建立、编辑文档、制表或将文件存档，并可进行简单的排版操作和文档输出。它具有文件管理、编辑、搜索、字符选择、段落重排、文档修饰等多种功能，编辑方法类似 Word。“写字板”存放在“附件”菜单中，启动时可选择“开始”→“所有程序”→“附件”→“写字板”命令，或在“附件”窗口中直接双击“写字板”图标即可。

2. 记事本

“记事本”是一个简单的文本编辑器，用来编辑小型的文本文件，即以 TXT 为扩展名的文本文件和各种高级语言源程序文件，还可用作随记本、记载办公活动中的一些零星事情，如电话记录、留言、摘要、备忘事项等。用记事本保存的文本文件不包含特殊格式代码或控制码，可以被 Windows 的大部分应用程序调用，其文件长度不超过 48KB。“记事本”存放在“附件”菜单中，启动时可选择“开始”→“所有程序”→“附件”→“记事本”，或直接双击“记事本”图标。

〖**提示**〗文本与文档是有区别的。简单地说，文本是指没有通过编辑的文字和符号，文档是通过编辑后的文字和符号，文档中包含有看不见的编辑控制符（如分页控制符、打印控制符等）。

13.2.3 计算器

Windows 提供的“计算器”可以完成简单的算术计算，也可进行庞大而复杂的数字计算，并且可以和应用程序一起使用，如在进行文字处理时可以将一段数学表达式交给“计算器”处理，处理完毕后将计算结果传回当前正在编辑的文字段中。Windows 计算器可分为标准型和科学型。

1. 标准型“计算器”

标准型“计算器”只有基本算术运算功能，使用时只需单击“计算器”中的按钮，便可方便地操作；若没有鼠标，可用键盘操作“计算器”。启动时，可选择“开始”→“所有程序”→“附件”→“计算器”命令，便显示标准型“计算器”界面。

2. 科学型“计算器”

科学型“计算器”除了具备标准型功能外，还能进行函数运算和进行二、八、十六进制间的转换。设置为科学型计算器的方法是在标准型计算器中选择“查看”→“科学型”命令，即可将计算器切换到科学型模式。

〖提示〗计算器还有日期计算功能（计算两个日期之间的天数）、统计信息的功能、单位转换功能。只要在计算器的主界面中单击“查看”按钮，即可切换这些功能。

13.2.4 图形工具

Windows 附件工具中用来绘制图形和获取图形的软件有画图和截图工具。

1. 画图

“画图”不仅提供了各种绘图工具和色彩，还提供了英文和汉字的不同字体，使用户既能够输入文字，又能够简单、方便、快捷地绘制色彩丰富的图画。“画图”是 Windows 提供给用户绘图的应用程序，启动和退出该程序的操作步骤如下。

（1）选择“开始”→“所有程序”→“附件”→“画图”命令，在“画图”窗口中进行操作。

（2）退出“画图”应用程序，可以选择“文件”→“退出”命令，亦可以直接单击该窗口右上角的“关闭”按钮。

2. 截图工具

在编写教材或收集资料的过程中，截图是不可避免的。现在有很多截图工具软件，但利用 Windows 提供的截图工具进行截图是最简单、最快捷的方法。

（1）矩形截图。具体操作步骤如下。

① 利用“开始”菜单，选择命令“开始”→“所有程序”→“附件”→“截图工具”，打开“截图工具”窗口。

② 单击工具栏中的“选项”按钮，打开“截图工具选项”对话框进行设置。

③ 单击“新建”按钮右侧下拉箭头，在弹出的下拉列表中选择截图的形状，即可开始截图。

④ 截图后跳出可编辑的截图工具窗口，单击工具栏中的“保存”按钮进行存盘。

⑤ 单击工具栏中“书写笔”按钮右侧的下拉箭头，选择书写笔的颜色，然后用鼠标指针画图或写字。

⑥ 单击工具栏中的按钮发送电子邮件。

⑦ 若此时不想截图了，可以单击工具栏中的“取消”按钮。

（2）任意格式截图。具体操作步骤如下。

① 单击“新建”按钮右侧的下拉箭头，在弹出的下拉列表中选择“任意格式截图”命令，选取截图区域。

② 截取图形后单击“保存”按钮或选择“文件/另存为”命令，选择存放位置后，单击“保存”按钮。

（3）窗口截图。与任意格式截图的方法相似，具体操作步骤如下。

① 打开截图程序，单击“新建”按钮右侧的下拉箭头，在弹出的下拉列表中选择“窗口截图”命令。

② 单击“新建”按钮，当前窗口周围出现红色边框表示为截图窗口，单击确定截图。

（4）全屏幕截图：与窗口截图相似，具体操作步骤如下。

① 打开截图程序，单击“新建”按钮右侧的下拉箭头，在弹出的下拉列表中选择“全屏幕截图”命令。

② 程序立即将选择“全屏幕截图”那一刻的窗口信息放入截图编辑窗口。

（5）键盘截图。利用键盘上的 Print Screen Sysrp 键截取全屏幕图形，具体操作步骤如下。

① 打开要截图的屏幕画面。

② 按下键盘上的 Print Screen Sysrp 键（简记为 PrtScnSysRq）。

13.2.5 DOS 命令提示符

“命令提示符”是 Windows 操作系统提供的用于 DOS 命令及其他计算机命令的接口，用户可以在计算机上通过键盘命令操作方式执行操作任务。

1. DOS 命令概念

DOS 是磁盘操作系统 (Disk Operating System)的简称，它由 Microsoft 公司研发，所以通常称为 MS-DOS。DOS 是一种基于命令行的操作方式，即用户操作使用计算机时，必须使用由英文字符组成的命令，其命令格式为

```
[d:] [path] <命令动词> {参数} <Enter>
```

为了便于广大用户操作计算机，Microsoft 公司在 DOS 的基础上推出了基于图形界面的 Windows 操作系统，从此 DOS 悄悄地退出了“历史舞台”。但由于 DOS 是面向操作命令的，所以在网络中输入地址、在微机的维护、数据的拯救等过程中，使用 DOS 命令更为方便。因此，在 Windows 中依然保留了命令行操作方式。

2. DOS 命令操作

在 Windows 操作系统中进入“命令提示符”，并执行 DOS 操作命令的具体操作步骤如下。

（1）选择“开始”→“所有程序”→“附件”→“命令提示符”命令，则显示如图 13-1 所示界面。

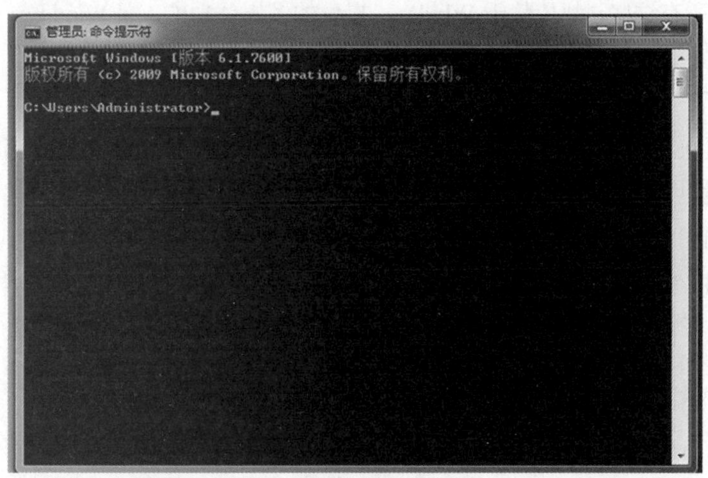

图 13-1 “命令提示符”窗口

（2）在图 13-2 所示命令提示符状态下输入 dir/w 命令，则显示如图 13-2 所示界面。

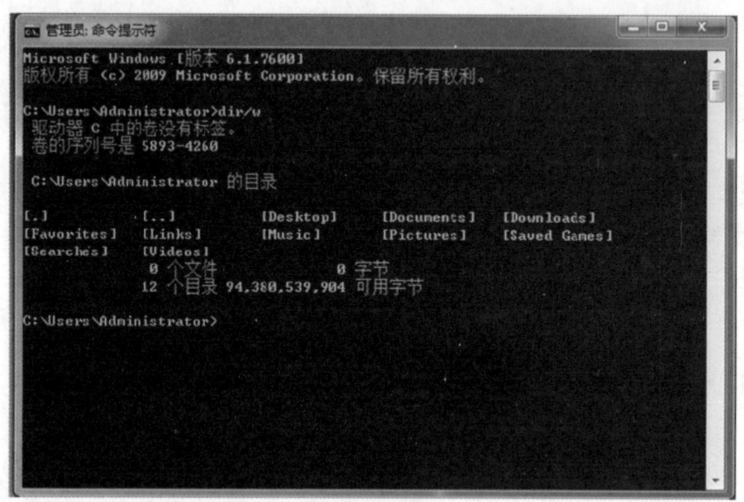

图 13-2　显示当前磁盘目录

dir/w 命令中的 dir 是最常用的 DOS 命令，用来显示当前目录下的所有文件和文件目录；w 是命令参数，w 是单词 wide 的前缀，所以该命令的含义是按宽行显示，即每行显示 5 列信息。

13.3　Windows 7 的多媒体功能

随着微电子技术的高速发展，多媒体技术得到广泛应用，从而使计算机的功能极大增强和拓展。通过本实验，进一步加深对多媒体信息处理技术的了解，熟悉多媒体技术的基本应用。

13.3.1　实验任务——Windows 7 对多媒体硬件的支持

1. 实验描述

随着计算机硬件系统性能的不断提高，为多媒体技术的广泛应用提供了良好的技术支撑，因而使得广大用户能在计算机上播放电视、音乐、教学录像等，为用户工作、学习、娱乐提供了极大方便。而所有这些，都依赖于 Windows 提供的多媒体功能，即 Windows 对多媒体硬件的支持。

2. 实验分析

Windows 95/98 以后的操作系统带有多媒体驱动程序，它将多媒体部件的驱动程序捆绑在一起，实现了“即插即用”，不仅可以方便地对多媒体计算机进行配置，而且具有良好的播放功能。

3. 实验实施

Windows XP 在附件“娱乐”选项中包含了“录音机”“媒体播放器”等功能。在 Windows 7 中，用户可以直接使用 Windows Media Player 来播放声音和视频，并且可以进行录音。

13.3.2　认识多媒体数据格式

多媒体系统中的信息可分为多媒体音频、多媒体视频和多媒体图像。不同类型的媒体信息具有多种不同的数据格式，在应用多媒体系统时，熟悉多媒体文件的数据格式是非常重要的。

1. 多媒体音频文件

多媒体涉及多种音频处理技术，如音频采集、语音编辑与解码、音乐合成、文字语言转换、语音识别与理解、音频数据传输、音频视频同步、音频效果与编辑等。在音频处理过程中，所涉及的音频文件格式有 WAV 格式、MP3 格式、MIDI 格式、AU 格式等。常用声音和音乐的文件格式及对应的文件扩展名如表 13-1 所示。

表 13-1　常用声音和音乐的文件格式及对应的文件扩展名

文件格式	文件扩展名	文件使用说明
WAVE/WAV	wav	通常称为波形文件，几乎所有的音频编辑软件都支持 WAV 格式。利用该格式记录的声音文件和原声基本一致，质量非常高，但文件数据量大
MP3	mp3	属于波形文件，是一种有损压缩格式，因而压缩率大，数据文件比较小，适合在网上传输。MP3 格式是目前比较流行的声音文件格式
MIDI	mid/rmi	目前较为成熟的音乐格式，它所记录的并不是一段录制好的声音，而是记录声音的信息，现已成为一种产业标准
Audio	au	经过压缩的数字声音文件格式，是 Internet 上常用的声音文件格式

2. 多媒体视频文件

视频是指连续渐变的静态图像或图形序列，随时间轴顺序更换显示，从而构成运动视感的媒体，动画和视频都属于动态图像。视频信息在计算机中存放的格式主要有 AVI 格式、MPEG 格式、WMA 格式、QuickTime 格式、RealVideo 格式等。

3. 多媒体图像文件

图像格式可以分为位图和矢量两种类型，位图是以点阵形式描述图像的，而矢量则是以数学方法描述的一种由几何元素组成的图像。

由于矢量图像具有缩放后分辨率不变的特点，因此在专业级的图像处理中使用较多。图像文件有 BMP、GIF、JPG、PNG、PDF 等格式。常用图像和视频的文件格式及对应的文件扩展名如表 13-2 所示。

表 13-2　常用图像和视频的文件格式及对应的文件扩展名

文件格式	文件扩展名	文件使用说明
BMP	bmp	与硬件设备无关的、Windows 环境中的标准图像文件格式，由于它是一种未经压缩的图像文件，因而文件的数据量较大
GIF	gif	经过压缩的文件格式，所以文件较小，主要用于保存网页中需要高传输效率的图像文件，它可以作为透明背景与网页背景融合，支持 256 色的图像
JPG/JPEG	jpg/jpeg	有损压缩格式，由于它可以把文件压缩到最小格式，因此，JPEG 格式是目前网络上最流行的图像格式之一
PNG	png	最新的网络图像文件格式，它能够提供比 GIF 格式小 30%的无损压缩图像文件
PDF	pdf	与操作系统无关的、用于进行电子文档发布和数字化信息传播的文件格式
AVI	avi	音频、视频交错格式，可以将音频和视频交织在一起同步播放，主要用来保存电影、电视等各种影像信息
MPG	mpg	运动图像压缩算法的国际标准，采用有损压缩方法来减少运动图像中的冗余信息，同时保证每秒 30 帧的图像动态刷新率，已被几乎所有的计算机平台所支持
RealVideo	ra/rm/rmvb	新型的流式视频文件格式，主要用于在低速率的广域网上实时传输活动视频影像
SWF	swf	矢量动画格式，动画缩放时不会失真，并能与 HTML 充分结合，添加音乐，形成二维的有声动画，因此常用于网页上，称为“准”流式媒体文件格式
GIF	gif	动画格式，主要用于保存网页中需要高传输速率的图像文件，支持动画和透明，因而被广泛用于网页中。GIF 格式无法存储声音信息，只能形成无声动画

13.3.3 Windows 7 媒体播放器

Windows 7 提供的媒体播放器（Windows Media Player）是功能强大的的多媒体软件，可以用来将用户喜欢的音乐刻成 CD、从 CD 翻录音乐；将数字媒体文件同步到音乐便携设备；整理计算机中的数字音乐库、数字照片库和数字视频库；可以从在线商店购买数字媒体内容并进行播放。

1. 播放器的初步设置

媒体播放器有两种显示模式：媒体库模式和正在播放模式，媒体库模式是播放器的默认模式。

2. 创建播放列表

用户可以将存储在计算机中的音乐添加到 Windows Media Player 媒体库中，创建一个播放列表进行播放。此时如果双击其中一首歌曲，即播放所选择的歌曲。如果没有选择，Windows Media Player 自动从第一首歌曲开始播放。如 music 列表中的第一首歌曲是“今夜无眠”，则播放该音乐并显示该歌曲的画面。

〖**提示**〗 播放音乐时，如果音量大小不合适，则可单击任务栏中的音量图标，弹出音量控制框，用鼠标拖动音量滑动按钮，即可以调节音量的大小。

3. 播放器选项设置

用户可以根据自己的喜好配置 Windows Media Player，如指定在计算机中存储数字媒体文件的位置，添加或删除插件，设置隐私和安全选项，设置从 CD 翻录音频文件的声音质量。播放器选项设置是选择“组织”→“选项”命令，打开“选项”对话框。

4. 从音乐 CD 中提取音频

音乐 CD 上存储的文件是扩展名为 cda 的特殊格式文件，这种文件不能直接复制。当用户需要频繁播放音乐 CD 时，可以利用 Windows Media Player 的翻录音乐 CD 功能，将 CD 上的音乐保存在硬盘上，然后将其添加到媒体库中，这样可以随时播放音乐，以减少 CD 对光驱的损耗。

5. Windows 7 的录音设置

Windows 7 自带了“录音机”设备，可以实行录制、混合、播放和编辑声音，并可以将声音链接插入另一个文档中，其操作包括设置麦克风和录音。使用录音机时，首先必须准备麦克风，并插入声卡的 USB 接口，然后进行设置。在设置好麦克风之后，便可以开始进行录音。

13.4 文件的压缩与解压

在多媒体系统中涉及大量的声音、图像甚至影像视频，这些信息的数据量比字符数据量大得多。为了便于存储和传输，需要对数据进行压缩，经过压缩的数据在播放时需要解压缩（解码）。解压缩是数据压缩的逆过程，常用的压缩/解压工具软件有 WinRAR 和 WinZip 等。

13.4.1 实验任务——利用 WinRAR 压缩和解压文件

1. 实验描述

在多媒体系统中，由于涉及大量的声音、图像甚至影像视频，数据量是巨大和惊人的。要存储这类巨大的媒体数据信息，唯一有效的办法是采用数据压缩技术。多媒体数据压缩技术也称为压缩/解压技术（Compression/De compression，CODE）。经过压缩的数据在播放时需要解压缩，也称为数据解码，解压缩是数据压缩的逆过程，即把压缩数据还原成原始数据相近的数据。

2. 实验分析

实现数据压缩和解压缩的工具软件很多，较常使用的是 WinRAR。WinRAR 是一个功能强大的压缩/解压缩工具软件，不仅界面友好，使用方便，而且在功能、压缩率等方面都很有特点。

（1）支持 ARJ、CAB、LZH、ACE、TAR、GZ、UUE、BZ2、JAR、ISO 类型文件的解压。

（2）创建自解压文件，可以制作简单的安装程序，使用方便。

（3）具有强大的数据备份和恢复记录功能，最大限度地恢复损坏的 RAR 和 ZIP 压缩文件中的数据，如果设置了恢复记录，甚至可以完全恢复记录。

（4）采用先进的压缩算法，较好地平衡了压缩时间和压缩率，在很大程度上增加了类似文件或许多小文件的压缩率，在压缩前估计文件的压缩率的功能。

（5）对多媒体文件有独特的高压缩率算法，WinRAR 对 WAV、BMP 声音及图像文件可以用独特的多媒体压缩算法大大提高压缩率，虽然可以将 WAV、BMP 文件转为 MP3、JPG 等格式节省存储空间，但 WinRAR 的压缩均是标准的无损压缩。

3. 实验实施

文件压缩通常有两种情况：一种是多媒体数据文件很大，为了便于存放或传送，需要对文件进行压缩；另一种是通过网络传递文件时，如果需要传递多个文件，为了简化操作，可将多个文件压缩成一个文件，这时压缩的真实含义往往是将多个文件打包成一个文件。不论出于何种目的，压缩过的文件必须通过解压缩后方能使用。因此，数据压缩实际上包含压缩和解压缩。

13.4.2　文件压缩

文件压缩是指通过某种特殊的编码方式将数据信息中存在的重复度、冗余度有效地降低，从而达到文件压缩的目的，这种特殊的编码方式就是算法，算法越先进，压缩率越高。例如数码串：

1111111111	000000000000	11111111	00000000000000000000	1111111111111111	000000000000
（10 个 1）	（12 个 0）	（8 个 1）	（20 个 0）	（16 个 1）	（12 个 0）

若将该数码串记为 10A1A12A0A8A1A20A0A16A1A12A0，显然，这会使得数据量大大减少，而且所要表达的信息也完全保留，这就是无损压缩。数字和文字信息只能用无损压缩，而声音、图像等信息压缩时允许失去部分信息，称为有损压缩。

1. WinRAR 的下载与安装

WinRAR 简体中文版可在官方网站 http://www.winrar.com.cn 或其他专业的软件下载网站下载，然后进行安装。无论是来自光盘或网络下载的工具软件都需要安装，然后才能运行该软件。任何工具软件的安装，都是由操作系统完成的，并且在安装过程中，系统会给出安装提示信息。

2. 用 WinRAR 进行文件压缩

WinRAR 安装文件后，便可使用 WinRAR 工具软件进行文件压缩，其具体操作步骤如下。

（1）双击 WinRAR 压缩文件或选择 Windows 的“开始”→“所有程序”→WinRAR 命令，打开 WinRAR 的工作图形界面，如图 13-3 所示。

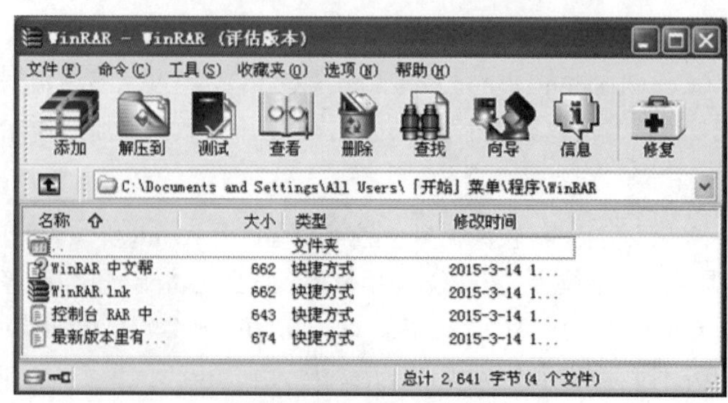

图 13-3　WinRAR 操作界面

（2）在地址栏里选择存放文件的驱动器，在文件列表里选择所要压缩的文件夹，打开文件夹，选择要压缩的文件（可选择多个文件），如图 13-4 所示。

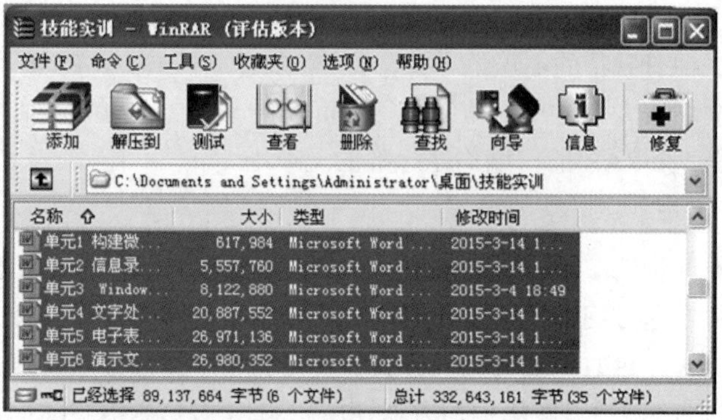

图 13-4　选择要压缩的文件

（3）单击工具栏中的“添加”按钮，弹出如图 13-5 所示对话框。如果选择“常规”选项卡，则按提供的方式进行压缩；如果选择“高级”选项卡，可以为压缩文件设置密码，在解压时必须输入密码，其目的是提高文件的安全性。

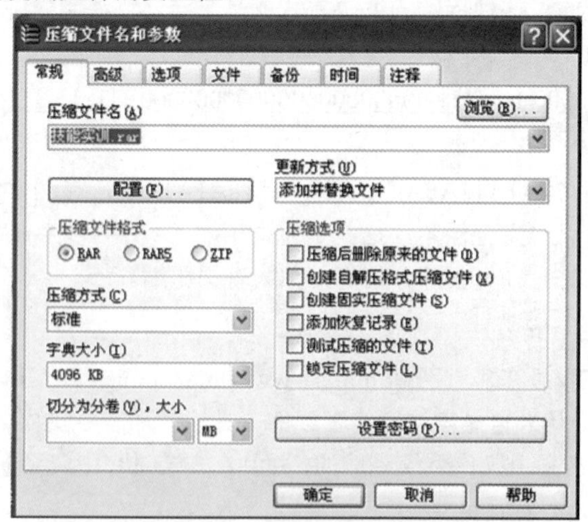

图 13-5　压缩参数设置

（4）设置后单击“确定”按钮，即开始压缩文件，同时显示压缩进度以及大概需要的时间，如图 13-6 所示。压缩完成后，会在 WinRAR 窗口文件列表框中显示被压缩的文件名，即已形成一个 WinRAR 文件“技能实验”，双击该压缩文件图标，显示出被压缩的文件，如图 13-7 所示。

图 13-6　文件压缩过程

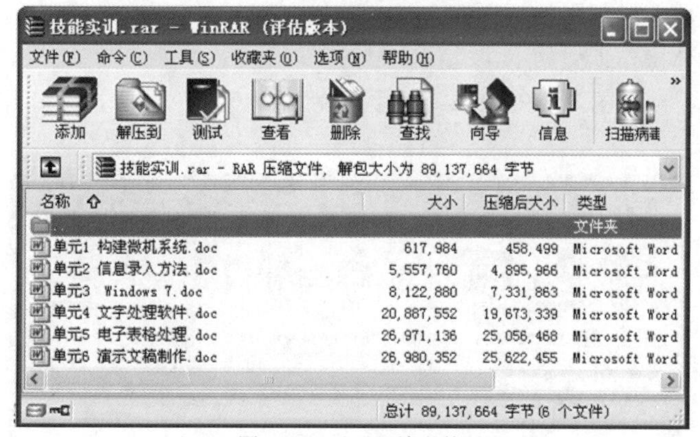

图 13-7　显示压缩文件

〖提示〗 Windows 图形化用户界面带来的最大便利是直观，易学易用。但 WinRAR 软件同时保留了 DOS 的命令行工作方式，它的最大优点就是直接、快速和灵活，但是缺点是需要记住非常多的命令参数。例如，命令行：

```
winrar a jisuanji.rar rar.txt
```

其中，winrar 是压缩命令；a 是第一个参数，是添加的意思；jisuanji.rar 是目标压缩档案文件的文件名；rar.txt 是待压缩的文件。该命令行的作用是将当前目录下的 rar.txt 文件添加到 jisuanji.rar 压缩文件中。

3. 分卷压缩文件

如果需要压缩的文件比较多，而且文件比较大，若将它们压缩成一个文件，便不利于存储，也不便于 E-mail 传送。此时，可采用分卷压缩文件的方式。

4. 向压缩包中添加文件

一个已经形成的压缩文件 WinRAR 还可以向它添加未经压缩的文件，具体操作步骤如下。

（1）在 WinRAR 窗口中选择刚压缩的文件“技能实验.rar”。

（2）双击“技能实验.rar”展开压缩文件，显示所包含的文件。

（3）在资源管理器中选择要添加的另一幅照片文件。

（4）将照片文件拖曳到 WinRAR 窗口中，此时 WinRAR 会弹出“压缩文件名和参数”对话框，按照要求设置压缩参数后单击“确定”按钮，即完成压缩。

〖**提示**〗 最简单的压缩文件的方法是在资源管理器中，选择要压缩的文件或文件夹，利用快捷方式进行压缩操作，具体操作方法按照操作菜单进行。

13.4.3　文件解压

文件解压缩是文件压缩的逆操作，即通过解压，将文件恢复原貌，压缩过的文件必须经过解压后才能使用。目前网络上常见的压缩格式是 rar 或 Zip 和 EXE，rar 或 Zip 格式的压缩文件可以使用 WinRAR 软件进行解压，而 EXE 则是属于自解压文件，只要双击文件图标，便自行解压，因为 EXE 文件已经包含了解压缩程序。文件解压有多种方法，较常用、较简单的方法有以下两种。

1. 直接双击压缩文件

这是一种较简单、较常用的解压缩方法。例如，有一个名为“数据库辅助教材”的压缩文件，实行解压的具体操作步骤如下。

（1）双击要进行解压的 WinRAR 文件“数据库辅助教材”图标，便打开被压缩文件的主界面，如图 13-8 所示。

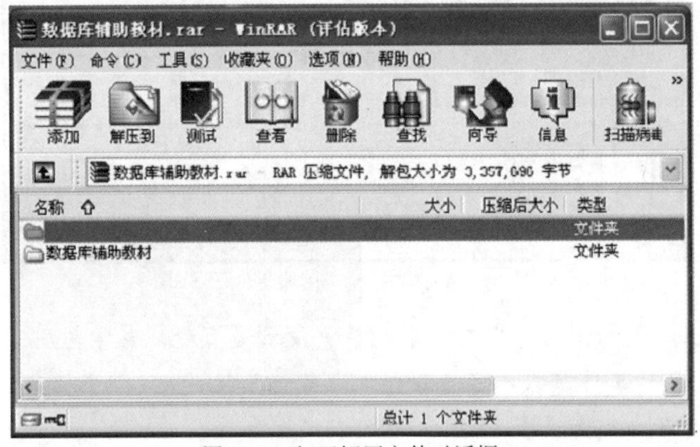

图 13-8　打开解压文件对话框

（2）双击图 13-8 中的“数据库辅助教材”，进行解压，并将解压后的文件显示在 WinRAR 主界面的文件列表中，如图 13-9 所示。

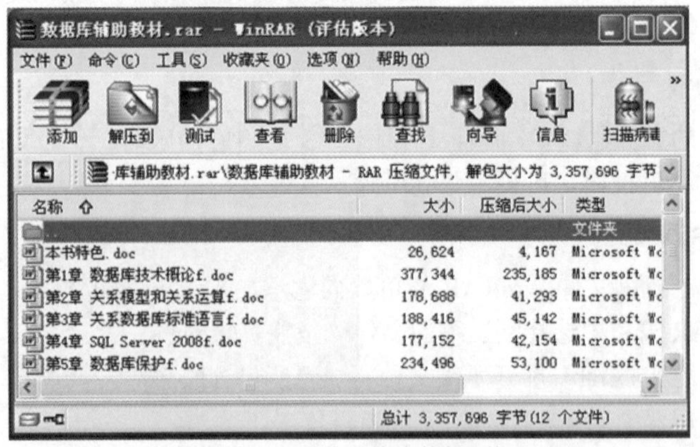

图 13-9　显示被压缩的所有文件

2. 使用快捷方式打开压缩文件

使用快捷方式打开压缩文件是一种带有不同解压方式的解压方法，具体操作步骤如下：

① 直接右击要解压的文件，如右击“数据库辅助教材”压缩文件，即弹出如图 13-10 所示菜单。

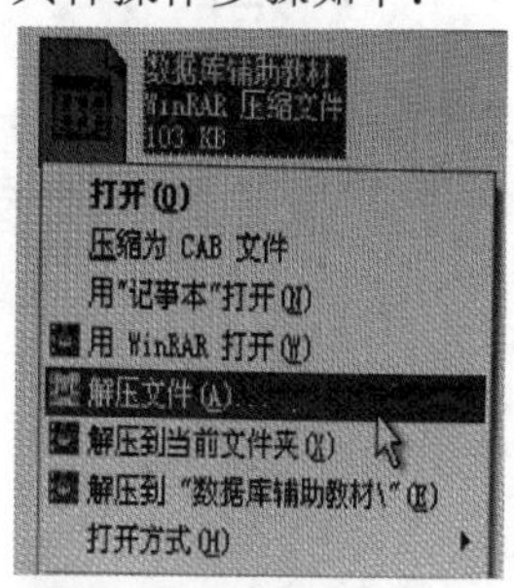

图 13-10　解压到指定区

② 根据具体情况，从中选择“解压文件”“解压到当前文件夹”“解压到‘数据库辅助教材\’”任一解压方式。三者之间的具体功能分别如下。

（1）“解压文件”：可打开“解压路径和选项”对话框，在该对话框中，用户可以对解压后文件的具体参数进行设置，如“目标路径”“更新方式”“覆盖方式”等。设置完后，单击“确定”按钮，便开始解压文件。

（2）“解压到当前文件夹”：系统按照默认设置，将该压缩文件解压到当前目录中。

（3）“解压到‘数据库辅助教材\’”：将压缩文件解压到当前目录中，并将解压后的文件保存在和压缩文件同名的文件夹中。

〖提示〗 以上所有操作，都是常规的基本操作。事实上，Windows 的基本操作还有许多操作技巧，而这些技巧往往是教科书上不曾介绍的。这就要求同学们在学习过程中，相互交流，相互学习，共同提高。

第 14 章　Word 2010 的基本应用

掌握文字编辑、处理是大学生必备的一项基本技能。能实现文字编辑处理的软件很多，目前国内广泛使用的文字处理软件有 Word 和 WPS。Word 2010 是 Microsoft Office 2010 中的主要成员，也是目前世界上较新、较流行、功能较强大的文字编辑和表格处理软件之一。

本章以编辑个人求职简历和论文排版为主线，安排了 4 个实验项目：文档的建立与编辑、制作 Word 表格、文档的图文混排和文档的高级设置。

14.1　文档的建立与编辑

Word 2010 是文字处理软件，以功能强大、操作简单等特点受到广大用户的喜爱。利用 Word 2010 强大的文字处理和文档编辑功能，可以制作出各种精美的、具有专业水准的文档。

14.1.1　实验任务——编写求职自荐信

1. 实验描述

大学生在就业时精心设计制作一份个人求职自荐信是非常重要的。求职自荐信既要介绍自己的基本信息和特长，也要展示自己的能力水平和综合素质。由于求职自荐信是自己给招聘单位的第一印象，所以求职自荐信的好坏，可能直接影响求职结果。一份完整的求职自荐信应该包括求职自荐信、求职简历表以及自荐信封面。本实验先介绍求职自荐信，如图 14-1 所示。

自　荐　信

尊敬的领导：

　　您好！感谢您在百忙之中阅读我的自荐信。

　　我是北京××××大学×××专业的应届大学毕业学生，鉴于我对教师职业的热爱，以及对于教育工作的自信，特向贵校作自我推荐，希望您能考虑我的申请。

　　我系统地学习并掌握了计算机硬件及软件的基本理论，能熟练运用面向对象程序设计语言进行软件开发。此外，我自学了教育学的相关理论知识，参加了相关培训，具备了教师的基本素质，并获得教师资格证书。

　　本人待人热情、诚恳，热爱集体，有强烈的事业心和责任感。我热爱教师这个神圣的职业，非常希望加入你们这个优秀集体，并为教育事业做出应有贡献。也许在众多的求职者中我不是最好的，但可能是最合适的。我有充分的思想准备迎接工作中的各项挑战，希望贵校能给我一个证实自己的机会，我将以优异的业绩来答谢您的选择！

　　谨祝您身体健康，工作顺利！

　　此致

敬礼！

自荐人：×××

××年××月××日

图 14-1　求职自荐信

2. 实验分析

本实验是通过编写求职自荐信，掌握在 Word 2010 环境中编辑简单文档的基本方法。而要编辑出美观的求职自荐信，不仅要熟悉 Word 2010 编辑环境和编辑方法，还要掌握美化文档的技能。

3. 实验实施

要编辑如图 4-1 所示的求职自荐信，其实施步骤为创建新文档、输入文档内容、文档编辑、字符格式化和段落格式化等。

14.1.2　创建 Word 文档

1. 启动 Word 2010

进入 Word 2010 操作状态之前，必须启动 Word 2010。创建新文档的启动方法有如下两种。

方法 1　从“开始”菜单启动。首次使用 Word 2010，则在启动 Windows 7 后，单击“开始”按钮，从弹出的“开始”菜单中选择“所有程序”→Microsoft Office→Microsoft Word 2010 命令。

方法 2　利用桌面快捷方式启动：当安装好 Microsoft Office 之后，桌面上自动创建 Word 2010 快捷图标，双击该快捷图标，即可启动 Word 2010。

2. 创建新文档

启动 Word 2010 后便可创建一个新文档。在 Word 2010 中建立新文档可用以下几种方法。

方法 1　启动 Word 后单击“开始”→“所有程序”→Microsoft Office→Microsoft Word 2010，进入 Microsoft Word 2010 窗口，系统默认创建一个空白文档，文件名为“文档 1”。

方法 2　单击快速访问工具栏的“新建”按钮，即可建立一个空白文档。

方法 3　利用向导建立新文档。当创建一些例如个人简历、传真或报告等时，可选择使用向导创建文档，从而节省大量时间。

方法 4　利用模板建立新文档。Word 中将各种类型的文档预先编排好一种文档框架，包括一些固定的文字内容和固定的字符、段落格式等，称为模板。

〖**提示**〗　*在 Word 中第一个建立的文档名为“文档 1”，以后建立的文档序号递增，即“文档 2”“文档 3”等，并且所有打开的文档都显示在任务栏上，以方便用户切换文档窗口。*

3. 输入文档内容

创建一个新的文档后，就可以输入文档内容了。文档内容包括文字、符号、公式、图形等。

（1）定位光标插入点。启动 Word 后，在编辑区中有一个不停闪动的光标，| 便是光标插入点，光标插入点所在的位置便是输入文本的位置。

（2）输入文本内容。当定位光标插入点后，便切换到自己惯用的输入法，输入相应的文本内容。如要开始输入新的一段，可按 Enter 键进行换行。此时，在换行处自动出现段落标记符↵。

4. 文档的存取

当输入文本或修改文档后，在退出 Word 系统之前，需将其保存起来。保存文档分为保存新建文档、保存已保存过的文档、另存为其他文档，以及自动保存文档 4 种方式。

（1）保存新建文档。需要指定文件名、文件保存的位置和保存格式等。

（2）保存已保存过的文档。对原有文档进行修改之后予以保存，此时不需要另外指定文件名和文档类型。

（3）另存为其他文档。将修改过的文档重新命名为另一个新的文档，此时需要另取文件名。

（4）自动保存文档。为了最大限度地保护用户数据的安全，Word 2010 提供了自动保存方式。它是系统根据预先设定的时间间隔自动存储正在编辑的文档，防止由于操作失误或突然断电而导致文件数据丢失，将损失降低到最小限度。

14.1.3　设置文档格式

要使文档美观、清晰，需要设计合适的字体类型、字体大小、字体颜色、字符间距、文字下画线等，利用 Word 2010 提供的文档格式设置功能，将文档设置成如图 14-1 所示的版面。

Word 2010 提供的常用汉字字体有宋体、仿宋体、楷体、黑体、隶书和幼圆等，并对每种字体提供了 4 种字形来修饰它，即常规体、斜体、粗体和粗斜体。默认显示的字体为宋体，字号为五号，字体颜色为黑色。英文、数字和符号常用的字体有 Times New Roman 和 Arial 等，且以磅为单位，1 磅=1/72 英寸。为了强调某些文字，还可以选取文字的下画线格式。

1. 设置字体、字号、字形及下画线

设置字体、字号、字形及下画线是文档编辑中最基本的设置，常用设置方法有以下几种。

（1）利用功能区工具设置。打开“开始”选项卡，使用“字体”组中的按钮来设置文本格式。

（2）利用浮动工具栏设置。打开“开始”选项卡，右击，弹出浮动工具栏对话框。

（3）利用“字体”对话框。打开“开始”选项卡，单击“字体”按钮，弹出“字体”对话框。

2. 设置字符间距

字符间距是指文档中相邻文字之间的距离，Word 字符间距分为标准、加宽和缩进 3 种类型。

3. 复制字符格式

当设置了字体、字号、下画线、字体颜色等之后，可以利用“格式刷”对一个选定范围内的文本格式应用于其他文本中。

14.1.4　设置段落格式

设置段落格式是规范和美化文档的有效手段之一，包括设置对齐方式、设置段落缩进、设置段落间距、设置行间距、设置段落换行与分页等。

1. 设置对齐方式

Word 2010 对段落设置提供了 5 种对齐方式，在编辑框“段落”组中的符号　，即左对齐、右对齐、居中对齐、两端对齐和分散对齐。

2. 设置段落缩进

段落缩进是指改变文本和页边距之间的距离，段落缩进的设置方法可以使用标尺设置和使用“段落”对话框设置。

3. 设置段落间距

段落间距是指相邻的段落之间的距离，系统默认的段间距为单倍行距。为了使文档层次清晰，可以选择“开始”选项卡中的“段落”组对话框对段落进行间距设置。

4．设置行间距

行间距是指段落中行与行之间的距离，设置行间距的目的是使行与行之间的距离大于默认行距。Word 2010 默认的行距为 15.6 磅，用户可根据需要进行设置。

5．设置段落换行与分页

在输入和排版文本时，Word 自动将文档分页。当满一页时，自动增加一个分页符，并且开始新的页面。有时，会使一个段落的第一行排在页面的底部或者使一个段落的最后一行排在下一页的顶部，给阅读带来了不便。利用“换行和分页”选项卡中的选项，可以控制自动插入分页符。

14.1.5　美化 Word 文档

设置文档格式和设置段落格式只是编辑文档所涉及的基本操作。事实上，Word 的功能非常强大，可以编辑制作出非常美观、复杂的文档。美化 Word 文档的常用方法有以下几种。

1．首字下沉

首字下沉是报刊、杂志中较为常用的一种文本修饰方式，通常将段落中的第一个字或开头几个字设置不同的字体和字号，以改善文档的外观，使文档内容更加引人注目。如将求职自荐信中的“您好”设置为下沉样式。

2．文字竖排

现代文档的排版通常为水平排版，即沿水平方向从左到右。但有时为了追求新颖、别致的排版效果，特别是在仿效古代诗词时采用竖排更显典雅。例如，将毛主席的诗词七律《到韶山》进行竖排，如图 14-2 所示。

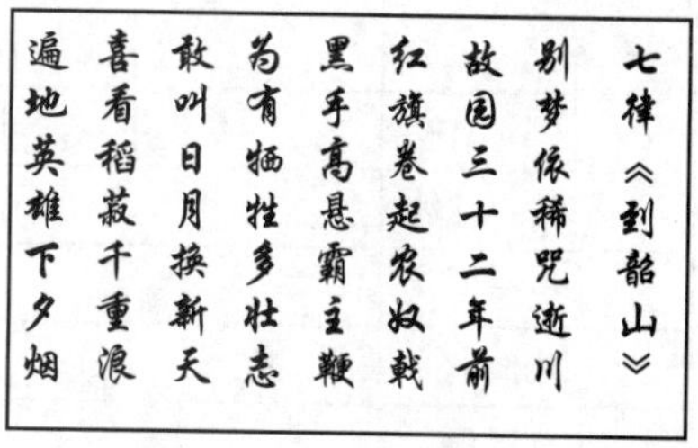

七律《到韶山》
别梦依稀咒逝川
故园三十二年前
红旗卷起农奴戟
黑手高悬霸主鞭
为有牺牲多壮志
敢叫日月换新天
喜看稻菽千重浪
遍地英雄下夕烟

图 14-2　毛主席诗词竖排排版

3．分栏排版

为了使版面更加美观、风格多样，使整个页面显得错落有致，或为了节省页面空间，可对文档进行分栏排版。此时，可对各个分栏文本内容进行格式化和版面设计，形成各自风格。例如，将求职自荐信中的第二段和第三段设置为分栏样式。

4．设置边框或底纹

为了使文档的各部分易于区分，可以为文档添加边框。为了使整个文档不显得过于单调，可以为文档添加底纹，即为了突出显示某些文字添加边框或底纹，或为段落添加边框或底纹。

5．设置与填充背景颜色

为了美化文档，Word 2010 提供了 70 多种颜色作为文档背景，并且提供了多种填充方式。

6．设置水印

对于某些特殊文档，为了显示出其特殊性，可以为该文档设置“水印”，即在文档背景中设置一些隐约的文字或图案，以此彰显文档的特殊性。

14.2　制作 Word 表格

在编辑文稿时，为了直观、形象地说明某些数据，常常以表格的形式来表示。因为表格简洁、明了，使人一目了然，因而具有极大的适用价值。例如，人们常常使用表格制作通讯录、成绩表、个人信息简历表等，既直观，又美观。Word 2010 提供了强大的表格功能，可以快速地制作出各种类型的表格，并能在表格中进行求值运算。

14.2.1　实验任务——制作求职简历表

1. 实验描述

在求职自荐信中，用文字描述个人的素质和态度固然重要，但就个人基本信息而言，用表格描述具有简洁、明了、美观的效果。本实验通过制作如图 14-3 所示的高校毕业生求职简历表，掌握制作复杂表格，并在表格中插入相片和图形的方法。

高校毕业生求职简历表

基本情况	姓　　名		毕业学校		毕业时间		相片
	性　　别		所学专业		业余爱好		
	出生年月		第一学位		第二学位		
	籍　　贯		政治面貌		担任职务		
	民　　族		联系电话		电子邮箱		
	家庭住址						
主干课程							
专业擅长							
发展目标							
资格证书							
代表作品							
获奖情况							
求职岗位							
待遇要求							
其他说明							

欢迎选用我校毕业学生

图 14-3　高校毕业生求职简历表

2. 实验分析

在 Word 中制作规则表格非常简单，但规则表格是行、列统一的表格，而图 14-3 所示的求职简历表是一个不规则的表格，它需要在一个规则表格的基础上进行编辑和美化。

3. 实验实施

制作图 14-3 所示求职简历表的基本步骤是先创建一个规则表格，利用制表功能进行编辑，然后对表格及其表中的文字进行美化；最后，在表中插入图片、图形等对象。

14.2.2　创建与编辑表格

1. 创建表格

创建表格有很多种方法，在 Word 2010 中将创建表格都集中在功能区的“插入”选项卡中，最常使用的命令有插入表格、绘制表格、Excel 电子表格和快速表格等。

2. 编辑表格

创建一个新的表格后，通常需要根据特殊要求进行修改，即编辑表格，如插入和删除行、列，合并和拆分单元格等操作。这里需要特别说明的是，当插入表格后，功能区中将显示“表格工具/设计”和“表格工具/布局”两个选项卡，表格的编辑与美化都是通过这两个选项卡进行操作的。

14.2.3　美化表格

在制作表格时，为了使表格更加美观，可以对表格进行美化设置，如设置表格的边框和底纹、给表格添加底纹和颜色、表格对齐等。

1. 设置表格的边框

在插入或绘制表格时，表格中都是一种线型，因此可为表格添加边框。基本操作为将插入点移到要添加边框的表格中，切换到“表格工具”的“设计”选项卡，单击“表样式”组中的“边框”按钮，弹出“边框”选项。选择所需要的边框样式，然后单击选中的边框样式即可。

2. 给表格添加底纹和颜色

给表格添加底纹和颜色是美化表格的最基本设置，基本操作为把插入点移到要添加底纹的表格中，在“表格工具”的“设计”选项卡中单击“表格样式”中的“底纹”按钮，弹出“主题颜色”对话框，选择需要的颜色。选定颜色后，单击“确定”按钮。

3. 表格对齐

在 Word 文档中，如果所创建的表格完全占用 Word 文档页边距以内的页面，可以通过“表格属性”设置对表格进行对齐操作。基本操作为单击表中的任意单元格，切换到“表格工具”的“布局”选项卡，然后单击“属性”按钮，弹出“表格属性”对话框，然后进行相关操作。

14.3　文档的图文混排

对文档进行编辑排版时，通常需要在文档中插入图形、图片、艺术字、公式、表格等对象。Word 2010 具有强大的图文混排功能，可直接将各种对象插入文档中，并且将其任意放大、缩小、裁剪，控制色彩，修改图形或图片等，也可以在文档中绘制图形，制作出图文并茂的漂亮文档。

14.3.1　实验任务——制作求职信封面

1. 实验描述

前面介绍了编辑自荐求职信和制作个人信息表的基本方法，但如果在此基础上，制作出一个精美的封面，或附上能展示自己专业水平的论文代表作，给人带来耳目一新的感觉，对求职者来说无疑是极为有利的。本实验就是制作如图 14-4 所示的求职自荐信封面和如图 14-5 所示的学术论文。

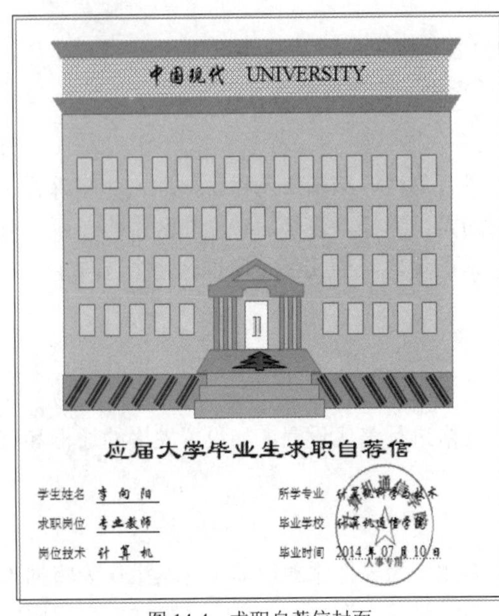

图 14-4　求职自荐信封面

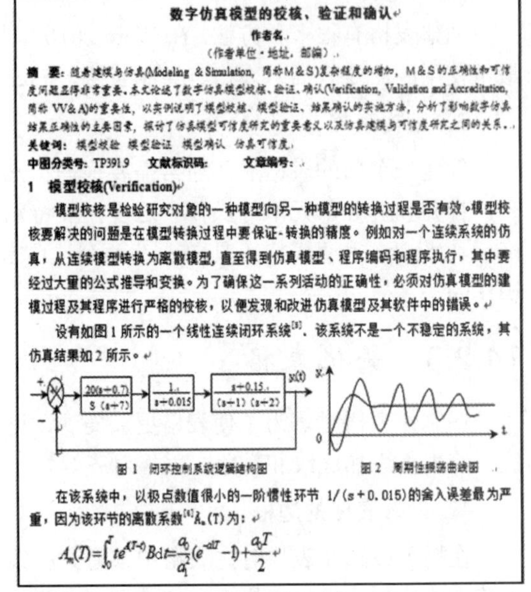

数字仿真模型的校核、验证和确认

作者名

（作者单位·地址，邮编）

摘　要： 随着建模与仿真(Modeling & Simulation, 简称M&S)复杂程度的增加，M&S的正确性和可信度问题显得非常重要。本文论述了数字仿真模型校核、验证、确认(Verification, Validation and Accreditation, 简称 VV&A)的重要性，以实例说明了模型校核、模型验证、结果确认的实施方法，分析了影响数字仿真结果正确性的主要因素，探讨了仿真模型可信度研究的重要意义以及仿真建模与可信度研究之间的关系。

关键词： 模型校验　模型验证　模型确认　仿真可信度

中图分类号： TP391.9　**文献标识码：**　**文章编号：**

1　模型校核(Verification)

模型校核是检验研究对象的一种模型向另一种模型的转换过程是否有效。模型校核要解决的问题是在模型转换过程中要保证-转换的精度。例如对一个连续系统的仿真，从连续模型转换为离散模型，直至得到仿真模型、程序编码和程序执行，其中要经过大量的公式推导和变换。为了确保这一系列活动的正确性，必须对仿真模型的建模过程及其程序进行严格的校核，以便发现和改进仿真模型及其软件中的错误。

设有如图 1 所示的一个线性连续闭环系统[3]，该系统不是一个不稳定的系统，其仿真结果如 2 所示。

图 1　闭环控制系统逻辑结构图　　图 2　周期性振荡曲线图

在该系统中，以极点数值很小的一阶惯性环节 1/(s+0.015)的舍入误差最为严重，因为该环节的离散系数[4] $A_m(T)$ 为：

$$A_m(T)=\int_0^T te^{A(T-t)}B\mathrm{d}t=\frac{a_0}{a_1^2}(e^{-a_1T}-1)+\frac{a_0T}{2}$$

图 14-5　学术论文

2．实验分析

任何文档的封面都应与文档内容相吻合，并且具有寓意。图 14-4 所示求职自荐信封面的设计将人才培养比作建造楼房，进入该楼房要上 3 个台阶，台阶左侧的 6 条斜杠表示小学 6 年，右侧的 6 条斜杠表示初中 3 年高中 3 年。图 14-5 所示学术论文中，文字编辑通常包括标题、副标题、作者名、作者单位、摘要等，并且采用不同的字体和字号。在论文中通常需要插入其他对象，例如方块图、曲线图、公式等。接下来以图 14-4 和图 14-5 为例，介绍实行图文混排的方法。

3．实验实施

无论是制作求职信封面、毕业论文封面或学术类材料封面，还是撰写学术论文，通常会涉及在文档中绘制图形，插入艺术字、数学公式、图形图画、SmartArt 图形等。

14.3.2　制作图形

制作文档封面时，需要设计与文本内容相吻合的图形和字型，这些图形可以利用 Word 2010“形状”中的图形，也可以自己绘制曲线图。然后，对各图形进行组合，形成一个完整的版面。

1．利用“形状”中的图形

Word 2010 提供了 100 多种现成的图形，包括直线、箭头、矩形、五边形、椭圆和正方形等常用图形，还包括任意多边形、流程图、星形、旗帜和标注等各种形状组成的自选图形。

2．在 Word 中绘制曲线图

在论文一类的文档中，常常需要插入曲线图。例如，在图 14-5 中的周期性振荡曲线图是在 Word“形状”中选择“线条”绘制而成的。

3．叠加对象

在制作图形过程中，常常需要对多个对象进行叠加，以组合成要求的效果。有时将一个对象叠加到另一个对象上时，却看不到所拖动对象的原形了，此时需要选择设置叠加层次。例如，设计教学楼的大门，该大门由图形元素组合而成，此时需要设置对象叠加次序。

4．组合对象

将自选图形、艺术字等对象的叠放次序设置好后，便可以将它们组合成一个整体，其组合方法有以下两种。

方法 1　按住 Ctrl 键不放，依次单击需要组合的对象，然后右击其中一个对象，在弹出的快捷菜单中选择“组合”→“组合”命令。

方法 2　选中需要组合的多个对象后，切换到“绘图工具/格式”选项卡，然后单击“排列”组中的“组合”按钮，在弹出的下拉列表中选择“组合”命令。

14.3.3　插入艺术字

所谓艺术字，是指具有特定形状的图形文字。为了美化文档外观，可以利用 Word 的艺术字功能来生成具有特殊视觉效果的标题。在编辑艺术字时，不仅可以对其进行字体、字形、字号、颜色等设置，还可以作为图片进行图形化处理，例如缩放、添加阴影、三维效果和旋转角度等。

1．制作艺术字

本例中求职自荐信封面上的图章就是艺术字，制作“计算机通信学院”圆形图章。其操作为切换到“插入”选项卡，在“插图”窗格中单击“形状”下方的箭头，弹出下拉图形菜单，然后进行相关操作。

2．在艺术字中插入对象

在实际应用中常常需要在艺术字中插入其他对象（元素），例如在图章中插入“五角星”，其操作为切换到“插入”选项卡，在“插图”窗格中单击“形状”下方的箭头，然后进行相关操作。

14.3.4　插入图形图片

Word 之所以能够成为一个优秀的文字处理软件，其最大的优点是不仅可以在文档中创建表格、绘制图形，而且还可以在文档中插入图形图画，以致轻松地设计出图文并茂的漂亮文档。

1．插入剪贴画

Word 附带丰富的剪贴画库，将插入点定位到文档中需要插入剪贴画的位置，切换到“插入”选项卡，单击“插图”组中的“剪贴画”按钮，在编辑区右侧弹出“剪贴画”任务窗格，然后进行相关操作。在“剪辑库”对话框中有“声音”和“动画剪辑”选项，分别用来插入声音和动画剪辑。插入声音功能用来在文档中插入声音文件，可以在后台播放声音文件；插入影片功能用来在文档中插入视频剪辑，插入的剪贴画不能翻转、旋转、改变填充颜色，但可以对它进行编辑。

2. 插入和编辑图片

在 Word 文档中可插入图形或图片，插入不同的内容具有不同的方法。插入剪贴画或图片之后单击该图片将其选定，在该图片周围出现 8 个句柄，“图片工具”中会显示“格式”选项卡，用于进行编辑，调整图片大小、位置、阴影效果、三维效果、形状样式、环绕方式、对比度等。

3. 插入 SmartArt 图形

SmartArt 图形是信息和观点的视觉表示形式，用来描述单位、公司、部门之间的层次、结构关系。SmartArt 图形包括列表、流程、循环、层次结构、关系、矩阵、棱锥和图片 8 种类型。其操作为将插入点定位在插入 SmartArt 图形的位置，切换到“插入”选项卡，然后进行相关操作。

4. 设置图形/图片环绕方式

在文档中插入图形/图片时，如果图形/图片较小，需要将图形/图片放置在版面的左侧或右侧，此时需要设置图形/图片环绕方式。其操作为选定图形/图片，自动切换到“绘图工具/图片工具”格式选项卡。如果选定的是图形，右击，弹出下拉菜单，然后进行相关操作。

14.3.5 插入数学公式

在科技文档中经常需要插入数学公式或数学表达式，Word 提供了 Equation Editor 编辑器，可以非常直观地插入内置公式或编辑各类公式，例如分数、指数、积分、数学符号以及复杂公式。

1. 插入内置公式

Word 提供了内置公式，只要在“插入”选项卡的“符号”组中单击“公式”下方的箭头，打开下拉列表，然后单击所选择公式，便可以将公式插入文档中。

2. 自行编辑公式

如果在下拉列表中找不到合适的公式，则单击图底部的“插入新公式”，在弹出的界面中单击“公式工具设计”，弹出公式编辑对话框，然后进行公式编辑。例如在文档中插入公式表达式：

$$S[Z(x,y)]=\iint_D\sqrt{1+(\frac{\partial z}{\partial x})^2+(\frac{\partial z}{\partial y})^2}\mathrm{d}x\mathrm{d}y$$

因为在内置公式中没有该公式表达式，必须自行编辑。

14.4 文档的高级设置

Word 除了简单的文本编辑、段落设置、格式设置、插入对象之外，为了使文档规范统一，必须给出格式规则；为了提高排版效率，需要应用样式和宏；为了查阅方便，需要插入目录、页眉、页码；为了保护重要文档，需要采取安全措施等，这些都属于文档的高级设置。

14.4.1 实验任务——毕业论文的编辑排版

1. 实验描述

毕业设计是高等学历教育过程中一个重要的实践教学环节，也是检测和评价学生综合素质及能力水平的有效手段。由于毕业设计的最终成果通常均以论文的形式来呈现，所以毕业论文便是评价毕业设计质量的主要依据。因此，毕业论文的撰写、编辑、排版有着非常重要的意义。

2．实验分析

毕业设计论文是高校毕业学生毕业时提交的、有一定学术价值的文章，具有学术性、准确性、鲜明性等特点。同时，毕业论文结构较为复杂，篇幅较长。毕业论文包含论文标题、摘要、关键字、正文和参考文献等，并且还需设置页眉、页脚、目录等，这些都是论文排版中必须掌握的。

3．实验实施

要使论文内容醒目和美观，必须掌握文档编辑规范；为了提高设置效率，可以采用样式和宏；为了便于查看文档标题，需要设置目录；为了便于阅读，需要在文档中插入页眉和页脚；为了提交规范、美观的文档稿件，需要页面设置。此外，还应设计美观大方的论文封面。本实验就是介绍如何设置如图 14-6 所示的毕业设计论文封面和图 14-7 所示的论文目录，以及各个页面上页眉、页码和页脚。

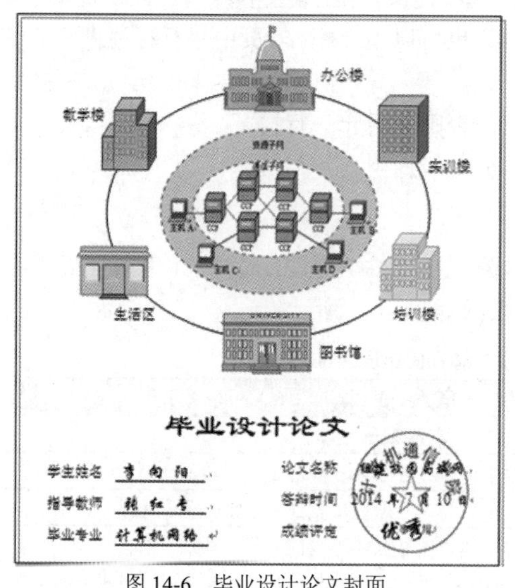

图 14-6　毕业设计论文封面

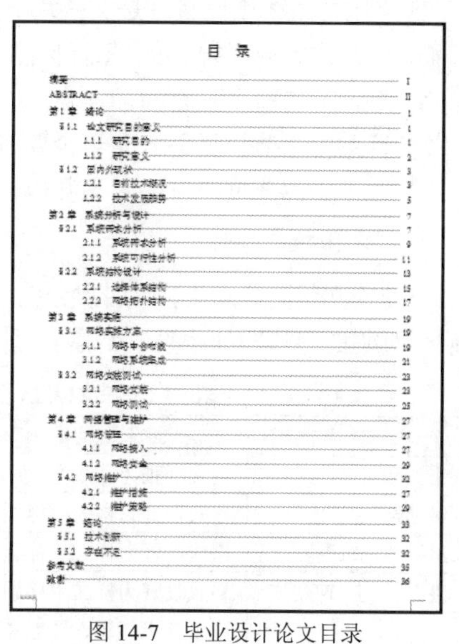

目　录

图 14-7　毕业设计论文目录

14.4.2　Word 文档规范

规范文档格式，提升整个版面设计的美感，不仅能吸引读者，而且能使阅读更加舒畅和轻松，这对于论文、书刊、杂志来说都是极为重要的。事实上，无论是创建 Word 文档，还是制作 PPT，都应遵循文档的基本规则和规范。

1．图文排版规则

图文排版规则包括标题排版规则、正文排版规则、插图排版规则、标点排版规则和目录排版规则等。

（1）标题排版规则。标题是文档核心和主题的概括，其特点是字句简明、层次分明、美观醒目。书籍和论文等长文档中的标题层次比较多，其中最大的标题称为一级标题，其次是二级标题、三级标题等。标题的字体应与正文的字体有所区别，既美观醒目，又与正文字体协调，标题字和正文字如为同一字体，标题的字号应大于正文。

（2）正文排版规则。正文是文档中的主体内容，由行和段落所组成。排版时具有以下要求。

① 每段首行应该缩进2个字符，特殊的版式作特殊处理。

② 换行时，整个数码、数码前后附加的符号(如95%，-35℃，×100)不能分拆。

（3）插图排版规则。编辑文稿时常常需要插入图形，在实行图文混排时，应注意以下规则。

① 先文后图的排版规则。在安排插图时，必须遵循图随文走，先见文、后见图，不要插在一段文字的中间，否则影响阅读文字的连贯性。图不能跨章、节编排。

② 图注的位置。图注是图的文字说明，位于图下居中，与图间距半行，字号比正文小2磅。

（4）标点排版规则。标点是文稿中实现断句的符号，编辑排版时要注意以下3项禁则。

① 行首禁则：在行首不允许出现标点符号。

② 行末禁则：在行末不允许出现前引号、前括号、前书名号。

③ 破折号“——”和省略号“……”禁则：不能将破折号和省略号从中间分开排在行首和行末。

（5）目录排版规则。目录是文稿章节的列表，为翻阅提供方便。编排目录时应注意以下事项。

① 目录常为通栏排(页中每行标注一个页码)，也可以用双栏排(页中每行标注两个页码)。

② 章、节名与页码之间加连点。

③ 目录中章节与页码之间至少要有两个连点，否则应另起一行排。

④ 非正文部分页码可用罗马数码，而正文部分工般均用阿拉伯数码。

2．字体和间距规则

要使论文版面美观大方，层次分明，不仅要求图文编排科学合理，还要求论文中各级标题、页眉、页码的字体和间距设置舒展合适，其规则要求如表14-1所示。

表14-1 论文标题、页眉、页码的字体和间距设置的规则要求

项　目	具体要求
纸张大小和页边距	论文纸张为A4纸，页边距上、下、左、右各2cm
一级标题(章标题)	格式设置为样式“标题1”，并修改字体为2号黑体，段前1行，段后1行
二级标题(节标题)	格式设置为样式“标题2”，并修改字体为3号黑体，段前0.5行，段后0行
三级标题(小节标题)	格式设置为样式“标题3”，并修改字体为4号黑体，段前0行，段后0行
正文字体	除了各级标题、图题和表头之外，都使用“正文”样式，正文字号设置为小四号，中文字体采用宋体，英文字体采用Times New Roman
正文段落	1.25倍行距，首行缩进为“2字符”
图题	新建图题样式，要求为宋体小5号，居中对齐，行间距1.5倍。对所有图题应用图题样式
页眉	自摘要页起加页眉，眉体使用单线，页眉说明5号楷体，左端为“计算机学院毕业设计论文”，右端为各章的章号和标题(中文摘要和英文摘要都与章标题同级)，每章结束插入“分节符”，注意每章的页眉右端为章标题
页码	中英文摘要和目录使用罗马数字编号，正文从第1章开始使用阿拉伯数字编号，页码字体使用Times New Roman小五号，页底居中

14.4.3 样式和宏的应用

前面介绍了编辑文档的基本规范，怎样使文档规范统一呢？Word 2010为此提供了“样式”和“宏”功能，使用户在编辑长文档时通过“样式”或“宏”来重复应用格式，以减少工作量。

1. 应用“样式”编排文档

“样式”是指先创建一个格式的样式，然后在需要的地方套用这种样式，避免重复的格式化操作。Word 2010 提供了 4 种类型的样式：段落样式、字符样式、表格样式和列表样式。在“开始”选项卡的“样式”功能区中单击右下角的对话框启动器按钮，便打开“样式”设置窗口进行操作。

2. 应用“宏”编辑文档

如果在文档中反复执行某项命令，则可以使用“宏”来自动执行该项任务。宏是一系列 Word 命令和执行组合形成的专用命令，以实现任务执行的自动化。例如选择题的备选答案为 A、B、C、D，由于字数原因，有的行为两个答案，有的行为四个答案。一个版面中从上至下各题选择答案很难对齐，通过创建宏可以方便地解决这个问题。在“视图”选项卡的“宏”功能区中单击“宏”下方的箭头，在列表中选择“录制宏”命令，弹出“宏录制”对话框，然后进行相关操作。

14.4.4　设计封面和创建目录

1. 设计封面

封面是论文的首页，也是论文的“门面”。封面上的内容通常包括标题、副标题、编写时间、编著者、图形等。封面既可以选择插入 Word 2010 提供的封面，也可以根据需要自行设计。

（1）利用样式封面。Word 2010 中提供了封面样式库，用户可以直接使用。只要打开需要插入封面的文档，将光标定位在所需要插入的位置，然后切换到“插入”文档选项卡，单击“页”组中的“封面”按钮，在弹出的下拉列表中选择需要的封面样式，并输入相关内容即可。

（2）自行设计封面。为了插入与文档内容相吻合的封面，通常需要进行精心设计，体现其特色。对于学术论文封面或学术类的申报材料封面，应简洁、明快，并且具有科技知识内涵。例如图 14-6 所示毕业设计论文封面图形是校园局域网，与论文题目“组建校园局域网”是相吻合的。

2. 创建目录

目录是指文档中标题的列表，是长文档中不可缺少的部分。通过目录，可以浏览文档中的主题，大略了解文档的整体结构。创建目录的常用方法是自动生成目录或修改目录样式。Word 2010 提供了多种目录样式，用户只需要定位光标插入点，然后选择目录样式，便可在文档中生成目录。

创建目录的基本操作为打开需要创建目录的文档，将光标插入点定在该文档之前。在“页面布局”选项卡中单击“分隔符”按钮，显示下拉菜单窗口。然后，进行相关操作。

14.4.5　插入分节符、页眉和页脚

毕业设计论文和书稿都有严格的格式要求，除了摘要(前言)和目录部分的页码统计与正文部分的页码统计分开外，而且要求在文档中插入页眉和页脚，并且摘要页与目录页的页眉内容不同，各章的页眉内容也各不相同。而所有这些设置，都需要通过在相应的位置插入分节符才能实现。

1．插入分节符

分节符是分隔符的一种，使用分节符可以灵活地改变文档中一个或多个页面的版式或格式，用户可以更改个别节中的页边距、纸张大小及方向、页面上文本的对齐方式、页眉和页码等格式。

插入分节符的基本操作为将光标移至中文摘要页的末尾，在“页面布局”选项卡的“页面设置”组中单击“分隔符”按钮，弹出“分隔符”下拉菜单。

2．插入页眉

页眉出现在页面的顶端，由文本或图形组成，通常包括页码、章节标题、日期等相关信息，使文档版面更加美观并便于阅读。默认情况下页眉和页码均为空白。

3．插入页脚

页脚是给文档每页所编的号码，以便于读者阅读和查找。页码一般添加在页眉或页脚中，也可以添加到其他地方。给文档插入页码可以使用页码按钮或通过页眉和页脚设置来实现，并且通常分为两步：先为正文插入页码，然后修改摘要（前言）和目录的页码。

4．为奇偶页设置不同的页眉和页脚

在文档中，奇偶页的页眉和页脚通常是不同的，例如在奇数页显示章节标题，偶数页显示论文或书籍名称。如果要删除插入的页眉或页脚，只要选中要删除的内容，按 Delete 键即可，或者单击“页眉”或“页脚”按钮，从打开的下拉列表中选择“删除页眉”或“删除页脚”命令即可。

14.4.6　页面设置与预览打印

1．页面设置

在建立文档时，Word 2010 是以标准模板中的页面格式创建的文档，用户若不满意，可以随时修改它们，如纸张大小、页面方向、页边距、页眉和页脚、页号等。当文档编辑排版工作完成后，就可以使用 Word 2010 的打印功能将文档打印出来。页面设计的好坏直接影响到打印效果。

2．预览打印

在页面设置完后，可以通过预览来查看编辑和设置效果。当效果满意后再将文稿打印出来，避免浪费时间和纸张。对于已经编辑、排版整洁美观的文档，就可以直接送到打印机打印输出。

14.4.7　保护重要文档

文档可分为一般文档和重要文档，为了保护重要文档内容的安全性，可以对其设置相关权限及密码；为了避免误修改，可以进行标记设置。Word 2010 对文档的保护采取了以下措施。

1．设置编辑权限

对于一些重要文档，为了防止其他用户编辑，可以设置编辑权限：打开需要设置编辑权限的文档，切换到“文件”选项卡，单击左侧窗格的“信息”命令，在窗格中单击“保护文档”按钮，在弹出的下拉菜单中单击“限制编辑”选项。然后，根据相关窗口提示，进行相关设置。

2．设置文档密码

无论是学术论文，还是书稿，或是其他稿件，在没有公开发表之前，应防止他人窃取或修改。在 Word 2010 中，可以使用密码阻止其他人打开或修改 Word 文档。设置操作为单击 Microsoft Office 按钮，然后选择“另存为”命令，单击对话框中的“工具”按钮，然后进行相关设置操作。

3．标记为最终状态

设置权限和密码是为了限制他人改动文稿。Word 2010 提供了对最终文稿进行“标记”功能，以提醒作者本人或其他人该文档是最终文稿，以防止任意改动。标记操作为打开要标记的文档，切换到“文件”选项卡，单击右侧窗格的“信息”按钮，然后在中间窗格中进行相关设置操作。

第 15 章　Excel 2010 的基本应用

随着微机的普及应用，办公软件的应用已渗透到各个领域。Microsoft Office 2010 办公软件成员之一的电子表格处理软件 Excel 2010，被广泛应用于财务、统计、分析和个人事务处理等领域。

本章以创建学生成绩分析电子表格为主线，安排了 3 个实验项目：创建 Excel 表格、计算和分析数据、数据管理与打印。通过本章的实验，熟悉并掌握 Excel 2010 的操作使用方法。

15.1　创建 Excel 表格

Excel 数据操作都是在 Excel 表格中进行的。因此，创建 Excel 表格是一切操作的基础和前提。

15.1.1　实验任务——创建学生成绩表

1. 实验描述

在教学管理中涉及学生的许多有关信息，例如“学生基本信息表”“学生成绩表”“学生信息详情表”等。本实验就是介绍如何利用 Excel 2010 建立如图 15-1 所示的学生成绩表。

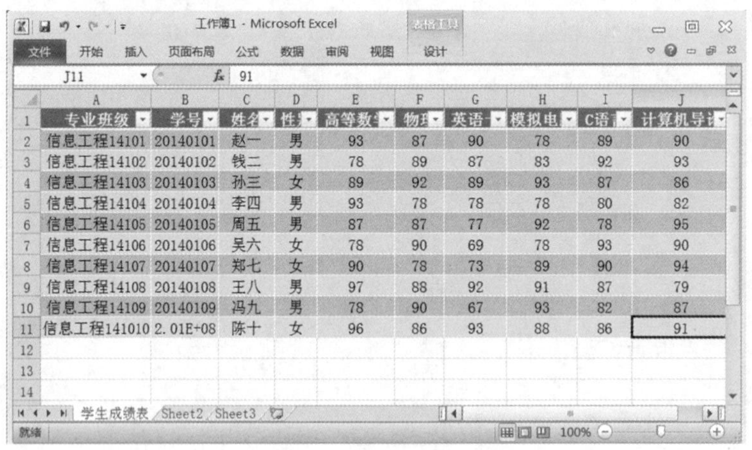

	A	B	C	D	E	F	G	H	I	J
1	专业班级	学号	姓名	性	高等数	物	英语	模拟电	C语	计算机导
2	信息工程14101	20140101	赵一	男	93	87	90	78	89	90
3	信息工程14102	20140102	钱二	男	78	89	87	83	92	93
4	信息工程14103	20140103	孙三	女	89	92	89	93	87	86
5	信息工程14104	20140104	李四	男	93	78	78	78	80	82
6	信息工程14105	20140105	周五	男	87	87	77	92	78	95
7	信息工程14106	20140106	吴六	女	78	90	69	78	93	90
8	信息工程14107	20140107	郑七	女	90	78	73	89	90	94
9	信息工程14108	20140108	王八	男	97	88	92	91	87	79
10	信息工程14109	20140109	冯九	男	78	90	67	93	82	87
11	信息工程141010	2.01E+08	陈十	女	96	86	93	88	86	91
12										
13										
14										

图 15-1　学生成绩表

2. 实验分析

Excel 2010 中，所操作的对象主要是工作簿、工作表和单元格，其基本概念和相互关系如下。

（1）工作簿。新建的 Excel 2010 文件就是一个工作簿，相当于放在桌面上的文件夹，工作簿名就是磁盘文件名。工作簿的默认扩展名为 xlsx，如“文档 1.xlsx”“学生成绩.xlsx”等。

（2）工作表。Excel 中用于存储和处理数据的主要文档，也称为电子表格，是由许多横竖线条交叉组成的表格。工作表就像存放在文件夹中的表格，其名称显示在工作表标签上。

（3）单元格。单元格是 Excel 工作表中的最基本单位，是存储数据的最小单元。单元格的位置由行号和列标来确定，每一行的行号由 1、2、3 等数字表示；每一列的列标由 A、B、C 等字母表示。

工作簿、工作表和单元格构成了 Excel 的基本框架结构。工作簿是工作表的集合，是由多张工作表组成的 Excel 电子表格文件；单元格是工作表的元素，一个工作表由多个单元格组成。

3．实验实施

图 15-1 所示学生成绩表的所有操作都是在 Excel 2010 窗口中进行的，所以建立该成绩表的第一步就是首先启动 Excel，并在 Excel 2010 窗口中建立工作簿和工作表，然后在工作表中输入相关数据，并对工作表进行编辑、美化等工作。

15.1.2　创建工作表

1．启动 Excel 2010

Excel 2010 的许多操作与 Word 类似。启动 Excel 2010 通常可用以下几种方法。

方法 1　选择“开始”→“所有程序”→Microsoft Office→Microsoft Excel 2010 命令，启动 Excel 2010。

方法 2　双击 Windows 桌面上的 Microsoft Excel 2010 快捷方式，便可以启动 Excel 2010。

方法 3　单击任务栏的快速启动栏上的 Excel 2010 快速启动按钮，便可快速启动 Excel 2010。

启动 Excel 2010 后，系统会创建一个默认的空白工作簿——“工作簿 1”文档，并定位在此工作簿的第一张工作表中，如图 15-2 所示。

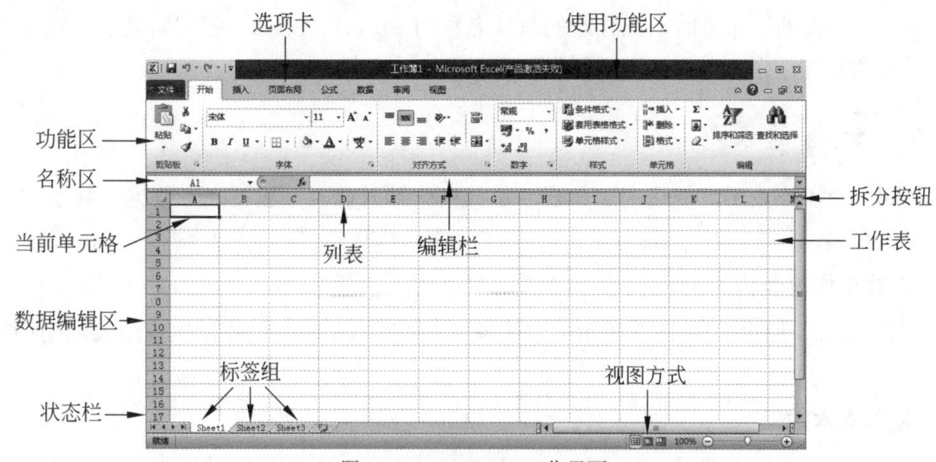

图 15-2　Excel 2010 工作界面

2．打开工作簿

启动 Excel 后，自动打开一个默认的工作簿文件，一个工作簿包括 3 张默认工作表 Sheet1、Sheet2 和 Sheet3，最多可以包括 255 张工作表，每张工作表由 1048576 行、16384 列单元格组成。如果使用原已创建的工作簿时，使用前需要将其打开。打开工作簿的主要方法有以下几种。

方法 1　双击磁盘中已有的 Excel 类型的文件*.xlsx（如工作簿 1.xlsx）。

方法 2　单击“文件”中的“打开”按钮，在“打开”对话框中，确定指定的文件夹。

方法 3　用组合键 Ctrl+O 打开已经存在的工作簿文件，出现对话框。

在“打开”对话框中输入待打开的 Excel 文件名或直接选定要打开的文件名，然后单击“打开”按钮可打开一个工作簿文件。

15.1.3 工作表的基本编辑

工作表的基本编辑主要包括工作表的选择与切换、工作表的插入与删除、工作表的移动与复制，工作表的隐藏与显示，以及工作表的重命名等。

1. 工作表的选择与切换

由于一个工作簿中包含多个工作表，因此在操作前需要选定工作表。单击标签组中的某一个标签，即可选定对应的工作表。单击不同的标签，即可在不同的工作表之间进行相互切换。

2. 工作表的插入与删除

在一个新建的工作簿中，默认情况下有 3 张工作表。用户可以根据需要，添加或删除工作表。

3. 工作表的移动与复制

在进行数据处理时，为了对数据进行归类，常常需要移动与复制工作表。

4. 工作表的隐藏与显示

如果某张工作表中的数据非常重要而不希望被人查看，可将该工作表隐藏起来，在需要时再显示出来。隐藏工作表对非常重要的数据信息进行隐藏，显示工作表将隐藏的工作表显示出来。

5. 工作表的重命名

在创建一个新的工作表时，工作表的默认名称为 Sheet1、Sheet2 等，如果用户觉得这种命名不便记忆和查询，则可对工作表进行重新命名。

15.1.4 数据的录入

当编制一个工作表后，便可在工作表的单元格中输入数据，包括文本数据、数值数据、批注、数据填充等。

1. 创建工作表表头

启动 Excel 后，便可在图 15-2 所示的表中输入内容，本实验是创作学生成绩表，按照图 15-1 创建表头。

2. 输入文本数据

在 Excel 中，文本是数字、符号、文字等的集合，是一种常用的数据类型，包括汉字、英文字母、特殊符号和数字等，通常表格的标题、行列标题、邮政编码、电话号码等均为文本类型。

3. 输入数值数据

输入数值时，默认形式为普通表示法，如 123，12.567 等。当数据的长度超过 11 位时，或者整数部分的位数超过了单元格的宽度，Excel 2010 系统将自动用科学记数法表示或显示数据。例如，在单元格中输入数值 123456789999，则显示为 1.23457E+11。

〖**提示**〗 如果输入分数，例如 5 4/7，则应在整数与分数之间插入一个空格；如果输入真分数，例如 3/8，则应在分数前面加一个 0 和一个空格或直接在分数之前加一个空格。

4．输入批注

在单元格中输入的信息是比较简洁的，对于一些特殊的单元格数据有时需要说明，使整个工作表更加完整。批注是对单元格内容的进一步说明。在编辑框外面任何位置单击即结束添加批注。

5．数据填充方法

在工作表输入过程中经常要输入相同的数据或字符，Excel 2010 提供了“填充”数据的方法。工作表的数据编辑处理包括数据的修改、删除、复制、移动、查找、替换等。

6．保存工作簿文件

当数据处理完成后，为了保证数据的完整性，在退出 Excel 文件之前需要对工作簿文件进行保存。保存工作簿文件的方法有以下 4 种。

方法 1　单击 Excel 工作窗口关闭按钮，系统会询问是否对修改的数据进行保存。

方法 2　单击自定义快速访问工具栏上的“存盘”按钮保存工作簿文件。

方法 3　用“文件”菜单中的“保存”命令保存工作簿文件。

方法 4　选择“文件”菜单中的“另存为”命令保存工作簿文件。

当选择“保存”命令时，若此工作簿文件已经存在，它的作用相当于单击常用工具栏上的“保存”按钮，以原来的文件名保存。若此工作簿文件是新建文件，它的功能相当于“另存为”命令的功能，会打开一个对话框。

〖**提示**〗 在文件名框内输入需要保存工作簿的文件名，选择要保存的文件类型，一般为“Excel 工作簿(*.xlsx)”，然后按“保存”按钮将工作簿文件保存到当前工作磁盘的当前文件夹内。如果把文件保存到其他磁盘或其他文件夹中时，通过“保存位置”更改驱动器和文件夹的方法进行改变。

7．关闭 Excel 2010 工作簿

方法 1　在工作簿窗口的右上角单击“关闭”按钮。如果该窗口是工作簿中唯一打开的窗口，则整个工作簿将关闭；如果同一工作簿中有多个工作簿窗口，则将仅关闭活动的工作簿窗口。

方法 2　单击 Office 按钮，在弹出的菜单中单击“关闭”按钮。如果在退出 Excel 前没有将修改的工作簿存盘，系统会弹出对话框，说明是否要将改变了的工作簿存盘。

15.1.5　单元格的编辑操作

在完成表格编辑和在单元格中输入数据后，由于数据变化的原因，需要对单元格进行编辑操作。Excel 中绝大多数的操作都是针对单元格来进行的。单元格的基本操作主要包括插入行、列或单元格，删除行、列或单元格，合并与拆分单元格等。

1．插入行、列或单元格

在完成工作表的编辑后，若需要添加内容，可在原有表格的基础上插入行、列或单元格，以便添加遗漏的数据项。

2．删除行、列或单元格

在编辑表格过程中，对于多余的行、列或单元格，可将其删除。

3．合并与拆分单元格

在制作电子表格时，如果有的单元格中输入的数据较多，有的没有输入内容，这时可通过合并或拆分单元格，使表格显得更美观。

15.1.6 美化学生成绩表

在建立工作簿和编辑工作表之后，Excel 2010 还提供了各种格式命令，可以对工作表进行编排修饰，使其格式统一，整齐和美观。美化工作表涉及的内容很多，这里简要介绍利用设置表格边框和背景以及利用样式美化工作表的方法。

1．设置表格边框和背景

对表格进行美化处理时，除了设置数据格式之外，还可以设置边框和背景，使整个表格更具有层次感。对表格进行美化处理可以通过设置单元格边框、设置单元格背景、设置表格背景来实现。

〖**提示**〗 在“边框”选项卡中显示了设置边框后的效果，单击其中的按钮还可在单元格中添加相应边框（上框线、下框线、斜线）。如果需要设置更为美观的单元格背景，可在要设置背景的单元格或单元格区域后打开“设置单元格格式”对话框，然后在“填充”选项卡中进行相应设置。

2．利用样式美化 Excel 表格

Excel 提供了多种单元格样式和表格样式，用户可以直接套用到表格中，以提高工作效率。

（1）套用单元格样式。Excel 2010 提供的单元格样式中已经设置好了字体格式、边框样式及填充颜色等，用户可以直接套用这些样式对单元格进行美化操作。设置单元格样式时，若下拉列表中没有需要的样式，可单击“新建单元格样式”按钮，在弹出的“样式”对话框中单击“样式”按钮，在弹出的“设置单元格格式”对话框中进行相关的设置。

（2）套用工作表样式。Excel 2010 不仅提供了单元格样式，还提供了多种现成的表格样式，应用这些表格样式，用户可快速设置工作表样式。

15.2 计算和分析数据

为了便于分析和处理 Excel 工作表中的数据，需要使用公式和函数。利用公式和函数可以完成工作表中的各种简单运算，如对工作表数据进行求和、求平均数、求标准差等数学运算。

15.2.1 实验任务——分析、计算学生成绩表

1．实验描述

用 Excel 制作电子表格与使用 Word 制作表格的最大优越性就在于 Excel 工作表中能使用公式和函数，从而使 Excel 的功能得到极大加强，在效率上得到极大提高。本实验介绍在 Excel 2010 中如何使用公式和函数求出学生成绩表中的总成绩，如图 15-3 所示。

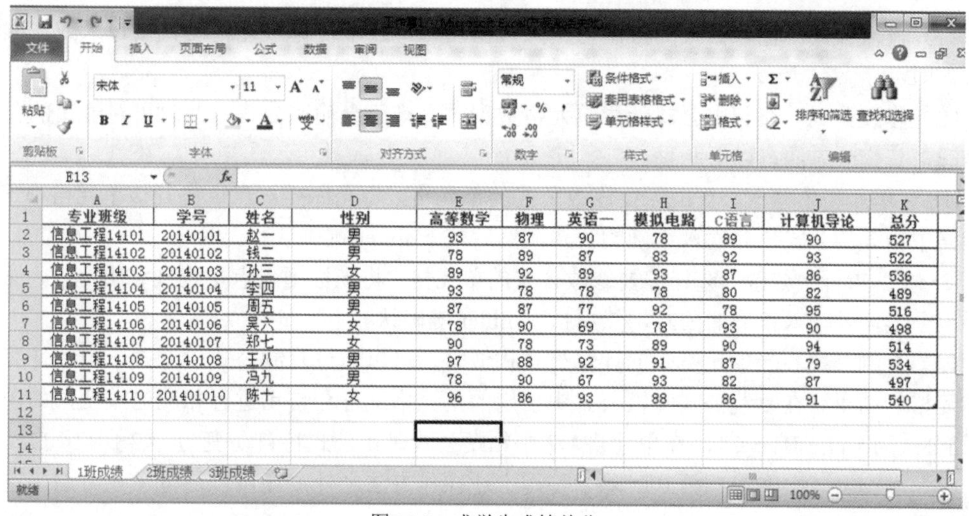

专业班级	学号	姓名	性别	高等数学	物理	英语一	模拟电路	C语言	计算机导论	总分
信息工程14101	20140101	赵一	男	93	87	90	78	89	90	527
信息工程14102	20140102	钱二	男	78	89	87	83	92	93	522
信息工程14103	20140103	孙三	女	89	92	89	93	87	86	536
信息工程14104	20140104	李四	男	93	78	78	78	80	82	489
信息工程14105	20140105	周五	男	87	87	77	92	78	95	516
信息工程14106	20140106	吴六	女	78	90	69	78	93	90	498
信息工程14107	20140107	郑七	女	90	78	73	89	90	94	514
信息工程14108	20140108	王八	男	97	88	92	91	87	79	534
信息工程14109	20140109	冯九	男	78	90	67	93	82	87	497
信息工程14110	201401010	陈十	女	96	86	93	88	86	91	540

图 15-3　求学生成绩总分

2. 实验分析

如果在电子表格中不能使用公式和函数，电子表格在很大程度上就失去了意义，所以公式和函数是 Excel 的核心。公式是函数的基础，用于执行某些计算并生成新的值；函数是 Excel 提供的特殊内置公式，它用一些符号代替计算式，可以进行数学、文本、逻辑的运算或查找工作表的信息。与直接使用公式进行计算相比较，使用函数进行计算的速度快，而且可以减少错误的发生。

3. 实验实施

使用公式和函数来计算与分析数据涉及使用公式计算数据、公式中单元格的引用、使用函数计算数据、分析工作表中的数据。

15.2.2　使用公式计算数据

公式是 Excel 中极具特色的一种输入方法，是对单元格中数据进行分析的等式。使用公式有助于分析工作表中的数据，是电子表格的核心。

1. 公式运算

利用公式可以进行＋、－、*、/、^、%等运算，使用公式时需注意如下事项。

（1）公式标志。公式以＝为标志，在任何一个非文本值类型的单元格内以＝开头就必定是 Excel 公式，它可以包含各种运算符、常量、变量、函数及单元格地址等。

（2）公式运算符。算术运算符、比较运算符、文字运算符“&”、引用运算符等。

（3）语法顺序。如果一个公式中含有多个运算符号，其执行的先后顺序为冒号→逗号→空格→负号→百分号→幂→乘→除→加→减→&→比较，括号可以改变运算的先后顺序。

（4）公式选项板。若要创建包含函数的公式，可使用公式选项板。在编辑栏中输入＝，即可显示公式选项板。在公式选项板中显示函数的名称、参数、计算结果，以及整个公式的计算结果和函数的简要说明。

2. 使用形式

Excel 2010 中公式的使用有 4 种形式：输入公式、修改公式、复制公式和填充公式。

（1）输入公式。输入公式的方法与输入数据相似，选中目标单元格后直接输入或在编辑框中输入即可。

（2）修改公式。在利用公式计算单元格数据时，难免会输错公式，此时可对输错的公式进行修改，其修改方法有以下两种。

① 在单元格中修改。双击需要修改公式的单元格，将光标插入点定位到该单元格中，删除单元格中错误的公式，并输入正确的公式，然后按下 Enter 键确认。

② 在编辑框中修改。选择需要修改公式的单元格，将光标插入点定位到编辑框中，然后删除错误公式，并输入正确的公式，然后按下 Enter 键确认。

（3）复制公式。当单元格中的计算公式相似时，可以通过复制公式的方式，自动计算出其他单元格的结果。在复制公式时，公式中引用的单元格地址会自动进行相应的改变，如单元格 D1 的公式为=A1＋B1－C1，在单元格 D2 中粘贴公式时，公式将自动变为=A2＋B2－C2。

（4）填充公式。在复制公式时除了使用上述操作方法之外，还可以通过填充方法快速完成公式的复制。

15.2.3　公式中单元格的引用

在使用公式计算数据时，通常会用到单元格的引用。引用的作用在于标识工作表上的单元格或单元格区域，并指明公式中所用的数据在工作表中的位置。通过引用，可在一个公式中使用工作表不同单元格中的数据，或者在多个公式中使用同一个单元格的数据。在 Excel 2010 中，引用公式的常用方式包括相对引用、绝对引用和混合引用 3 种情况。

1. 相对引用

相对引用是指通过当前单元格与目标单元格的相对位置来定位引用单元格。默认情况下，Excel 使用的是相对引用。在相对引用中，当复制公式时，公式中的引用会根据显示计算结果的单元格位置的不同而相应改变，但引用的单元格与包含公式的单元格之间的相对位置不变。

2. 绝对引用

绝对引用是指将公式复制到目标单元格时，公式中的单元格地址始终保持固定不变。使用绝对引用时，需要在引用的单元格地址的列标和行号前分别添加符号$（应在英文状态下输入）。

3. 混合引用

混合引用是指引用的单元格地址既有相对引用也有绝对引用，具有绝对列和相对行，或者绝对行和相对列。绝对引用的列采用$A1、$B1 等形式，行采用 ASl、BSl 等形式。如果公式所在单元格的位置改变，则相对引用会发生变化，而绝对引用不变。

15.2.4　使用函数计算数据

函数是公式的重要组成部分，Excel 2010 提供了丰富的函数，支持工作表中的数据进行求和、平均值运算等，其函数向导功能可引导用户通过系列对话框完成计算任务，使用非常方便。

1. 函数的基本概念

Excel 2010 函数由函数名和参数组成。函数名通常以大写字母出现，用以描述函数的功能；参数是数字、单元格引用、工作表名字或函数计算所需要的其他信息。Excel 2010 提供了 11 类函数，常用的函数有求和函数（SUM）、求平均值函数（AVERAGE）、求最大值函数（MAX）、求最小值函数（MIN）、取整函数（INT）、取绝对值整函数（ABS）、四舍五入函数（ROUND）等，这些函数为在 Excel 数据表中进行数据运算和分析提供了极大方便。但 Excel 中的函数不同于普通数学中的函数，它是 Excel 内部已经定义的公式，用来对指定的值区域执行运算。例如，求单元格 A1～F1 中数值之和，可以输入函数＝SUM(A1:F1)，而不必输入公式=A1+B1+C1+D1+E1+F1。

2．函数的输入方法

在 Excel 中输入函数有两种方法：一种是“插入函数”，另一种是“直接输入函数”。前一种也称为“粘贴函数”，可以引导用户正确地输入函数；后一种是选定单元格直接输入函数，然后按 Enter 键便得出函数结果。如果要修改，既可以在编辑栏中直接修改，也可以用粘贴函数“按钮”或编辑栏的＝按钮进入参数输入框进行修改。如果要换成其他函数，应先选定要更换的函数，再选择其他函数。否则，会将原函数嵌套在新函数中。

（1）插入一般函数。在工作表中使用函数时，如果对所使用的函数非常熟悉，则可直接在单元格中输入函数。如果对函数和函数参数不太了解，可通过下面的方式插入函数。

① 在“函数库”组中选择。选中需要显示计算结果的单元格，切换到“公式”选项卡，在“函数库”组中单击某个类型的函数，在弹出的下拉列表中选择具体函数，然后在弹出的“函数参数”对话框中输入或选择函数参数后，单击“确定”按钮即可。

② 单击“插入函数”按钮。选中需要显示计算结果的单元格，单击“库函数”组中的“插入函数”按钮，或者单击编辑栏中的“插入函数”按钮，在弹出的“插入函数”对话框中选择需要的函数，然后单击“确定”按钮，在弹出的“函数参数”对话框中设置函数参数即可。

（2）直接输入函数。如果用户对所需要的函数比较熟悉，则可以在单元格中直接输入函数，直接输入函数的方法和输入公式的方法相同。

3．函数应用实例

这里结合函数的语法和输入方法，介绍利用函数求和、求平均值、求最大值和最小值的方法。

（1）求和函数（SUM）：用来求一个单元格区域中数据的和，如在“学生成绩表”工作表中求各个学生的总成绩。

（2）求平均值函数（AVERAGE）：用来求一组数据的平均值，如求学生期末考试平均成绩、单位某项数据的平均值等。

（3）求最大值（MAX）和最小值（MIN）函数：用来求一组数据中的最大值和最小值，如求学生单科成绩或总成绩的最高分和最低分。

15.2.5　分析工作表中的数据

为了便于查看和分析工作表中的数据，Excel 2010 提供了图表、迷你图等图形工具，从而使工作表中的数据显示直观，同时还给人一种美的感受。

1．使用图表显示数据走势

图表是重要的数据分析工具之一，它将工作表中的数据用图形表示出来，从而清楚地显示各个数据的大小和变化情况，以便用户分析数据，查看各数据的差异、走势及预测数据的发展趋势。

（1）创建图表。Excel 2010 中内置了大量的图表标准类型，包括柱形图、折线图、饼图、条形图、面积图、散点图、股价图、曲面图、圆环图、气泡图和雷达图等，用户可根据不同的需要选用适当的图表类型。

（2）编辑与美化图表。在工作表中创建图表后，功能区中将新增“图表设计”“图表工具 / 布局”和“图表工具/格式”3 个选项卡，通过这些选项卡，可对图表进行相应的编辑与美化操作。

2．使用迷你图显示数据趋势

迷你图是 Excel 2010 中的一项新功能，是工作表单元格中的一个微型图表，以提供数据的直观表示。使用迷你图可以显示数值系列中的趋势，或突出显示数据的最大值和最小值。

（1）创建迷你图。Excel 2010 提供了 3 种类型的迷你图：折线图、列和盈亏，用户可根据操作需要选择。如果要同时创建多个迷你图，可先选中这些迷你图要显示的单元格，然后打开“创建迷你图”对话框，在“数据范围”文本框中设置迷你图对应的数据源即可。

（2）编辑迷你图。在工作表中创建迷你图后，功能区中将显示“迷你图工具 / 设计”选项卡。通过该选项卡，可对迷你图进行相应的编辑或美化操作。

3．使用数据透视表分析数据

数据透视表是 Excel 中具有强大分析能力的工具，可以从数据库中产生一个动态汇总表格，快速对工作表中大量数据进行分类汇总分析。数据透视表的创建方法很简单，只需连接到一个数据源，并输入报表的位置即可。

15.3 数据管理与打印

数据管理是 Excel 的又一强大功能，可以对数据进行排序、查找、筛选、统计和分类汇总。此外，根据操作需要，还可以将完成后的工作表打印出来。Excel 不但有与数据库相似的功能，而且与数据库的操作也非常接近。

15.3.1 实验任务——成绩排序与筛选

1．实验描述

对学生管理部门来说，学生的成绩管理是一项非常重要的工作，通过 Excel 制作的“学生成绩表”，可以很方便地实现对学生成绩的查询、排序、筛选和打印等操作。

2．实验分析

为了实现对数据的有效管理，通常需要对数据进行排序、查找、筛选、统计、分类汇总等，并将数据以图形方式显示出来，达到图文并茂的显示效果，以满足实际应用的要求。

3．实验实施

本实验涉及的操作包括学生成绩排序、学生成绩筛选、学生成绩分类汇总、学生成绩数据透视表、透视图、成绩打印等。

15.3.2　数据排序

数据排序是数据分析、管理不可缺少的，用户可以对数据清单中的记录按字段值进行排序。排序的方式有升序（默认）和降序两个类型：升序为从小到大（递增），降序为从大到小（递减）。

1．单条件排序

单条件排序就是依据某列的数据规则对表格数据进行升序或降序操作，按升序方式排序时，最小的数据将位于该数据列的最前端；按降序方式排序时，最大的数据将位于该数据列的最前端。

2．多条件排序

对表格中的数据进行排序后，如果排序结果中有并列记录，则使用多条件排序。如在“学生成绩表”中以“总分”为主关键字，以“计算机导论”为次关键字的多条件排序。

3．按自定义排序

对于形如“学历”“职称”等非数值类信息，无论是按照单条件还是多条件排序，都难以达到用户需求。此时可通过自定义方式，打开“自定义序列”对话框中的数据选项，在“输入序列”列表框中输入自定义序列（如“学历”“职称”等），然后进行排序。

15.3.3　数据筛选

数据筛选，就是将那些满足条件的记录显示出来，而将不满足条件的记录隐藏起来，以加快操作速度。数据的筛选方法可分为 4 种：单条件筛选、多条件筛选、自定义筛选和高级筛选。

1．单条件筛选

单条件筛选就是将符合单一条件的数据筛选出来。在“教师信息表”中将“性别”为“女”的数据筛选出来。如果要退出筛选状态，选中数据区域中的任意单元格后单击“筛选”按钮即可。

2．多条件筛选

多条件筛选是将符合多个指定条件的数据筛选出来，其方法就是在单个筛选条件的基础上添加其他筛选条件。例如，在“教师信息表”中，将“学历”为“研究生”，“性别”为“女”的数据筛选出来。如果对单元格设置了填充颜色或对数据设置了字体颜色，还可按照颜色来筛选数据。

3．自定义筛选

Excel 提供的自定义筛选功能可以进行更复杂、更具体的筛选，从而使数据筛选更具灵活性。例如，在“教师信息表”中，将“工龄”在 17 年以上的数据筛选出来。

4．高级筛选

所谓高级筛选，就是不仅能筛选出同时满足两个或两个以上约束条件的数据，还能通过已经设置好的条件来对工作表中的数据进行筛选。例如，在“学生成绩表”中将“高等数学”“物理”和“英语一”3 门功课的成绩都在 80 分以上（含 80 分）的数据筛选出来。

15.3.4 数据分类汇总

分类汇总是通过分类汇总命令，对数据清单计算分类汇总值和总计值。用户在分类汇总前，必须先按分类字段进行排序，然后通过简单命令对数据记录按不同的字段进行统计。

1. 基本分类汇总

基本分类汇总是指根据指定的条件对数据进行分类，并计算各分类数据的汇总值，包括求和、求平均值等。

2. 嵌套式多级汇总

嵌套式多级汇总是指首先对某项指标汇总，然后再对汇总后的数据作进一步的细化。如果进行嵌套式多级汇总，它的操作方法与基本分类汇总是相似的，但有两点不同。

（1）必须对数据清单做复合条件排序，第一次汇总的字段要作为排序的主要关键字。

（2）每次打开“分类汇总”对话框时，在“分类字段”列表框中要选择不同的字段。

15.3.5 页面设置与打印

与 Word 2010 中打印文档一样，要把已创建好的 Excel 2010 表格文档打印出来，首先要进行页面设置，包括设置纸张大小、打印方向、页边距以及页眉/页脚等项目。

1. 页面设置

Excel 2010 在“页面布局”中提供了页面设置的多项命令：页边框、纸张大小、纸张方向、打印区域、分隔符、背景、打印标题等。

◆ “页面”选项卡。用于设置“打印方向”“缩放”“纸张大小”“打印质量”“起始页码”。

◆ “页边距”选项卡。用于设置打印数据在所选纸的上、下、左、右留出的空白尺寸。打印数据在纸上水平居中或垂直居中，默认为靠上、靠左对齐。

◆ “页眉/页脚”选项卡。用于设置页眉/页脚的格式，可以在列表中选择，也可以自定义。单击“自定义页眉”按钮，弹出页眉对话框，此时便可进行设置。页脚设置方法与此相同。

◆ “工作表”选项卡。用于设置“打印区域”“标题”“打印设置”和“顺序”。

2. 预览和打印

为了避免浪费纸张和获取美观的打印效果，在打印之前应先预览，查看打印效果是否符合要求。如果不满意，则需进行调整，然后打印。

第 16 章　PowerPoint 2010 的基本应用

PowerPoint 2010 是 Microsoft Office 2010 中的另一个重要成员，是当前最流行的制作演示文稿的软件。PowerPoint 简称为 PPT，具有集文本、图形、图像、声音、视频等多种媒体对象于一体的功能，能创建出极具感染力的动态演示文稿，因而获得广泛应用，深受广大用户的青睐。本章以制作教学课件为主线，安排了 3 个实验项目：创建和编辑演示文稿、在演示文稿中插入对象、幻灯片的规划设计和制作。通过本章的实验，掌握制作演示文稿的方法。

16.1　创建和编辑演示文稿

使用 PowerPoint 建立的文件称为“演示文稿”，把演示文稿中的每一页称为幻灯片。演示文稿通常由若干张相关的幻灯片组成，并且具有相同的风格、相同的背景颜色和图案。PowerPoint 提供了多种创建演示文稿的方法，使用户能建立各种不同风格和特色的演示文稿。

16.1.1　实验任务——制作教学课件文本

1. 实验描述

随着计算机信息技术的普及应用，在教育技术中广泛使用 PPT。利用 PPT 教学，把多种媒体（文字、声音、图形、图像、动画）结合在一起，图文并茂，生动活泼，是提高教学效果的有效手段。本单元实验的目的是能利用 PowerPoint 2010 制作如图 16-1 所示的课程教学课件。

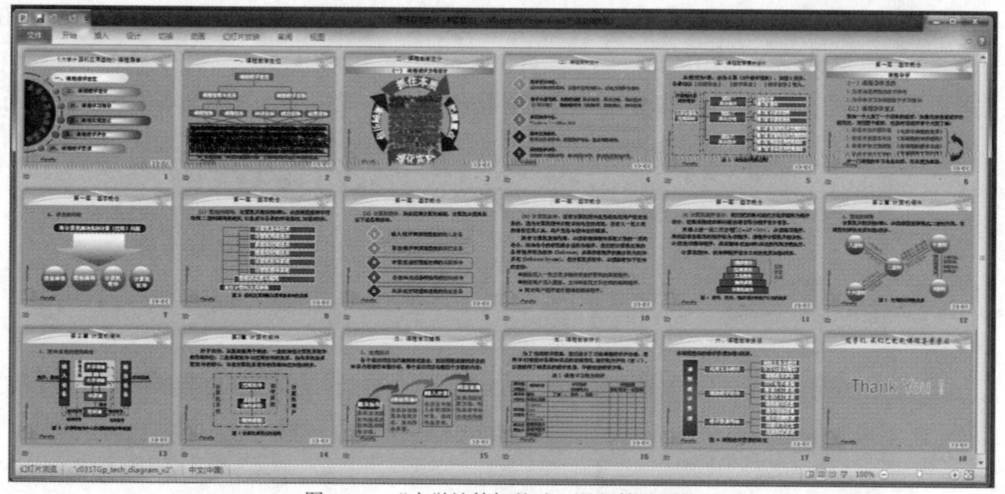

图 16-1　“大学计算机基础”课程教学课件

2. 实验分析

利用 PowerPoint 制作如图 16-1 所示的教学课件，就是利用集多种媒体于一体的功能特点，在教学过程中根据不同的教学内容以不同的媒体形式进行描述，特别是对那些用文字和语言难以表述清楚的抽象概念，借助 PPT 的图形和动画功能，予以形象、客观、准确、生动的描述，可以获得良好的教学效果。在教学过程中，有时一幅图形或动画，能胜过千言万语。

3．实验实施

制作如图 16-1 所示教学课件的第一步是创建和编辑演示文稿。本实验就是建立一个 PPT 文件，创建形如图 16-2 所示未经美化的“大学计算机基础”课程导学页面。它涉及如何新建演示文稿、输入文稿内容、编辑演示文稿、保存演示文稿、关闭和再次打开演示文稿等操作。

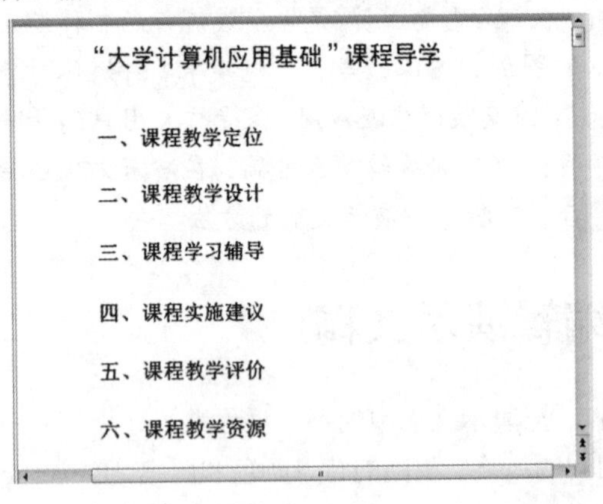

(a) 课程导学内容目录

（一）课程架构设计

教学设计理念：
以理论知识为基础、以技术应用为核心、以能力培养为目标。

教学内容体系：主教材讲授 基本概念、基本方法、基本技术；
（二体三维）　辅助教材为 习题解析、技能实训、知识拓展。

系统操作平台：
Windows 7 + Office 2010。

教学支撑条件：
教学与自学并举，搭建教学网站，建成网络课程。

课程教学评价：
课程学习效果评价、实训项目评价、实训完成情况评价。

(b) 课程导学思想

图 16-2　没有经过美化的两个不同页面

16.1.2　创建演示文稿

1．启动 PowerPoint 2010

PowerPoint 2010 的所有操作都是在 PowerPoint 2010 窗口中进行的，因此，创建演示文稿的第一步必须启动进入 PowerPoint 2010 窗口。启动 PowerPoint 2010 的常用方法有如下两种。

方法 1　选择“开始”→“所有程序”→Microsoft Office→Microsoft Office PowerPoint 2010 命令，可以启动 PowerPoint 2010。

方法 2　若桌面上有 Microsoft PowerPoint 快捷方式，双击 PowerPoint 2010 图标即可启动。无论何种方式，启动 PowerPoint 2010 后显示如图 16-3 所示窗口。

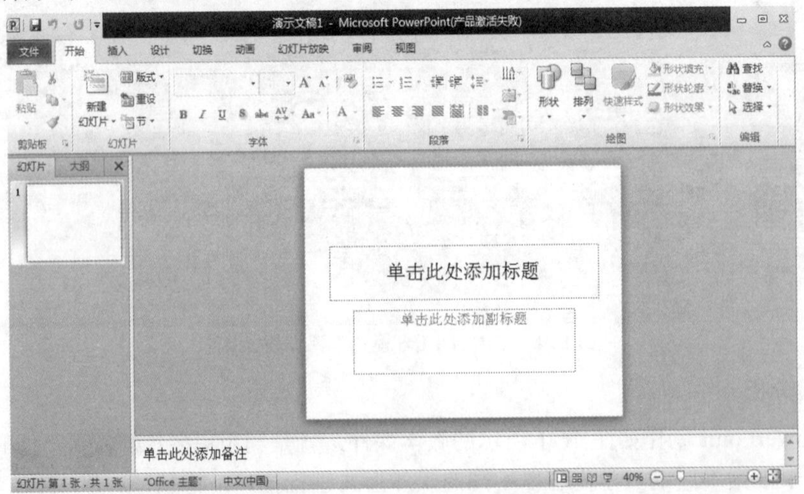

图 16-3　PowerPoint 2010 窗口

2. 建立演示文稿

创建演示文稿的第一步就是建立演示文稿，建立演示文档的方法有多种。

（1）建立空白演示文稿。这是新建一个演示文稿的初始状态。启动 PowerPoint 2010 后系统自动创建了一个名为“演示文稿 1”的空白演示文稿。再次启动该程序，系统会以“演示文稿 2”“演示文稿 3”…这样的顺序对新建演示文稿进行命名。

（2）利用模板建立演示文稿。PowerPoint 2010 为用户提供了许多美观的设计模板，使用户能够创建出风格统一的演示文稿。图 16-4 中显示了多种模板，双击相应图标，便进入该模板。

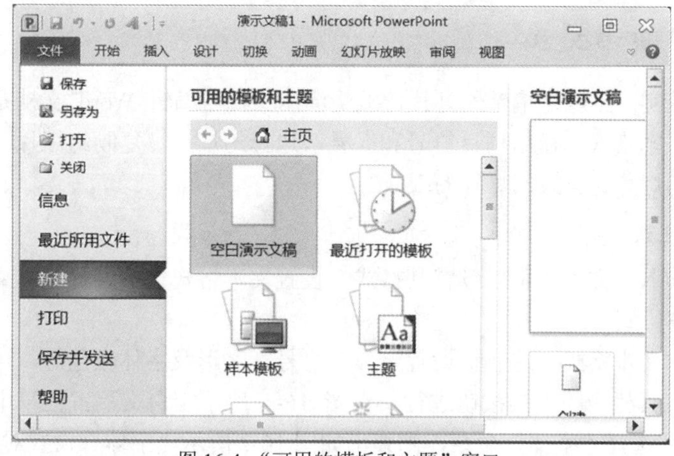

图 16-4 “可用的模板和主题”窗口

（3）根据现有内容建立演示文稿。从现有的演示文稿中复制与所要建立的演示文稿内容、格式相似的演示文稿，然后进行修改。

（4）根据相册建立演示文稿。这是一种用于建立相册的方法。启动 PowerPoint 2010 后，系统便自动创建了一个名为“演示文稿 1”的空白演示文稿。切换到“插入”选项卡，然后在“图像”组中单击“相册”按钮，弹出“相册”对话框。此时，便可以在对话框中插入图片。

3. 在演示文稿中输入文本

在建立演示文稿之后，需要向演示文稿中输入文本，文本是演示文稿中最基本的元素。在演示文稿中添加文字的常用方法有以下几种。

（1）在占位符内输入文本。在建立空白演示文稿后，便可以在空白文稿中输入内容了。如果是新建演示文稿，如图 16-3 所示虚线框中的“单击此处添加标题”和“单击此处添加副标题”被称为“占位符”；如果在图 16-3 中单击“开始”按钮，然后单击“新建幻灯片”，则显示如图 16-5 所示占位符。此时，可以在图 16-3 和图 16-5 两种占位符方式下输入图 16-2 中的文字内容。

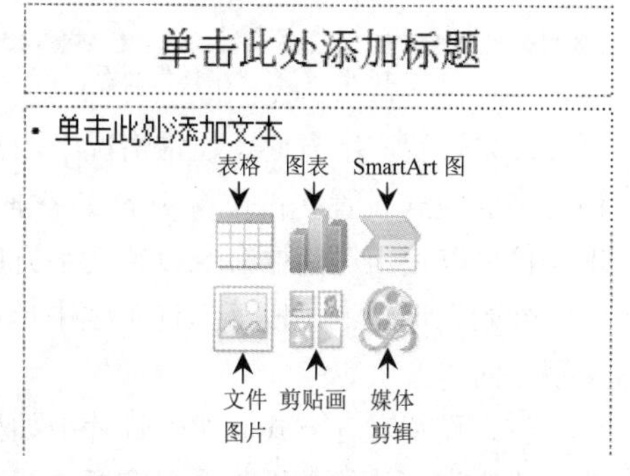

图 16-5 “新建幻灯片”占位符

（2）通过文本框输入文字。如果要在幻灯片中没有占位符的地方输入文本，必须先插入一个文本框。与在 Word 中插入文本框类似，可选择“插入”→“文本框”命令，拖动鼠标在幻灯片中画出一个大小合适的文本框后，释放鼠标即可。

（3）在大纲窗格中添加文本。普通视图“大纲”窗格中把演示文稿的文本按层次显示，用户可对文本进行编辑。在窗格中右击，其中的“升级”和“降级”按钮，可以把选定文本左移升级或右移降级；“上移”和“下移”按钮，可以把选定文本移到上一段或下一段。

（4）插入其他文件中的文本。将其他应用程序创建的文本插入演示文稿时，会自动设置标题和正文格式。在 PowerPoint 2010 中，可插入的文本格式有 Microsoft Word（.doc）格式、RTF（.rtf）格式及纯文本（.txt）格式。HTML 格式的文档也可以插入演示文稿中，其标题结构将保留并出现在文本框中。

16.1.3　编辑演示文稿

编辑演示文稿实际上就是编辑幻灯片，编辑演示文稿与编辑 Word 文档是相似的。编辑演示文稿包括设置文本格式、使用项目符号和编号、选择幻灯片、复制幻灯片、移动幻灯片、添加幻灯片、删除幻灯片、更改幻灯片的版式等。

1. 设置文本格式

在幻灯片中输入的文本，可以设置其格式。设置文本格式包括设置基本文本格式、设置文字方向及设置对齐方式等。

（1）设置基本文本格式。这包括设置字体、字号、字形及字体颜色等，可以在对话框中进行，也可以利用工具栏中的工具按钮进行。在图 16-3 所示空白文稿占位符中右击，则弹出如图 16-6 所示菜单，选择“字体”命令，则弹出如图 16-7 所示“字体”设置对话框。

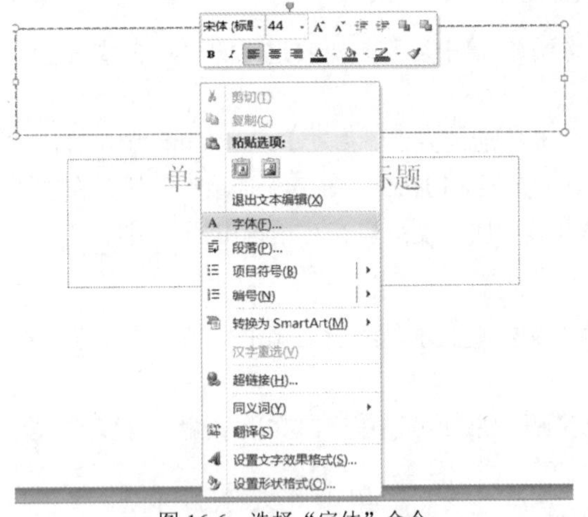

图 16-6　选择“字体”命令

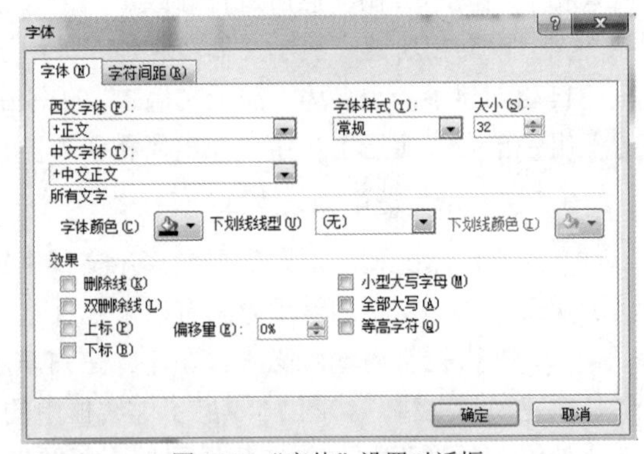

图 16-7　“字体”设置对话框

（2）设置文字方向。通常情况下用户可以使用横排文字版式设置，也可以根据需要选择竖排文字的版式设置（占位符中的文字垂直排列）。更改文字方向可以通过设置幻灯片版式来实现，也可以使用对话框命令设置文字方向。在幻灯片对象中选中需要设置方向的文字内容后，在“开始”选项卡“段落”选项区中单击“文本方向”按钮，弹出下拉菜单，选择相应的文字方向。

（3）设置对齐方式。在幻灯片中如果有大小不同的文字，可以通过调整文本的对齐方式来达到美化幻灯片的效果。选择需要设置对齐方式的文本后，在“开始”选项卡“段落”选项区中单击“文字方向”按钮，弹出下拉菜单，选择相应的对齐方式。

2．使用项目符号和编号

用户可以为幻灯片中的段落添加适当的符号和编号，在“开始”选项卡中的“段落”选项区中单击“项目符号”按钮，在弹出的下拉列表框中选择所需项目符号，即可在选定的段落区域添加项目符号，或在下拉列表框中选择“项目符号和编号”命令，在弹出的对话框中进行所需要的操作。

3．选择幻灯片

选择幻灯片的目的是实行复制、移动、插入、删除等操作。因此，选择幻灯片是对演示文稿进行编辑的最基本操作。

（1）选择单张幻灯片。选择单张幻灯片通常可用以下几种方法。

① 在视图窗格的“幻灯片”选项卡中，单击某张幻灯片的缩略图。此时，被选中的幻灯片会在幻灯片编辑区中显示该幻灯片。

② 在视图窗格的“大纲”选项卡中，单击某张幻灯片的标题或序列号，则可选中该幻灯片。此时，在幻灯片编辑区中显示该幻灯片。

③ 单击“视图”选项卡→“演示文稿视图”组→“幻灯片浏览”按钮，或单击状态栏上的“幻灯片浏览”按钮，切换到幻灯片浏览视图，在浏览视图中单击某一幻灯片。

（2）选择多张幻灯片。此时分为选择多张连续的幻灯片和选择多张不连续的幻灯片两种情况。

① 选择多张连续的幻灯片。在视图窗格的“幻灯片”或“大纲”选项卡中，选中第一张幻灯片后，按住 Shift 键不放，同时单击要选中的最后一张幻灯片，即可选中第一张和最后一张之间的所有幻灯片。

② 选择多张不连续的幻灯片。在视图窗格的“幻灯片”或“大纲”选项卡中，选中第一张幻灯片后，按住 Ctrl 键不放，然后依次单击其他要选择的幻灯片即可。

（3）选择全部幻灯片。在视图窗格的“幻灯片”或“大纲”选项卡中，按下 Ctrl＋A 组合键，即可选中当前演示文稿中的全部幻灯片。

4．复制幻灯片

复制幻灯片时，单击“视图”中的“幻灯片浏览”按钮，按住 Ctrl 键同时拖动指定的幻灯片即实现复制。也可以选定多张幻灯片，按住 Ctrl 键同时拖动选定的幻灯片，实现多张幻灯片的复制。

5．移动幻灯片

在编辑演示文稿的过程中，有时需要将某些幻灯片调整到比较合适的地方。移动幻灯片的方法与复制幻灯片相似，既可以使用鼠标拖动，也可以使用“剪切”和“粘贴”命令。

6．添加幻灯片

在编辑演示文稿的过程中，随着内容的不断增加，经常需要插入一些新的幻灯片并输入内容。

7. 删除幻灯片

删除幻灯片时可切换到浏览视图。如果删除单张幻灯片则选择该幻灯片，然后右击，在弹出的下拉菜单中选择“删除幻灯片”命令；如果要删除多张幻灯片则按下 Ctrl 键并单击选定欲删除的各张幻灯片，然后右击，在弹出的下拉菜单中选择“删除幻灯片”命令。

8. 更改幻灯片的版式

幻灯片版式是指幻灯片内容的布局结构，并指定幻灯片使用哪些占位符框以及摆放的位置。更改版式的方式有以下几种。

（1）在视图模式中更改。在“普通视图”或“幻灯片浏览”视图模式下选中需要更改的幻灯片，在“开始”选项卡的“幻灯片”中单击“版式”按钮，弹出各种版式，从中选择需要的版式。

（2）在视图窗格中更改。在视图窗格“幻灯片”选项卡中，右击需要更换版式的幻灯片，在弹出的快捷键菜单中选择“版式”命令，在弹出的版式中选择需要的版式。

16.1.4 存取演示文稿

在幻灯片制作过程中，一定要时常保存自己的工作成果，避免因为突然断电或死机而丢失所做的工作。无论是新建文稿还是对旧文稿进行了编辑、修改之后，都要保存在磁盘上。

1. 保存新建的演示文稿

建立了一个演示文稿后应予以保存，以免发生意外而丢失。保存新建文稿时，在 PowerPoint 工作窗口标题栏中显示的默认名称是“演示文稿 1”，文件的扩展名为 ppt。

2. 打开与关闭演示文稿

对于已保存在计算机中的演示文稿，要对其进行再编辑和修改时，需要先打开演示文稿，然后才能进行编辑。当编辑完成后，应将其关闭，以减少所占用的系统内存。

（1）打开演示文稿。可在图 16-4 所示窗口中单击左侧窗格“打开”选项卡。

（2）关闭演示文稿。切换到“文件”选项卡，然后在图 16-4 所示窗口中单击左侧窗格的“关闭”选项卡，便可关闭当前演示文稿。

16.2 在演示文稿中插入对象

前面介绍了创建和编辑演示文稿的基本方法，而在制作多媒体演示文稿时，需要将各种媒体素材（图形、图像、声音、视频等）放置到演示文稿中，使演示文稿的内容更加丰富多彩，从而帮助观众更好地理解和记忆演示文稿的内容。

16.2.1 实验任务——为教学课件添加对象

1. 实验描述

一个演示文稿大多由多张幻灯片组成，要让每一张幻灯片都吸引人，必须对每一张幻灯片都进行精心设计。例如在教学课件中，若加入形象生动的动画、图表、图形，并配置音乐和解说，将会大大地提高教学效果。本实验就是如何在幻灯片中插入对象，如图 16-8 所示。

2. 实验分析

为了使演示文稿从画面到动画、图表、图形、语音、音乐等，多方位地向观众传递信息，可以在 PowerPoint 中插入多媒体对象。除了像 Word 文档中可以插入图表、图形、艺术字外，

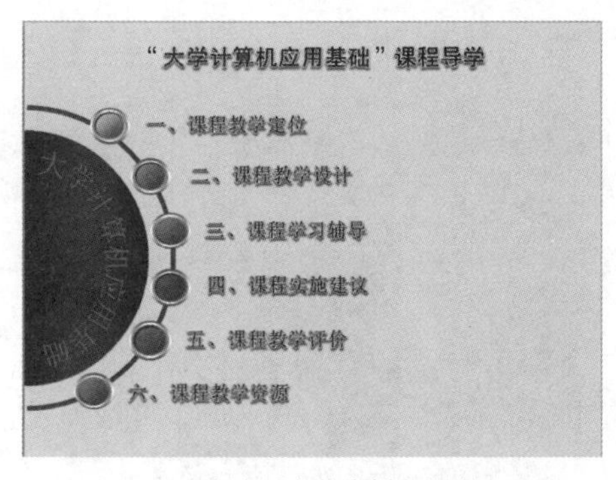

(a) 在演示文稿中插入图形

(b) 在演示文稿中插入艺术字

图 16-8　教学课件中的对象

还可以插入影片、动画、声音、CD 乐曲和自录声音等，并能对插入的多媒体对象设置控制参数。

3．实验实施

在教学课件中插入的对象通常包括文本框、艺术字、图形、图片、SmartArt 图形、剪贴画、表格、图表、剪辑库声音、剪辑库视频等。

16.2.2　插入文本框和艺术字

1．插入文本框

文本框是一种可以独立进行文字输入和编辑的图形框，可以任意移动和调整大小，灵活控制文字在幻灯片上的布局。在幻灯片插入文本框的具体操作步骤如下。

（1）单击“插入”选项卡→“文本”组→“文本框”的下拉菜单箭头。

（2）选择一种排版方式，实行横排文本或竖排文本，如图 16-9 所示。

（3）在幻灯片中绘制文本框，然后输入文本内容。

图 16-9　文本菜单

2．插入艺术字

艺术字是一种具有特殊效果的文字，在 PowerPoint 中应用非常广泛，用来设置字体和字形。

（1）设置艺术字样式。美化图 16-8（a）所示的“‘大学计算机基础’课程导学”及其目录艺术字样式的具体操作步骤如下。

① 打开演示文稿，选择需要美化的文字“‘大学计算机基础’课程导学”。

② 单击“绘图工具格式”选项卡“艺术字样式”组中的选择按钮，在弹出的 A 型字体中选择字体后立即显示设置效果。图 16-10（a）所示是依次设置艺术字样式的过程及其效果。

（2）设置艺术字字形。设置类似如图 16-8 所示的弧形字的具体操作步骤如下。

① 打开演示文稿，选择需要美化字形的文字，如图 16-10（b）所示。

② 单击“绘图工具格式”选项卡“艺术字体样式”组中“文本效果”按钮，弹出下拉菜单。

③ 在弹出的 A 型字体中选择艺术字样式效果，将鼠标指针移至“转换”处，即弹出艺术字样式图案，如图 16-10（c）所示。图 16-8（b）中的所有弧形字就是这样设置形成的。

16.2.3　插入图形和图片

1．插入自选图形

在 PowerPoint 中提供了一批自选图形，如同 Word 一样，除了像线条、箭头这样的图形外，

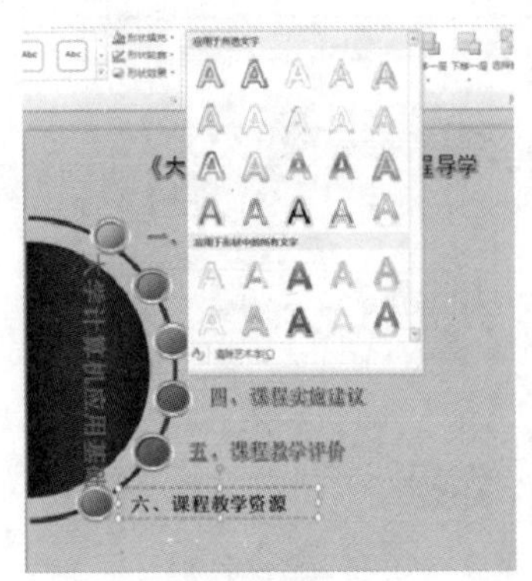

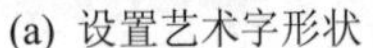

(a) 设置艺术字形状

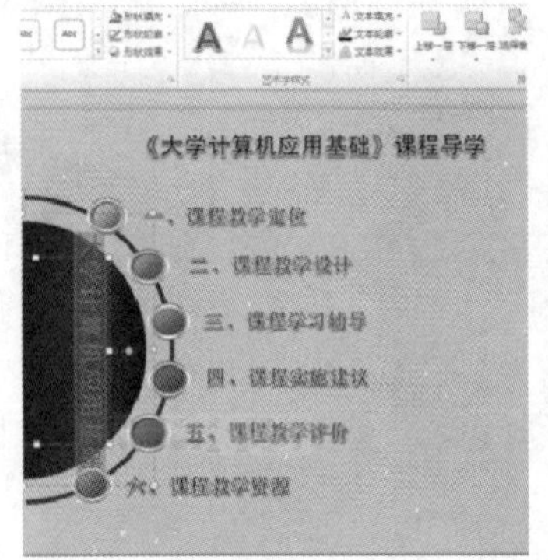

(b) 选择需要美化的文字

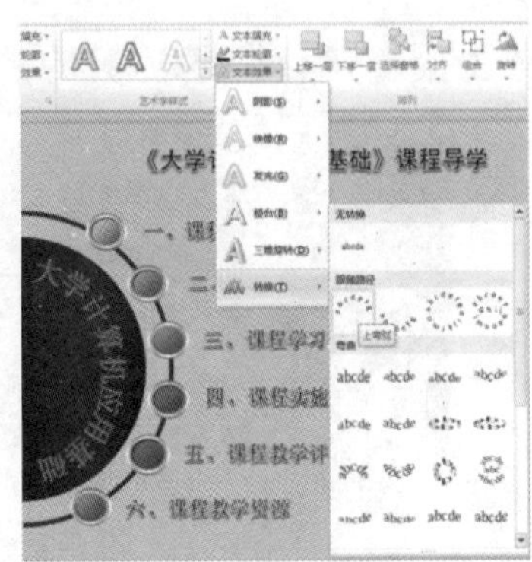

(c) 设置艺术字样式

图 16-10 设置艺术字

都可以在图形中输入文字。在“插入”选项卡的“插图”组中单击“形状”按钮，在弹出的下拉列表中选择相应的图形即可。当用户将各种图形插入幻灯片中以后，还可以根据需要对图片进行位置和大小、旋转图片、裁剪图片、添加图片边框及压缩图片等编辑操作，以使其更符合用户的实际需要。图 16-8 所示就是由多种图形元素，并经过对图形的美化处理构成的。

2．插入图片

在演示文稿中插入图片，可以更加生动、形象地阐述其主题和需要表达的思想。在插入图片时，要充分考虑幻灯片的主题思想，使图片和主题和谐一致。

3．插入剪贴画

在 Office 剪辑库中自带了大量的剪贴画，并根据剪贴画的内容设置了不同的类别和关键字，包括人物、植物、动物、建筑物、背景、标志、科学、工具、旅游、农业及形状等图形类别，用户可以将这些剪贴画直接插入演示文稿中。

4．插入 SmartArt 图形

SmartArt 图形是信息和观点的视觉表示形式，可以在多种布局中创建不同的 SmartArt 图形，从而快速、轻松、有效地传达信息。

16.2.4 插入表格和图表

当幻灯片中涉及很多数据时，用表格和图表来表示，可使数据更加直观、清晰明了，从而使演示文稿达到更好的演示效果。

1．插入表格

PowerPoint 2010 提供了 3 种插入表格的方式：插入空白表格、绘制表格和插入 Excel 电子表格。

（1）插入空白表格：在演示文稿中插入表格的方法与在 Word 文档中插入表格的方法类似。

（2）绘制表格：上述方式插入的表格都是标准的样式，当用户需要非标准样式的表格时，可以通过“绘制表格”功能修改表格的样式。

（3）插入 Excel 电子表格：在 PowerPoint 中插入 Excel 表格可以方便地使用 Excel 的强大函数功能来进行统计、计算等操作。

2．插入图表

当演示文稿中需要用数据描述问题时，用图表显示更为直观，可以将数据以柱形图、饼图、散点图等形式生动地表现出来，便于查看和分析。

16.2.5　插入音频和视频

为了使制作的演示文稿给观众带来视觉、听觉上的冲击，可以在 PowerPoint 2010 中插入音频和视频对象，使用户的演示文稿从画面到声音，多方位地向观众传递信息。为了方便用户制作，PowerPoint 在剪辑管理器中提供了大量素材。

1．插入剪辑库声音

在幻灯片中添加的声音文件通常位于计算机、网络或剪辑管理器中，录制的语音旁白也可以添加到演示文稿中。在幻灯片中插入的声音文件类型有 wav，aif，aiff，aifc 和 au。添加声音时切换到“插入”选项卡，在“媒体”选项区中单击“音频”下方的箭头，弹出如图 16-11 所示下拉菜单。

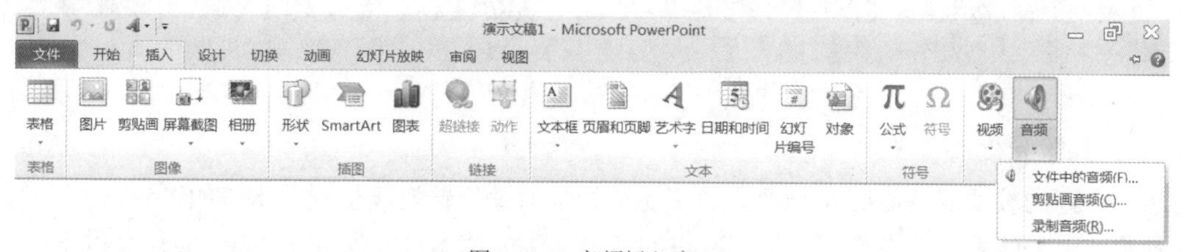

图 16-11　音频插入窗口

（1）选择“文件中的音频”命令，弹出“插入音频”对话框，在该对话框中选择需要插入的音频。

（2）选择“剪贴画音频”命令，弹出“剪贴画”窗口。

（3）选择“录制音频”命令，弹出“录音”窗口。

〖**提示**〗 声音只出现在当前一张幻灯片中，一旦切换，无论声音是否播放结束，都将停止。

2．插入剪辑库视频

在幻灯片中可以用一块区域来插入视频，视频的片段来源有两种：一种是剪辑库中的视频；另一种是来自文件的视频。在 PowerPoint 2010 所支持的影片文件格式有 avi，mlv，cda，dat，mov 和 mpe。在“剪辑管理器”中有许多可供使用的剪辑视频，它们多数是一些简单的动画，出于对存储空间的考虑，这些动画的动作时间比较短。视频的插入和声音的插入方法相似，只需要到“插入”选项卡，然后单击“媒体”组中的“视频”按钮，即可插入视频。

16.3　幻灯片的规划设计和制作

当创建和编辑完一个新的演示文稿后，通常需要对各张幻灯片进行规划设计和精心制作，即对页面、幻灯片主题、幻灯片背景和动画进行规划设计，并精心制作每一张幻灯片。

16.3.1　实验任务——美化教学课件

1．实验描述

当完成演示文稿的基本创建和文字编辑后，为了将其制作成让人感觉耳目一新、赏心悦目的幻灯片，必须进行美化，本实验就是把如图 16-2 所示的演示文稿美化成如图 16-12 所示的演示文稿。在此基础上，通过创作演示动画，便能充分体现使用 PPT 教学课件的真实内涵。

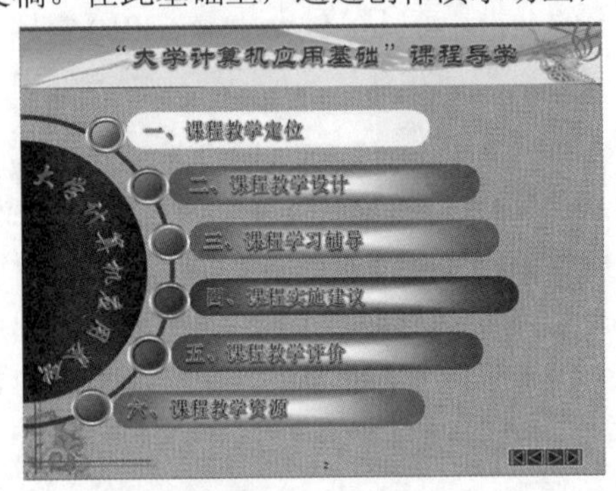

(a) 课程导学内容目录

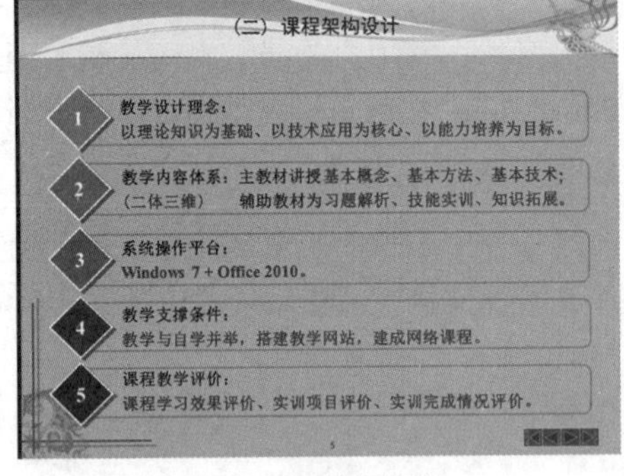

(b) 课程架构设计

图 16-12　经过美化的两个不同页面

2．实验分析

一个好的教学课件能给人一种美的享受，把学习过程转换成享受艺术美的过程，这不正是教师梦寐以求的教学效果吗？为了使制作的演示文稿能达到良好的教学效果，应遵循以下原则。

（1）界面美观简洁。演示文稿中的所有幻灯片都应美观、简洁、明了。因此，版面中不要插入与内容无关的其他媒体元素。

（2）字体设置合适。在编辑演示文稿的过程中，字体类型和字体大小的设置要适中。演示文稿版面的设计应遵循 14.4.2 节介绍的图文混排规则、字体设置规则和字体间距规则。

（3）颜色搭配合理。演示文稿是由一张张幻灯片组成的，各幻灯片的内容不同，但要求颜色和字体协调统一。不同的颜色形成不同的风格，在封面和各张幻灯片之间，不要形成明显的反差。

（4）体现生动活泼。在演示文稿中，可以一张幻灯片一个花样，每张幻灯片中可以插入多种媒体元素，并且采用不同的切换方式。

3．实验实施

为了使制作的演示文稿达到让人眼前一亮的效果，需要对演示文稿进行规划设计和精心制作，包括幻灯片的规范设置、设置动画效果、设置幻灯片的切换效果、插入超链接等。

16.3.2　幻灯片的规范设置

幻灯片的规范设置是指利用 PowerPoint 2010 所提供的美化功能，来实现美化幻灯片的目的，例如使用幻灯片母版、设置幻灯片背景、应用主题样式等。这些是较基本、较常用的美化方法。

1．使用幻灯片母版

幻灯片母版主要用于设置幻灯片的标题和文字样式，包括字体、字号、字体颜色和阴影等，母版决定幻灯片的外观，不同的母版具有不同的作用和视图。幻灯片母版分为如下 3 种类型。

（1）幻灯片母版。用于存储有关演示文稿的主题和幻灯片版式的信息，包括背景、颜色、字体、效果、占位符大小的位置。使用幻灯片母版，无须在多张幻灯片上输入相同的信息，因而为制作幻灯片节约了大量时间。PowerPoint 2010 自带了 11 种母版版式，当用户选择“新建幻灯片”时，在下拉列表中将显示这些版式。

（2）讲义母版。用于设置演示文稿的显示方式，如定义幻灯片的数量，设置页眉、页脚、页码、日期、主题和背景等。在“视图”选项卡中单击“讲义母版”按钮，便切换到讲义母版视图，在“讲义母版”选项卡中可以对讲义母版进行相关设置。

（3）备注母版。用于设置备注信息的显示方式，如纸张大小、排列方向、显示或隐藏相应的内容等。在“视图”选项卡中单击“备注母版”按钮，便切换到备注母版视图，在“备注母版”选项卡中可以对备注母版进行相关设置。

2．设置幻灯片背景

幻灯片是否美观，背景十分重要。PowerPoint 2010 提供了几款内置背景色样式，用户可以根据需要进行选择。如果对内置样式不满意，可以自定义其他的背景样式，如纯色、渐变色或图片等。

〖提示〗“背景样式”下拉列表中提供了一些背景样式，这些样式是根据用户近期使用的颜色和原背景色自动生成的，直接选择某样式，可将其应用到演示文稿中的所有幻灯片。幻灯片设置背景后，“背景样式”下拉列表中的“重设幻灯片背景”选项将呈可用状态，单击该选项，可取消设置的背景效果。

3．应用主题样式

演示文稿的主题是一组格式选项，集合了颜色、字体和幻灯片背景等格式，通过应用主题样式，可以快速地对演示文稿中所有幻灯片设置统一风格的外观效果。PowerPoint 2010 提供了许多主题样式，如背景样式、标题文本样式等，可将演示文稿设置为更专业、更时尚的外观。

〖提示〗根据操作需要，有时还可以在同一演示文稿中应用多个主题：选中要应用同一主题的多张幻灯片，切换到“设计”选项卡，然后在“主题”组的列表框中右击需要的主题样式，在弹出的快捷菜单中选择“应用于选定幻灯片”命令，该主题样式即可应用到所选的幻灯片中，接下来用相同的方法为其他幻灯片应用主题即可。

16.3.3　设置动画效果

设置动画效果是制作幻灯片时常用的辅助和强调表现手段，也是制作演示文稿最出彩和最重要的一步。在演示文稿中设置动画效果，可以使演示文稿变得更加生动。PowerPoint 2010 中的动画效果分为两种类型：一种是自定义动画，指为幻灯片内部各个对象设置动画，如文本段落、图形、表格及图示等；另一种是幻灯片切换动画（又称为翻页动画），指幻灯片在放映时更换幻灯片的动画效果。

1．添加动画效果

为了使幻灯片更具有观赏性，可以对幻灯片中的标题、文本和图片等对象设置动画效果。通过“动画”选项卡，可以非常方便地对幻灯片中的对象添加各种类型的动画效果。

（1）添加单个进入动画效果。进入动画是为了设置文本或其他对象以多种动画效果进入放映屏幕。在添加该动画效果之前，需要选中对象。占位符或文本框就是对象。

（2）为同一对象添加多个动画效果。为了让幻灯片中对象的动画效果丰富、自然，可对其添加多个动画效果。例如，对某张图片添加进入屏幕时的动画动作、运动轨迹以及从屏幕中消失的动画动作，先选中图片，然后依次添加“进入”式动画、“动作路径”动画和“退出”式动画。

2. 编辑动画效果

添加动画效果后，还可以对这些效果进行相应的编辑操作，如查看动画效果、复制动画效果、调整动画效果的播放顺序和删除动画效果等。

（1）选择动画效果。当查看所设置的动画效果时，需选中所设置的对象，其方法有以下几种。

① 显示当前幻灯片动画效果。添加动画效果后，在“动画”选项卡的“高级动画”组中单击“动画窗格”按钮，打开“动画窗格”，在该窗格中，将显示当前幻灯片的动画效果列表，直接单击某个选项，便可选中对应的动画效果。

② 显示多个动画效果。若动画效果列表中有多个动画效果，则先在幻灯片中添加动画效果的某个对象，此时“动画窗格”中会以灰色边框突出显示该对象的动画效果，对其单击可快速选中该对象对应的动画效果。

③ 显示对应动画效果。若某个对象添加了多个动画效果，单击该对象左侧的某个编号，选中对应的动画效果。若对某个对象的动画效果不满意，可以对其进行修改。

（2）复制动画效果。通过动画刷功能可以对动画效果进行复制操作，即将某一对象中的动画效果复制到另一对象上，其操作方法与 Word 中使用格式刷复制文本格式类似。

（3）调整动画效果的播放顺序。每张幻灯片中的动画效果都是按照添加时的顺序进行播放的，根据操作需要可以调整动画效果的播放顺序，其方法主要有以下两种。

① 在需要操作的幻灯片中，在“动画窗格”中选中需要调整顺序的动画效果，然后单击“上移”按钮，便实现上移，单击“下移”按钮，便实现下移。

② 在需要操作的幻灯片中，在“动画窗格”中选中需要调整顺序的动画效果，在“动画”选项卡的“计时”组中单击“向前移动”按钮实现上移，单击“向后移动”按钮实现下移。

（4）删除动画效果。对于不再需要的动画效果，可将其删除，其方法主要有以下两种。

① 在“动画窗格”中选中要删除的动画效果后，其右侧将出现一个下拉按钮，单击此下拉按钮，在弹出的下拉列表中选择“删除”命令即可。

② 选中要删除的动画效果，然后按 Delete 键即可。

3. 添加动作路径动画效果

动作路径动画是为指定文本、图片等对象沿预定的路径运动。PowerPoint 中提供了大量预设路径效果，还可以由用户自定义路径动画。为某个对象设置自定义路径动画的操作步骤如下。

（1）选中自定义路径的对象，然后打开“动画”选项卡，在“高级动画”组中单击“添加动画”按钮，选择“动作路径”组中的“自定义路径”命令，如图 16-13 所示。

（2）当鼠标指针变为＋形状时，按住鼠标左键不放并拖动鼠标，此时鼠标指针变成铅笔的形状，即可画出一条路径。在路径的终点处双击，便完成路径绘制，如图 16-14 所示。

4. 设置动画参数

当为对象添加了动画效果后，该对象就应用了默认的动画参数，主要包括动画开始运行的方式、持续时间、演示方案、变化方向，以及重复次数等。用户可以根据这些参数进行设置。

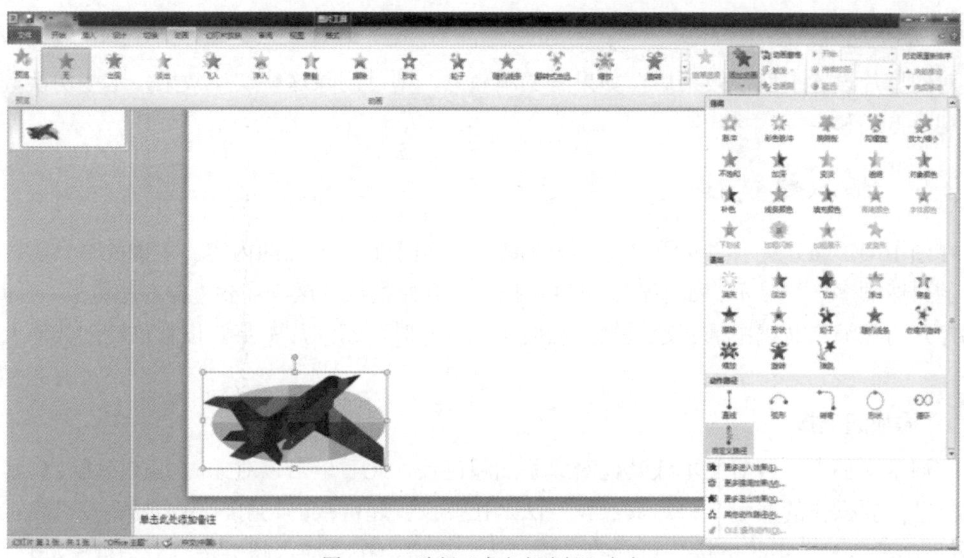

图 16-13　选择“自定义路径”命令

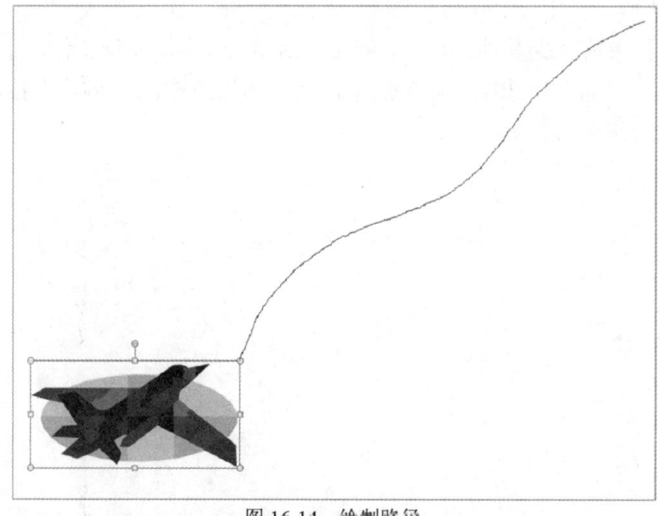

图 16-14　绘制路径

16.3.4　设置幻灯片的切换效果

幻灯片的切换效果是指幻灯片播放过程中，从一张幻灯片切换到另一张幻灯片时的效果、速度及声音等。通过对幻灯片设置切换效果，可以丰富放映时的动态效果。

1．设置切换方式

幻灯片切换设计是指设计幻灯片的显示方式，PowerPoint 提供了丰富的切换方式，以增强演示文稿的表现能力。

2．设置切换声音与持续时间

在设置幻灯片的切换方式后，还可以根据操作需要设置切换声音及持续时间，其中持续时间是 PowerPoint 2010 的新增功能，相当于以往版本中的切换速度。

3．删除切换效果

对幻灯片设置了切换效果后，如果感觉不满意，则可删除这些切换效果，这些切换效果主要指切换方式和声音。

16.3.5　插入超链接

在图 16-12（a）所示的界面中，“课程导学”介绍了 6 个方面的内容。在播放时只能按照幻灯片的自然顺序一一显示。如果希望可以从任一节开始播放，这就需要“插入超链接”，即在放映幻灯片前在演示文稿中插入超链接，从而实现放映时从幻灯片中某一位置跳转到其他位置的效果。

1．添加超链接

在演示文稿中，若对文本或其他对象添加超链接，此后单击该对象时可直接跳转到其他位置，打开需要操作的演示文稿。其操作方法是在要设置超链接的幻灯片中选择链接对象，单击“插入”选项卡，单击“链接”组中的“超链接”按钮，在“插入超链接”对话框中进行设置。

2．插入动作按钮

为了在放映过程中跳转到其他幻灯片，或者激活声音文件、视频文件，可以插入动作按钮。其操作方法是切换到“插入”选项卡，然后单击“插图”组中的“形状”按钮，在弹出的下拉列表中选择需要的动作按钮。

第 17 章　Internet 的基本应用

在当今信息时代，Internet 已成为人们生活和工作不可缺少的信息工具。本章以 Internet 应用为主线，设计了 3 个实验项目：获取网络信息资源、收发电子邮件、网上信息发布。通过本章的实验，熟练掌握利用 Internet 获取网上信息资源、网络信息交互和发布网络信息的基本方法。

17.1　获取网络信息资源

计算机网络的最大特点是实现网络资源共享。通过网络浏览，能查阅世界范围的有关信息；通过文件下载，能获得世界范围内的有关文献资源。

17.1.1　实验任务——如何获取网上信息资源

1. 实验描述

Internet 是一个海量的信息资源网。在 Internet 上，人们可以查询到世界范围的各类信息，为自己的学习、工作、生活带来极大的方便。用户可以到 Internet 网上搜索、查询各类信息，并将收集的信息予以保存。

2. 实验分析

学生获取知识的渠道无非是听取教师讲授、与人交谈、阅读和社会实践等。在当今信息时代的人们，可以享受 Internet 提供的各类信息资源，可以从网络上获取各种学习资源，例如课程学习辅导、科学技术的历史背景、主流技术产品的性能指标、科学家的生平事迹等。从 Internet 上获取学习资源，是当代大学生必备的一项学习技能。

3. 实验实施

获取计算机网络上的信息资源的主要途径是浏览网上信息资源、搜索网上信息资源、保存网上信息资源、下载网上信息资源。

17.1.2　浏览网上信息资源

浏览网上的信息资源是通过浏览器来实现的。浏览器是显示网页服务器或超文本标记语言（Hypertext Markup Language，HTML）文件内容，并让用户与这些文件交互的一种软件。目前，较常使用的浏览器有傲游浏览器、谷歌浏览器、搜狗浏览器等。其中，傲游浏览器是一款多功能、个性化、多标签的浏览器。它能有效减少浏览器对系统资源的占用率，提高网上冲浪的效率。傲游浏览器拥有丰富、实用的功能设置，支持各种外挂工具及插件，在使用时可以充分利用所有的网上资源，享受上网冲浪的乐趣。傲游浏览器采用开源 Webkit 核心，具有贴合互联网标准、渲染速度快、稳定性强等优点，可以实现更加丰富的网络应用，专为国人的习惯优化，更高效，更安全，更私密。

下面介绍如何使用傲游浏览器的选项卡浏览网页。

傲游浏览器自带了多标签（即选项卡）功能，通过选项卡可以在一个浏览器中同时打开多个网页。其中的每个选项卡按钮对应当前窗口内的一个独立的网页，单击这些标签，即可在不同的网页之间快速切换。利用傲游浏览器浏览网页的具体操作步骤如下：

（1）双击桌面上的“傲游浏览器”图标，启动傲游浏览器。

（2）在浏览器地址栏中输入网址 www.163.com，按 Enter 键，打开网易网首页。

（3）单击网页上的链接，可以继续访问对应的网页。例如，在网易首页单击“旅游”标签，傲游浏览器会自动打开网易的“旅游”信息页面。

（4）单击“新选项卡”按钮 + ，打开一个新的选项卡，单击“新浪网”标签。

（5）打开新浪网首页，单击页面上方的“房产”标签。

（6）此时傲游浏览器将自动打开新浪网的“房产”信息页面。

〖提示〗 *在访问一个网站时，首先要在浏览器的地址栏中输入一个网址，然后按 Enter 键确认，即可浏览想要访问的网站。完成浏览器端用户指定网址的请求以及服务器做出相应的响应，整个过程需要用到域名（DNS）、IP 地址、浏览器、Web 服务器、HTTP 等的支持。*

17.1.3 搜索网上信息资源

Internet 是知识和信息的海洋。在 Internet 上，人们几乎可以找到所需的任何资源。那么，如何才能在 Internet 上找到自己需要的信息呢？这就需要使用搜索引擎。搜索引擎是一个能够对 Internet 中的资源进行搜索整理，然后提供给用户查询的网站系统。搜索引擎可以在一个简单的网页页面中帮助用户实现对网页、网站、图像、音乐和电影等众多资源的搜索和定位。搜索引擎可以从海量网络信息中快速、准确地找出需要的信息。目前搜索和信息查找的方法基本相同，一般是输入关键字作为查找的依据，然后单击“百度一下”或“搜索”按钮，即可进行查找。这里介绍使用“百度”搜索引擎，搜索关于“汽车”方面的网页，其具体操作步骤如下。

（1）启动傲游浏览器，在地址栏中输入 http://www.baidu.com/，按 Enter 键，即可进入百度搜索引擎。

（2）在搜索文本框内输入关键词“汽车”，单击“百度一下”按钮。此时即可根据搜索关键字自动查找相关网页，查找完成后在新页面中以列表形式显示相关网页。

（3）单击某个网页链接，即可打开对应网页，如打开“汽车之家-我的汽车网站，我的汽车之家”网页。

〖提示〗 *在搜索引擎中输入搜索关键词时描述要准确，因为搜索引擎会严格根据用户所输入的关键词在网上搜索信息。*

17.1.4 保存网上信息资源

在浏览网页过程中，遇到所需的信息资源，如网页中的文本、图片等，可以将这些信息资源保存到本地计算机中，供用户参考和使用。

1．保存网页中的文本

在网上查找资料时，如果碰到自己比较喜欢的文章或者是对自己比较有用的文字信息，可以将这些信息保存下来以供日后使用。保存网页文本的具体操作步骤如下。

（1）在网页中要保存的文本上右击，从弹出的快捷菜单中选择“复制”命令。

（2）启动记事本软件，按 Ctrl+V 快捷键，将其粘贴并保存即可。

2．保存网页中的图片

网页中具有大量的图片信息，用户可以将自己需要的图片保存在自己的计算机中，以备不时之需。要保存网页中的图片，可在该图片上右击，在弹出的快捷菜单中选择“图像另存为”命令，打开“保存图片”对话框。设置图片的保存位置和保存名称，单击“保存”按钮，即可将该图片保存在计算机中的指定位置。

3．保存整个网页

如果想要在网络断开的情况下也能浏览某个网页，可以将该网页整个保存下来。这样即使在没有网络的情况下，也可以对该网页进行浏览。保存整个网页的具体操作步骤如下。

（1）启动傲游浏览器，在地址栏中输入 http://product.china-pub.com/7521#ml，按 Enter 键，打开该网页。

（2）单击工具栏上的“文件”标签，在弹出的快捷菜单中选择“另存为”命令。

（3）打开“保存网页”对话框，设置网页保存路径，并在“保存类型”下拉列表中选择“网页，全部*htm;*.html”选项，单击“保存”按钮，即可开始保存整个网页。

（4）保存完毕后，找到网页的保存位置，双击网页保存的文件，即可打开保存的网页。需要注意的是，使用这种方法仅保存了当前网页中的内容，而网页中的超链接则未被保存。

〖提示〗 对于经常浏览的网页，可以将其网址添加到收藏夹中，以便以后快速地访问该网页。即在傲游浏览器中打开网页后，在工具栏单击“收藏”按钮，打开“收藏”下拉列表。然后，选择“添加到收藏”命令，打开“添加到收藏夹”对话框，单击“确定”按钮即可。

17.1.5　下载网上信息资源

网上具有丰富的资源，包括图像、音频、视频和软件等。用户可以将自己需要的资源下载下来，并存储到计算机中，从而实现资源的有效利用。下面介绍两种下载方法。

1．使用傲游浏览器下载

傲游浏览器自身提供了一个文件下载管理器，当用户单击网页中有下载功能的超链接时，傲游浏览器即可自动开始下载文件。假如需要在网上下载视频播放软件 RealPlayer，利用该软件来播放视频文件。使用傲游浏览器下载 RealPlayer 视频播放器的具体操作步骤如下。

（1）启动傲游浏览器，在地址栏中输入网址 http://realplayer.cn/，按 Enter 键，打开软件的下载页面。

（2）单击“官方简体中文版下载”链接，打开“下载文件”对话框，设置软件的保存路径，单击“确定”按钮。

（3）打开“傲游下载”对话框，显示软件的下载进度。

（4）下载完毕后，将在“下载任务列表”框中显示该软件。

〖提示〗 在“傲游下载”对话框中，单击“打开”按钮，即可执行软件的安装操作，单击“关闭”按钮，即可完成软件的下载操作。

2．使用迅雷下载

网上许多视频流格式的 ra 或 rm 文件、Flash 动画文件、影音文件等优秀资源，由于数据量非常大，因此必须使用专用工具才能够顺利下载。迅雷就是基于 P2SP（Peer to Server&Peer，点对服务器和点）技术的下载软件，适合于网络线路差、宽带低、速度慢等情况，可以解决传输速度慢、网络拥挤不堪等问题。利用迅雷下载文件的方法很简单，在网页中右击需要下载文件的超链接时会发现快捷菜单中增加了“使用迅雷下载”和“使用迅雷下载全部链接”两个命令，用户只需要选择其中的一个命令来执行下载操作。具体操作步骤如下。

（1）启动傲游浏览器，在地址栏中输入网址 http://im.qq.com/后按 Enter 键。

（2）在该页面左侧单击要下载的超链接，单击 QQ6.3，打开下载页面，然后右击“立即下载”，在弹出的快捷菜单中选择“使用迅雷下载”命令，打开“新建任务”对话框。

（3）单击对话框右侧的按钮，打开“浏览文件夹”对话框，在其中选择下载文件的保存位置，然后单击“确定”按钮。

（4）返回“新建任务”对话框，单击“立即下载”按钮，迅雷开始下载文件，在主界面中可以查看与下载相关的信息与进度。

（5）右击下载项，在弹出的快捷菜单中可以选择“暂停任务”“删除任务”命令来暂停下载项或删除下载项。

（6）下载完成后，在程序左侧任务列表中选择“已完成”选项，显示已下载的目标。

〖提示〗 如果迅雷是系统默认的下载工具，则直接单击具有下载功能的超链接，即可自动启动迅雷程序，而无须右击。

17.2 收发电子邮件

电子邮件（E-mail）是指通过网络收发邮件，现已成为流行的网络通信工具，通过它可以在世界各地实现即时通信。和传统的邮寄信件相比，电子邮件具有方便、快捷和廉价的优点，因而在各种商务往来和社交活动中，电子邮件起着举足轻重的作用。

17.2.1 实验任务——如何收发电子邮件

1．实验描述

收发电子邮件是 Internet 中一种重要的通信工具，它不仅可以进行即时通信，而且可以传递大数据量的信息资源，收发电子邮件已成为现代办公过程中一项重要的工作内容。对当代大学生来说，也是必备的一项操作技能。

2．实验分析

在邮寄信件时必须按照邮件规则填写收信人的地址，发送电子邮件也一样。在 Internet 上有信箱的用户都有一个信箱地址，并且这个信箱地址都是唯一的，邮件服务器就是根据这些地址将邮件传送到各个用户的信箱中，E-mail 是否能到达预期目的地，主要取决于地址是否正确。

3．实验实施

在网上传递信息的过程实际上就是收发电子邮件的过程，包括接收电子邮件和发送电子邮件，具体实施步骤分为登录和阅读电子邮件、撰写和发送电子邮件、回复和转发电子邮件。

17.2.2　登录和阅读电子邮件

1．申请和登录电子邮箱

收发电子邮件必须具有电子邮箱，目前国内的很多网站都提供了各有特色的免费邮箱服务，它们的共同特点是免费，并能够提供一定容量的存储空间。对于不同的网站来说，申请免费电子邮箱的步骤是基本类似的。申请 126 免费邮箱的具体操作步骤如下。

（1）打开傲游浏览器，在地址栏中输入网址：http://www.126.com/，按 Enter 键，进入 126 免费邮箱首页，单击“注册”按钮。

（2）打开注册页面，在“邮箱地址”文本框中输入用户名，并在文本框右侧提示地址是否能注册该用户等信息；在“密码”和“确认密码”文本框中输入邮箱的登录密码；在“验证码”文本框中输入验证码文字；选中“同意‘服务条款’和‘隐私权保护和个人信息利用政策’”复选框。

（3）单击“立即注册”按钮，即可提交个人资料。

（4）注册成功后，系统自动进入 126 免费邮箱管理界面，此时即可查看新注册的电子邮箱地址。

2．阅读电子邮件

在申请电子邮箱之后，可以利用傲游浏览器阅读电子邮箱中的邮件内容，具体操作步骤如下。

（1）启动傲游浏览器，在地址栏中输入网址 http://www.126.com/，然后按 Enter 键，进入 126 电子邮箱的首页。

（2）在“账号”和“密码”文本框中输入用户名和密码，单击“登录”按钮，登录邮箱首页。

（3）首次登录电子邮箱后，单击邮箱主界面左侧的“收信”按钮，快速进入收件箱页面，在列表中显示收到的信件。

（4）在列表中单击第 1 封邮件的主题，打开信件页面，阅读邮件内容。

〖**提示**〗在信件页面中，向下滚动浏览器窗口右侧的滚动条，查看整个信件的内容。另外，在收件箱中阅读过的邮件和新邮件将以不同的颜色显示。

17.2.3　撰写和发送电子邮件

通常情况下，用户可以使用电子邮箱撰写并发送电子邮件。电子邮件分为普通电子邮件和带有附件的电子邮件两种。撰写并发送一封带有附件的电子邮件的具体操作步骤如下。

（1）启动傲游浏览器，登录电子邮箱，单击邮箱主界面左侧的“写信”按钮。

（2）打开写信页面，在“收件人”文本框中输入收件人的电子邮件地址，在“主题”文本框中输入“这是你要的合同，请查收”，在邮件内容区域输入邮件的正文，单击“添加附件”按钮。

（3）打开上传文件对话框。在该对话框中选择要发给对方的文档，然后单击“打开”按钮。

（4）此时，可将选中的文档以附件的形式自动上传。

（5）上传完成后，单击“发送”按钮，自动打开“系统提示”对话框，输入用户名，单击“保存并发送”按钮，即可发送带有附件的电子邮件。

（6）稍后系统会打开“邮件发送成功”页面。发送普通邮件时，只需在写信页面中输入收件人邮箱地址、邮件主题和邮件正文，然后单击“发送”按钮。

17.2.4 回复和转发电子邮件

1. 回复电子邮件

阅读完邮件后，在邮件阅读页面中直接单击“回复”按钮。然后进入写信页面，重新修改信息内容，单击“发送”按钮，即可实现快速回复电子邮件。

2. 转发电子邮件

用户还可以使用电子邮件的转发功能将别人发给自己的邮件再转发给其他用户。阅读完邮件，单击邮件上方的“转发”按钮，打开转发邮件的页面。此时邮件的主题和正文系统已自动添加，用户只需在“收件人”文本框中输入邮箱地址，然后单击“发送”按钮。

〖提示〗如果邮箱中的邮件过多，可将一些不重要的邮件删除，其方法为在“收件箱”列表中，选中要删除的邮件左侧的复选框，然后单击“删除”按钮即可。

17.3 网上信息发布

今天，计算机网络的应用是全方位的，不仅能为人们的工作、学习、生活提供极大的方便，而且还能为单位（部门）和个人发布各类信息提供极大方便，如通过网络推销产品、人事招聘、求职等。由于绝大多数计算机都是联网的，所以发布的各类网络信息都能很快地得到回音。

17.3.1 实验任务——如何实现网上求职与招聘

1. 实验描述

对于即将毕业的大学生来说，找到一份称心如意的工作是毕业阶段最大的心愿。前面，我们介绍了如何撰写自荐求职信。那么，自荐求职信送往何处呢？对于各类企事业单位，如何招聘、选择适合本单位需要的人才（求职人员）呢？通过网上求职和网上招聘是一种非常重要和有效的途径。

2. 实验分析

网上求职与招聘的最大优点是方便快捷，求职者或招聘单位足不出户，便可获得最新、最全的有用信息，并可根据自己的需求进行搜索查询，只要轻点鼠标，所需的职位或求职者便立即出现在你的眼前，从而避免了求职者和用人单位在招聘会拥挤的人群中漫无目的地投放求职简历或逐个询问了解。此外，网上求职和招聘还具有信息量大、清晰，节省费用以及安全性强等优势。

3. 实验实施

目前，已有很多专门的求职网站，主流的网上求职网站有智联招聘、前程无忧、中华英才网等。求职者可以向这些网站投放求职简历，用人单位可以利用这些网站发布招聘信息。无论是发布求职信息还是发布招聘信息，都涉及网站制作、网页制作等问题。

17.3.2　网站制作

网站（website）是指根据一定的规则，使用超文本标记语言等工具制作的用于展示特定内容的相关网页的集合。其中，“超文本”是指页面内可以包含图片、链接，甚至音乐、程序等非文字元素。网站以计算机网络和通信技术为依托，通过一台或多台计算机向访问者提供服务。人们通常所说的访问某个站点，实际上访问的是提供这种服务的一台或多台计算机。

网站的种类很多，不同的分类标准把网站分成多种类型。如果根据功能划分，可以分为综合信息门户网站、电子商务型网站、企业网站、政府网站、个人网站、内容型网站。如果根据内容划分，可以分为门户网站、专业网站、个人网站、职能网站等。通常，把一个网站的开发过程分为 4 个阶段：规划与准备阶段、网页制作阶段、网站测试阶段、网站发布阶段。

1．规划与准备阶段

规划与准备阶段就是做好构建网站的具体方案，包括网站的主题和用途、需要采用哪些素材、各种元素在网页中的具体位置和数量等。

（1）目标定位：就是确定网站的主题和用途。一个网站要有明确的目标定位，只有定位准确、目标鲜明，才可能做出切实可行的计划。

（2）收集素材：就是收集、制作网页所需要的各种图片、动画、声音、视频等素材，并且根据需要和要求，进行加工。

（3）规划结构：就是根据目标定位，在进行网页版式设计的过程中，安排网页中包括文字、图形、图像、动画、导航条等各种元素在网页中的具体位置和数量。只有合理规划网页布局，才能给浏览者一种赏心悦目的画面感。

2．网页制作阶段

网页制作是在规划准备基础上，根据设计方案，使用网页编辑工具软件，在具体的页面中添加实际内容。实现网页编辑的工具软件很多，如 HTML、FrontPage、Photoshop、Fireworks、Flash、Dreamweaver 等，它们各有特点。其中，Dreamweaver 是 Macromedia 公司开发的一款有着强大网页排版功能的软件，是现在主流网页设计师使用最多的编辑软件。利用 Dreamweaver 的可视化功能，用户可以快速创建 Web 页面而无须编写任何代码。Dreamweaver 与 Fireworks 和　　Flash 一起，构成“网页三剑客”，深受广告网页设计人员的青睐。

3．网站测试阶段

网站制作的目的是将其信息发布到 Internet 上，让广大网络用户看到网页上发布的信息。在利用网站发布信息之前需要进行测试，测试的目的是发布后的网页能在浏览器中正常显示和超链接的正常运转。测试的内容一般包括浏览器的兼容性、不同屏幕分辨率的显示效果、网页中的所有链接是否有效、网页下载速度等。网站测试可以概括为如下 3 方面。

（1）测试兼容性：检查文档中是否有目标浏览器所不支持的任何标签或属性，当有元素不被目标浏览器所支持时，网页将显示不正常或部分功能不能实现。

（2）测试超链接：超链接是将站点的各个页面组合为一个整体的关键，如果某些超链接不正常，就不能正常跳转到相应的页面，这样会让浏览者形成不好的感觉，失去浏览的兴趣。

（3）测试下载速度：用户希望网页打开的速度越快越好，这就涉及网页的下载速度问题。在 Dreamweaver 编辑窗口的右下角，可以查看当前网页文档的大小及下载所需要的时间。

4. 网站发布阶段

在完成了站点创建、网页制作与网站测试之后，接下来的工作是网站发布，即将其上传到Internet服务器上，以供不同的用户访问。在普通网页上传时，往往需要经过以下两个步骤。

（1）申请域名：根据网站的定位不同，可以申请不同级别的域名，并且可以分为以下3种情况。

① 对于商业公司等形式的网站，需要申请顶级域名，首先向中国互联网络信息中心（China Internet Network Information Center，CNNIC）申请域名，其网址为

www.yourCompanyName.com 或 www.yourCompanyName.com.cn

② 对于一些小企业等形式的网站，由于信息流量不是很大，可以采用虚拟主机的方案，即租用ISP的Web服务器磁盘空间，这样可以有效地使服务与经济达到平衡。

③ 对于一般用户只是发布个人网站，可以到一些提供免费域名的网站申请一个免费域名。

（2）信息上传：在上传网页时，可以使用 FTP 工具进行上传工作。假如采用 FlashFXP 工具，则运行 FlashFXP，其操作步骤如下。

① 定位到本地站点文件夹，然后选择“站点”菜单中的“站点管理器”命令，进行Internet服务器设置，这里设置站点为software。

② 在站点设置完成后，单击“连接”按钮，登录服务器并上传网页或站点。登录服务器之后，选中本地站点文件夹，右击，从弹出的菜单中选择“传送”命令进行上传工作。

③ 上传工作完成后在浏览器中输入注册域名，检验网页是否已成功上传到Internet服务器。

17.3.3 网页制作

网页（Web page）是构成网站的基本元素，是承载各种网站应用的基本单位，通常由HTML格式文件（文件扩展名为 html 或 htm）或者混合使用了动态技术设计的文件（文件扩展名有asp、aspx、php、jsp等）构成。这里以Dreamweaver 8为例，介绍创建网页的基本方法。

1. 建立 Dreamweaver 站点

利用Dreamweaver创建站点非常方便，在建立过程中每一步都有详细的汉字提示，看懂每一步提示的内容后在对话框中输入相应的内容即可。利用Dreamweaver 8创建站点的步骤如下。

（1）打开Dreamweaver，选择“站点”主菜单或“站点”浮动面板中的“新建站点”命令，打开“站点定义”对话框。

（2）在对话框中有两个选项卡，分别是“基本”选项卡和“高级”选项卡。

（3）选择“基本”选项卡就可以创建一个完整的站点了。在给站点命名（如Myweb）之后，单击“下一步”按钮。

（4）给出选择是否采用像 ASP、ASP.NET、JSP、PHP 等这样的服务器技术。在这里选择“否”，再单击“下一步”按钮，提示选择本地文件和服务器端文件的关联方式以及文件存储在计算机中的位置，根据需要设置完成之后单击“下一步”按钮，弹出“服务器连接设置”对话框。

（5）根据情况选择连接方式及参数，这里选择“本地网络”，并选择一个指定路径，然后单击“下一步”按钮。

（6）Dreamweaver要求选择“是否启用站点存回和取出”功能，选择“否”，单击“下一步”按钮。

（7）将以上所有信息加以总结，以便确认。然后，单击“完成”按钮，站点便产生了。

2. 建立站点文件夹

在建立网站之后便可以在站点下建立文件夹，以用于存储一些必要的内容。建立站点文件夹的基本操作步骤如下。

（1）在“站点”浮动面板中选择“文件”→“新建文件夹”命令，然后给新建文件夹命名，或在“站点”浮动面板中直接在站点根目录上右击。

（2）在弹出的快捷菜单中，选择“新建文件”命令。

3. 创建网页基本元素

在建好的站点下创建一个主页文件 index.html，双击打开主页文件，则显示一个空白页面。此时，进行如下制作。

（1）制作标题。网页中包含了多种元素，为了醒目，需要为各元素命名，以见名思义。制作标题的具体操作步骤如下。

① 单击工具栏中的“图像”按钮，在“选择图像源文件”对话框中打开所需要的图像文件。

② 选择好图像源的位置，单击“确定”按钮，弹出对话框，提示该图像不在站点根文件夹内，询问是否将该文件复制到根文件夹中。

③ 根据提示信息，依次选择“是”按钮，出现“保存”对话框，将图像文件存在站点所在目录下的 image 文件夹内。

（2）添加水平线。水平线的作用是将网页中各标题内容进行区别，为此在标题下插入一条水平线。添加水平线的具体操作步骤如下。

① 将光标移动到要插入分割线的地方，即标题的下方。

② 单击“插入”面板上的“水平线”按钮。

③ 在“属性”面板中修改水平分割线的属性，包括高度、宽度、水平或竖直以及对齐等。例如，要将水平分割线变为垂直分割线，则将高度设为 100 像素，宽度设为 2 像素。

（3）设置导航栏。导航栏的作用是建立与其他网页的链接，从而可随时进入其他页面，为浏览网页提供方便。导航栏既可以用文字，也可以用图像。导航栏用文字时，需要先用表格来布局导航栏，具体操作步骤如下。

① 在水平分割线下单击，出现光标插入点。

② 在“插入”面板中单击“插入表格”按钮，弹出“表格”对话框。例如设置“行数”为 4，“列数”为 1，“表格宽度”为 26，单位为“百分比”。

③ 选中表格，出现调控点。拖动调控点，可以调整表格的大小。

④ 在“属性”面板中调整表格的背景颜色和背景图像，然后在表格的第一个单元中单击，出现光标后输入文字。

⑤ 选中其中的文字，然后在“属性”面板中设置文字的字体、大小、对齐方式等。

（4）链接图像和文字。超链接是网页的核心，通过超链接，可以将各个网页连接起来，使网站中的众多页面构成一个有机整体，从而使访问者能够在各个页面之间任意跳转。

① 设置图像的超链接，具体操作步骤如下。

a. 选中用来作为链接的图像，以文字区域下的图像为例，当图像周围出现 3 个黑色小方块时，为选中状态。

b. 单击“属性”面板中的“浏览文件”图标。

c. 选择与图像链接的相关网页之后，单击“确定”按钮，则“属性”面板链接选项框内出现被链接的相关网页的文件路径。

② 设置文字的超链接，具体操作步骤如下。

a. 选中用来作超链接的文字“校园风光”。

b. 单击“属性”面板中“链接”选项右侧的“浏览文件”图标。

c. 弹出“选择文件”对话框，选择与“校园风光”相关的文件。

d. 单击“确定”按钮，在“属性”面板中的链接右侧框内出现与链接相关网页文件的路径。

4．设置页面属性

为了使页面风格与页面上所添加的元素的风格一致，必须对网页页面属性进行设置，这些设置主要包括网页标题、背景图像和颜色、文本和超链接、页边距等。在“页面属性”界面对话框中，还可以设置页面的背景颜色、背景图片、页面字体大小、格式、文档编码、页边距等。

〖**提示**〗 网络信息发布后，总希望浏览者越多越好，这就要求网页制作者具有一定的制作水准。为了不出现网页显示不正常的状态，在发布前需要进行一些必要的测试。通过测试来发现问题，以便及时改进和提高，并尽力使浏览者具有赏心悦目的感觉，达到良好的发布效果。

17.3.4　网上求职

智联招聘网站包含了数量庞大的招聘信息，并且每天都会不断更新。网上求职的过程包括撰写简历、搜索职位、投递简历等。

1．撰写简历

在第 14 章中，已经介绍了撰写求职自荐信和制作求职简历表的方法。在网上投放求职简历时，需要根据求职软件制定的格式和内容进行逐一填写操作。

2．搜索职位和投递简历

在撰写、编辑好简历之后，需要在网上搜索职位，然后进行投递。在网上搜索信息的方法已在本章的第一节进行了介绍，下面介绍利用智联招聘网站投递求职简历的具体操作步骤。

（1）启动傲游浏览器，访问智联招聘首页，网址为 www.zhaopin.com，单击左侧的“登录”按钮。

（2）打开用户登录页面，在文本框中输入网站注册账户的用户名与密码。如果用户没有账户，可以在该页面注册新账户。

（3）注册成功后，会自动跳转到个人简历界面，在其中输入求职者的个人信息、教育与工作经验、自我评价以及求职意向等内容，完成后单击“保存并下一步”按钮。

（4）打开“教育与工作”页面，在其中填写教育背景、语言能力以及工作经验等信息，填写完成后单击“保存并完成”按钮。

（5）在弹出的对话框中提示用户为了提供简历的竞争力，是否继续填写项目经验、专业技能以及团队管理经验等内容。这里单击“暂不增加，直接完成”按钮。

（6）完成简历的填写后会自动打开“简历管理”页面，显示填写成功的信息。单击其中的相关链接，便可以管理已经填写的简历。

（7）返回智联招聘网站的首页，单击“职位搜索”按钮，打开“职位搜索”页面，在该页面中选择意向职业的类别、职位名称、行业类别等信息，然后单击“搜工作”按钮。

（8）在打开的页面中显示满足搜索条件的招聘职位列表，单击职位标题，可以查看该职位的要求、待遇等具体信息。

（9）打开“职位申请”对话框，在其中选择要投递的简历，选择“申请职位时，默认投简历”复选框，最后单击“现在申请”按钮。

（10）在打开的页面中提示已经成功申请职位，等待招聘公司面试电话或电子邮件。

网上求职与捧着个人资料登门求职相比，不仅方便、快捷得多，而且还会避免许多“尴尬”局面。

17.3.5 网上招聘

人力资源部门的用户可以在智联招聘网站中发布招聘信息，使应聘者从网上获得招聘信息前来应聘。在网络上发布招聘信息的具体操作步骤如下。

（1）访问智联招聘网站，在网页左侧单击“企业用户”中的“免费注册 发布职位”按钮。

（2）打开“企业会员免费注册”页面，输入注册信息后，单击“提交注册”按钮。

（3）打开“我的网聘”页面，在其中单击“智联招聘”按钮。

（4）在打开页面中，单击右侧的“发布新职位”按钮。

（5）打开“发布一个新职位”页面，在其中输入“职位名称”“职位类别”与“职位描述”等招聘内容，输入完成后单击“下一步”按钮。

（6）在打开的页面中支付招聘费用，单击“结算”按钮，即可发布该招聘职位。至此，招聘信息发布操作结束。

〖提示〗 今天，网络提供的各种服务，为人们的工作、学习和生活提供了极大便利，我们应该熟练掌握网络信息查询和网络信息发布的基本方法，这对提高工作效率是极为重要的。

第 18 章　信息安全工具软件

当今信息时代，计算机及网络的广泛应用促进了社会的进步和繁荣，但如何确保信息的安全性，也成为备受社会关注的重要问题。信息安全涉及的范围很广，本章安排了 2 个实验项目：杀毒工具软件和数据加密软件。通过实验，掌握常用杀毒工具软件和加密工具软件的使用方法。

18.1　杀毒工具软件

杀毒工具软件的种类繁多，这里介绍微机中常用的瑞星杀毒工具软件和 360 安全卫士。这两种软件的功能都非常强大，并且一直在不断推出新的版本。

18.1.1　实验任务——选用防病毒工具软件

1. 实验描述

计算机在提供各种服务的同时也存在着多方面的威胁，各种类型的计算机病毒、木马程序等潜伏在各种载体中，随时都会危害计算机系统和程序的正常运行。为此，人们采用防止病毒进入系统或对系统进行病毒检测并予以删除的技术手段。本节介绍病毒检测和删除的工具软件。

2. 实验分析

计算机病毒是一种人为制造的、看不到病毒名的、潜伏在计算机存储介质(或程序)中的程序，当达到某种条件时随机激活，便对计算机资源进行破坏。根据计算机病毒程序的传播方式，可以将病毒程序分为两类：一类是通过磁盘、磁带和网络等作为传播媒介，将病毒传染给其他程序；另一类是借助具有潜伏性、传染性和破坏性的程序，通过自我复制，将病毒传染给其他程序。

3. 实验实施

目前，防病毒的技术措施一是装入防火墙；二是采用病毒工具软件进行病毒检测和删除。其中，最常使用的病毒工具软件有瑞星杀毒软件、360 安全卫士等，这里简要介绍它们的使用方法。虽然瑞星杀毒软件和 360 安全卫士都有多种不同版本，但其主要功能及其基本操作是相似的。

18.1.2　瑞星杀毒软件

瑞星杀毒软件是北京瑞星科技股份有限公司自主研制开发的软件产品。该软件用于对病毒、黑客等的查找、清除以及实时监控，可以恢复被病毒感染的文件或系统，维护计算机系统的安全。它能清除感染 DOS、Windows、Office 等系统的病毒以及危害计算机安全的“黑客”程序，能够有效地防止未知病毒对系统的入侵，能发现系统漏洞，并提出解决方案，能拦截恶意网页代码、木马程序和计算机病毒，全方位保护计算机。瑞星杀毒软件的发布地址为 http://www.rising.com.cn。

1. 启动瑞星杀毒软件

在已安装瑞星杀毒软件的系统，启动瑞星杀毒软件的方式有 3 种：在“开始”菜单中选择“所有程序”→“瑞星杀毒软件”命令；或双击桌面上瑞星杀毒软件图标；或右击某个文件，在弹出的快捷菜单中选择“使用瑞星杀毒”命令。瑞星杀毒软件的主界面如图 18-1 所示。

图 18-1　“瑞星杀毒软件”的主界面

2. 瑞星杀毒软件的操作

瑞星杀毒软件的操作非常简单，只要启动瑞星杀毒软件，便可按照界面提示进行“杀毒”操作。利用瑞星杀毒软件进行杀毒的具体操作步骤如下。

（1）单击图 18-1 中的“病毒查杀”按钮，便弹出“快速查杀”“全盘查杀”和“自定义查杀功能”选项，如图 18-2 所示。

图 18-2　“病毒查杀”界面

（2）如果只对同一个文件夹中的一个或几个文件或某个文件夹进行杀毒，可以选择“自定义查杀”功能，然后选择需要查杀的对象，单击“开始扫描”按钮，便开始查杀，如图 18-3 所示。

（3）如果查杀过程中发现威胁，瑞星杀毒软件会根据用户的设置进行相应的处理，软件推荐使用“自动处理”方式，查杀结束界面如图 18-4 所示。

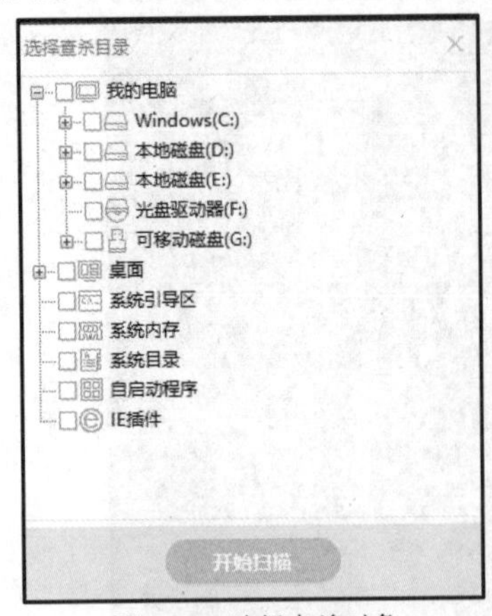

图 18-3　选择查杀对象

图 18-4　查杀结束界面

此外，瑞星杀毒软件还有“垃圾清理”“电脑提速”“安全工具”等功能，均可在命令菜单提示下进行操作，这里不一一赘述。

18.1.3　360 安全卫士

360 安全卫士是一款由奇虎网推出的国产优秀软件，拥有查杀木马、清理插件、修复漏洞、电脑体检、保护隐私等多种功能，并独创了“木马防火墙”功能，依靠抢险侦测和云端鉴别，可以全面、智能地拦截各类木马、保护用户账号、隐私等重要信息，因而赢得广大用户的青睐和好评。

安装 360 安全卫士软件后，双击桌面上的 360 安全卫士软件的图标，便启动 360 安全卫士软件，打开操作界面，如图 18-5 所示。此时便可根据界面上给出的功能按键，进行相关操作。

图 18-5　“360 安全卫士”软件操作界面

1. 我的电脑

“我的电脑”包含 360 安全卫士软件中非常全面的功能，可以检查系统存在的各种问题，包括木马、恶意插件、系统漏洞、系统垃圾等。在“我的电脑”选项卡中单击“立即体检”按钮便立即开始检测，并能在较短的时间里获得计算机使用状况的综合、准确的体检报告，如图 18-6 所示。

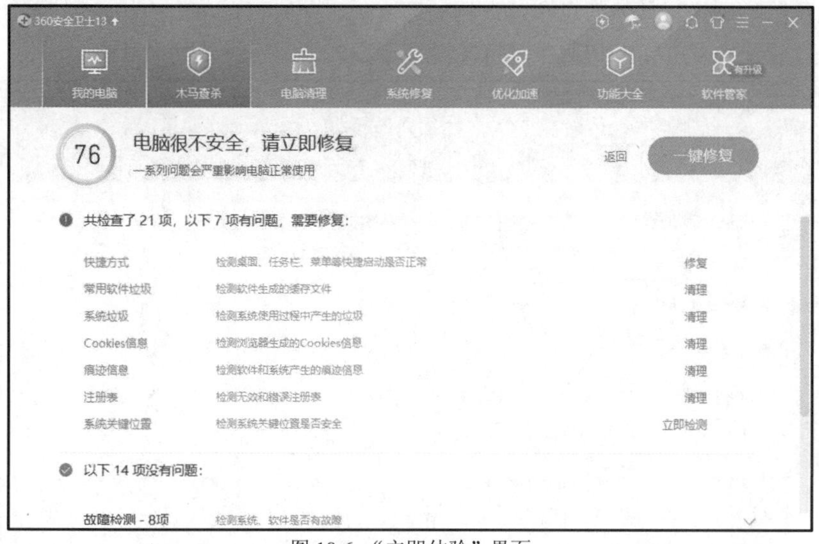

图 18-6 “立即体验”界面

在图 18-6 中单击“一键修复”按钮，便立即修复计算机中存在的问题。其修复过程与体检过程相似，会在屏幕上显示修复过程的动态信息。

2. 木马查杀

360 安全卫士软件融合了并行处理、网格计算、未知病毒行为判断等新兴技术和概念，通过网状的大量客户端对网络各种软件行为的异常监测，获取互联网中木马、病毒、恶意程序的最新信息，并传送到客户端进行自动分析和处理，再把病毒和木马的解决方案发送到每一个客户端。选择图 18-5 中的“木马查杀”选项卡，弹出如图 18-7 所示界面。

图 18-7 “木马查杀”界面

360 安全卫士能拦截木马程序和有效防止个人数据及隐私被木马窃取，下面介绍其中 3 项主要功能。

（1）快速查杀。单击图 18-7 中的“快速查杀”按钮，弹出如图 18-8 所示“快速查杀”界面，即开始对计算机中最容易受木马侵袭的关键位置（如系统内存、启动项等）进行查杀。

若发现危险，则显示具体信息和建议的处理方式，此时可以单击扫描结束界面的“一键处理”按钮进行快速处理；如果扫描后没有发现危险项，则显示查杀结果信息。

图 18-8 “快速查杀”界面

（2）全盘查杀。这种方式可以全面检查计算机，对系统中的每一个文件都进行查杀。单击图 18-7 中的“全盘查杀”按钮，弹出如图 18-9 所示“全盘查杀”界面。想要清除磁盘文件内的木马，就需要用这一功能。“全盘查杀”主要用来清除磁盘文件内的木马病毒，因为查杀的内容较多，所以会占用较长时间。

图 18-9 “全盘查杀”界面

（3）按位置查杀。如果用户希望对特定的区域或具体的某个文件进行木马查杀，就可以使用此功能来指定需要查杀的范围。单击图 18-7 中的“按位置查杀”按钮，弹出如图 18-10 所示“扫描区域设置”界面，选定需要查杀的区域后单击“开始扫描”按钮即开始查杀。

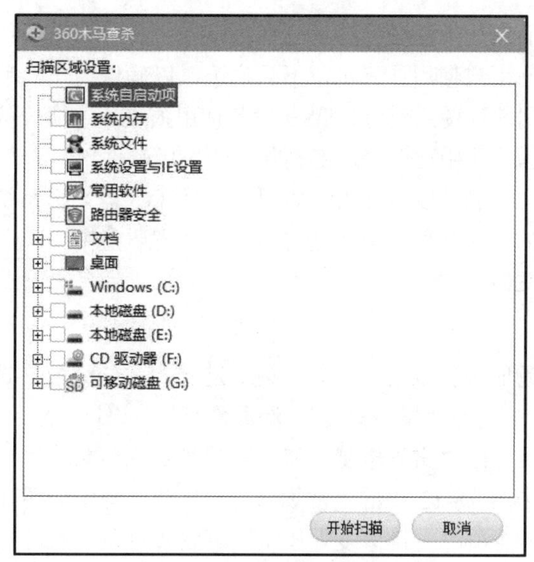

图 18-10 “扫描区域设置”界面

3. 电脑清理

360 安全卫士软件中的“电脑清理”功能主要用来清理计算机中的一些垃圾文件，如上网的缓存文件、系统的临时文件、被删除的文件等，还可以清理用户使用计算机的痕迹，最大限度地提升用户的系统性能，为用户提供洁净、顺畅的系统环境。经常清理计算机使用痕迹，可以有效地保障用户的隐私安全。选择“电脑清理”选项卡，弹出如图 18-11 所示“电脑清理”界面，其中包括“清理垃圾”“清理插件”“清理痕迹”“清理软件”“系统盘瘦身”5 个功能选项，用户也可以直接单击“一键清理”按钮完成清理工作。

图 18-11 “电脑清理”界面

（1）清理垃圾。清理系统中存在的垃圾文件，包括常用软件垃圾文件、系统垃圾文件、微信缓存文件等。用户可以单击“一键清理”按钮直接清理，也可以选择所需清理的具体项目。

（2）清理插件。可以清理电脑管家软件下载的扩展组件、QQ 账号保护功能组件、搜狗语言栏支持的模块、搜狗输入法弹窗插件等。

（3）清理痕迹。清理用户使用计算机留下的痕迹，以确保用户隐私安全，包括上网浏览痕迹、系统使用痕迹、常用软件使用痕迹、USB 设备使用痕迹、注册表信息、Cookies 信息等。

（4）清理软件。清理系统中可以“一键删除”的垃圾软件。

（5）系统盘瘦身。此功能可以帮助用户清理系统盘（C 盘）里系统备份的文件，提升磁盘空间；可以将系统盘中的个人文件移至其他磁盘，以节省磁盘空间；还可以在不影响系统正常使用的前提下压缩系统文件。

4. 系统修复

当发现系统存在问题时，需要及时进行修复。选择“系统修复”选项卡，弹出如图 18-12 所示“系统修复”界面，它包括“常规修复”“漏洞修复”“软件修复”“驱动修复”“系统升级”等功能选项。接下来重点介绍“常规修复”和“漏洞修复”功能。

（1）常规修复。单击图 18-12 中的“常规修复”按钮，弹出如图 18-13 所示“常规修复”界面。检测完成后单击图中的“一键修复”按钮即可完成对系统的常规修复。

图 18-12 “系统修复”界面

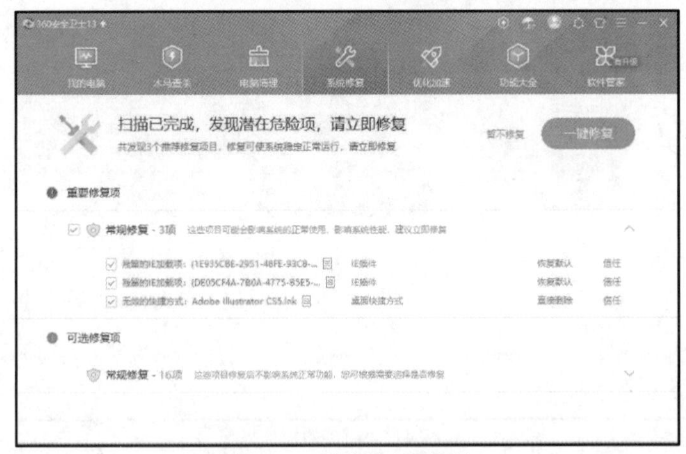

图 18-13 “常规修复”检测

（2）漏洞修复。单击图 18-12 中的“漏洞修复”按钮开始进行漏洞扫描和修复，图 18-14 所示为“漏洞修复”完成界面。

图 18-14 “漏洞修复”完成界面

5. 优化加速

当计算机使用一段时间后，由于产生很多的过程文件，因而会使得开机的速度越来越慢。使用 360 安全卫士中的“优化加速”功能，可以对开机速度进行优化。选择图 18-5 中的“加速优化”选项卡，打开如图 18-15 所示“优化加速”界面，它包括 6 个选择项：“开机加速”“软件加速”“网络加速”“性能加速”“Win10 加速”和“启动项管理”。

（1）“开机加速”：是指通过设置开机时启动的项目，以优化软件自启状态，从而达到减少开机时间，提高开机速度的目的，如图 18-16 所示。

（2）“软件加速”：是指利用虚拟技术，通过退出暂不使用的软件来提高系统运行效率。

（3）“网络加速”：是指通过优化网络配置和性能来提高系统运行效率。

（4）“性能加速”：是指通过优化系统和性能设置来提高系统运行效率。

（5）“Win10 加速”：是指通过优化所用 Windows 系统及其性能来提高系统运行效率。

（6）“启动项管理”：是指通过优化“软件启动项”和“系统启动项”来提高系统运行效率。

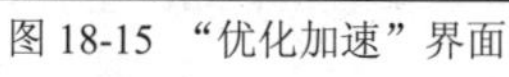
图 18-15 “优化加速”界面

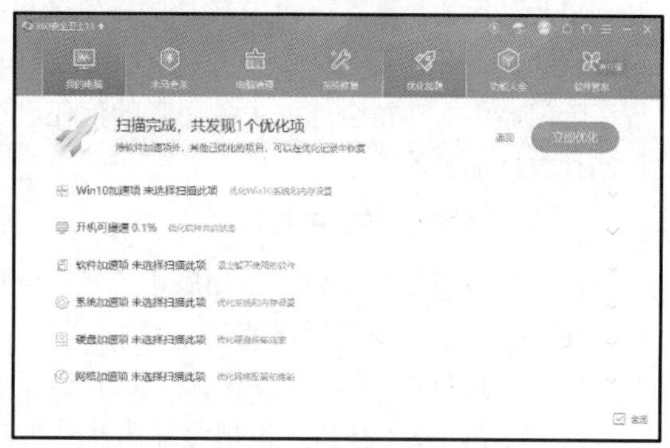

图 18-16 “开机加速”界面

此外，360 安全卫士软件还包括“功能大全”和“软件管家”功能，为用户管理和维护计算机提供了极大方便，这里不再一一赘述。

18.2 数据加密软件

由于计算机很容易受到病毒和黑客的攻击，所以如何确保数据信息的安全已成为一个非常重要的研究课题。实现数据信息安全的技术措施很多，现在一般都使用加密软件进行数据加密。

18.2.1 实验任务——如何实现数据加密

1. 实验描述

在主教材中已介绍了数据加密的基本概念及其加密算法。在具体实现时，可以使用数据加密软件来对指定的文件进行加密，从而达到保护文件信息安全的目的。

2. 实验分析

因为经加密后的文件即使被别人窃取，也不能理解其内容，只有文件的合法接收者，才能应用其所拥有的私钥进行解密，从而理解文件的内容。

3. 实验实施

目前市场上的数据加密软件有多种，其中使用较广泛的是美国 PGP 公司的 Pretty Good Privacy（PGP）软件。它是目前世界上较安全的数据加密软件，是名副其实的“完美的隐私”数据加密软件。近年来，我国也开发了许多同类产品,下面介绍利用 PGP 软件和国产的“文件夹加密超级大师”软件进行加密的方法。

18.2.2 PGP 加密软件

数据加密工具软件包 PGP 是 PGP 公司的加密/签名工具套件。PGP 软件使用了有商业版权的 IDEA 算法，集成了有商业版权的 PGPdisk 工具，其源代码是公开的，并经受了成千上万顶尖黑客的破解挑战，是近代密码学产品中，全世界最流行的文件夹加密软件之一。

PGP 技术是美国国家安全部门禁止出口的技术，PGP 的主要开发者菲利普 • R. 齐默曼(Philip R. Zimmermann)在志愿者的帮助下突破政府的禁止，自 1991 年发表后，立刻引起了人们的广泛关注。一方面，它采用了被全世界密码学专家公认为最安全而且最可信赖的密码算法（如 IDEA 对称式文件加密算法、RSA 和 Diffie-Hellman 的非对称式加密算法和技术措施处理公开密钥及私钥加、解密）。PGP 软件的开发者将多种密码学技术整合并程序化后成为一套极为好用的软件包，并且采用一切公开(包含程序源码)向全球免费方式发行，不会让人怀疑其中存在程序暗门，因而获得全球广大使用者的信任。这里以 PGP 8.1 版本为例，简要介绍利用 PGP 软件实行数据加密的方法。

1. 获取并安装 PGP 软件

PGP 软件有很多平台的应用版本，较多使用的是 Windows 平台的 8.0 以上版本，下载软件后，便可按以下步骤进行安装。

（1）下载 PGP810-PF-W.zip 后，双击安装，图 18-17 所示为 PGP 软件启动安装的欢迎界面。

（2）单击 Next 按钮，出现组件选择界面，在其中选择所需安装的 PGP 组件，如图 18-18 所示，然后单击 Next 按钮。

（3） 安装完成后，选择重新启动 Windows 系统，这样 PGP 软件才能使用，如图 18-19 所示。

（4） 重启后，可以在 Windows 任务栏的托盘上见到 PGP 软件的标志，如图 18-20 所示。

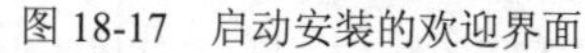
图 18-17　启动安装的欢迎界面

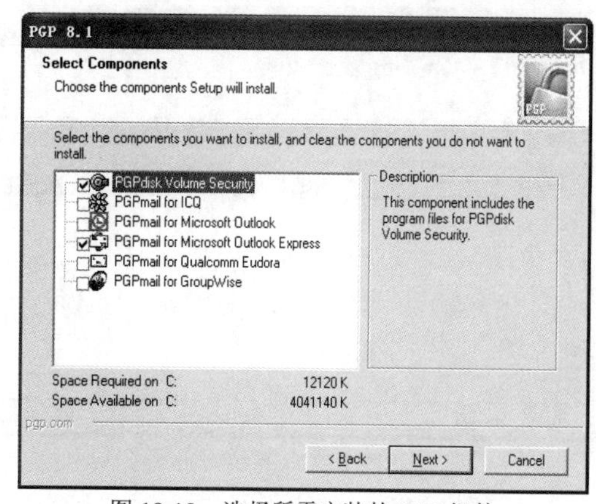

图 18-18　选择所需安装的 PGP 组件

（5）单击 PGP 标志，弹出 PGP 的主菜单，如图 18-21 所示。

图 18-19　重启后的界面

图 18-20　重启后的 PGP 系统标志

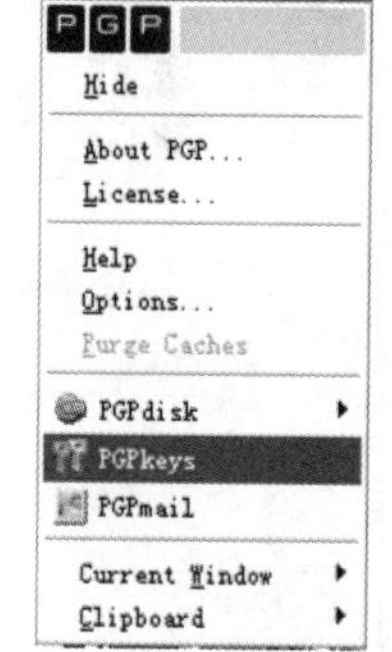

图 18-21　PGP 主菜单

从 PGP 的主菜单中，可以看到 PGP 的 3 个主要功能。

① PGPdisk。用户能在计算机中留出一块空闲的磁盘区域来存放敏感和机密数据，这块区域用来创建叫作 PGPdisk 的文件，存放加密的程序和文件信息。

② PGPkeys。由于密钥是数据加密的核心，因而几乎所有的 PGP 操作都要用到密钥，而 PGPkeys 是管理密钥的工具，通过它可以创建、浏览、维护 PGP 密钥对。

③ PGPmail。用户使用 PGPmail 保护它们通过网络发出的信息，如通过 E-mail、QQ 等传送的信息。通过使用对方用户指定的公共密钥加密的信息，仅能被指定用户接收和理解。

2. 使用 PGP 创建密钥对

利用 PGP 加密软件对数据文件进行加密时必须创建密钥对，否则，对方无法读懂文件内容。使用 PGP 加密软件创建密钥对的具体操作步骤如下。

（1）打开 PGPkeys 后的界面如图 18-22 所示，从文档窗口中可以看到已经存在的两个密钥：changshanjisuanji 和 hunanjisuanji。

（2）选择 File→New 命令或者单击工具条上 Generate new keypair 图标，便可以生成新的密钥对。创建新的密钥对需要通过向导完成，第一个界面如图 18-23 所示。

（3）如果你是一个使用 PGP 的“专家”，可以单击 Expert 按钮进行一些高级设置，否则单击“下一步”按钮，在出现的姓名和邮件地址窗口中输入名称和邮箱地址，如图 18-24 所示。

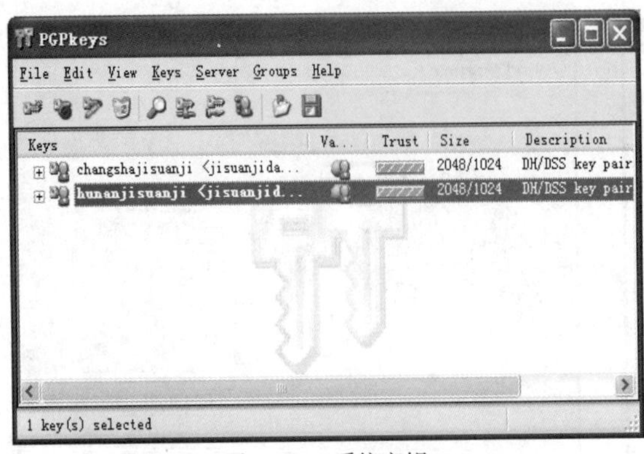

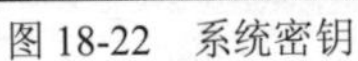
图 18-22　系统密钥

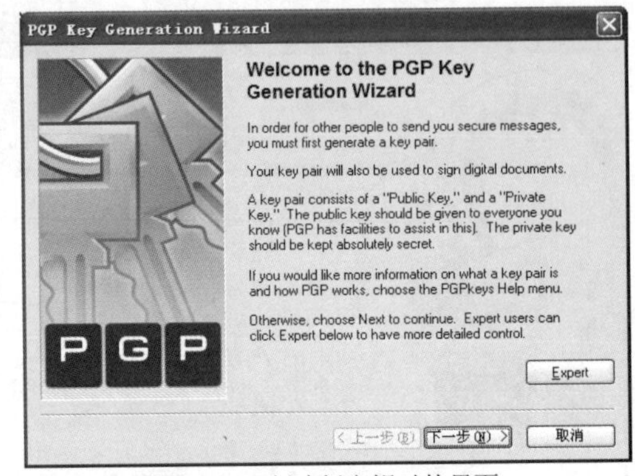

图 18-23　创建新密钥对的界面

（4）每个密钥对都有一个代表它的唯一名称，在 Full name 文本框中输入 hunanjisuanji，再在 Email address 文本框中输入邮箱地址，如输入 jisuanjidaolun1@163.com，然后单击“下一步”按钮进入密码设置窗口进行密码设置，如图 18-25 所示。

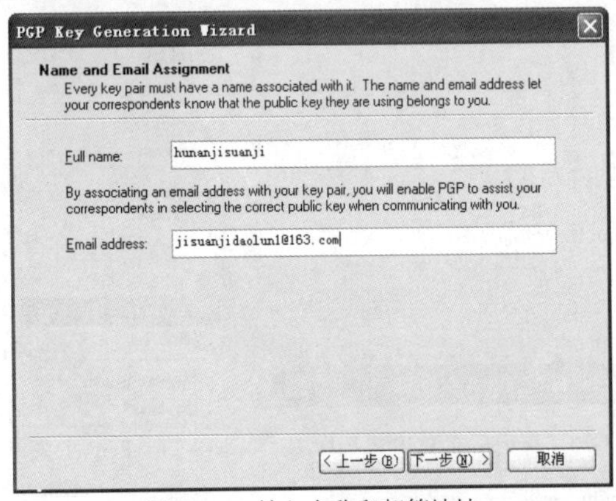

图 18-24　输入名称和邮箱地址

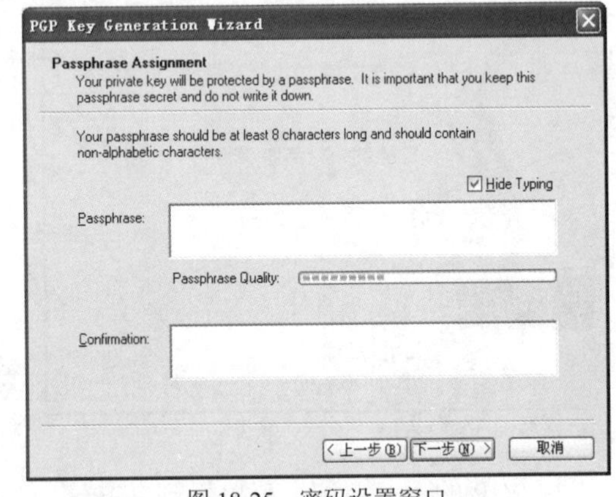

图 18-25　密码设置窗口

（5）输入完密码和确认密码后单击“下一步”按钮，就开始生成密钥了，如图 18-26 所示。

（6）生成密钥后，单击“下一步”按钮，出现如图 18-27 所示的界面，完成密钥对的创建。

〖提示〗 私钥通过密码才能实现，因此对密码的保护非常重要。PGP 要求密码的长度在 8 个字符以上，并且最好不要使用本人生日、电话、名字等，选中 Hide Typing 时不显示输入的密码。

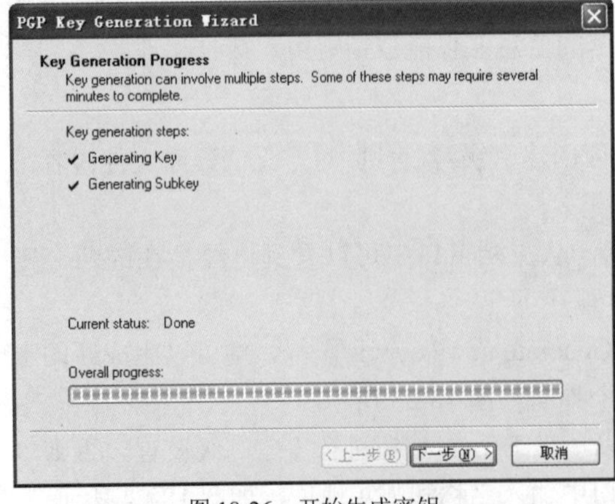

图 18-26　开始生成密钥

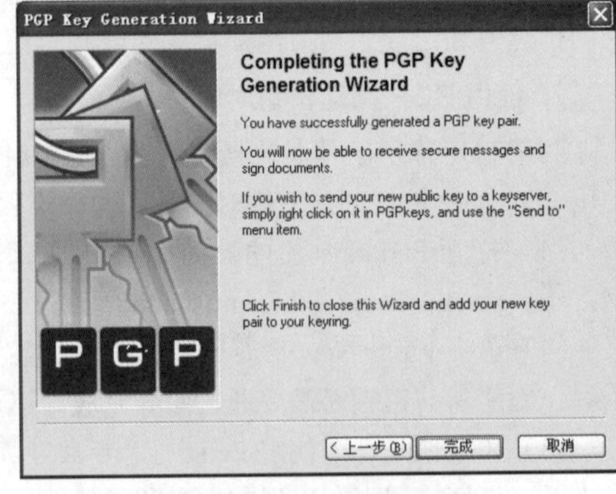

图 18-27　完成密钥对创建

（7）创建密钥对之后，可以在 PGPkeys 中管理自己的密钥。单击任务栏右边的 PGP 图标，在弹出的菜单上选择 PGPkeys，即可运行它，如图 18-28 所示。运行 PGPkeys 程序后弹出如图 18-29 所示主界面，在图中 Keys 栏下显示的是刚才创建的密钥 hunanjisuanji。

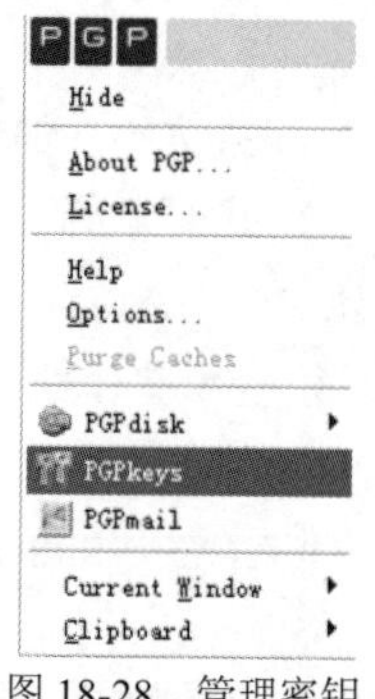

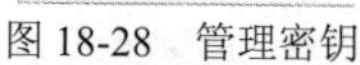
图 18-28　管理密钥

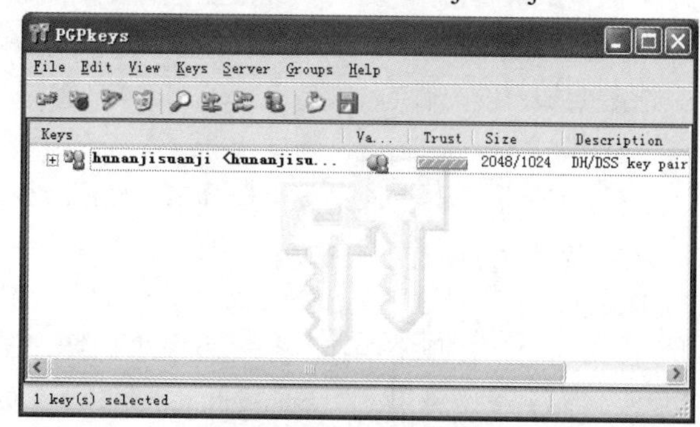

图 18-29　PGPkeys 程序主界面

〖提示〗密钥用于通信，需将生成的密钥上传到服务器，选择 Server→Send to 命令，选择 dap://keyserver.pgp.com 服务器进行上传；上传完毕后，PGP 服务器会发一份确认邮件到注册信箱中，用户必须在 14 天之内完成确认，否则 PGP 服务器会自动删除上传的密钥。

（8）在确认之前请仔细核对密钥的 Name、KeyID、Fingerprint 和 EmailAddress。在 PGPkeys 中选择所要查看的密钥后，选择 Key→Properties 命令，显示的密钥属性如图 18-30 所示。

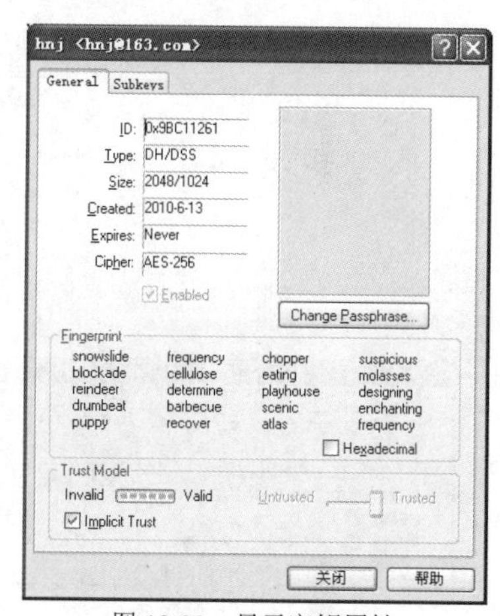

图 18-30　显示密钥属性

（9）如果要向别人发送经 PGP 加密的信息，并且该信息只能由指定的人阅读，则需用指定人的公钥进行加密。此时需要到 PGP 服务器上下载对方的公钥，选择 Server→Search 命令后将弹出如图 18-31 所示查找窗口。选择查找的服务器和查找方式，按照 UserID、KeyID 或 KeyType 等查找。例如，向 hunanjisuanji 发送信息，只有找到所使用的公钥才能阅读信息。这时，可以在 ldap://keyserver.pgp.com 服务器中搜索 User ID、contains、hunanjisuanji 的密钥，结果如图 18-32 所示。

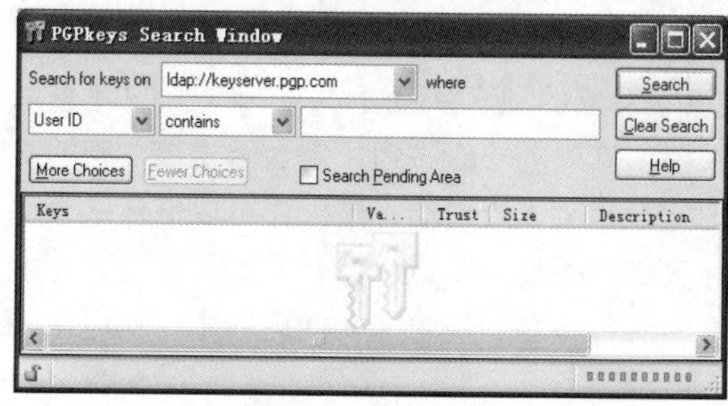

图 18-31　查找窗口

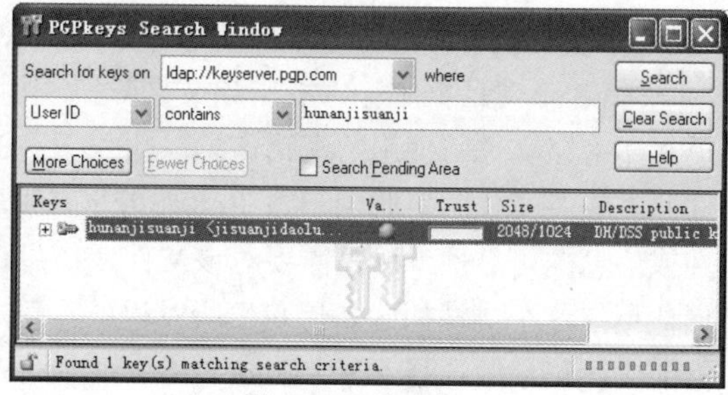

图 18-32　结果窗口

〖提示〗　下载该密钥（只有公钥才能下载）后就可以进行信息加密了。这时这个信息只有 hunanjisuanji 才能看得懂。

3. 使用 PGP 加密和解密文件

所有的 PGP 操作都要用到密钥，密钥可分成公钥和私钥两种，其中公钥是发送信息时加密用的，而私钥是用来解密经过公钥加密过的信息，所有这些工作都是由 PGPkeys 来负责完成的。

（1）加密。利用 PGP 对文件进行加密的方法很简单，具体操作步骤如下。

① 选定要加密的文件(可以是单个或多个)。例如，对“我的文档”下的文件 DIVA.txt 进行加密，选中该文件后，右击，弹出快捷菜单。如果正确安装了 PGP 后，此时会弹出 PGP 菜单项，选择该菜单项，再在该菜单上选择 Encrypt 命令，如图 18-33 所示。

② 执行 PGP→Encrypt 命令后显示如图 18-34 所示界面，在此选择使用哪些密钥对文件进行加密。Recipients 列表框中列出的是可以供选择的密钥，而上面的列表框是指定用来加密的密钥可以通过双击密钥实现密钥在两个列表框中切换，图 18-34 所示表示使用密钥 hunanjisuanji 对文件加密，而另一个可用密钥 changshajisuanji 没有被选择使用。

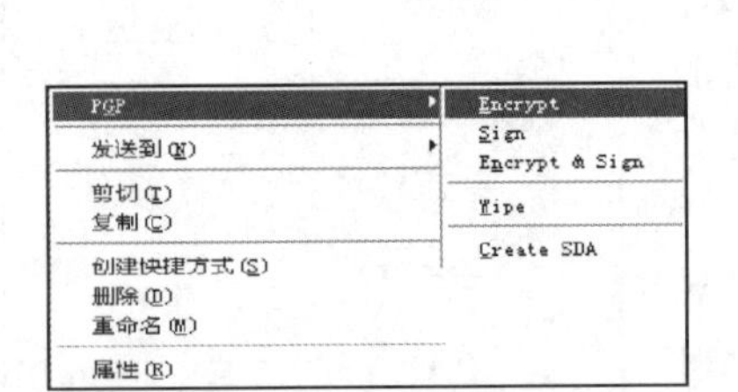

图 18-33　选择加密

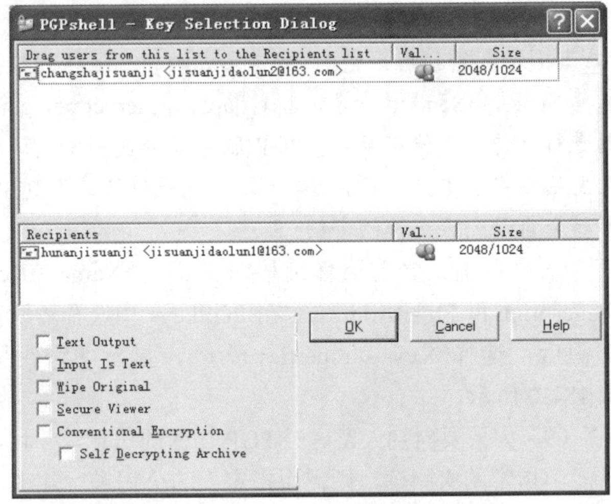

图 18-34　对文件加密

③ 单击 OK 按钮后，PGP 就会使用被选择的密钥对选定的文件进行加密，加密后会生成与每个源文件所对应的加密文件，加密文件的命名规则是在源文件名后再加 pgp 作为新的加密文件的名称，如上例会生成加密文件 DIVA.txt.pgp。

（2）解密。要解密经过加密的文件，只要双击该文件即可，具体操作步骤如下。

① 双击被加密的文件，立即弹出如图 18-35 所示对话框。

② 在该对话框中输入加密该文件时所使用的密钥对应的私钥密码后，则在第一个文本框中显示加密该文件所使用的密钥信息。输入正确的密码后，单击 OK 按钮，便会解密该加密的文件，生成源文件。有时用户希望确认文件或信息一定是由某人给出的，这样才可以信任这个文件或信息的可靠性。这时需要对该文件或信息进行签名，如将文件 DIVA.txt 发给某好友，为了使他相信这个文件的确是“我”所发送的，可以对它进行签名。选中该文件后右击，然后在弹出的快捷菜单中选择 PGP→Sign 命令，如图 18-36 所示。

③ 此时，弹出如图 18-37 所示对话框，要求选择密钥和密码。选择密钥 wanghangjun 并且输入相应的密码后，单击 OK 按钮，便生成签名文件 DIVA.txt.sig，其中后缀.sig 表示是 PGP 生成的签名文件，把该签名文件连同源文件一起发给好友即可。

④ 当好友收到文件后，双击签名文件 DIVA.txt.sig，便会出现如图 18-38 所示的信息。

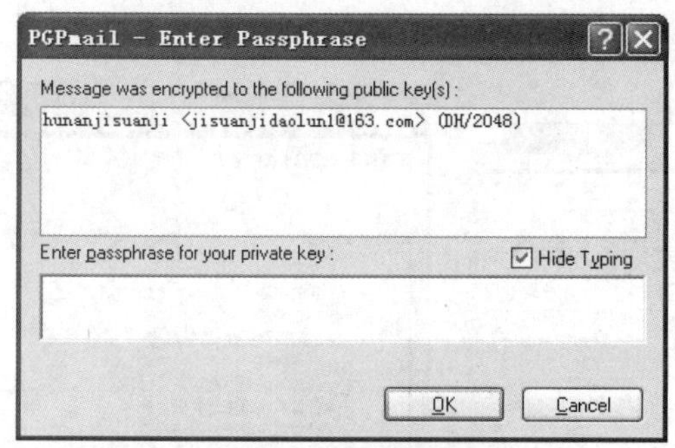

图 18-35　解密对话框

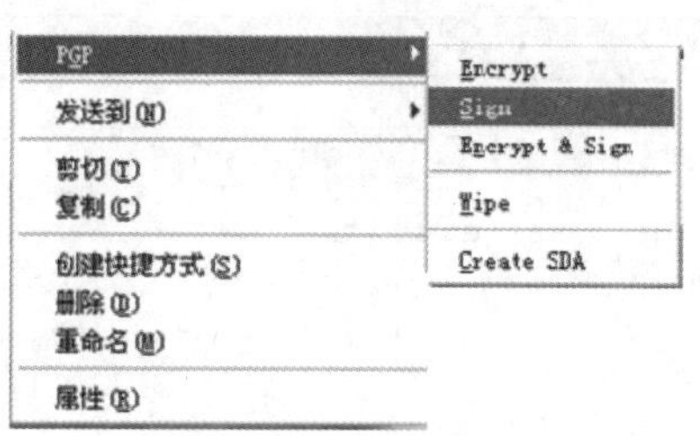

图 18-36　对加密的确认

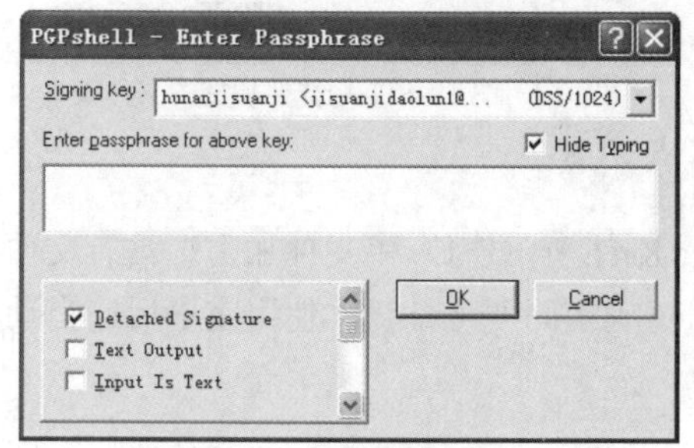

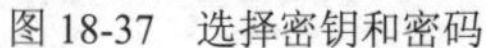

图 18-37　选择密钥和密码

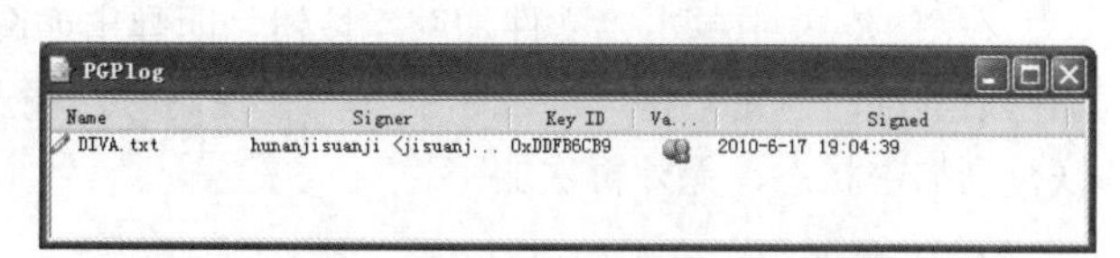

图 18-38　信息确认

这些信息表明，文件 DIVA.txt 是由密钥 hunanjisuanji 的拥有者签名过的，也就说明了这个文件是由指定的人发送的。此外，可以同时对指定的文件进行加密和签名操作。

18.2.3　文件夹加密超级大师

文件夹加密超级大师是一款功能强大、安全高效、简单易用的数据加密和保护软件，使用国际上成熟的加密算法将文件夹内的所有数据加密成不可识别的密文。为了满足各种不同的需要，该加密软件采用了如下 5 种加密方式。

（1）闪电加密：瞬间加密计算机硬盘或移动硬盘上的文件夹。

（2）隐藏加密：瞬间隐藏文件夹，加密速度和效果与闪电加密相同，加密后的文件夹不通过本软件无法找到和解密。

（3）全面加密：将文件夹中的所有文件一次全部加密，使用时需要哪个打开哪个，方便安全。

（4）金钻加密：将文件夹打包加密成加密文件。

（5）移动加密：将文件夹加密成 exe 可执行文件，用户可将重要的数据以这种方法加密后通过网络或其他方法在没有安装“文件夹加密超级大师”的机器上使用。

以上 5 种加密方式中，对文件夹和文件加密时有最快的加密速度和最高的加密强度，并且能防删除、防复制、防移动。

1. 文件夹加密

该软件的使用非常方便，只要安装完软件，便在屏幕上显示“文件夹加密超级大师”图标，双击该图标，便弹出如图 18-39 所示界面，所有操作都在界面提示下进行。单击 18-39 所示界面中的“文件夹加密”按钮，便弹出如图 18-40 所示界面。此时，可选择需要加密的文件夹。这个文件夹可以是计算机中或移动硬盘上的文件夹，而且无大小限制。加密后可以防止复制、移动和删除，并且不受系统影响，即使重装、Ghost 还原、在 DOS 和安全模式下，加密的文件夹依然保持加密状态。利用“文件夹加密”功能，可以让用户一次轻松给多个文件夹加密。

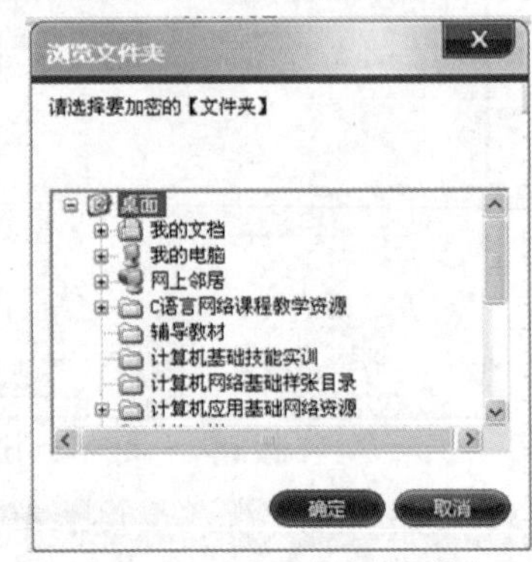

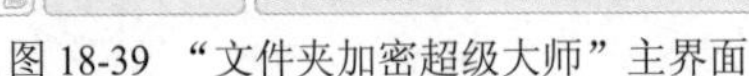
图 18-39　“文件夹加密超级大师”主界面

图 18-40　选择要加密的文件夹

2. 文件加密

在图 18-39 中单击“文件加密”按钮，即弹出如图 18-41 所示窗口。“文件加密”具有文件加密后的临时解密功能，即加密的文件在使用时，输入正确密码便可打开。使用完毕后，自动恢复到加密状态，无须再次加密。

3. 磁盘保护

在图 18-39 中单击“磁盘保护”按钮，即弹出如图 18-42 所示窗口。“磁盘保护”功能可以对计算机中的磁盘进行初级、中级、高级保护。高级保护的磁盘分区彻底隐藏后，在任何环境下无法找到。磁盘保护还有禁止使用 USB 设备和只读使用 USB 设备的功能。

〖提示〗 USB 是英文 Universal Serial Bus 的缩写，中文含义是“通用串行总线”。它不是一种新的总线标准，而是应用在 PC 领域的接口技术。

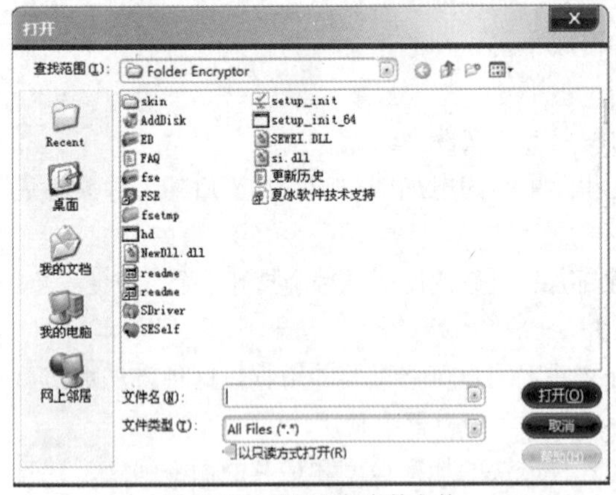

图 18-41　选择要加密的文件

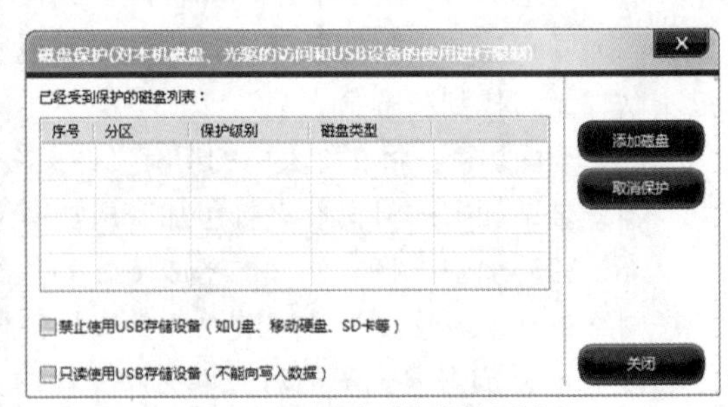

图 18-42　定义磁盘保护区域

4. 增强功能

除上述功能外，“文件夹加密超级大师”软件还有数据粉碎、文件夹伪装、万能锁、软件设置等设置项，这些是该软件的增强功能，可在界面提示符下进行设置操作。

附录 A　世界著名计算机组织与奖项

便于对计算机学科领域的全面了解，这里简要介绍世界著名的计算机组织和计算机奖项。对于计算机学科专业来说，了解这些内容是非常必要的。

A.1　世界著名计算机组织

世界许多国家都设有计算机组织，国际公认的著名计算机组织有两个，ACM 和 IEEE-CS。

1. ACM

美国计算机学会（Association for Computing Machinery，ACM）创立于 1947 年 9 月，是世界上最早、最大的国际科学教育计算机组织，它致力于发展在高级艺术、最新科学、工程技术和应用领域中的信息技术。它强调在专业领域或在社会感兴趣的领域中培养、发展开放式的信息交换，推动高级的专业技术和通用标准的发展。ACM 组织成员今天已达到九万人之多，他们大部分是专业人员、发明家、研究员、教育家、工程师和管理人员，提供的服务遍及 100 多个国家。ACM 下设几十个专业委员会（Special Interest Group，SIG），几乎每个 SIG 都有自己的杂志，由 ACM 出版社出版的定期、不定期刊物有 40 多种，几乎覆盖了计算机科学与技术的所有领域。

2. IEEE-CS

电气与电子工程师学会（Institute of Electrical and Electronic Engineers，IEEE）是由美国电气工程师学会（ALEE，成立于 1884 年）和无线电工程师学会（IRE，成立于 1912 年）于 1963 年合并而成，总部设在美国纽约，是目前全球最大的非营利性专业技术学会，其会员人数超过 40 万人，遍布 160 多个国家。IEEE 致力于电气、电子、计算机工程和与科学有关的领域的开发和研究。1971 年 1 月，IEEE 宣布其下属的“计算机学会”（Computer Society，CS）成立，这就是 IEEE-CS。IEEE-CS 设有若干专业技术委员会、标准化委员会以及教育和专业技能开发委员会，专业技术委员会负责组织专业学术会议和研讨会；标准化委员会负责制定技术标准；教育和专业技能开发委员会负责制定计算机科学与技术专业的教学大纲、课程设置方案以及继续教育发展，并向各高等学校推荐。目前，国内已有北京、上海、西安、郑州、济南等地的 28 所高校成立了 IEEE 学生分会。

〖提示〗 中国计算机学会（China Computer Federation，CCF）成立于 1962 年，前身为中国电子学会计算机专业委员会，全国一级学会，是中国计算机及相关领域的学术团体，宗旨是为本领域专业人士的学术和职业发展提供服务；推动学术进步和技术成果的应用；进行学术评价，引领学术方向；对在学术和技术方面有突出成就的个人和单位给予认可和表彰。学会的会刊有《计算机学报》《软件学报》《计算机科学》《计算机研究与发展》《计算机工程与应用》《小型微型计算机系统》等。学会网址是 http://www.ccf.org.cn。

A.2 世界著名计算机奖项

世界许多国家设置了计算机科学奖项，但世界著名的计算机奖项是图灵奖（Turing Award）和计算机先驱奖（Computer Pioneer Award）。

1. 图灵奖

图灵奖是由美国计算机学会（ACM）于 1966 年设立的奖项，又叫"A.M.图灵奖"，其名称取自计算机科学的先驱、英国科学家图灵。图灵奖专门奖励那些推动计算机科学技术发展，在计算机科学研究中做出创造性贡献的杰出科学家。图灵奖对获奖条件要求极高，评定审查极为严格，被称为计算机科学界的"诺贝尔奖"。从获奖情况看，图灵奖偏重计算机科学理论、算法、语言和软件开发方面。自设立该奖项以来，获奖的计算机科学家中，美国学者居多，奖金为 100 万美元。

图灵奖一般每年只奖励一名计算机科学家，2000 年图灵奖得主为华裔科学家姚期智，他的研究包括计算机有效算法设计以及量子通信和计算中的复杂性理论，是至今唯一获得图灵奖的华裔科学家。但也有极少数年度有两名合作者或同一方向做出关键性贡献的科学家共享此奖的情况，例如，1994 年度的图灵奖由爱德华·费根鲍姆和雷伊·雷蒂两位人工智能专家分享。

2. 计算机先驱奖

计算机先驱奖是由 IEEE-CS 于 1980 年设立的奖项，主要奖励那些在理论与实践、设计与工程实现、硬件与软件、系统与部件等方面做出突出贡献的科学家。从 ENIAC 诞生到 1980 年的 36 年间，计算机经历了巨大的发展变化，各种类型的计算机在各个领域、各个部门发挥着巨大的作用，推动了社会文明和人类进步。而在这一巨大的、前所未有的科技成果的背后，是无数计算机科学家和工程技术人员智慧、创造才能和辛勤努力所做出的关键性贡献。与其他奖项不同的是，计算机先驱奖规定获奖者的成果必须是在 15 年以前完成的，这样一方面保证了获奖者的成果确实已经得到时间的考验，不会引起分歧。另一方面又保证了获奖者是名副其实的"先驱"，是走在历史前面的人。

1981 年，计算机先驱奖的得主是华裔科学家杰弗里·朱（Jeffrey Chuan Chu）。杰弗里·朱 1919 年出生于天津，1942 年在明尼苏达大学取得电气工程学士学位以后进入宾夕法尼亚大学，于 1945 年获得硕士学位，他是世界上第一台电子计算机 ENIAC 研制组成员，是 ENIAC 总设计师莫里奇和埃克特的得力助手，在 ENIAC 的线路设计和实验调试中发挥了重要作用。

〖提示〗 中国计算机学会（CCF）2005 年创立了 CCF 创立奖，2006 年更名为中国计算机学会王选奖，是国家科学技术部和国家奖励办公室批准设立的新闻界唯一科技奖项，每两年评选一次。

附录 B　职业生涯规划

职业生涯规划（career planning），是个人根据对自身的主观因素和客观环境的认知、分析、总结，确立自己的职业目标，选择职业道路，制订相应的学习和工作计划，并按照职业生涯发展步骤实施具体行动、达到目标的过程。

一、职业生涯规划的起源

职业生涯规划的研究最早起源于美国，有“职业指导之父”之称的弗兰克·帕森斯（Frank Parsons）针对大量年轻人失业的情况，1908 首次提出了“职业咨询”的概念，成立了世界上第一个职业咨询机构——波士顿地方就业局，从此，职业指导开始系统化。20 世纪 60 年代，舒伯等人提出了“生涯”概念，于是生涯规划不再局限于职业指导的层面。目前，对职业生涯的含义还没有统一的认识，不同国家的学者从不同的角度对职业生涯的含义有不同的界定。

法国的权威词典将职业生涯界定为：“表现为连续性的分阶段、分等级的职业经历”。美国学者威廉·罗斯威尔（Willian Rothlwell）和亨利·思莱德（Henry Sredl）将职业生涯界定为人的一生中与工作相关的活动、行为、态度、价值观、愿望的有机整体。

20 世纪 90 年代中期，职业生涯规划从欧美传入中国。中国学者吴国存将职业生涯分为狭义职业生涯和广义职业生涯。狭义职业生涯是指一个人从职业学习伊始，至职业劳动最后结束，即整个人生职业的工作历程；广义职业生涯是指从职业能力的获得、职业兴趣的培养、选择职业、就职，直至最后完全退出职业劳动这样一个完整的职业发展过程。

目前较为通行的说法是美国职业生涯理论专家萨柏的观点：职业生涯综合了个人一生中各种职业和生涯的角色，由此表现个人独特的自我发展形态。它是人生自青春期至退休所有有报酬或无报酬职位的综合，除了职位之外还包括与工作有关的各种角色。综合不同学者对职业生涯含义的不同认识，可以看出传统的职业生涯概念的基本含义包含以下内容。

◆ 职业生涯是一个个体的概念，即一个人独特的行为经历。

◆ 职业生涯是一个职业的概念，即一个人一生之中的职业经历或历程。

◆ 职业生涯是一个时间的概念，即一个人一生从事职业的年龄或生命的时程。

◆ 职业生涯是一个发展和动态的概念，即一个人一生所扮演的各种不同的角色。

职业生涯规划从创始至今只有 60 余年的历程，由于世界经济社会的飞速发展，各国人才竞争加剧，就业形势日趋严峻等因素，各国对人才培养和开发愈加重视，职业生涯规划的运用也越来越广泛。尤其是随着我国高等教育规模的快速扩大，大学毕业生人数以每年几十万人的速度递增，高校就业及就业指导面临社会各界前所未有的关注。因此，职业生涯规划这一新的教育途径才得以快速普及和发展，它的有效性也受到人们，特别是当代大学生的普遍欢迎与认可。

二、职业生涯规划的内涵

职业生涯规划是对职业生涯乃至人生，进行持续而系统的规划与设计。一个完整的职业生涯规划，由职业生涯规划定位、职业生涯规划目标和职业生涯通道设计 3 个要素构成。

1. 职业生涯规划定位

英文 Career 既可以指职业，也可以指生涯或职业生涯，相连的常用词有生涯规划（career planning）、生涯设计（career design）、生涯开发（career development）和生涯管理（career management）。职业生涯规划是指针对个人职业选择的主观和客观因素进行分析和测定，确定个人的奋斗目标并努力实现这一目标的过程，所以也被称为“职业规划”“生涯规划”“人生规划”。职业生涯规划要求根据自身的兴趣、特点，将自己定位在一个最能发挥自己长处的位置，选择最适合自己能力的事业。职业定位是决定职业生涯成败最关键的一步，同时也是职业生涯规划的起点。

职业生涯规划不同于职业生涯设计，前者是个人层面，后者指专家层面。个人进行职业生涯规划的目的是尽快实现自己的社会价值与个人价值，最大速度和最大限度地实现职业发展与成功。

同时，职业生涯规划也不同于职业生涯开发与职业生涯管理，开发指组织层面，而管理指综合层面，组织对员工的职业生涯进行开发与管理的目的是提高生产力，提高组织的经济与社会效益。职业生涯管理是人力资源管理的重要方面，正发展为一个专业方向。

2. 职业生涯规划目标

一个人的职业生涯是复杂而漫长的，为了能早日实现自己的理想愿望和事业追求，必须制定出职业生涯各个阶段的发展规划。职业生涯规划的目的不仅是协助个人提升竞争力，达到自己的人生目标，更重要的是帮助个人真正地了解自己，并在详细评估了内外环境的基础上设计出合理可行的职业生涯发展规划。职业生涯规划的目标主要体现在以下两方面。

（1）适应社会发展需求。大学教育的目标是通过教育对学生未来的发展有所贡献，同时，教育必须适应社会发展的需要，必须为社会主义现代化建设服务的思想已成为我国教育领域乃至全社会的基本共识。随着信息社会的高速发展，在知识经济发展的宏观背景下，社会产业结构、社会组织结构、职业岗位结构、劳动者的工作形态等，都在随之变革。在这一背景下，对高校毕业学生的学习能力、工作能力、就业能力、工作转换能力、自我提升能力、技术开发与创新能力等要求，必然成为其生存与发展的立身之本。因此，职业生涯规划必须与社会发展需求相适应。

（2）厘清未来发展思路。每个人都有自己的理想和愿望，每个人都有自己的长处和短处，每个人都有自己的优势和劣势。因此，在制定职业生涯目标时，既要放眼理想和未来，也要从客观现实出发；既要有挑战自我的勇气，也要有战胜困难的决心。必须懂得理想很美好，现实很骨感，良好的主观愿望替代不了残酷的客观现实。一定要根据自身的学历、经历、能力，以及自己的内在和外在优势，量体裁衣，找准自己的位置，规划自己的未来。要清醒地知道自己的兴趣和愿望是想干什么，自己的学识和才华能干什么，自己的品质和性格适合干什么。正确评估自己的职业倾向、能力倾向和职业价值观，是职业生涯规划的思想基础。职业生涯规划目标，就是根据测评结果的各项指标进行优化整合，以此作为职场上打拼的核心竞争力。事实上，人生的所有一切，只有准确定位，知己知彼，才能在复杂而激烈的社会竞争中，勇往直前，实现自己的人生目标。

3. 职业生涯通道设计

所谓“通道”，就是未来发展的路径。可以把职业概括为“行政管理”和“专业技术”两大类。职业生涯通道设计就是根据自己的奋斗目标，选择适合自己的最佳路径，并分阶段执行。

面对社会的高速发展，需要根据自身实际及社会发展趋势，把理想目标分解成若干可操作的目标，灵活规划自我。一般说来，以5～10年为一规划段落为宜，跟随时代需要，灵活易变地调整自我。其通道设计：一是按照年龄段规划奋斗目标，如23～28，29～34，…，各年龄段应达到何种专业水准；二是按照时间段规划奋斗目标，如大学毕业5年晋升为中级技术职称（或相应管理职位），10年晋升为副高职称（或相应管理职位），……，终生取得哪些方面的事业成就等。

三、职业生涯规划的意义

职业生涯活动将伴随我们的大半生，拥有成功的职业生涯才能实现完美人生。一个好的职业生涯规划，可以帮助一个人明确人生的奋斗目标，激励一个人努力奋斗，为实现目标创造条件，从而避免随波逐流，浪费青春。因此，职业生涯规划对每个人都有十分重要的意义。

1. 正确引导

一份行之有效的职业生涯规划，可以发掘自我潜能，增强个人实力，并从多方面予以引导。

（1）引导你正确认识自身的个性特质、现有与潜在的资源优势，帮助你重新对自己的价值进行客观定位并使其持续增值；

（2）引导你对自己的综合优势与劣势进行对比分析；

（3）引导你树立明确的职业发展目标与职业理想；

（4）引导你评估个人目标与现实之间的差距；

（5）引导你前瞻与实际相结合的职业定位，搜索或发现新的或有潜力的职业机会；

（6）引导你运用科学方法，采取可行步骤与措施，不断增强你的职业竞争力，实现自己的职业目标与理想。

2. 科学规划

职业生涯规划可以增强发展的目的性与计划性，提升成功的机会。职业生涯发展要有计划、有目的，不可盲目地“撞大运”。很多时候我们的职业生涯受挫，就是因为没有科学地规划。科学合理、切实可行的规划是成功的开始，凡事“预则立，不预则废”就是这个道理。

3. 合理定位

当今社会的高速发展给各类专业人才提供了极大的发展机遇，同时也面临着新的挑战。社会越发展，对人才的要求越高。因此，合理定位适应社会发展需要的职业生涯规划是极为重要的，它决定着职业生涯的方向，也决定着职业生涯的成败。合理定位主要包括以下两方面。

（1）看准社会发展需求。随着人类社会的高速发展对人力资源的要求，不仅需要人才具有合理的知识结构，还要求人才必须具备较强的逻辑思维能力、社会活动能力和创新能力等综合素质。例如，在当今信息时代，熟悉计算机及其网络技术，掌握计算思维，是对所有大学生的基本要求。

（2）找准自己发展空间。为适应社会和时代要求，必须给自己一个准确的定位，认识自我、发展自我、完善自我，不断提高业务素质和文化素养，把握好每一个可能成功的机遇。根据自己的特点、擅长、目标，设计适合自己发展的职业生涯规划——一条适合自己全面发展的最优路径。

四、职业生涯规划的方法

随着社会的发展，职业生涯规划这一概念日渐深入人心，不仅是在校的大学生，甚至工作多年的人都在考虑对自己进行科学的职业生涯规划与设计。但是，大多数人并不知道如何做好职业生涯规划。职业生涯规划主要包括以下 3 方面。

1. 职业生涯规划的主要内容

要做好职业规划就必须按照职业设计的流程，认真做好每个环节。

（1）规划标题：包括姓名、规划年限、年龄跨度、起止时间。

（2）个人分析：自身条件及能力测评。

（3）目标确定：确立职业方向、阶段目标和总体目标。

（4）环境分析：包括对政治环境、经济环境、职业环境和社会环境的分析。

（5）组织分析：对职业、行业与用人单位的分析，包括对用人单位制度、背景、文化、产品或服务、发展领域等的分析。

（6）目标分解与组合：将总体的目标具体化为有可操作性的子目标。

（7）实施方案：首先找出自身观念、知识、能力、心理素质等方面与实现目标要求之间的差距，然后制订具体方案，逐步缩小差距，以实现各阶段目标。

（8）评估标准：设定衡量此规划是否成功的标准，如果在实施过程中，无法达到制定的目标或要求应当如何修正和调整。

一个好的职业生涯规划，可以帮助个人清楚地了解自己的实力和专业技能，以便制订出有针对性的培训开发计划，更好地掌控自己的前途和命运。

2. 职业生涯规划的基本准则

职业生涯规划的目的是使自己的事业得到顺利发展，并获得最大程度的事业成功。在进行职业生涯规划时，应遵循以下基本准则。

（1）择己所爱。从事一项你所喜欢的工作，工作本身就能给你一种满足感、愉悦感，你的职业生涯也会从此变得妙趣横生。兴趣是最好的老师，是成功之母。调查表明：兴趣与成功概率有着明显的正相关性。在设计自己的职业生涯时，务必要考虑自己的特点，珍惜自己的兴趣，选择自己所喜欢的职业。

（2）择己所长。任何职业都要求从业者掌握一定的技能，具备一定的能力条件。一个人一生中不能将所有技能都全部掌握，所以在进行职业选择时必须择己所长，有利于发挥自己的优势。

（3）择世所需。社会的需求不断变化，旧的需求不断消失，新的需求不断形成，从而不断产生新的职业。所以在设计职业生涯时，一定要分析社会需求，择世所需。最重要的是，目光要长远，能够准确预测未来行业或者职业发展方向，再做出选择。不仅是有社会需求，并且这个需求要长久。

（4）择己所利。职业是个人谋生的手段，所以在择业时，首先考虑的是自己的预期收益——个人幸福最大化。明智的选择是在由收入、社会地位、成就感和工作付出等变量组成的函数中找出一个最大值，这就是选择职业生涯中的收益最大化原则。

3. 职业生涯规划的基本要求

大学生的职业生涯规划不但要与自己的个人性格、气质、兴趣、能力特长等方面相结合，更要与自己所学的专业相结合，充分发挥自己主观条件与专业技能的优势，力求就业成本的最小化。这是大学生职业生涯设计的基本依据。

学以致用，是人才培养的基本目的。用人单位对毕业生的需求，一般首先选择的是专业特长。还要强调的是，除了要掌握宽厚的基础知识和精深的专业知识外，还要拓宽专业知识面，掌握或了解本专业相关、相近的若干专业知识和技术。

由此可见，职业生涯规划是一个自己正确认知、科学定位的过程，力求做好以下几方面。

（1）目标清晰。目标与措施要清晰具体、一目了然；各阶段的划分要详细简明；实现目标的步骤要直截了当。

（2）切实可行。要使个人的职业目标同自己的能力、个人特质及工作适应性相符合；个人职业目标和职业道路要与客观环境条件的可能性相匹配。个体往往需要借助于组织实现自己的职业目标，其职业目标计划要在为组织目标奋斗的过程中得以实现。

（3）挑战激励。目标和措施要有挑战性，这样才能产生激励作用。但绝不能好高骛远，如果目标过于远大难以实现，就会产生严重的挫折感，失去奋斗的耐心和勇气，不利于目标的实现。

（4）与时俱进。制定职业生涯规划要结合社会的发展及个人主、客观条件的变化，及时调整、修正，甚至变更自己的职业目标，使之与社会环境和自身状况更加契合。

（5）量化评估。职业生涯规划的实施要有明确的时间和标准，以便评量、检查，使自己随时掌握执行情况，为规划的修正提供考量依据，并对规划适时、适势地做出修正。

职业生涯规划是择优选择职业目标和路径、并用高效行动去达成既定职业目标的计划过程。为了使自己能早日成为社会有用人才，制定切实可行的职业生涯规划，具有极其重要的意义。

五、职业生涯规划的步骤

实施职业生涯规划是一个长期而连续的过程，需要设计一套程序来保证它的顺利实施，可以将其概括为“职业规划五步曲”，如图B-1所示。

图B-1　职业规划五步曲示意图

1. 自我认知、客观评估

自我认知、客观评估是指要全面了解自己，对自己准确定位，想做什么，适合做什么，着重点是什么，人一岗是否匹配，人企是否匹配等方面做一个准确的自我评价。一个有效的职业生涯规划设计必须是在充分且正确认识自身条件与相关环境的基础上进行。具体来说，就是要审视自己、认知自己、了解自己，包括认识、了解自己的兴趣、特长、性格、学识、技能、智商、情商、思维方式等，可以将其概括如下。

- ◆ 选我所爱（弄清我想干什么）;
- ◆ 做我所能（我能干什么，我应该干什么）;
- ◆ 寻我所需（在众多的职业面前选择什么）。

2. 环境认知、职业评估

环境认知是个体适应环境、作用环境的心理基础，人只有通过认知环境，才能从环境中获得指导行为的方法。环境认知、职业评估是指要从充分认识与了解相关的就业环境，分析环境条件的特点及发展变化情况、自己在这个环境中的地位、环境对自己提出的要求等方面来评估环境因素对自己职业生涯发展的影响。因此，环境认知与职业评估是职业生涯规划的科学保障，在规划过程中应注意以下几点。

（1）尊重客观：依据客观现实，考虑个人与社会、个人与单位的关系。

（2）比较鉴别：比较职业的条件、要求、性质与自身条件的匹配情况，选择条件更合适、更符合自己特长、更感兴趣、经过努力能很快胜任、有发展前途的职业。

（3）扬长避短：要能最大限度地发挥自己的所长，不要追求力不能及的职业。

（4）审时度势：要根据情况变化及时调整择业目标，不能固执己见，一成不变。

3. 职业定位、确立目标

职业定位、确立目标是指在正确认知的基础上，选择最适合自己的职业目标，针对目标制定最适合自己的路径。换句话说，职业定位就是要为职业目标与自己的潜能以及主、客观条件谋求最佳匹配。在职业定位过程中，要考虑性格与职业的匹配、兴趣与职业的匹配、特长与职业的匹配、内外环境与职业相适应等，以自己的最佳才能、最优性格、最大兴趣、最有利的环境等信息为职业定位依据。同时，利益与风险是并存的，在做最佳选择时要充分考虑到风险指数的影响。

良好的职业定位与明确的奋斗目标是制定职业生涯规划的关键。目标有短期目标、中期目标、长远目标和人生目标之分。长远目标只有经过长期艰苦努力、不懈奋斗才能实现。确立长远目标时要立足现实、慎重选择、全面考虑，使之既有现实性又有前瞻性。短期目标更具体，对个人的影响也更直接，是长远目标的组成部分。确定自己的奋斗目标，需要明确以下 3 方面的问题。

- ◆ 评估外界：对自己的要求是什么，有什么样的机会与挑战？
- ◆ 长远目标：专家、管理者、技术、营销。
- ◆ 短期目标：积累能力和经验，追求业绩。

制订实现职业生涯目标的行动方案，要有具体的行为措施来保证。如果没有行动，职业目标只能是一种梦想。

4. 终身学习、高效行动

终身学习、高效行动是实现职业生涯规划最强有力的方法与措施。在确定具体的职业目标后，行动成了关键环节。这里所指的行动主要是指落实目标的具体措施，主要包括学习和实践等方面的措施。例如，计划学习哪些知识，掌握哪些技能，开发哪些潜能、达到哪些既定目标等。

5. 与时俱进、灵活调整

与时俱进、灵活调整就是在执行职业生涯规划的过程中，根据社会发展、环境与自身因素的变化，适时进行职业生涯规划的调整与完善。影响职业生涯规划实施的因素很多，有些是可以预测的，而有些却难以预料。需要根据形势的发展和信息反馈，不断修正、优化职业规划，以适应各种变化。成功的职业生涯规划需要在实施中去检验和评价，即根据现实与变化情况及时诊断职业生涯规划各个环节出现的问题，找出相应对策，对职业生涯规划进行调整与完善。

职业生涯规划纵使涉及方方面面，而美好未来，完全取决于一个人正确的思想观念和意识。

只有脚踏实地、爱岗敬业、刻苦学习、锐意进取、努力实践、持之以恒，才能肩负使命担当。

只有满怀激情、不畏艰难、坚忍不拔、顽强拼搏、勇于探索、大胆创新，才能迎接人生挑战。

只有谦虚谨慎、虚心好学、善于总结、析取、借鉴、嫁接、并融会贯通，才能取得事业成就。

最后，将两句感慨之言，送给读者朋友：

积极主动去营造环境，否则，你无法适应五彩缤纷的社会；

满怀激情去改造世界，否则，你无法体会淋漓尽致的人生！